花生耐冷理论基础与调控技术

于海秋　张　鹤　著

科学出版社
北　京

内 容 简 介

本书浓缩了作者在国家花生产业技术体系岗位科学家建设专项、国家自然科学基金和辽宁省"兴辽英才计划"科技创新领军人才（特聘教授）等项目的资助下，以花生耐冷机制及关键调控技术为主要内容的 10 余年系统研究精华。全书共分八章，以理论探索为主线，以试验研究为依据，以生产应用为目标，理论结合实践，系统总结了国内外花生低温冷害发生现状，从形态、生理、生化和分子生物学等多方面揭示了花生耐冷机制，深入探索了花生防冷耐冷栽培调控技术。

本书可作为高等院校和科研单位从事花生逆境生理、花生分子生物学和花生高产高效栽培技术研究的科技工作者的参考用书，也可作为高等院校相关专业研究生的教学参考用书。另外，本书涉及植物生理学、植物生物化学与分子生物学、作物栽培学、作物遗传育种、农业气象学等多学科内容，还可为开创跨学科的学术思想和新的研究体系提供参考。

图书在版编目（CIP）数据

花生耐冷理论基础与调控技术 / 于海秋, 张鹤著. -- 北京：科学出版社，
2024.11. -- ISBN 978-7-03-079932-6

Ⅰ. S565.202.3

中国国家版本馆 CIP 数据核字第 2024QD8279 号

责任编辑：李秀伟 刘晓静 / 责任校对：严 娜
责任印制：赵 博 / 封面设计：无极书装

科学出版社 出版

北京东黄城根北街 16 号
邮政编码：100717
http://www.sciencep.com

北京中科印刷有限公司印刷
科学出版社发行 各地新华书店经销

*

2024 年 11 月第 一 版 开本：720×1000 1/16
2024 年 11 月第一次印刷 印张：18 1/4
字数：370 000

定价：238.00 元

（如有印装质量问题，我社负责调换）

前　　言

花生是世界范围内重要的经济作物和油料作物。中国是全球最大的花生生产国和消费国，花生的单产、总产及种植业产值均居国内大宗油料作物首位，对保障国家食用油脂安全具有举足轻重的作用。但花生属于喜温作物，整个生育期对温度要求相对较高，我国高纬度和高海拔花生产区易受低温天气影响，造成花生严重减产甚至绝收。因此，探索花生的耐冷机制并创建可有效提高花生耐冷性的技术措施是我国花生生产上亟待解决的重要问题之一。

近年来，我国科学家曾先后编写了一系列与花生抗逆性有关的专著，如《花生抗逆栽培理论与技术》《花生生理生态学》《现代中国花生栽培》等，对花生抗逆理论与栽培技术进行了较为深刻的介绍，但花生耐冷相关内容涉及有限。基于此背景，作者历经10余年攻关研究，在花生耐冷理论基础与调控技术方面取得一系列突破，并撰写此书。全书共分为八章，第一章系统分析了国内外花生生产现状及冷害对花生生产的影响；第二章详细阐述了低温冷害对花生营养生长、生殖生长、籽仁品质和产量形成等生长发育过程的影响；第三章从生物膜、渗透调节、活性氧和光合作用等方面明确了花生适应低温冷害的生理机制；第四章从脂肪酸、三酰甘油、生物膜脂、脂质信号转导等方面揭示了花生适应低温冷害的脂类代谢调控机制；第五章从冷诱导基因的分离、表达调控及信号转导等方面探讨了花生适应低温冷害的分子生物学基础；第六章至第八章全面总结了花生冷害诊断、耐冷性鉴定及防冷耐冷调控技术体系。

本书撰写历经三年。书中大部分研究在沈阳农业大学花生研究所完成，主要研究得到了国家花生产业技术体系岗位科学家建设专项、国家自然科学基金和辽宁省"兴辽英才计划"科技创新领军人才（特聘教授）等项目的联合支持。本书获得了辽宁省优秀自然科学学术著作出版项目资助。本书的相关研究过程得到了沈阳农业大学花生研究所的老师和研究生的大力支持和帮助。本书在撰写过程中参阅和引用了一些国内外最新科研成果和技术资料，本书的编著和出版得到了陈温福院士、张新友院士、国家花生产业技术体系及有关单位业内专家学者的悉心指导和帮助。在此一并表示谢忱！

由于作者水平所限，书中难免存在欠妥之处，恳请读者和同仁批评指正！

于海秋　张鹤

2024 年 1 月

目　　录

第一章　概述···1

　第一节　国内外花生生产概况···1

　　一、世界花生生产概况···1

　　二、我国花生生产概况···9

　第二节　低温冷害对花生生产的影响··13

　　一、低温冷害的概念··13

　　二、低温冷害的类型··15

　　三、低温冷害对花生生产的损伤效应··18

　主要参考文献··20

第二章　低温冷害对花生生长发育的影响···22

　第一节　低温冷害对花生营养生长的影响··22

　　一、种子萌发···22

　　二、出苗情况···24

　　三、幼苗生长···27

　第二节　低温冷害对花生生殖生长的影响··29

　　一、开花下针···29

　　二、荚果发育···32

　　三、收获储藏···33

　第三节　低温冷害对花生产量及品质的影响··35

　　一、产量构成因素··35

　　二、籽粒营养品质··38

　主要参考文献··40

第三章　花生适应低温冷害的生理机制··42

　第一节　生物膜系统与花生耐冷性··42

　　一、生物膜的结构··42

　　二、膜脂相变···43

　　三、膜脂过氧化··45

第二节　渗透调节物质与花生耐冷性·······················46
　　一、游离氨基酸·····························46
　　二、可溶性蛋白·····························48
　　三、可溶性糖·····························49
　　四、甜菜碱·····························50
第三节　活性氧与花生耐冷性·······················51
　　一、活性氧的产生与毒害效应·····················52
　　二、酶促活性氧清除系统·····················55
　　三、非酶促活性氧清除系统·····················57
第四节　光合作用与花生耐冷性·······················57
　　一、叶绿体结构·····························58
　　二、光合色素·····························59
　　三、叶绿素荧光参数·····················60
　　四、光合特性·····························61
　　主要参考文献·····························63

第四章　花生适应低温冷害的脂类代谢调控机制·······68
第一节　花生脂质的组成及分类·······················68
　　一、花生脂质的化学组成·····················68
　　二、花生脂质的分类·····················69
第二节　脂肪酸与花生耐冷性·······················72
　　一、花生脂肪酸组成及分类·····················72
　　二、花生脂肪酸生物合成·····················73
　　三、脂肪酸对花生耐冷性的调控·················79
第三节　三酰甘油与花生耐冷性·······················81
　　一、花生 TAG 生物合成·····················81
　　二、花生 TAG 降解·····················83
　　三、TAG 与花生耐冷性·····················84
第四节　生物膜脂与花生耐冷性·······················86
　　一、花生膜脂组成及分类·····················87
　　二、花生膜脂生物合成·····················89
　　三、生物膜脂对花生耐冷性的调控·················93
第五节　花生耐冷的脂质信号转导及调控机制·······100

一、参与花生耐冷的脂质信号分子 ································· 100

二、花生耐冷的脂质代谢调控机制 ································· 110

主要参考文献 ··· 117

第五章　花生适应低温冷害的分子生物学基础 ············· 123

第一节　花生冷诱导基因的分离方法 ······························ 123

一、基于基因序列的分离方法 ····································· 123

二、基于基因图谱的分离方法 ····································· 124

三、基于基因位置的分离方法 ····································· 125

四、基于基因功能的分离方法 ····································· 125

五、基于基因转录产物的分离方法 ······························ 126

六、基于功能基因组学的分离方法 ······························ 129

第二节　花生冷诱导基因的分离鉴定 ······························ 136

一、转录组测序及质量评估 ·· 136

二、基因表达水平分析 ·· 140

三、花生耐冷相关基因鉴定 ·· 142

四、花生耐冷相关基因功能分析 ·································· 144

五、基于加权基因共表达网络鉴定花生耐冷候选基因 ······ 148

第三节　花生冷诱导基因的表达调控 ······························ 157

一、转录水平调控 ·· 157

二、转录后水平调控 ··· 173

三、翻译后水平调控 ··· 175

第四节　花生耐冷的信号转导机制 ·································· 177

一、低温信号的感知 ··· 177

二、低温信号的传递 ··· 180

三、低温信号转导途径 ·· 183

主要参考文献 ··· 185

第六章　花生冷害诊断及减产的农业技术分析 ············· 194

第一节　花生冷害的诊断 ··· 194

一、冷害诊断的意义 ··· 194

二、冷害诊断的方法 ··· 194

第二节　花生冷害减产的农业技术分析 ···························· 196

一、天气条件与冷害 ··· 196

二、气候异常与冷害 ……………………………………………… 196
三、农业技术与冷害 ……………………………………………… 198
主要参考文献 ………………………………………………………… 202

第七章　花生耐冷性鉴定及综合评价体系 …………………………… 204
第一节　花生耐冷性鉴定方法 …………………………………… 204
一、田间自然鉴定法 ……………………………………………… 204
二、室内模拟鉴定法 ……………………………………………… 207
第二节　花生耐冷性鉴定指标 …………………………………… 208
一、形态指标 ……………………………………………………… 208
二、生长发育指标 ………………………………………………… 210
三、生理生化指标 ………………………………………………… 212
四、产量相关指标 ………………………………………………… 219
五、综合指标 ……………………………………………………… 220
第三节　花生耐冷性鉴定的综合评价方法 ……………………… 220
一、隶属函数法 …………………………………………………… 220
二、聚类分析法 …………………………………………………… 222
三、主成分分析法 ………………………………………………… 223
四、灰色关联度分析法 …………………………………………… 224
五、多重表型分析法 ……………………………………………… 225
第四节　花生耐冷性综合评价体系的建立 ……………………… 226
一、花生萌发期耐冷性鉴定 ……………………………………… 226
二、花生苗期耐冷性鉴定 ………………………………………… 230
三、花生田间耐冷性鉴定 ………………………………………… 232
第五节　冷害易发区花生品种的选用 …………………………… 235
一、选用耐冷、早熟、高产的花生品种 ………………………… 235
二、做好品种区划 ………………………………………………… 236
主要参考文献 ………………………………………………………… 237

第八章　花生大田生产防冷耐冷调控技术 …………………………… 239
第一节　花生播前防冷调控技术 ………………………………… 239
一、科学晒种 ……………………………………………………… 239
二、剥壳选种 ……………………………………………………… 240
三、低温浸种 ……………………………………………………… 241

四、药剂拌种及种子包衣 ·······241

第二节　花生耐冷播种调控技术 ·······242

一、适时播种技术 ·······242

二、带壳播种技术 ·······248

第三节　花生地膜覆盖提温增产技术 ·······254

一、发展历程与应用现状 ·······254

二、增产效果及其机制 ·······257

三、地膜覆盖提温增产栽培技术 ·······261

第四节　花生低温冷害化学调控技术 ·······263

一、化学调控技术的发展历程 ·······264

二、耐低温化学调节剂的种类 ·······266

三、化学调控技术的耐冷机制 ·······270

主要参考文献 ·······277

第一章 概 述

第一节 国内外花生生产概况

花生（*Arachis hypogaea* L.），原名落花生，又名长生果、番豆、泥豆等，是全球五大油料（油菜、花生、向日葵、芝麻、胡麻）作物之一。在我国，花生的主要用途是压榨花生油。近几年我国花生总产量中约 52%用于榨油，榨出的花生油占植物油总产量的 25%以上，是国产植物油的第二大来源（仅次于菜籽油）。除榨油外，花生也是重要的蛋白质来源、风味食品和加工原料。花生仁中含 25%～30%的蛋白质，以及丰富的白藜芦醇、糖类、维生素和微量元素等，其营养价值可与肉蛋奶等动物性食物相媲美，与黄豆一起被誉为"植物肉"和"素中之荤"（纪红昌等，2023）。目前，我国花生总产量中 40%～45%用于食用和食品加工。每年用作生产加工原料的花生高达 800 万 t。花生种皮薄、粗纤维含量低，茎叶和榨油后饼粕中的蛋白质含量高于多数油料作物，可用于饲料生产。此外，花生的功能性成分还可被提取，用于制药和工业等领域。

花生作为一种粮油饲兼用的经济作物，也是我国为数不多的具有明显国际竞争优势的大宗农作物之一，在油料作物中总产量最高、产油量最大、自给率最高、贸易量最多、种植业及加工业产值最大，对保障国家食用油脂安全、调整优化种植业结构和促进农民增收等具有举足轻重的作用（廖伯寿，2020）。近年来，随着世界人口数量和生活水平的不断提高，食物消费数量和结构发生深刻变化，人们对花生及相关制品的需求量也日益增加。在国内蛋白质和植物油供给严重紧缺的市场背景下，2022 年我国启动实施国家大豆和油料产能提升工程，要求多措并举发展油菜、花生等油料作物。2023 年中央一号文件《中共中央 国务院关于做好2023 年全面推进乡村振兴重点工作的意见》再次指出，要加力扩种大豆油料。这稳步推进了我国花生产业的高质量发展。

一、世界花生生产概况

（一）世界花生产区分布

花生是一种喜温作物，起源于南美洲，广泛分布在 40°S 至 40°N 之间的热带和亚热带地区，集中种植于南亚和非洲的半干旱热带，以及东亚和美洲的温带半湿润季风带。据美国农业部相关数据统计，2000~2020 年全球花生种植面积呈整体上升的趋势，尤其在 2010~2020 年增加幅度较大（图 1-1）。世界花生主要分布于非洲、亚洲和美洲，2020/2021 年度全球花生总种植面积为 2973 万 hm²，其中非洲种植面积为 1400 万 hm²，占全球总面积的 47.09%；亚洲种植面积为 1305 万 hm²，占全球总面积的 43.89%；美洲种植面积为 128 万 hm²，占全球总面积的 4.31%；而欧洲和大洋洲少有种植，未形成规模化生产。世界上生产花生的国家有 100 多个，但将花生作为商品生产的国家仅 10 余个；主要生产国中以印度和中国种植面积最大。2020/2021 年度，印度、中国、尼日利亚、苏丹、塞内加尔、缅甸、尼日尔、几内亚、乍得和美国为前十大花生种植国，种植面积超过全球花生总种植面积的 75%（图 1-2）。其中，印度种植 600 万 hm²，占全球总面积的 20.18%，居第一位；中国种植 475 万 hm²，占全球总面积的 15.98%，居第二位；尼日利亚种植 325 万 hm²，占全球总面积的 10.93%，居第三位。

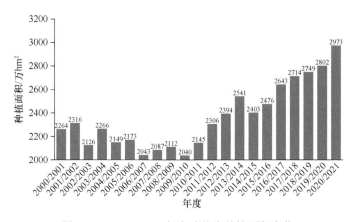

图 1-1　2000~2020 年全球花生种植面积变化

数据来源：美国农业部

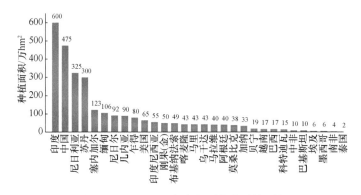

图 1-2　2020/2021 年度各国花生种植面积

数据来源：美国农业部

（二）世界花生生产现状

20 世纪 90 年代初，欧美、日本等国家和地区掀起了食用花生等坚果食物的饮食风潮，对花生及其制品的消费量逐年上升，导致花生的产量和供应量不断增大。从世界范围来看，2000～2020 年花生生产水平呈持续上升趋势，2020/2021 年度达到最高水平，总产和单产分别为 4966 万 t 和 1670kg/hm²，与 2000/2001 年度相比分别增加了 59.63% 和 21.90%（图 1-3，图 1-4）。亚洲是世界上最大的花生

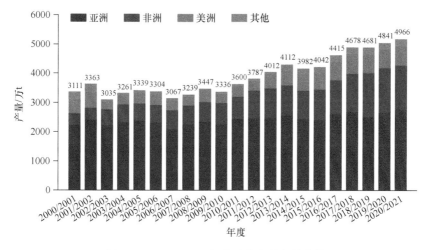

图 1-3　2000～2020 年全球花生总产量变化

数据来源：美国农业部

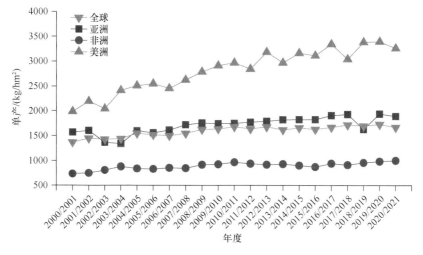

图 1-4　2000～2020 年全球花生单产水平变化

数据来源：美国农业部

产区，2000～2020 年总产年均占比 65.07%，年均增加 27.25 万 t，至 2020/2021 年度达 2776 万 t；其单产一直接近世界平均水平，2020/2021 年度为 1894kg/hm²。非洲是世界第二大花生产区，2000～2020 年总产年均占比 22.60%，年均增加 54.55 万 t，至 2020/2021 年度达 1504 万 t；其单产虽逐年增加，但始终低于世界平均水平，2020/2021 年度为 1004kg/hm²；美洲是世界第三大花生产区，2000～2020 年总产年均占比 12.23%，2020/2021 年度为 687 万 t，显著低于亚洲和非洲；但其单产水平一直居于世界首位，且呈持续增加态势，2000～2020 年美洲花生单产年均增加 44.25kg/hm²，至 2020/2021 年度达 3000kg/hm²。

全球花生生产主要集中在中国、印度、尼日利亚、美国和苏丹 5 个国家，累计产量占全球总产量的 69%，其他单个国家的花生产量在全球的占比均小于 5%（图 1-5）。中国花生的总产量自 20 世纪 90 年代中期超过印度以来，一直保持着世界第一的位置，2000～2020 年其花生产量呈平稳上升趋势，年均增加 17.75 万 t，至 2020/2021 年度达 1799 万 t。印度是世界第二大花生生产国，2000～2020 年其产量呈波浪式变化，2001/2002、2003/2004、2007/2008 和 2016/2017 年度处于波峰，分别为 760 万 t、770 万 t、680 万 t 和 692 万 t。尼日利亚、美国和苏丹虽为传统的花生主产国，但其产量自 2010/2011 年度后才有所提升，至 2020/2021 年度分别达 445 万 t、279 万 t 和 250 万 t，仅为中国花生产量的 13%～25%。从单产上看，美国、中国、巴西、埃及和阿根廷的花生生产处于世界领先水平（图 1-6）。2000～2020 年，美国、巴西和阿根廷的单产水平呈波浪式上升趋势，年均分别增加 76.5kg/hm²、93.0kg/hm² 和 79.5kg/hm²，至 2020/2021 年度分别达 4270kg/hm²、3780kg/hm² 和

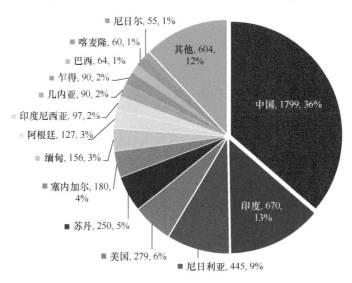

图 1-5 2020/2021 年度各国花生产量（万 t）和全球占比分布

数据来源：美国农业部

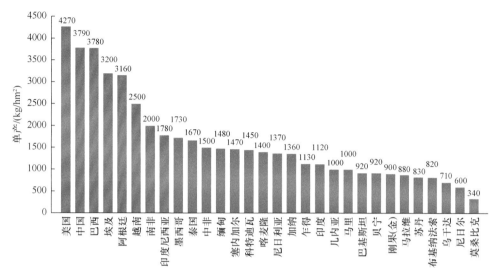

图 1-6 2020/2021 年度各国花生单产水平

数据来源：美国农业部

3160kg/hm²。中国花生单产水平一直呈平稳上升趋势，尤其在 2003～2013 年增长速度较快，年均增加 101kg/hm²，2020/2021 年度达 3790kg/hm²，仅次于美国。而埃及的花生单产水平近 20 年始终保持在 3160～3200kg/hm²，未发生显著变化。印度虽为世界第二大花生生产国，但品种更新慢、机械化程度低、降雨不稳定、病虫害频发等因素导致其单产水平较低，2020/2021 年度仅为 1120kg/hm²。

冯喜梅等（2021）通过对 1961～2019 年全球花生收获面积、单产和总产数据进行分析，将世界花生生产变化分为 1961～1980 年（Ⅰ）、1981～2000 年（Ⅱ）和 2001～2019 年（Ⅲ）三个阶段（表 1-1）。在全球范围内，阶段Ⅰ、Ⅱ和Ⅲ分别属于共同作用、面积主导和单产主导三个类型，即花生单产提升对世界花生总产的影响越来越明显。亚洲花生生产由阶段Ⅰ的共同作用型逐渐转变为阶段Ⅱ和Ⅲ的单产主导型，说明亚洲花生产量依靠面积和单产协同发展，且单产优势逐渐显现；非洲花生生产在阶段Ⅰ属于单产主导型，在阶段Ⅱ和Ⅲ为面积主导型，表明现阶段非洲花生单产水平相对较低，总产的增加主要依赖于种植面积的扩大；虽然美洲花生生产的单产水平呈持续提升趋势，但在 1961～2000 年收获面积却逐渐缩小，因此阶段Ⅰ和Ⅱ属于共同作用型，2001～2019 年美洲花生收获面积有所增加，故阶段Ⅲ为面积主导型。中国作为全球最大的花生主产国，1961～2019 年完成了由阶段Ⅰ和Ⅱ的面积主导型向阶段Ⅲ的共同作用型的转变，表明了 2001～2019 年中国花生单产的逐步提升；美国花生生产则因近年来收获面积的逐渐缩小，由阶段Ⅰ的单产主导型转变为阶段Ⅱ和Ⅲ的共同作用型；印度、尼日利亚和苏丹等是单产水平较低的花生主产国，其总产一直依靠收获面积的绝对基础数量，但近年来印度花生收获面积大幅度减少，总产量的变化却相对较小，说明印度单产的提升使其由阶段II的共同作用型转变为阶段III的单产主导型。

表 1-1　1961～2019 年全球各大洲及主产国花生生产因素年均变化、主导型变化和集中度变化
（冯喜梅等，2021）

地区	收获面积/万 hm²	单产/(kg/hm²)	总产/万 t	RY$_i$/RA$_i$ I	II	III	总产集中度/% I	II	III	面积集中度/% I	II	III
全球	22.34***	13.76***	59.69***	1.28	0.34	-4.00	100.00	100.00	100.00	100.00	100.00	100.00
亚洲	3.11***	28.67***	34.32***	-0.89	2.47	-3.14	52.95	68.00	63.47	54.73	61.48	48.30
非洲	19.36***	2.40***	20.20***	3.45	0.36	-0.47	31.88	21.25	27.71	36.68	32.51	47.01
美洲	-0.08***	40.27***	5.24***	-0.93	1.97	-0.24	14.82	10.49	8.74	8.36	5.80	4.63
大洋洲	-0.02***	11.24***	-0.01	5.20	-1.82	1.62	0.21	0.18	0.07	0.16	0.14	0.06
欧洲	-0.03***	17.82**	-0.05***	1.86	-7.97	-4.28	0.14	0.09	0.01	0.06	0.06	0.01
中国	5.54***	51.87***	28.31***	0.18	-0.31	-0.67	12.66	29.34	38.07	9.71	15.94	18.21
印度	-3.72***	12.02***	2.99***	4.59	1.94	6.16	31.70	29.10	17.55	37.80	37.16	22.32
尼日利亚	4.12***	1.67***	4.97***	-7.37	-2.15	3.44	7.96	5.11	7.82	8.28	5.68	9.86
美国	0.00	53.41***	3.00***	4.34	-1.51	1.03	7.61	7.14	5.29	3.09	3.06	2.20
苏丹	5.06***	-7.55*	4.42***	2.21	-6.68	-1.66	3.08	2.14	2.84	3.15	3.96	6.08

注：RA$_i$ 和 RY$_i$ 分别表示 i 时期的花生收获面积贡献率和单产贡献率，当 $|RY_i / RA_i| > 2$ 时，认为总产的变化主要由单产变化引起，为单产主导型；当 $|RY_i / RA_i| < 0.5$ 时，认为总产变化主要由收获面积变化引起，为面积主导型；当 $|RY_i / RA_i|$ 为 0.5～2.0 时，认为收获面积和单产的变化均对总产的变化起到一定作用，为共同作用型。收获面积列的负数代表收获面积降低；I 表示 1961～1980 年，II 表示 1981～2000 年，III 表示 2001～2019 年。* 表示 $P < 0.05$，** 表示 $P < 0.01$，*** 表示 $P < 0.001$。

（三）世界花生贸易现状

随着世界人口的不断增加和人类生活水平的日益提高，花生生产国自身对花生的消费量大幅度增加，世界花生贸易规模也在波动中持续扩大。2000～2020 年，全球花生贸易量呈逐年增加趋势，进口量和出口量的年均递增率分别为 8.30% 和 8.21%，至 2020/2021 年度分别达 431 万 t 和 473 万 t。同时，进口量和出口量在总供应量中的占比也有所提升，于 2019/2020 年度达到历史峰值，分别为 8.88% 和 10.31%（图 1-7，图 1-8）。食用花生（去壳）、加工花生和花生油是国际市场上交易量最大的花生产品，2000～2020 年进口量在全球花生总进口量中的占比分别为 68.29%、16.26% 和 10.57%，出口量在全球花生总出口量中的占比分别为 53.35%、27.12% 和 9.29%，但随着国际市场对食用花生需求量的逐年增加，加工花生和花生油的进出口份额有所降低。欧洲和亚洲是主要的花生进口地区，2000～2020 年进口量全球年均占比分别为 48.72% 和 29.16%，以脱壳食用花生为主。欧洲花生进口量自 20 世纪 70 年代经历下滑后呈波动上升趋势，长期保持全球第一，但在 2010/2011 年度后亚洲花生进口量增势明显，至 2019/2020 年度位居各地区之

首。大洋洲花生进口量的全球占比仅为 1.44%，且加工花生所占份额逐年增大。亚洲和美洲是主要的花生出口地区，2000～2020 年出口量全球年均占比分别为 37.61% 和 34.04%，且呈波动上升趋势。非洲出口量于 20 世纪 70 年代大幅度下滑后，至 2010/2011 年度逐渐回升，2019 年脱壳食用花生出口量基本与亚洲持平。

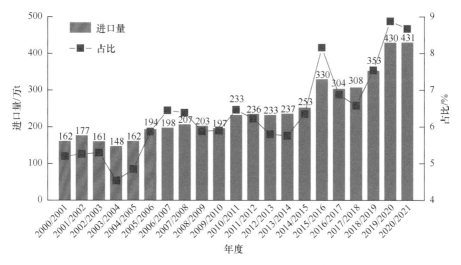

图 1-7　2000～2020 年全球花生进口量变化

数据来源：美国农业部和联合国粮食及农业组织

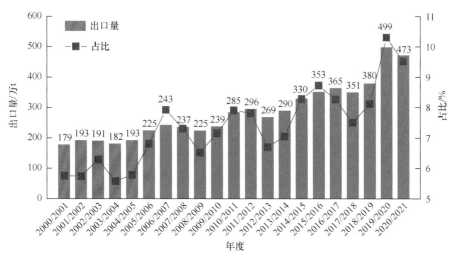

图 1-8　2000～2020 年全球花生出口量变化

数据来源：美国农业部和联合国粮食及农业组织

20 世纪 90 年代以来，由于世界经济发展和食品加工能力的提高，全球花生贸易结构波动较大。国际贸易格局表现为进口国家和地区集中度下降，出口国家和地区较集中且竞争激烈。荷兰、印度尼西亚、中国、德国、英国、俄罗斯、墨西哥、法国、加拿大和日本是主要的花生进口国，2000～2020 年总进口量全球占比为 60%左右，以进口去壳食用花生为主。荷兰、英国和法国等西欧国家是世界上最大的食用花生（去壳）进口市场，年进口量约 60 万 t。2000～2020 年，荷兰食用花生（去壳）进口量持续上升，长期保持全球首位；印度尼西亚食用花生（去壳）进口量于 2016/2017 年度开始大幅度增加，至 2020/2021 年度达 35 万 t，基本与荷兰持平；中国作为世界花生生产大国，花生消费长期依靠国内花生生产，但自2014/2015 年度开始因国内供应不足而大量进口，至 2019/2020 年度甚至以 41 万 t跃居全球食用花生（去壳）进口国第一；此外，墨西哥、俄罗斯和加拿大等国的食用花生（去壳）进口量逐年增加，德国、英国、法国和日本等传统进口大国的进口量停滞不前，甚至稍有下降，导致全球花生进口市场的严重分散（图 1-9）。

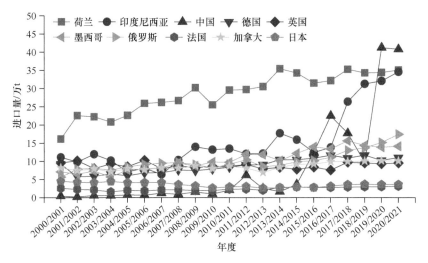

图 1-9　2000～2020 年主要花生进口国的食用花生（去壳）进口量变化

数据来源：联合国粮食及农业组织

与花生进口相比，世界花生出口主要集中在少数几个国家，但随着各进口国对进口花生外观、品质及卫生检疫标准的逐渐提高，花生出口大国的市场份额也发生了剧烈变化。20 世纪 60 年代，尼日利亚和塞内加尔是全球花生出口量最多的国家，年均约 50 万 t。20 世纪 70 年代，由于兰娜型优质花生品种的育成推广，美国花生出口量快速增加，最终取代尼日利亚而居世界首位，独霸世界食用花生市场。20世纪 80 年代，中国和阿根廷的市场份额大幅度提高，与美国形成三足鼎立的格局，总出口量全球占比在 65%左右，角逐世界最大的欧洲市场，特别是中国花生出口量从 1986 年开始超过美国，占据世界第一位。而此时塞内加尔、苏丹和坦桑尼亚等非洲国家正面临着干旱减产、黄曲霉毒素污染、卫生检疫不合格等问题，出口优势丧失，逐渐退出国际花生市场。目前，中国、阿根廷、印度、美国、荷兰、巴西、尼加拉瓜和塞内加尔是主要的花生出口国，总出口量全球占比约为85%。在食用花生（去壳）市场上，印度的出口量自2007/2008年度开始长期保持全球第一。因花生生产机械化程度高、生产成本低、加工和管理体系成熟，2000～2020年阿根廷和美国食用花生（去壳）的出口量始终处于较高水平。但随着巴西、荷兰、尼加拉瓜和塞内加尔等国花生出口量的逐渐增加，中国食用花生（去壳）出口量全球占比逐年下降，2020/2021年度排名降至第七（图1-10），出口市场逐渐转向日本、法国和英国等加工花生主要进口国，年均加工花生出口量达30万t。

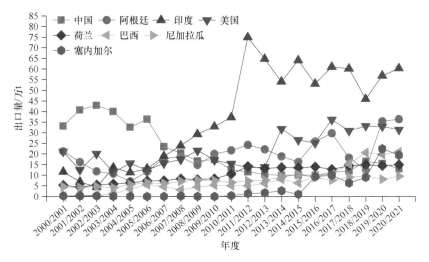

图1-10　2000～2020年主要花生出口国的食用花生（去壳）出口量变化

数据来源：联合国粮食及农业组织

二、我国花生生产概况

（一）我国花生产区分布

我国花生种植区域广泛，南起海南岛，北至黑龙江，东自台湾，西达新疆，从海拔1800m以上的玉溪到海平面以下154m的吐鲁番盆地，均有花生种植，分布于除西藏、青海和香港以外的31个省（自治区、直辖市、特别行政区）。根据地理位置、气候条件、耕作栽培制度，以及品种类型等特点，我国花生种植区域可分为七大产区：南方春秋两熟花生区、云贵高原花生区、黄土高原花生区、长江流域春夏花生交作区、北方大花生区、东北早熟花生产区和西北内陆花生区。自1978年改革开放以来，我国花生种植面积总体上经历了快速发展期（1978～2003年）、短暂调整期（2004～2006年）和平稳增长期（2007～2020年）3个发展阶段。1978 年我国农村土地实行家庭联产承包责任制后，农民种植花生的积极性空前高涨；花生种植面积逐年增加，由 1978 年的 176.81 万 hm² 增至 2003 年的 505.68 万 hm²，创历史新高。2004 年受农业宏观调控政策影响，我国花生生产进入 3 年调整期；花生种植面积大幅度下滑，至 2006 年降为 395.58 万 hm²。随后我国花生种植开始步入平稳增长期，近 10 年年均种植面积约 450 万 hm²。

我国花生主要集中种植于河南、山东、河北、辽宁和广东等 14 个省份，2000～2020 年年均种植总面积为 433.27 万 hm²，占全国总种植面积的 95.51%（表 1-2）。北方大花生区是全国花生种植面积最大的区域，仅河南、山东和河北 3 省的年均种植总面积就达 222.31 万 hm²，占全国总种植面积的 49.01%，其次为南方产区（以广东、广西、福建、湘南和赣南地区为主）和长江流域春夏花生交作区（以四川、湖南、湖北、江西和江淮地区为主）。除传统三大主产区外，近年来东北农牧交错带（以辽宁和吉林地区为主）花生种植业发展迅速，已经成为全国第四大花生产区。据统计，目前全国花生种植面积的扩大主要来源于河南、辽宁和吉林等地区以花生替代棉花、花生替代玉米的结构调整。2000～2020 年，河南花生种植面积长期位居全国首位，且呈逐年增加的态势，2020 年进一步达到创纪录的 126.18 万 hm²；辽宁和吉林的花生种植面积分别由 2000 年的 14.28 万 hm² 和 5.42 万 hm² 增长至 2020 年的 30.62 万 hm² 和 23.92 万 hm²；而山东和河北作为花生生产大省，种植面积却呈持续下降趋势，自 2015 年起河北的花生种植面积逐渐低于广东、辽宁和四川 3 省，全国排名第六。

表 1-2 2000～2020 年全国主要花生种植省份的花生生产情况（平均）

省份	种植面积/万 hm²	面积全国占比/%	总产/万 t	总产全国占比/%	单产/(kg/hm²)	单产较全国平均水平增加/%
河南	103.63	22.84	423.84	27.63	4048.86	19.35
山东	80.93	17.84	334.21	21.78	4158.38	22.58
河北	37.75	8.32	127.72	8.32	3448.00	1.64
广东	33.17	7.31	90.72	5.91	2725.19	−19.67
四川	26.03	5.74	61.34	4.00	2351.71	−30.67
辽宁	25.24	5.56	65.92	4.30	2541.67	−25.08
安徽	20.69	4.56	84.79	5.53	4234.24	24.82
广西	20.69	4.56	52.64	3.43	2554.38	−24.70
湖北	20.01	4.41	68.43	4.46	3424.10	0.94
江西	15.91	3.51	41.67	2.72	2616.81	−22.86
吉林	14.64	3.23	44.81	2.92	2970.67	−12.43
江苏	13.54	2.98	48.03	3.13	3637.86	7.24
湖南	11.37	2.51	28.70	1.87	2414.57	−28.82
福建	9.67	2.13	24.48	1.60	2556.05	−24.65
全国	453.63	100.00	1534.23	100.00	3392.29	0.00

资料来源：国家统计局

（二）我国花生生产现状

在农业政策和科技进步的推动下，1978 年以来全国花生单产水平大幅度提高，除 1986 年、1989 年、1992 年、1997 年和 2003 年等个别年份因遭受干旱、涝害和低温等严重自然灾害而导致单产水平急剧下降以外，其他年份均保持波动增长态势（图 1-11）。从整体上看，我国花生单产水平发展主要分为两个阶段：第一阶段为 1978～2002 年，由于家庭联产承包责任制的推行，我国花生单产水平以年均 5.17% 的增幅迅速提高；第二阶段为 2003～2020 年，因品种更新速度、栽培技术水平和机械化程度的提高，我国花生单产水平稳步提升，由 2003 年的 2654kg/hm^2 增长至 2020 年的 3803kg/hm^2，其中辽宁（79.77%）、广西（50.56%）、安徽（49.04%）、河南（38.23%）和河北（37.49%）等省份花生单产提高幅度较大。目前，花生单产水平排名前五的种植大省为安徽、山东、河南、江苏和河北，分别较全国平均单产水平高 24.82%、22.58%、19.35%、7.24% 和 1.64%，而南方和西南部分省份的单产则明显低于全国平均水平（表 1-2）。

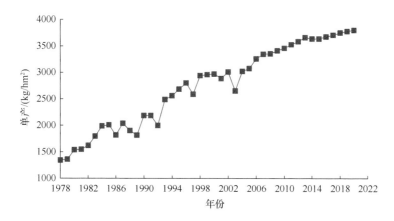

图 1-11　1978～2020 年全国花生单产水平变化

数据来源：国家统计局

随着种植规模的持续扩大和单产水平的不断提高，改革开放以来全国花生产量实现较大幅度提升，由 1978 年的 237.7 万 t 增长至 2020 年的 1799.3 万 t，年均增长率高达 15.64%（图 1-12）。同期，花生产量在全国油料作物（不含大豆）总产中的占比从 45.55% 提高到 51.47%，已经成为我国产量最高的油料作物。近 20 年国内花生产量以河南、山东、河北、广东、安徽、湖北、辽宁、四川和广西等地为主，年均产量均在 50 万 t 以上，总产全国占比约 85%。河南花生产量自 2006 年开始持续居于全国首位，年均产量高达 423.84 万 t，全国占比为 30% 左右，其次为山东和河北（表 1-2）。2000～2020 年全国各省份花生产量的变化趋势与种植面积保持一致，其中吉林、辽宁和河南 3 省的增长速度最快，增幅分别高达497.71%、285.55%和 77.11%；而江苏、安徽、河北、山东和福建 5 省的花生产量分别以年均 2.46%、1.75%、1.35%、0.91%和 0.44%的幅度逐年下降。

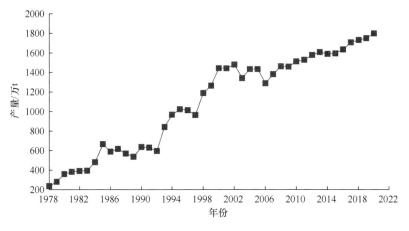

图 1-12   1978～2020 年全国花生产量变化

数据来源：国家统计局

（三）我国花生贸易现状

我国作为农业生产和消费大国，农产品进出口贸易对促进国民经济发展意义重大。自 1978 年改革开放以来，我国花生及其相关产品逐渐走出国门，并在世界花生市场份额中占据领先地位。尤其在加入世界贸易组织后，无论是贸易量还是贸易额都不断提高，2002 年我国花生出口量高达近 50 万 t，占全球花生贸易总量的 30%，成为世界最大的花生出口国。与出口量相比，长期以来我国花生及其相关产品的进口量非常少，每年基本维持在 0.3 万 t 左右。但近年来，随着国内人口基数的增大和居民消费水平的提高，我国花生进口量呈现持续增加趋势。自 2015年开始快速增长，至 2019 年花生及其相关产品的进口量已超过 100 万 t，我国由传统的花生净出口国转变为主要的花生进口国之一。

我国进出口的花生及其相关产品主要包括原料花生（带壳花生及花生仁）、花生制品（花生酱、花生罐头、烘焙花生及其他花生加工产品）、花生油和花生粕（花生油渣），其中原料花生和花生制品的出口份额相对较大，占花生出口产品总额的90%左右，而花生油和花生粕的出口份额较少，主要用于内销。近年来我国花生出口贸易范围不断扩大，原料花生可出口至全球近 80 个国家和地区，花生制品能出口到 110 多个国家和地区，但均主要集中于东南亚和欧盟等地区。2019 年我国花生出口总量为 50.4 万 t，其中日本、印度尼西亚、韩国、菲律宾、西班牙、荷兰和泰国等国为我国的主要出口市场，占我国出口总量的 63%。我国花生及花相关产品生产和出口企业主要分布在山东、辽宁、河北、安徽、河南、广东和江苏等省份，其中山东、辽宁和河北较为集中，花生出口额全国占比在90%以上。从规模上看，山东的花生出口规模最大，且呈逐年增加态势，出口地主要为日本和韩国。河南的花生出口一直保持平稳水平，但近几年随着榨油需求的增加，出口量有降低趋势。

我国进口花生主要来源于美国、印度、阿根廷，以及非洲部分国家。据海关数据统计，2020年1～7月我国进口原料花生62.29万t，较上一年度同期增长454.84%，主要进口国为塞内加尔、苏丹、美国、阿根廷、印度和埃塞俄比亚等主产国，其中仅从塞内加尔和苏丹进口的花生量占比就高达87%。我国进口花生主要用于压榨、食用和饲用三方面，其中压榨消费占比50%～55%，食用消费占比40%左右，饲用消费占比约6%。此外，我国还从巴西、印度和阿根廷等国直接进口花生油和花生粕，且进口量呈逐年增加的态势。2020年我国花生油进口量为22.5万t，花生粕进口量约10万t，主要流向山东、北京、天津、河南和广东等地区。

第二节　低温冷害对花生生产的影响

温度是影响作物生长发育最重要的环境因子之一。例如，纬度高低造成的温度差异限制了作物的地理分布，季节和昼夜变换引起的温度变化决定了作物的生长周期。温度对农业生产的影响是通过其强度、持续时间和变化规律等产生的，不同种类农作物对温度的要求不同，但若要完成一定的生长量或某个生育时期，其生命活动均需在适宜的温度范围内进行，过高或过低的温度都会使其生长发育受到抑制，甚至死亡。据统计，全球仅12%的农田和22%的牧场全年无冰冻层，而40%的耕地会遭受0℃以下的低温胁迫（Ramankutty et al.，2008）。20世纪中期以来，在全球气候变化的背景下，低温、干旱、台风等极端气候灾害事件的发生频率和发生强度逐年增加，低温伤害每3～4年就会在全球范围内发生一次，造成农作物平均减产13%～15%，每年因低温伤害造成的农业经济损失高达数千亿元，对全球粮油安全造成严重威胁（Albertos et al.，2019；Brown and Caldeira，2017）。

一、低温冷害的概念

作物在生长发育过程中对温度的反应有"三基点"，即最低温度、最适温度和最高温度。在最适温度下，作物生长发育迅速且良好，各种生理活动能有效进行；在最低和最高温度下，作物停止生长发育，但仍可维持正常生命活动；若温度继续升高或降低，作物就会遭受不同程度的危害，甚至死亡。在农业生产上，因环境温度过低导致作物生理代谢过程紊乱而不能正常生长发育的现象称为低温胁迫。根据低温程度和作物受害情况，低温胁迫通常分为两种类型：一种为零下低温对作物造成的伤害，称为冻害；另一种为零上低温（一般为 0～10℃）对作物造成的伤害，称为冷害。

日本是开展农作物冷害研究最早的国家，农业气象学家佐竹彻夫（1982）认为，夏季冷凉气候造成农作物生理障碍且明显减产的气象灾害称为冷害歉收；而农业气象学家坪井八十二和根本顺吉（1983）认为，由于夏季温度低和光照少而使农作物生长发育受害，从而造成减产的灾害称为冷害。日本学者提出的关于冷害的概念紧密联系生产实际，极具权威性，在多个国家被广泛引用。但我国幅员辽阔，气候复杂，作物种类繁多，各地耕作制度也不尽相同，用此定义去概括我国冷害的发生情况并不全面。首先，日本尤其是北海道常因"夏季低温"造成冷害而使水稻严重减产，而我国除东北、西北地区在个别年份偶有"夏冷"发生，大部分地区实际上不存在"夏冷"，更多的是"春冷"与"秋冷"。其次，我国"日照少"对于冷害的发生并不是主要因素，晴冷型冷害也常有发生，但"日照少"确实会加重低温危害。再者，我国冷害发生后，除了会造成农作物生育期延迟而减产，还会发生减产但生育期不延迟或不减产但生育期延迟等现象。例如，在我国华北北部，冷害会因导致夏玉米生育期延迟而影响后茬冬小麦及时播种，造成越冬前小麦生长不良或不能安全越冬，从而影响第二年小麦的生长及产量，因此这种由于前茬作物受冷害而使后茬作物播期延迟，造成后茬作物因生长发育不良而减产的现象也应归为冷害的范畴。

基于我国农业生产实际，我国学者在农业气象灾害研究过程中对冷害的概念进行了定义。《农业气象灾害》一书将冷害定义为"温度在0℃以上，有时甚至接近20℃的条件下，对农作物生长发育和产量形成产生的危害"（陈端生和龚绍先，1990）。《中国农业百科全书》中也有关于冷害的定义，即"农作物整个生长发育期间，0℃以上的低温对其造成的损害，常常称为低温冷害"（中国农业百科全书总编辑委员会农业气象卷编辑委员会，1986）。王书裕（1995）则认为，作物在生长发育期间有 0℃以上的温度出现，或者低温和光照条件不足在同一时间出现，阻碍了农作物的正常生长和发育，导致农作物最终减产的一种自然灾害称为冷害。归纳概括以上观点，现阶段通常将冷害作如下定义：农作物在生长季节内，因环境温度降到其生长发育所能忍受的最低温度以下（仍在 0℃以上）而受害，造成农作物生理机能受损，或生殖器官形成受阻，最终导致其不能正常生长结实而减产的农业气象灾害称为冷害。

农作物的冷害是一个缓慢累积的过程，不同作物不同品种在其生长期内能够忍受的临界低温有所不同，有些作物受害后形态上并无明显症状，不易被察觉，直至收获减产时才发现，俗称"哑巴灾"。在春季（3～5 月）天气回暖时，处于返青或拔节生长阶段的冬小麦，以及已经播种或刚刚出土的棉花、水稻等农作物，易受北方频繁南下冷空气或者南方持续阴雨的影响，发生不同程度的低温冷害，这种"前春暖，后春寒"的天气称为"倒春寒"。而在广东、广西等地区，处于孕穗、抽穗扬花或灌浆阶段的晚稻，易受秋季冷空气的影响，开花、授粉及灌浆过程受阻，收获期空壳率增加、产量下降。由于该种冷害多发生于寒露节气前后，故名"寒露风"，俗称"社风""翘穗头""秋风寒"等。

二、低温冷害的类型

低温是冷害形成的必要条件，冷害是低温对农作物造成的后果，因此低温冷害的类型包括低温的气象类型和农作物的受害类型。梁荣欣和沈能展（1982）根据低温年份作物受危害情况的不同，将冷害分为四种气象类型，包括 7 月以前低温造成的 A 型冷害、7 月下旬以后低温造成的 B 型冷害、初霜提前造成的 C 型冷害，以及作物生长前期和中期已受低温危害且整个生育期积温都不足的 D 型冷害。王书裕（1995）则根据低温危害作物生育时期的不同，将冷害分为生育前期型、中期型、后期型和并行型四种类型。也有学者依据影响冷害产生的环流种类和冷空气途径将其分为辐射冷害、平流冷害和蒸发冷害三种类型。目前，花生低温冷害类型的划分主要参照日本学者的方法，即依据冷害发生的机制，分为延迟型冷害、障碍型冷害和混合型冷害；同时，根据低温冷害发生时的气候特点，又可分为低温多雨、低温干旱、低温早霜和低温寡照等不同气候类型的冷害。

（一）延迟型冷害

延迟型冷害是指花生在营养生长期内遭遇持续且时间较长的低温，导致有效积温不足，造成生育期延迟，使花生在生育期内无法正常成熟而减产的冷害类型，被农民俗称为"哑巴灾"。"倒春寒"即属于此种类型的冷害。延迟型冷害是造成北方农作物减产的主要冷害类型，在水稻、玉米、大豆、花生等喜温作物中常有发生，尤其是水稻，从生育初期到成熟期之间的各个时期，常因遇到低温日照不足而生育期延迟，或遇到秋冷而发育不良，造成大幅度减产（姜树坤等，2020）。延迟型冷害的特点是作物在较长时间内遭受比较低的低温危害，导致植株生长、器官分化和开花结实等过程延迟。作物虽然能正常受精，但不能充分成熟，常出现花生空壳率高、水稻青米多、玉米水分多、高粱瞎眼多等现象。但也有前期气温正常，开花、受精等过程并未延迟，而是由于生育后期的异常低温延迟成熟，导致产量和品质降低。当然，若后期天气条件较好，气温升高，还会加快花生生长发育速度，使前期低温造成的生育延迟得到一定的补偿。

（二）障碍型冷害

障碍型冷害是指花生在生殖生长期遭受短时间的异常低温，导致其生殖器官的生理机制受到破坏，造成不育或部分不育而减产的冷害类型，又称不育型冷害。障碍型冷害的特点是时间短，在低温敏感期只要持续 1～2d 就可发生冷害，并且一旦造成不育，后期天气条件即使再有利，也不能恢复。开花下针期是花生对低温最敏感的时期，也是最容易发生障碍型冷害的时期。若此时遭遇 16℃ 以下的低温天气，花器官的旗瓣长、旗瓣宽及花萼管长度等形态学指标均会受到显著影响，同时花粉活力下降，柱头活性降低，并被诱导产生短花柱，授粉、受精过程受到阻碍，最终导致结实率降低，出现有壳无仁现象。

（三）混合型冷害

混合型冷害是指在花生生育期内延迟型冷害和障碍型冷害相继出现，即两种冷害在同一年度内交错发生的冷害类型。花生在生育前期往往遭遇延迟型冷害，延迟生育和开花，进入开花期后又遭遇障碍型冷害，产生大量空壳、秕粒，产量大幅度下降，花生受害情况比上述两种冷害单独出现时要严重得多。

（四）苗期不良型冷害

花生冷害除了以上三种类型，还存在苗期不良型冷害。例如，在我国东北地区尤其在黑龙江，花生苗期极易遭受低温胁迫，因生长发育受到抑制，株高降低，叶面积减小，最终导致减产，但不延迟成熟。同样，东北地区无限结荚习性的大豆，苗期遭遇低温胁迫后，植株节数和下部荚数明显减少，产量降低，但不影响成熟。这种造成作物减产但不延迟成熟的冷害，若用延迟型冷害解释显得不够全面，应属于另一种冷害类型，可以称为苗期生育不良型冷害，或简称不良型冷害。

（五）气候型冷害

1. 低温多雨型（湿冷型）

低温多雨型（湿冷型）是一种低温与多雨涝湿相结合的冷害类型。长江中下游地区，入秋后当北方冷空气与南方的暖湿气团相遇，常出现低温多雨天气，形成“湿冷型寒露风”，造成作物减产。此种类型的冷害对在洼地种植的花生危害极大。例如，2009 年 11 月至 2010 年 5 月，黑龙江绥滨遭遇了近 40 年来同期罕见的阶段性严重低温多雨天气，温度较往年平均降低 3.9℃，降水增加约 19mm，持续严寒天气导致春季回暖严重晚于往年，对花生春耕备耕造成了十分不利的影响，使春季农时严重拖后，春播生产无法顺利进行。2016 年春季重庆的低温多雨灾害导致玉米平均结实率降低 16.4%，百粒重减少 8.4%，给当地玉米产量造成了严重损失。

2. 低温干旱型（干冷型）

低温干旱型（干冷型）是一种低温与干旱相结合的冷害类型，通常对种植在雨水偏少的高纬度、高海拔地区的花生危害严重。黑龙江位于我国最北部，大陆性季风气候明显，干旱和低温冷害经常在花生、大豆、玉米等农作物的生长季内同时发生。有研究表明，玉米抽雄期仅遭受低温冷害会减产 25.80%，仅遭受干旱胁迫会减产 25.51%，而干旱和低温同时发生则导致玉米减产高达 61.12%，说明当低温干旱复合胁迫发生的时期、天数及程度与单一的低温或干旱相同时，复合胁迫对玉米产量造成的影响更大（姜丽霞等，2020）。内蒙古、甘肃和新疆等西北部地区的早春季节不仅干旱少雨，而且经常出现"倒春寒"现象。低温干旱交叉胁迫是制约该区域花生产量和品质的关键因素。另外，广东、广西和福建等地区，在受到南海台风侵袭时，因冷空气南下而引起明显降温，天气晴朗干燥，极易形成"干冷型寒露风"。

3. 低温早霜型（霜冷型）

低温早霜型（霜冷型）是一种低温与提早到来的秋霜相结合的冷害类型。我国东北地处高纬度，气候冷凉，无霜期较短（100～150d），每隔 3～4 年就会有一个明显的低温早霜年，冷冻灾害的发生期明显延长，导致农作物贪青晚熟，减产严重。近 65 年以来，内蒙古秋季早霜冷害年际发生率总体较高，除乌海以外各地区均达 90%以上，其中东阿拉善、西鄂尔多斯、乌兰察布中部、锡林郭勒和呼伦贝尔西部等地秋季早霜提前频率较高，达 50%及以上，而河套地区、乌兰察布南部、赤峰和通辽北部为早霜冷害高发区，但灾害强度正在逐年减弱。

4. 低温寡照型（阴冷型）

低温寡照型（阴冷型）是一种低温与阴雨寡照相结合的冷害类型，以长期阴雨、气温偏低、日照偏少为基本特征，通常由于其持续时间长而对农业生产造成一定危害。长江中下游和西南地区经常因阶段性低温阴雨天气而导致多种作物的生长发育进程受阻。6 月下旬至 7 月下旬，江淮、江南大部分地区经常出现连续阴雨天气，导致日照时数减少 50%～80%，气温降低 2～4℃，使作物生育进程减慢，植株长势偏弱。7 月中旬至 8 月中旬，云南中部、贵州西部常出现连续降雨天气，降水较常年增加 30%～50%，平均日照时数减少 30%～50%，平均温度降低 1～3℃，使作物产量和品质大幅度下降。

三、低温冷害对花生生产的损伤效应

花生是一种喜温作物，整个生育期对热量的要求较高，温度是限制其产量提高和地理分布的重要环境因子。目前，低温冷害现象在我国多个花生产区常有发生。例如，东北地区的"早春低温"、长江流域的"倒春寒"、华南地区的"秋季冷害"、两广地区的"寒露风"等，对花生萌发期、幼苗期、开花期、成熟期等各个生育时期造成了不同程度的危害。

花生种子萌发的最适温度为28～30℃。土壤最低温度必须达到12～15℃时才能进行播种，花生播种后一旦遭受低温冷害，种子发芽速度较慢，迟迟无法出土，易受土壤中各种真菌、线虫和地下害虫等的危害，从而引起缺苗烂种。花生幼苗期的最适温度为28～30℃，当环境温度低于15℃时，幼苗生长发育迟缓，叶片伸长速率减慢，甚至出现脱水、萎蔫、黄化、枯死等症状，此阶段的低温最不易控制且危害极大，严重年份会造成减产20%以上。花生开花下针的最适温度为23～28℃，若温度低于21℃，开花数量将会明显下降；若温度降到19℃以下，则不能形成果针。花生荚果发育最适温度为25～33℃，此温度范围内荚果发育速度最快，增重幅度最大；若环境温度低于20℃，荚果生长发育缓慢，籽粒也不饱满，收获时子房柄易断折，对产量和品质都有较大影响。

低温冷害对花生生产的影响和危害程度与其发生的季节、时间长短，以及所处的生育时期有关。一般来说，按照花生在低温胁迫下的受害规律及症状表现，低温冷害在花生生产上的损伤效应可分为抑制效应、滞后效应、累积效应、前历效应、补偿效应和"生长中心"危害效应六大类。

（一）抑制效应

作物对低温的初始反应是生理活性受到阻碍，生长发育受到干扰，干物质积累逐渐减少，这种因遭遇低温胁迫而导致作物生理活动和生长发育受到抑制的效应，即为低温冷害的抑制效应。例如，花生幼苗在受到6℃的低温胁迫后，其生育后期会表现出株高明显矮化，叶面积减少，各器官干重降低，但整个植株未产生畸形，说明植株发育的延迟和生长量的减少是因为受到低温影响而产生抑制效应的结果。抑制效应只在延迟型和苗期不良型冷害中表现明显，根据花生对低温抑制的反应，抑制效应又可分为可逆反应和不可逆反应两种类型：当环境温度低于适宜花生生长的最低温度时，其生理活性会受到不同程度的抑制，但当环境温度恢复到适宜花生生长的温度时，其生理活性也会随之恢复，此过程即为抑制效应的可逆反应；但作物的生育具有阶段发育的特点，花生苗期遭受低温后，其营养体生长会受到抑制，当花生开花转入生殖生长后，即使外界环境条件适宜，气温升高，生育前期低温对营养体生长所造成的抑制损害也难以恢复，营养体不再继续生长，表现为不可逆转的抑制效应。

（二）滞后效应

冷害是零上低温产生的危害，一般不会立即表现出来，并且人们从植株表型难以察觉。冷害的发生开始于生理活性受到抑制，这与作物对冷害的外部形态反应并非同步进行，当生理活性抑制累积达到一定数量后才会发生表型反应，此过程即为低温冷害的滞后效应。例如，花生在遭受春季低温冷害时，低温对植株的危害症状并不会立即表现出来，待天气回暖后才会出现青枯卷叶、黄秧死苗等现象，烂苗症状的出现往往是在低温开始发生的 3～5d 后。经 10℃/4℃（昼/夜）低温处理的油菜幼苗，前几周并没有表现出叶色的明显变化，但其生理活性已受到显著抑制，从第 4 周起幼苗叶片开始出现白斑，生物量减少（闫蕾等，2021）。水稻在抽穗期遭受冷害后，其植株仍然繁茂，无任何异常表型，但后期却会因灌浆、成熟不良而造成减产，使人们形成有灾而不知灾的错觉。

（三）累积效应

花生生育期内任何阶段只要遇到低于其生长发育下限温度的温度，其生长发育进程都会受到阻碍，生育期延迟。低温对花生生长发育的影响除受低温强度与低温持续时间的影响以外，还与低温发生的次数有关。花生生育期内遭受的低温次数越多，危害越严重，这一现象即为低温冷害的累积效应。低温冷害的累积效应在作物生产中普遍发生，例如，杂交水稻汕优 2 号在抽穗开花期遭受 1 次低温后的结实率为 71%，同期遭受 2 次低温后的结实率降低为 54%。内蒙古玉米种植区冷害发生与减产的吻合率随生育进程呈增加趋势，在吐丝期至乳熟期最高，达 69%，乳熟期至成熟期次之，为 67.1%，晚熟品种吻合率高于偏早熟品种（侯琼和张晴华，2013）。

（四）前历效应

作物受冷害程度因品种、低温强度、持续时间及发生次数而有所不同，有时即使是在同一地点、品种、土壤、栽培管理等条件完全相同的情况下，低温对农作物的危害程度在年度间也存在显著差异。在不同年度以相同温度对花生进行处理，各年度的花生空壳率均不相同。这是由于除温度一致外，其他气象要素在不同年份存在差异，导致花生植株的生长状态和生理生化代谢过程发生变化，从而使花生对各年度的低温表现出不同的反应。通常在玉米育苗移栽地移栽后的玉米抗冷性差异很大，这就反映了移栽前苗床期幼苗素质的差异。这种在冷害发生前，由于其他气象要素、土壤、栽培管理等条件的改变，而使作物的生长发育状态产生变化，导致作物抗冷性能改变的过程，称为冷害的前历效应。

（五）补偿效应

花生遭遇低温胁迫后，若温度稳定升高，或采取促熟措施，或田间管理得当，其因低温延迟生长发育而造成的不良后果会得到部分或全部补偿，这种效应即为低温冷害的补偿效应，也称为后历效应。补偿效应通常可分为积温补偿和措施补偿两种类型。积温补偿是指花生生育期内受到低温危害后，随着气温回升达到适宜生长温度以上，花生生育进程加快，成熟良好，使由于低温失去的积温得到部分或全部补偿，达到少减产或不减产的现象。另外，同一品种在相同的栽培条件下遭受冷害后，若田间栽培管理措施不同，其恢复生长快慢，以及后期生长情况大不相同，低温过后加强田间管理，如追施肥料、叶面喷施生长调节剂、增加中耕次数等，可使花生加快生长发育的恢复，表现出明显的措施补偿效应。

（六）"生长中心"危害效应

作物在其生长发育过程中，各个器官生长并不均衡，即先后有序，有的先生长，有的后生长。作物在不同生长阶段都有其重点生长的器官，通常先是营养器官的生长，然后才是生殖器官的形成，表现出有明显阶段的生长特点。这种在不同生长阶段主要生长发育的器官称为"生长中心"。由于"生长中心"多为幼嫩组织，是发育的旺盛器官，对外界环境如温度、光照、水分、养分等的变化反应敏感，因此，"生长中心"是低温危害作物的首要部位，也是受影响最严重的部位。花生苗期低温处理以根系和茎叶受害最严重，与对照相比根系干重减少 43.8%，茎叶干重减少 52.8%，但随着低温胁迫时期后延，根系生长所受影响逐渐减轻；进入籽粒形成阶段，根系和茎叶均停止生长，低温处理对根系及茎叶的生长基本不产生影响，但直接影响籽粒成熟，导致籽粒不饱满、粒重降低、秕粒增加，最终造成减产。

主要参考文献

陈端生, 龚绍先. 1990. 农业气象灾害. 北京: 北京农业大学出版社.

冯喜梅, 聂江文, 彭良斌, 等. 2021. 全球花生生产和贸易的时空动态变化研究. 花生学报, 50(4): 1-8.

侯琼, 张晴华. 2013. 内蒙古地区玉米低温冷害动态监测指标的建立. 中国农业气象, 34(5): 588-594.

纪红昌, 胡畅丽, 邱晓臣, 等. 2023. 花生籽仁品质性状高通量表型分析模型的构建. 作物学报, 49(3): 869-876.

姜丽霞, 李秀芬, 朱海霞, 等. 2020. 黑龙江省玉米苗期低温冷害与干旱混发特征及其对产量的影响. 干旱地区农业研究, 38(1): 255-265.

姜树坤, 王立志, 杨贤莉, 等. 2020. 基于高密度 SNP 遗传图谱的粳稻芽期耐低温 QTL 鉴定. 作物学报, 46(8): 1174-1184.

梁荣欣, 沈能展. 1982. 低温冷害气象型的初步研究. 气象, 8(2): 26-27.

廖伯寿. 2020. 我国花生生产发展现状与潜力分析. 中国油料作物学报, 42(2): 161-166.

王书裕. 1995. 农作物冷害的研究. 北京: 气象出版社.

闫蕾, 曾柳, 吕艳, 等. 2021. 甘蓝型油菜耐低温生长生理生化响应机制. 中国油料作物学报, 43(6): 1061-1069.

中国农业百科全书总编辑委员会农业气象卷编辑委员会. 1986. 中国农业百科全书 农业气象卷. 北京: 农业出版社.

佐竹彻夫. 1982. 水稻冷害的机制和栽培对策. 农业译文选, 9(1): 1-18.

Albertos P, Wagner K, Poppenberger B. 2019. Cold stress signalling in female reproductive tissues. Plant Cell Environ., 42(3): 846-853.

Brown P T, Caldeira K. 2017. Greater future global warming inferred from Earth's recent energy budget. Nature, 52(7683): 45-50.

Ramankutty N, Evan A T, Monfreda C, et al. 2008. Farming the planet: 1. Geographic distribution of global agricultural lands in the year 2000. Global Biogeochem. Cy., 22(1): GB1003.

第二章 低温冷害对花生生长发育的影响

第一节 低温冷害对花生营养生长的影响

花生的生育期因品种、环境条件和栽培技术的不同而差异较大，一般可分为营养生长和生殖生长两个阶段，包括发芽出苗期、苗期、开花下针期、结荚期和饱果成熟期 5 个生育时期（表 2-1）。其中，营养生长阶段主要包括发芽出苗期和苗期两个时期，是种子萌发、发芽出苗和幼苗生根、分枝、长叶等营养器官生长的阶段。大量研究表明，花生播种后种子能否萌发或出苗、发芽出苗的速度，以及幼苗的生长情况受温度影响较大，若此时遭遇低温胁迫则会出现种子腐烂、出苗不齐、幼苗生长缓慢等现象，对花生生产造成严重威胁（白冬梅等，2022；张鹤等，2021；张鹤和于海秋，2018；Bell et al.，1994）。

表 2-1 花生生育时期的划分

项目	营养生长		生殖生长		
	发芽出苗期	苗期	开花下针期	结荚期	饱果成熟期
划分标准	从播种至 50%的幼苗出土，主茎展开 1 片真叶	从 50%的幼苗出土至 50%的植株始现花	从 50%的植株始现花至 50%的植株始现幼果	从 50%的植株始现幼果至 50%的植株始现饱果	从 50%的植株始现饱果至收获
生长特点	以生根、分枝、长叶等营养生长为主	以营养生长为主，花芽开始分化，根瘤开始形成	营养生长与生殖生长并进，根瘤大量形成，固氮能力增强	大批果针入土形成幼果或秕果，营养生长达到最盛期	以生殖生长为主，营养生长逐渐衰退，根瘤停止固氮
天数/d	10～18	20～35	25～35	40～55	25～40

一、种子萌发

种子萌发是指成熟的种子在适宜的环境中终止休眠，胚根伸出种皮的过程，此时种子由相对静止的状态转变为生理活动状态，是植物进入营养生长阶段的关键步骤。典型的植物种子萌发过程通常分为 3 个生理阶段，即吸胀阶段、萌动阶段和发芽阶段。花生播种后，种子首先会吸水膨胀解除自身休眠性，使内部养分代谢活动增强，促进胚根突破种皮露出根尖，此过程称为"露白"。种子露白后胚根与胚轴连接处随即开始"肿大"，胚根开始伸长，即为种子"发芽"。花生种子萌发的吸胀阶段、萌动阶段和发芽阶段的持续时间分别为浸种后的 0～12h、12～33h 和 33h 之后（范永强，2014）。

　　种子的萌发过程受诸多外界因素影响，其中温度是影响种子萌发的最重要因素之一。研究表明，花生种子萌发的最适温度为 25～37℃，最低温度为 12～15℃，在最低温度到最适温度之间，种子的萌发速度与温度呈正相关关系（Bell et al.，1994）。但萌发期若遭遇 12℃以下的低温，种子活力则会受到影响，发芽势、发芽率和发芽指数等随低温强度的增加及低温时间的延长显著降低，甚至出现种子腐烂、活力丧失等现象，导致冷害发生（白冬梅等，2022）。张鹤等（2021）研究表明，花生种子吸胀后经 10℃、8℃、6℃和 4℃的低温处理，其种子活力相关指标与对照相比均表现出不同程度的下降趋势，其中发芽势分别为对照的 87.76%、70.96%、55.75%和27.00%，发芽率分别为对照的 90.38%、72.37%、61.10%和31.00%，发芽指数分别为对照的 76.66%、46.10%、35.80%和15.88%，活力指数分别为对照的 64.76%、32.63%、23.78%和10.87%。不同花生品种之间的种子活力虽然在相同温度处理下存在差异，但在低温下均受到抑制，且温度越低，造成的伤害越严重（表 2-2）。陈昊等（2020）通过分析常温（25℃）和低温胁迫（2℃）条件下花生种子萌发过程中的吸水情况发现，低温胁迫会导致不同基因型花生吸胀初期的吸水速度显著下降，但对吸胀阶段持续时间的影响并不显著；并且，与萌动阶段和发芽阶段相比，花生种子在吸胀阶段受到的低温胁迫对最终发芽情况的影响更大。

表 2-2　不同低温处理下 68 个花生品种的萌发特性（张鹤等，2021）

指标	温度/℃	最大值/%	最小值/%	平均值/%	变异系数/%
相对发芽势	10	100.00	39.00	87.76	9.15
	8	100.00	10.00	70.96	30.17
	6	97.00	0.00	55.75	48.22
	4	91.00	0.00	27.00	85.23
相对发芽率	10	100.00	47.00	90.38	7.41
	8	100.00	12.00	72.37	29.08
	6	97.00	4.00	61.10	41.02
	4	94.00	0.00	31.00	77.10
相对发芽指数	10	94.00	3.00	76.66	13.96
	8	82.00	5.00	46.10	35.35
	6	80.00	0.00	35.80	46.38
	4	72.00	0.00	15.88	104.58
相对活力指数	10	84.00	17.00	64.76	16.37
	8	61.00	3.00	32.63	39.43
	6	61.00	2.00	23.78	53.99
	4	53.00	0.00	10.87	93.55

近年来，随着人们对花生品质要求的日益提高，高油酸花生越来越受到消费者和加工企业的欢迎，在各花生产区的种植面积也逐渐扩大；北方花生产区正在进行以高油酸品种为主体的第 6 次品种更新（全国农业技术推广服务中心，2019）。但经实践研究发现，与普通花生品种相比，高油酸花生品种对低温的适应能力较差。在正常栽培条件下，高油酸花生品种播种时要求地表 5cm 的日平均温度要比普通花生品种（小花生 12℃，大花生 15℃）至少高 3~5℃，或稳定在 18℃以上（王传堂和朱立贵，2017）。这势必会推迟花生播种时间，对于无霜期较短的东北地区来说会有遭遇后期霜冻的风险，因此并不建议在东北高纬度地区种植高油酸花生。例如，研究人员以春季分期提早播种的方式（最低温度约 10℃）对高油酸花生品种的耐低温特性进行鉴定，结果有 90% 的高油酸花生品种在提前播种后的平均出苗率不足 60%。但也有研究表明，低温胁迫下花生萌发期的耐冷性与其油酸含量无显著相关性，而与其自身的遗传因子更相关，例如，中花 21 的高油酸后代品系的低温发芽率显著高于其普通油酸亲本（薛晓梦等，2021）。因此，关于高油酸花生对萌发期低温胁迫的响应规律还有待进一步探究。

二、出苗情况

花生种子发芽后，胚根继续向下延伸至 8cm 左右时，胚根上会有一级次生根出现，胚轴迅速向上伸长，顶着胚芽生长，将子叶和胚芽推向地表，此过程称为"顶土"。花生种子破土后，种皮随即破裂，子叶张开，当主茎伸长并有一片真叶展开时即为"出苗"。通常情况下，春播花生的发芽出苗期（从播种到 50% 的幼苗出土）为 10~18d，而夏播花生仅为 4~7d（范永强，2014）。

在田间生产中，春花生播种出苗期间若遭遇低温天气，轻则导致出苗缓慢、出苗期延长，重则出现低温烂种、花生基本苗减少等现象，最终造成花生减产，经济损失严重（图 2-1）。王才斌等（2003）通过大田错期播种试验，对花生出苗速度与温度之间的关系进行了研究，亦发现花生出苗速度与温度呈极显著正相关关系（$P<0.01$）。当出苗期日平均温度为 14℃左右时，花生需要近 20d 才能出苗；当出苗期日平均温度上升至 21~23℃时，花生 6~7d 就可以出苗；在 14~23℃范围内，日平均温度每升高 1℃，花生出苗时间就会缩短 1.5d。吕建伟等（2014）认为，播种后遭遇低温胁迫可使不同花生品种的出苗时间较正常温度播种推迟 5d 以上，并且随着低温时间的延长，花生种子在土壤环境中的活力逐渐降低、烂种增多，从而导致播种 17d 后各花生品种的出苗速率显著降低。张鹤等（2021）同样采用提前春播、分期播种的方法，探究了东北地区早春低温对花生出苗的影响。研究结果表明，播种出苗期低温胁迫可导致各花生品种的出苗时间延长：第一播期（4 月 10 日）从播种至所有品种出苗结束共用 31d，其间地表 5cm 土层温度低

于 12℃的时间为 196h，遭遇的最低温度为 3.9℃；第二播期（4 月 20 日）所有品种完成出苗共经历 23d，出苗时间与第一播期相比明显缩短，其间遭受到 12℃ 以下低温的时间为 55h，最低温度为 7.7℃；而第三播期（5 月 10 日）各品种完成出苗仅需 10d，其间未遭遇 12℃ 以下的低温，温度条件满足正常田间播种的要求（表2-3）。同时，播种出苗期低温胁迫可使各花生品种的出苗率和出苗能力发生不同程度的降低，温度越低，降低幅度越大（图 2-2，图 2-3），说明播种出苗期低温胁迫所导致的花生产量下降主要是因为出苗率的降低和生育期的延迟。

图 2-1　播种出苗期间低温胁迫对花生出苗情况的影响

不同花生品种的植株长势：左上图为第三期播种，右上图为第二期播种，左下图为第一期播种，右下图为第一期播种

表 2-3　播种出苗期低温胁迫对出苗天数的影响（张鹤等，2021）

播期（月/日）	出苗天数/d	地表 5cm 土层温度/℃	最低温度/℃	<12℃的累计时间/h
第一播期（4/10）	31	16.40	3.9	196
第二播期（4/20）	23	18.04	7.7	55
第三播期（5/10）	10	20.15	13.4	0

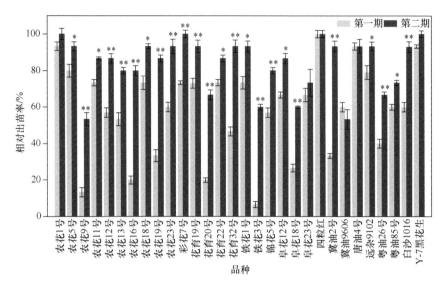

图2-2 播种出苗期低温胁迫对不同花生品种相对出苗率的影响（张鹤等，2021）

图中*和**分别表示同一品种不同播期之间在 $P<0.05$ 和 $P<0.01$ 水平上差异显著

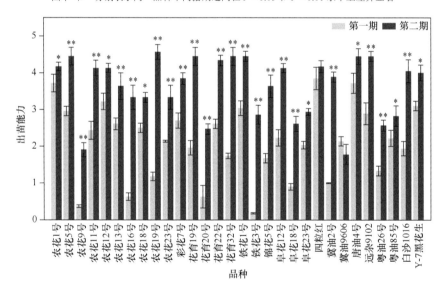

图2-3 播种出苗期低温胁迫对不同花生品种出苗能力的影响（张鹤等，2021）

出苗能力是综合考虑出苗率和出苗时间的指标，计算公式为：出苗能力=Σ（第 i 天的出苗率/相应的出苗天数），

图中*和**分别表示同一品种不同播期之间在 $P<0.05$ 和 $P<0.01$ 水平上差异显著

花生播种出苗期的低温冷害可发生于播种后至出苗前的各个阶段，不同花生品种发芽出苗的生育起点温度不同，在出苗时对低温的反应也不尽相同，导致低温胁迫下各品种从播种到出苗所需天数差异较大。不同花生品种发芽出苗期对低温的反应大体可分为四个类型：一是低温伤害型，播种后，特别是在吸胀萌动的

初始阶段，若遇到低于其生育起点的低温，大部分种子受到生理伤害，丧失发芽力，造成大范围的缺苗断垄；二是低温迟钝型，种子生育起点温度较高，对低温反应不敏感，在低于其生育起点温度的条件下，多数种子的活力不受损伤，只是出苗时间明显延迟；三是中间型，介于上述两种类型之间，在遇到低于其生育起点的低温时，有 10%～30%的种子受到冷害，丧失发芽能力，其余的种子则延迟出苗；四是低温耐受型，不仅生育起点温度较低，而且当土壤温度低于其生育起点温度时，多数种子活力不受损伤，在较低的温度条件下出苗较快且较齐。

三、幼苗生长

从 50%的花生幼苗出土、主茎有 2 片真叶展开，到 50%的植株开始开花、主茎上有 7～8 片真叶展开的这段时间为花生的"幼苗期"。正常条件下，早熟品种的幼苗期为 20～25d，中晚熟品种为 25～30d，此时根系开始迅速生长并分化大量花芽（范永强，2014）。花生幼苗期的长短受土壤和大气温度的影响较大，有研究表明，在一定范围内随温度的增加，花生幼苗期会发生不同程度的缩短。当日平均温度为 19℃左右时，幼苗期需 30～31d；当日平均温度上升至 23℃左右时，幼苗期仅需 21～22d；当日平均温度由 20℃提高到 25℃时，从播种到开花所需要的时间可缩短 8.6～9.1d；但当日平均温度由 25℃提高到 30℃时，开花只能提前 1.6～4.0d（王才斌等，2003）。

一般来说，花生幼苗期的最适温度为 25～35℃，最低温度为 14～16℃，若此时在生产上遭遇最适温度以下的低温，花生幼苗生长则会受到明显影响，且温度越低受害症状越明显（Upadhyaya et al.，2009）。当幼苗期日均温度由 20.4℃降为 19.0℃时，花生植株的干物质积累速率和叶面积系数日均增长率会显著降低，分别较最适温度时降低了 11.4%和 26.1%（王才斌等，2003）。花生幼苗遭受 10℃的低温胁迫后会表现出植株生长缓慢、幼叶舒张延缓、黄化、老叶颜色转变为深绿色并逐渐脱水、后期叶边缘干枯等症状。花生苗期遭受低温胁迫也会影响根系的生长发育，低温使主根长度、侧根长度和侧根数量减少，侧根粗度增加，根密度降低，根系活力下降。

张鹤等（2021）通过连续 4 年对东北花生产区春季气温及播种至幼苗期地表5cm 土层温度进行监测发现，花生播种后除在萌发期容易遭受低温胁迫以外，在出苗结束后（5月末）也会遭遇因持续降雨导致的瞬时低温，最低温度甚至可达 6～8℃（图 2-4）。花生幼苗遭受 6℃的低温胁迫后，其植株形态会发生不同程度的变化，大部分植株发生脱水、萎蔫、黄化、褪色等现象，部分植株甚至干枯死亡，只有少数植株依然能够保持直立，无黄化和褪色现象发生（图 2-5）；同时株高、叶面积、地上部鲜重、地下部鲜重、地上部干重和地下部干重等指标均受到显著影响，分别为对照的 70.19%、51.45%、55.51%、74.69%、79.14%和 75.64%，并且不同品种之间差异显著（表 2-4）。

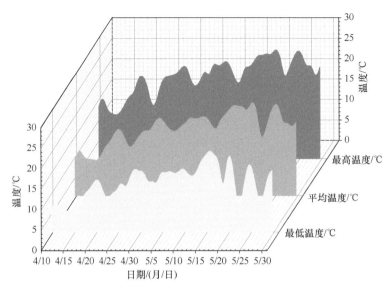

图 2-4 东北花生生产区（辽宁沈阳）播种至幼苗期地表 5cm 土壤温度的日变化（张鹤等，2021）

图 2-5 6℃低温胁迫下 30 份花生种质的表型变化（张鹤等，2021）

表 2-4　6℃低温胁迫下 30 份花生种质幼苗各形态指标的差异分析（张鹤等，2021）

性状	平均值/%	变幅/%	变异系数/%	F 值
株高	70.19±9.97	52.03～89.66	14.20	32.77**
叶面积	51.45±16.76	25.22～88.44	32.58	120.89**
地上部鲜重	55.51±12.24	35.55～82.63	22.05	14.73**
地下部鲜重	74.69±15.65	35.07～99.32	20.95	64.49**
地上部干重	79.14±12.26	49.31～95.91	15.49	8.57**
地下部干重	75.64±14.71	42.13～94.72	19.45	35.82**

注：为了避免因品种间自身差异对试验结果造成的影响，各性状均采用低温处理和常温对照的相对值（耐冷系数）。表中的平均值为 30 份种质各性状耐冷系数的平均，变幅为各品种低温处理相比常温对照的变化幅度。表中**代表 F 值在 0.01 水平上差异显著

除了气温降低所导致的低温冷害，在实际生产中，经常使用冷水灌溉也会降低土壤温度，引发低温冷害，对农作物生长造成不良影响。例如，低温水灌田可导致水稻不发根，出现黑根多、黄根少等症状，因此常有"六月冻死稻"之说。Walker（1969）研究表明，土壤温度变化 1℃即可导致植物生长发生明显变化。在作物水分管理中，大部分地区常采用机井水灌溉，当机井深度为 20m 时，水温约为 5℃，而当机井深度为 100m 时，水温便降低至 2～3℃。刘盈茹等（2015）通过系统研究低温水灌溉对花生植株生长的影响发现，在 4～20℃水温范围内，灌溉水的温度越低，花生植株生长受影响的程度越大，主要表现为株高降低、主茎和侧茎节数减少、总分枝数和有效分枝数减少、新生叶片发生慢且数量少等。史普想等（2016）经进一步研究发现，低温水灌溉可以明显降低 0～30cm 土层的土壤温度，除了能显著影响地上部植株的生长发育，还会降低花生根际土壤中过氧化氢酶、土壤脲酶、转化酶和磷酸酶的活性，从而影响花生的根系生长和根系活力，抑制根系对土壤养分的吸收，进而影响荚果的发育和产量形成。

第二节　低温冷害对花生生殖生长的影响

花生生殖生长阶段包括开花下针期、结荚期和饱果成熟期 3 个生育时期，是花芽分化和开花、果针形成和入土、荚果形成和发育等生殖器官生长的阶段。

一、开花下针

从花生开始开花到 50%的植株出现幼果的这段时间为花生的"开花下针期"。该时期花生一直处于盛花阶段，第一对侧枝 8 节内的有效花芽全部开放，开花量可占总开花量的 50%以上，形成的果针数可达总数的 30%～50%，并约有 50%的前期花形成了果针，20%的果针入土膨大为幼果，10%的植株幼果形成了定形果，

是形成最终有效结果数的关键时期（范永强，2014）。一般来说，春播花生的开花下针期为25～35d，有时不足20d；夏播早熟花生的开花下针期为15d左右，但若遭遇低温、高温、干旱、弱光等不利环境条件，开花期和结实期则会延迟。正常条件下，花生从开花到结果所需积温为1500～1800℃，有效积温为500～600℃，积温越高，成果数也就越多。有研究表明，在一定温度范围内，花生的开花期随温度的增加逐渐缩短，当日平均温度为22.6℃时，开花期为42d；而当温度上升至26.4℃时，开花期仅为26d；在22～27℃内，日平均温度每升高1℃，开花期即缩短3～4d（王才斌等，2003）。

花生开花下针期最适宜的日平均气温为23～28℃，温度过低或过高均会对其开花和受精过程产生不利影响。王才斌等（2003）通过比较多个花生品种在不同温度下的开花量发现，当开花期日平均温度为24.9℃时开花量最多，每株可达77朵；而当日平均温度降为22.6℃时每株开花量只有45朵，较24.9℃时减少32朵，减幅高达41.56%；当日平均温度升高至26.4℃时，每株开花量也仅有55朵，较24.9℃时减少22朵，减幅为28.57%，说明花生开花的最适温度为24～25℃，低于24℃或高于25℃时开花量均会明显下降。同时，24.9℃下花生单株日开花量存在先由少到多、再由多到少的内在规律，呈单峰曲线趋势变化，且峰值一般出现在始花后的30d左右。花生开花量峰值出现的时间和大小同样受开花期温度的影响较大，温度较低时，花生开花慢，开花相对分散，花期显著延长；温度较高时，花生开花相对集中，开花后很快达到高峰期，且高峰期开花量较大，花期明显缩短。例如，当开花期日平均温度为22.6℃时，始花后25d左右才能到开花高峰，高峰期5d内的开花量仅有11朵；而当开花期日平均温度升高为26.4℃时，始花后15d左右就可达到开花高峰，高峰期5d内的开花量高达25朵（图2-6）。

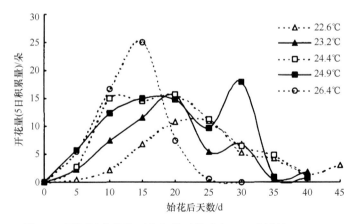

图2-6　不同温度条件下花生的开花动态（王才斌等，2003）

花生为典型的自花授粉作物，正常条件下于开花前即可完成散粉，并在开后的 6～9h 开始受精。有研究表明，花粉粒在高于 16℃的温度条件下便可以萌发，但花粉落在柱头上发芽的最适宜温度为 22～30℃，温度过低或过高都会导致花粉粒的发芽能力显著降低，甚至不发芽，造成胚珠不能受精或受精不完全（范永强，2014）。李钊（2022）研究发现，若花生开花期遭遇 15℃以下的低温天气，花器官的旗瓣长、旗瓣宽及花萼管长度等形态学指标会受到显著影响，分别较正常温度下降低 25.61%、20.61%和 21.48%（表 2-5，图 2-7）。花萼管是花粉管向胚珠生长的重要通道，花萼管生长发育不良会导致花粉管生长受阻，进而影响受精过程。低温胁迫还会导致花生的花粉活力下降，柱头活性降低，并诱导其产生短花柱，造成受精障碍，降低结实率（图 2-8～图 2-10）。

表 2-5　低温胁迫对花生花器官生长发育的影响（李钊，2022）

温度/℃	7d 开花量/朵	旗瓣长/cm	旗瓣宽/cm	花萼管长度/cm	花粉活力/%
25	42.50±1.26	1.64±0.05	1.31±0.09	1.35±0.15	28.40±3.95
15	17.75±0.89	1.22±0.09	1.04±0.04	1.06±0.12	4.27±0.97

注：花粉活力=（萌发花粉数/花粉总数）×100%

图 2-7　正常温度（左）和低温条件（右）下花生的花器官形态（李钊，2022）

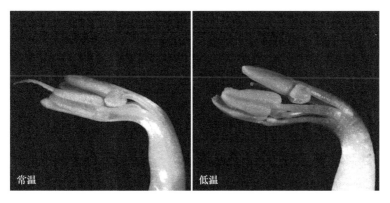

图 2-8　低温胁迫对花生花柱形态的影响（李钊，2022）

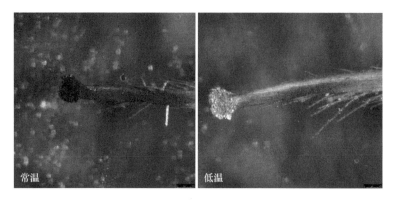

图 2-9　低温胁迫对花生柱头活性的影响（李钊，2022）

花生柱头活性采用 2,3,5-氯化三苯基四氮唑（TTC）染色法检测，染色后观察柱头颜色变化，活性越好，红色越深

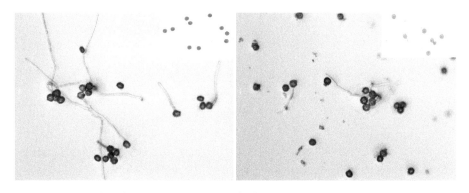

图 2-10　正常温度（左）和低温（右）条件下花生的花粉活力（李钊，2022）

花粉活力采用离体萌发的方法在显微镜下观察测定。以花粉管长度达到花粉直径的长度记为萌发，未达到花粉直径或没有长出花粉管记为不萌发，并按照公式计算花粉活力

二、荚果发育

花生果针入土 4～6d 达到一定深度（一般 3～10cm）后，子房在土壤中横卧，腹缝向上，膨大为荚果。生产上将有 50% 的植株开始出现幼果到有 50% 的植株开始出现饱果的这段时间称为花生的"结荚期"。此时大批量果针陆续下针结实，前期有效花形成的幼果多数结为荚果，该时期形成的荚果可占单株总荚果数的 80%。幼果发育 30d 左右，果壳即生长至最大值，且逐渐变薄、硬化，颜色由白色转变为固有的暗黄色，网纹逐渐清晰，内含物质逐渐转向籽仁，荚果充实饱满。生产上将有 50% 的植株开始出现饱满荚果到收获的这段时间称为花生的"饱果成熟期"，简称"饱果期"。此时期以生殖生长为主，营养生长逐渐衰退，荚果质量由结荚期的直线增长趋于平缓，籽粒油分的含量和质量开始持续上升（范永强，2014）。

荚果是花生的收获器官，其生长发育是影响花生产量和品质的直接因素（刘文文等，2020）。温度对花生荚果发育的影响与有效积温密切相关，当荚果发育阶段的有效积温在 450℃以下时，温度是影响荚果生长发育的最主要因素；有效积温越高，荚果越饱满，二者呈极显著正相关。当荚果发育阶段的有效积温在 450℃以上时，对荚果生长发育起主要作用的则是植株内部因素；温度过高，植株营养生长衰退期会加快、过早，导致果仁增重不大，反而造成花生减产。花生作为地上开花地下结果的作物，其荚果发育过程在土壤中进行，因此土壤质地与土壤环境对花生荚果形成和发育过程的影响也较大。土壤容重过高，花生生育前期的土壤温度则相对较低，不利于花生根系的生长，使其对矿质养分的吸收过程受阻，从而影响花生整个生育期果针的形成、入土、荚果发育、膨大和干物质积累，造成后期中大荚果数少、体积小和干物质积累少，小果数多（崔洁亚等，2017）。

一般来说，花生荚果发育的适宜温度为 25～33℃，结实土层的适宜温度为 26～34℃，日平均气温低于 20℃或高于 40℃均会对荚果的形成和发育产生严重影响。当结实层的平均地温低于 18℃时，花生荚果通常停止发育。若花生荚果发育阶段遭遇 20℃以下的低温，则会出现茎枝枯衰、叶片脱落等早衰现象，导致光合产物向荚果转移的功能期缩短，荚果充实度和百果重显著下降，最终造成严重减产，个别年份减产幅度可达 20%～30%。刘盈茹等（2015）在研究结荚期低温对花生植株生长动态的影响中发现，结荚期低温胁迫不影响花生株高变化趋势，但茎枝生长速度明显降低，主茎高度和侧枝长度减小，在 4℃、8℃、12℃和 16℃处理下，主茎高度和侧枝长度分别较对照减小了 21.43%、16.67%、7.82%、4.76%和 23.95%、18.41%、15.79%、8.51%，差异均达极显著水平（$P<0.01$）；结荚期低温胁迫明显影响新生叶片生长，使出叶速度减慢，叶片生长所需天数增加，且随着低温强度的增加，影响程度加大；花针期低温胁迫对总分枝数的影响较小，但可显著减少有效分枝的数量，温度越低，有效分枝数越少，进而影响单株结果数，降低产量。

三、收获储藏

作物的产量和品质除了受品种、栽培技术、生长环境等因素影响，与收获时间也有很大关系（Herrmann et al.，2005）。不同收获时期可改变作物生育期内光、热、水等气候要素的配置，从而使作物的产量和品质表现出一定的差异。花生的荚果产量和籽仁品质在其成熟过程中不断变化，受环境因子影响较大。适时收获和安全储藏对确保花生丰产、稳产、优质具有重要作用。花生收获过早会导致荚果代谢物质积累不足，多数荚果成熟不充分，籽粒发育不完全，从而造成秕果多、产量低、品质差。而花生收获过晚则会出现果柄霉烂、荚果脱落、籽仁酸败等现象，尤其一些珍珠豆型早熟品种，种子休眠期较短，成熟后如遇干旱天气，荚果失水后种子的休眠性很快被打破，再遇降雨就会立即带壳发芽，经济损失严重。

花生收获过早导致的种子成熟度不够，不仅会直接影响当年的产量和品质，同时也会导致种子的发芽力和整齐度下降，对次年的花生生产造成严重影响。史普想等（2009）研究表明，花生种子成熟度越高，出苗率则越高，植株生长迅速且整齐，幼苗根系相对发达，单株叶面积较大，光合能力较强，有利于形成壮苗；相反，种子成熟度低，出苗速度则较慢，虽然部分种子可以发芽，但无法破土出苗，导致出苗率较低。不同成熟度的花生种子受萌发期低温的影响不同，种子成熟度高，活力强，耐低温能力也强；而种子成熟度差，萌发期受低温的影响则较大，不利于形成壮苗。在我国东北地区（主要指黑龙江、吉林和辽宁），花生除播种期易受低温胁迫导致烂种外，收获期若收获不及时或初霜期提前，也容易发生低温灾害。一方面使花生的籽仁营养成分发生改变，降低花生品质，影响经济效益；另一方面导致花生种子发芽率大幅度降低或丧失，造成留种困难，这也是限制东北花生产业发展的一个关键因素。陈娜等（2020）通过分期收获的方式，研究了东北地区收获期低温对花生种子活力的影响。结果表明，收获期低温会使花生种子的萌发率显著降低，且收获越晚，萌发率受到的影响越大；与正常收获（平均最低气温 15℃）相比，第一期（平均最低气温 6.2℃）、第二期（平均最低气温 5.0℃）和第三期（平均最低气温 2.6℃）收获的花生种子平均萌发率分别降低了 20.50%、42.40%和 73.08%；其中大部分花生品种的萌发率及产量在第一期收获时就受到了较大影响，而高油酸花生品种花育 9116 第三期收获的产量显著高于前两期，但萌发率降低，说明该品种生育期较长，低温霜冻之前收获对其产量影响较大。

花生收获后的储藏环境也是影响种子质量和产量潜力的重要因素。花生种子中含有丰富的油脂、蛋白质和碳水化合物等营养物质，在储藏过程中极易吸收空气中的水分，使其呼吸作用增强，同时消耗养分，释放大量的热能，导致种子堆温升高，造成种子受热发霉变质，丧失生理活性。研究表明，温度的高低对花生种子储藏期间的呼吸代谢活动影响较大，充分干燥的花生荚果可在 21.1℃下保持优良品质 6 个月，籽仁可保持 4 个月；在 18.8℃温度条件下，花生荚果可安全储藏 9 个月，籽仁可储藏 6 个月；而在 0~2.2℃温度范围内，花生种子甚至可安全储藏 2 年（范永强，2014）。另外，花生储藏期间温度对籽仁品质和种子活力的影响与种子自身的含水量密切相关，含水量为 6%的花生种子可耐受-30℃的低温；含水量为 10%的花生种子于-24℃储藏 75h，其发芽率仍为 95%；而含水量为 31%的花生种子于-6℃储藏 72h，其发芽率仅为 15%。史普想等（2007）通过比较不同含水量花生种子经低温储藏后的出苗情况发现，含水量为 5%的花生种子经-20℃低温储藏后，活力下降不明显，对出苗率的影响较小；含水量为10%的花生种子经−20℃低温储藏后，活力明显降低，出苗率仅为70.0%；而含水量为15%的花生种子经−20℃低温储藏后，发芽能力完全丧失（表2-6）。并且，遭受冻害的花生种子即使能出苗，其幼苗生长过程也会受到较大影响，表现为植株矮小，叶面积小，叶片薄而黄，第一、二对侧枝生长缓慢，根系活力低等。

表2-6 不同含水量花生种子低温储藏对种子活力及出苗的影响（史普想等，2007）

含水量/%	温度/℃	发芽势/%	发芽率/%	活力指数/%	出苗率/%
5	0～10	99.5aA	99.8aA	14.8aA	97.9aA
5	−20	96.5bA	97.1bA	14.5aA	94.4bB
10	−20	76.8cB	81.2cB	11.1bB	70.0cC
15	−20	0.0dC	0.0dC	0.0cC	0.0dD

注：同一列数据后的不同小写字母代表在5%水平上差异显著，不同大写字母代表在1%水平上差异显著

第三节 低温冷害对花生产量及品质的影响

花生的生长发育和产量品质形成是在一定的生态条件下进行的，其间不断地与环境进行物质和能量交换，导致其体内的所有生理生化过程，以及任何一个受基因控制的表型性状均受环境因子影响。温度是花生维持正常生长发育所必需的环境因子之一，不适宜的温度条件尤其是低温环境会影响花生种子萌发、破土出苗、幼苗生长、开花结实、荚果发育等各个生育阶段，最终影响产量和品质。虽然温度等环境因子不易被人为所控制，但可以在充分了解其对花生产量和品质影响的基础上，通过花生的区域化种植，将特异性品种栽培于最适宜的生态环境中，从而使品种的高产优质特性得到充分发挥（万书波等，2013）。

一、产量构成因素

作物产量的形成是在作物整个生育期内不同时期依次开始且重叠进行的，与器官的分化、发育及光合产物的分配和积累密切相关。花生的产量主要形成于生育后期的结荚期和饱果成熟期，由单位面积株数、单株果数和果重3个基本因素构成，即单位面积荚果产量=单位面积株数×单株果数×果重。在花生生产上，实现3个产量构成因素之间的最优组合，是保证花生高产、稳产的有效途径。但在实际生产中，花生产量构成因素的形成受环境因子和栽培条件影响较大，无论哪一生育时期遭遇低温冷害，均会对其产生影响，造成经济损失。

（一）生育前期

花生的生育前期主要包括发芽出苗期和苗期两个生育时期，是花生成苗并形成根、茎、叶等营养器官的时期。一般来说，该时期发生的低温冷害主要通过降低出苗率、延长出苗时间、抑制幼苗生长等影响花生的产量及产量构成因素。张鹤等（2021）采用提前播期、分期播种的方式研究了东北地区早春低温对花生产量构成因素的影响。结果表明，播种出苗期低温胁迫可导致花生的产量构成因素受到不同程度的影响，其中，单株饱果数和单株果重受低温影响显著降低，而百果重和百仁重的变化并不显著，且不同品种之间存在明显差异（表2-7）。

表2-7　播种出苗期低温胁迫对不同花生品种产量构成因素的影响（张鹤等，2021）

指标	播期（月/日）	农花1号	农花5号	农花16号	农花18号	花育22号	铁花3号	阜花18号	四粒红
单株饱果数/个	4/10	12b	17a	6c	9b	19b	4b	5b	3c
	4/20	17a	19a	10b	12ab	22b	5b	7b	7b
	5/10	19a	20a	16a	14a	26a	12a	17a	20a
单株果重/g	4/10	21.44b	22.71c	6.85b	17.72b	24.36c	6.78b	7.73b	3.96b
	4/20	27.03a	27.42b	9.98b	22.76a	29.77b	8.22b	10.08b	7.78b
	5/10	28.996a	33.90a	20.32a	26.79a	35.82a	28.15a	19.30a	17.93a
百果重/g	4/10	159.94a	166.68a	110.82b	140.90a	189.90a	148.87a	155.42b	133.54a
	4/20	164.99a	163.12a	117.78b	147.32a	192.56a	154.92a	163.70ab	137.78a
	5/10	173.50a	175.62a	126.87a	150.63a	199.38a	159.88a	184.00a	145.88a
百仁重/g	4/10	73.58a	66.68a	46.63a	68.89b	77.43a	60.82ab	70.37a	50.58b
	4/20	72.06a	68.32a	49.42a	71.43ab	82.03a	57.79b	70.60a	54.78ab
	5/10	77.38a	69.63a	51.43a	77.44a	79.82a	65.65a	75.00a	59.88a

注：不同小写字母代表相同品种在不同播期处理下5%水平上差异显著

（二）生育中期

花生的生育中期主要指开花下针期，是花和果针等生殖器官形成的时期。若花生于生育中期遭遇低温天气，花器官的生长发育则会受到影响，花粉活力显著下降，受精过程受到阻碍，从而影响产量形成。李钊（2022）研究发现，花生开花期遭遇15℃左右的低温胁迫后，各花生品种的产量构成因素均受到不同程度的影响，单株果数、单株果重、单株籽仁重及单株双仁果率显著降低；其中花育910的单株果数、单株果重和单株籽仁重变化幅度最大，较常温对照（25℃）分别降低了54.33%、58.06%和64.43%，花育52号的单株双仁果率受低温影响最大，较常温对照降低了39.34%（表2-8，图2-11）。

表 2-8　开花期低温胁迫对不同花生品种产量构成因素的影响（李钊，2022）

品种	单株果数/个		单株果重/g		单株籽仁重/g		单株双仁果率	
	25℃	15℃	25℃	15℃	25℃	15℃	25℃	15℃
农花 9 号	16.00±0.61a	12.00±1.00a	6.22±1.05	5.07±1.31	4.83±0.80a	2.85±1.08b	0.44±0.09	0.38±0.04
农花 5 号	17.67±0.51a	13.83±1.02b	6.54±1.02	5.82±1.09	6.44±1.05a	3.21±0.91b	0.62±0.03a	0.39±0.05b
花育 22 号	10.67±1.53	10.00±0.50	9.62±1.20a	5.77±1.29b	6.57±3.12a	3.12±0.68b	0.58±0.02	0.49±0.05
阜花 22 号	10.83±1.21a	8.00±0.50b	13.85±1.16a	7.19±1.27b	10.31±0.55a	4.76±1.25b	0.62±0.04a	0.47±0.04b
锦花 15 号	14.00±1.00a	10.67±1.69b	11.40±1.29a	5.53±1.75b	8.04±1.20a	3.74±0.95b	0.76±0.03a	0.51±0.03b
花育 52 号	14.67±1.16a	10.00±1.03b	10.32±1.25a	5.66±1.29b	7.53±1.28a	3.58±1.25b	0.61±0.03a	0.37±0.03b
花育 910	11.67±1.04a	5.33±1.52b	8.25±1.51a	3.46±0.99b	3.88±1.00a	1.38±0.14b	0.55±0.06a	0.45±0.08b

注：不同小写字母代表相同品种在不同温度处理下 5% 水平上差异显著

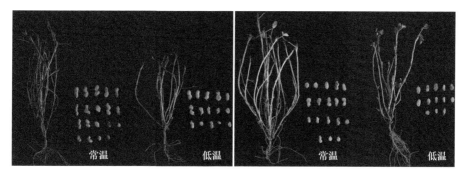

图 2-11　开花期低温胁迫对辽宁主栽花生品种农花 5 号（左）和农花 9 号（右）单株果数的影响（李钊，2022）

（三）生育后期

花生的生育后期主要包括结荚期和饱果成熟期两个时期，是花生荚果发育、籽粒充实、形成产量的时期。该时期花生发生低温冷害则会出现茎叶早衰、荚果空秕、百果重和百仁重下降等现象，对花生的产量形成造成直接影响。在我国广西、福建和云南等南部花生产区，花生种植常年以秋花生为主，与春花生或夏花生相比，秋花生出苗快、开花早，营养生长期短，但生育后期昼夜温差较大，极易遭遇低温冷害，造成荚果发育不完全、籽粒饱满度低，甚至荚果腐烂等，最终导致产量大幅度下降。秋花生生育期间的总积温与产量及产量相关性状的形成密切相关，总积温过高或过低均可对花生单株饱果数、百果重和荚果产量产生不良影响。日平均温度≤20℃或≤22℃的天气出现得越早，对产量和产量相关性状的危害就越大，其中日平均温度≤22℃和日平均最低温度≤20℃的天气分别对单株饱果数和百果重影响较大，日平均温度≤20℃的低温天气对百果重和产量的影响较大。秋花生提前播种会因前期高温天气导致花期缩短，减少开花量，对增加饱果数不利，但同时也可以增加生育期总积温，从而减轻后期低温影响，增加百果重，提高产量。

二、籽粒营养品质

花生品质是衡量花生品种与花生产品质量优劣的重要指标，通常分为商业品质和营养品质两个类别。商业品质主要包括纯仁率、水分、杂质、色泽和气味等指标，目前国家已经针对各指标制定了相应的标准。营养品质主要包括脂肪、脂肪酸、蛋白质、碳水化合物、维生素等指标，其优劣程度通常相对于用途而言。例如，油用花生的品质以籽粒脂肪含量为主要指标，脂肪含量越高品质越好，同时考虑脂肪酸组成，不饱和脂肪酸含量越高，营养价值越高；食用型和加工型花生的品质则以籽粒蛋白质含量、糖分含量和口味为主要评价指标，蛋白质含量高、含糖量高、食味好则品质好。

花生品质的形成受遗传因素和非遗传因素共同调控，即决定花生品质的指标，如脂肪含量、蛋白质含量、油酸与亚油酸的比值（油亚比，O/L）等随花生品种和环境条件的不同而发生变化。潘丽娟等（2020）将山东省花生研究所培育出的6个高油酸大花生品种种植于全国11个纬度不同的花生产区，通过比较其品质相关性状发现，花生油脂、蛋白质和脂肪酸等含量受不同纬度种植区的环境因子影响明显，6个花生品种的含油量最高点均出现在徐州试验站（34.28°N），达56%以上，最低点分别出现在泉州试验站（24.78°N）、南充试验站（30.80°N）和四平试验站（43.50°N），说明过低或过高的纬度均不利于高油酸大花生的油脂积累；而蛋白质含量受纬度影响变化较为复杂，各品种均在南充试验站表现最高，超过27%，在保定试验站（38.87°N）、徐州试验站和临沂试验站（35.07°N）表现较低；同时，花生油酸和亚油酸含量在不同环境及不同基因型间的差异均达显著水平，除花育9121以外，其他5个品种的油酸含量都在四平试验站表现最低，说明花生籽仁中的油酸积累受东北地区低温影响严重（表2-9）。

表 2-9　6个高油酸大花生品种主要品质性状的表型变异（潘丽娟等，2020）

变异来源	脂肪/%	蛋白质/%	油酸/%	亚油酸/%
环境因子变异系数	3.19**	4.37**	13.79**	9.98**
基因型变异系数	0.02	0.03	4.90**	3.96**
变化范围	49.70～51.80	23.50～25.00	74.30～81.00	4.50～10.50

注：表中变化范围是指不同试验站各品种品质性状的变化幅度，**表示在 $P < 0.01$ 水平上差异显著

花生品质的好坏在很大程度上取决于荚果成熟度，花生籽仁脂肪含量、蛋白质含量、O/L 值都与饱果率有关。同一花生品种，若籽仁成熟度不同，其内在品

质也存在较大差异（张佳蕾，2013）。温度是影响花生荚果发育的重要因素之一，花生生育期内无论哪一时期遭遇低温天气，均会对荚果成熟度和籽仁饱满度造成影响，进而影响品质相关性状的形成（万书波等，2013）。据报道，在 20℃/16℃～32℃/28℃（昼/夜）温度范围内，花生籽粒含油量随温度的升高平均增加 23%，且在最高温度时含油量最高（Mortley et al.，2004）。温度降低会导致棕榈酸含量降低，亚油酸含量增加（Golombek et al.，2001，1995）。黎佳钰（2019）的研究表明，花生萌发期遭遇低温胁迫可导致其收获后的籽粒品质发生明显变化（图2-12）：与常温对照相比，各花生品种的总糖含量显著增加，且高油酸花生品种（豫花 37、豫花 65 和 L61）较普通花生品种（阜花 17 和远杂 9102）增加幅度大；脂肪和蛋白质含量略有下降，其中高油酸花生品种豫花 65 分别降低了 13.69%和9.09%，普通花生品种远杂 9102 分别降低了 5.17%和 3.37%；脂肪酸组成发生明显变化，油酸含量显著降低，亚油酸和棕榈酸含量显著增加，同时 O/L 值显著下降，即耐储性显著降低（表 2-10）。

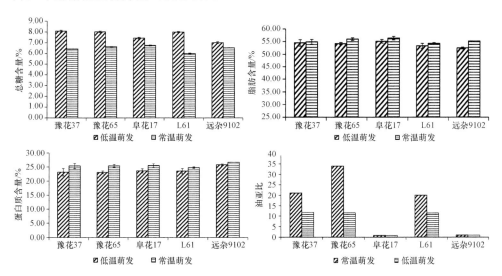

图 2-12　萌发期低温胁迫对花生籽粒营养品质的影响（黎佳钰，2019）

在我国东北地区，花生收获不及时或遇初霜提前也会发生低温冷害，使花生品质下降，导致高油酸花生品种在东北花生产区种植后变成了普通花生。陈娜等（2020）通过分析不同收获期各花生品种的籽粒品质相关性状发现，收获期低温对花生籽粒品质的影响主要是提高蔗糖、蛋白质及亚油酸含量，降低脂肪和油酸含量，显著降低 O/L 值，且收获越晚花生品质变化越大，推测这是植物为了适应外部环境产生的适应性反应，将脂肪转化为可溶性糖和蛋白质能够更好地适应低温环境。而唐月异等（2011）研究表明，花生的耐低温性与脂肪含量和亚油酸含量呈显著正相关，但相关系数较低，相对应的决定系数只有 10% 左右，说明脂肪含量和亚油酸含量所能解释的花生耐低温性变异较少，因此关于花生耐冷性与品质相关性状的关系还有待进一步研究。

表 2-10　萌发期低温胁迫对花生籽仁脂肪酸含量的影响（黎佳钰，2019）

品种	油酸/%		亚油酸/%		棕榈酸/%		硬脂酸/%		花生酸/%		花生烯酸/%	
	常温	低温	常温	低温	常温	低温	常温	低温	常温	低温	常温	低温
豫花 37	82.92	76.67	3.92	14.52	5.69	9.72	3.01	2.92	1.32	1.33	2.23	2.19
豫花 65	81.14	76.90	2.39	11.64	6.08	8.07	2.60	2.64	1.38	1.22	2.11	1.96
阜花 17	35.55	34.84	42.03	43.83	5.64	12.43	2.95	4.29	1.83	1.55	1.10	1.08
L61	80.22	73.97	4.00	18.46	5.70	8.25	3.70	2.65	1.62	1.32	1.53	1.42
远杂 9102	37.61	36.86	38.64	39.65	6.24	12.84	3.90	4.03	1.73	1.45	0.71	0.97

主要参考文献

白冬梅, 薛云云, 黄莉, 等. 2022. 不同花生品种芽期耐寒性鉴定及评价指标筛选. 作物学报, 48(8): 2066-2079.

陈昊, 徐日荣, 陈湘瑜, 等. 2020. 花生种子萌发吸胀阶段冷害抗性的鉴定及耐冷种质的筛选. 植物遗传资源学报, 21(1): 192-200.

陈娜, 程果, 潘丽娟, 等. 2020. 东北地区收获期低温对花生品质影响及耐低温品种筛选. 植物生理学报, 56(11): 2417-2427.

崔洁亚, 侯凯旋, 崔晓明, 等. 2017. 土壤紧实度对花生荚果生长发育的影响. 中国油料作物学报, 39(4): 496-501.

范永强. 2014. 现代中国花生栽培学. 济南: 山东科学技术出版社.

黎佳钰. 2019. 高油酸豫花 65 花生的低温及加工特性研究. 沈阳: 辽宁大学硕士学位论文.

李钊. 2022. 开花期低温对花生开花及结实特性的影响. 沈阳: 沈阳农业大学硕士学位论文.

刘文文, 王建国, 万书波, 等. 2020. 花生荚果发育及其调控研究进展. 中国油料作物学报, 42(6): 940-950.

刘盈茹, 张晓军, 王月福, 等. 2015. 低温水灌溉对花生植株生长动态的影响. 花生学报, 44(1): 1-5.

吕建伟, 马天进, 李正强, 等. 2014. 花生种质资源出苗期耐低温性鉴定方法及应用. 花生学报, 43(3): 13-18.

潘丽娟, 王通, 许静, 等. 2020. 不同纬度对高油酸大花生产量及品质性状的影响. 花生学报, 49(4): 73-78.

全国农业技术推广服务中心. 2019. 高油酸花生产业纵论. 北京: 中国农业科学技术出版社.

史普想, 刘盈茹, 张晓军, 等. 2016. 低温水灌溉对花生根际土壤酶活性和养分含量的影响. 中国油料作物学报, 38(6): 811-816.

史普想, 王铭伦, 王福青, 等. 2007. 不同含水量的花生种子低温贮藏对种子活力及幼苗生长的影响. 安徽农学通报, (12): 108-109, 158.

史普想, 王铭伦, 于洪波, 等. 2009. 不同成熟度花生种子萌动期低温对苗期生长发育的影响.

作物杂志, (1): 78-81.

唐月异, 王传堂, 高华援, 等. 2011. 花生种子吸胀期间耐低温性及其与品质性状的相关研究. 核农学报, 25(3): 436-442.

万书波, 王才斌, 张正, 等. 2013. 花生品质栽培理论与调控技术. 北京: 中国农业科学技术出版社.

王才斌, 成波, 郑亚萍, 等. 2003. 温度对花生出苗、幼苗生长及开花的影响. 花生学报, (4): 7-11.

王传堂, 朱立贵. 2017. 高油酸花生. 上海: 上海科学技术出版社.

薛晓梦, 吴洁, 王欣, 等. 2021. 低温胁迫对普通和高油酸花生种子萌发的影响. 作物学报, 47(9): 1768-1778.

张鹤. 2020. 花生苗期耐冷评价体系构建及其生理与分子机制. 沈阳: 沈阳农业大学博士学位论文.

张鹤, 蒋春姬, 殷冬梅, 等. 2021. 花生耐冷综合评价体系构建及耐冷种质筛选. 作物学报, 47(9): 1753-1767.

张鹤, 于海秋. 2018. 花生耐寒生理研究进展//中国作物学会. 中国作物学会油料作物专业委员会第八次会员代表大会暨学术年会综述与摘要集. 武汉: 《中国油料作物学报》编辑部: 65-68.

张佳蕾. 2013. 不同品质类型花生品质形成差异的机理与调控. 泰安: 山东农业大学博士学位论文.

Bell M J, Gillespie T J, Roy R C, et al. 1994. Peanut leaf photosynthetic activity in cool field environments. Crop Sci., 34(4): 1023-1029.

Golombek S D, Sridhar R, Singh U. 1995. Effect of soil temperature on the seed composition of three Spanish cultivars of groundnut (*Arachis hypogaea* L.). J. Agric. Food Chem., 43(8): 2067-2070.

Golombek S D, Sultana A, Johansen C. 2001. Effect of separate pod and root zone temperatures on yield and seedcomposition of three Spanish cultivars of groundnut (*Arachis hypogaea* L.). J. Agric. Food Chem., 81(14): 1326-1333.

Herrmann A, Kornher A, Taube F. 2005. A new harvest time prognosis tool for forage maize production in Germany. Agr. Forest Meteorol., 130(1-2): 95-111.

Mortley D G, Bonsi C K, Hill W A, et al. 2004. Temperature influences yield, reproductive growth, harvest index, and oil content of hydroponically grown 'Georgia Red' peanut plants. Hort. Science, 39(5): 975-978.

Upadhyaya H D, Reddy L J, Dwivedi S L, et al. 2009. Phenotypic diversity in cold-tolerant peanut (*Arachis hypogaea* L.) germplasm. Euphytica, 165(2): 279-291.

Walker J M. 1969. One-degree increments in soil temperatures affect maize seedling behavior. Soil Sci. Soc. Am. J., 33(5): 729-736.

第三章 花生适应低温冷害的生理机制

低温冷害会对花生的生长发育及表观性状造成不同程度的影响，如出苗率降低、植株生长缓慢、开花时间延迟、干物质积累速率下降、荚果发育及产量和品质形成受到阻碍等，此外还会引起细胞脱水，导致花生体内发生一系列的生理生化变化，如细胞膜透性增大、电解质大量外渗、活性氧过量积累、光合和呼吸作用受到抑制、内源激素水平失调等，这是影响其正常生长发育的初始根源（张鹤，2020）。花生与大多数植物相同，其整个生命周期只能生长于特定的环境中。因此，为了在低温环境下维持正常生命活动，花生在长期进化过程中形成了复杂而高效的适应性机制：当外界的低温信号被生物膜系统感知后，体内的钙离子、活性氧和一氧化氮等信号分子会迅速做出响应，通过信号级联放大过程将低温信号传递到细胞内部，诱导植株产生相应的生理生化反应，以适应低温环境，从而形成独特的耐冷机制（Zhu，2016）。

第一节 生物膜系统与花生耐冷性

包括细胞质膜和细胞器膜在内的生物膜系统是植物感受温度变化的首要部位，也是低温造成细胞损伤的原初位点（Zhukov，2015）。低温胁迫所导致的细胞脱水、胞壁间粘连，以及蛋白质变性会使生物膜的结构、相态和透性发生改变，造成原生质体流动停滞，细胞内容物外泄，离子渗透平衡被破坏，并引发代谢紊乱，促进有毒物质过量积累，导致细胞和组织受损或死亡，从而影响植物的生长发育，发生低温冷害（Theocharis et al.，2012）。

一、生物膜的结构

生物膜是生物体内细胞和细胞器与环境之间的界面结构，是防止胞外物质自由进入细胞的屏障，对维持生物体内正常生理过程的稳定性具有重要作用。自然界中除了某些病毒，几乎所有生物都具有生物膜结构，其中真核细胞既有质膜（又称细胞膜），又有分隔各种细胞器的膜系统，包括核膜、线粒体膜、叶绿体膜、内质网膜、高尔基体膜、溶酶体膜和过氧化物酶体膜等。各种膜性结构的化学分析表明，生物膜主要由脂类、蛋白质、糖类、水、无机盐和少量的金属离子组成，其中脂类、蛋白质和糖类所占比例较高，分别约为50%、40%和2%～10%，具体比例因物种不同而发生变化。构成生物膜的脂类有磷脂、糖脂和胆固醇，均由一个亲水的极性头部和一个疏水的非极性尾部组成，其中亲水头部可在水溶液中自动联结，形成脂质双分子层，构成生物膜的骨架。生物膜所含有的蛋白质称为膜蛋白，镶嵌于膜的内外两侧，或不同程度地插入脂质双分子层内部，是生物膜功能的主要承担者。生物膜上的糖类则多以复合糖的形式存在，一般通过共价键结合在脂类或蛋白质上，形成糖脂或糖蛋白。浸浮于水溶液中的脂类和蛋白质分子一直处于运动状态，导致生物膜既有与晶体结构类似的有序性，又有和液体相同的流动性，呈现"流动镶嵌"模型（Singer，1975）。

生物膜的相态和流动性受温度的影响较大。在正常温度条件下，整个脂质双分子层构成液晶状态的基质，脂类和蛋白质分子处于动态平衡状态。当环境温度升高时，生物膜从液晶态转变为液态，膜蛋白活性降低甚至失去活性，磷脂脂肪酸链的运动受到抑制，导致膜透性及其对小分子的渗透性降低；当环境温度较低时，生物膜由液晶态变为凝胶态，含有大量不饱和脂肪酸的脂类分子显著增加，膜上分子间排列的有序性明显降低，导致膜的流动性和通透性增加，使其运送物质的速度较正常温度下高 20 倍左右，造成细胞内容物大量外泄，离子平衡被破坏。通常情况下，膜脂脂肪酸链的不饱和程度主要通过细胞代谢进行调节，为了使细胞适应温度等环境条件的改变，可通过低温锻炼等方式调节细胞的代谢过程，从而维持生物膜的流动性（Sun and Böckmann，2018）。

二、膜脂相变

当外界环境条件（温度、水化程度和 pH 等）或脂类本身结构发生变化时，生物膜会以不同的相态存在，即膜脂具有多型性。生物膜的相态主要分为层状和非层状两大类，其中层状结构一般包括层状晶体相、层状凝胶相和层状液晶相，是膜脂最为常见的 3 种相态。1973 年，Lyons 提出了著名的"膜脂相变"假说，科学地解释了植物冷害发生的机制。该假说认为，0℃以上的低温对植物组织造成的伤害一般可分为两步：第一步是生物膜的相态发生改变，由液晶态转变为凝胶态，这是植物对低温胁迫的原初反应，也是冷害发生的始因；第二步是生物膜的结构发生变化，膜脂中脂肪酸碳氢链的排列由无序变为有序，导致生物膜外形和厚度的改变，使生物膜发生收缩，表面出现孔道或龟裂，造成膜透性增大，细胞或细胞器内的可溶性物质和电解质大量外渗，离子平衡被破坏，从而引发"生理干旱"。低温胁迫下生物膜结构的改变亦会导致膜结合酶的活性发生变化，特别是起离子泵作用的 ATP 酶的活性受到抑制，会使细胞内的呼吸作用减弱，能量供应减少，无氧呼吸为主导，造成代谢性有毒物质如乙醛、乙醇等大量积累，对植物细胞和组织造成伤害。

对于花生冷害的发生机制，Zhang 等（2019）提出了与 Lyons 相似的观点。当花生植株遭遇低温胁迫时，生物膜系统会首先感知低温信号并做出响应。一般来说，短暂的瞬时低温对花生植株的伤害是可逆的，膜透性变化小，当温度回升至正常，膜系统的相态便可转变回液晶态，相应的生理生化及代谢过程也逐渐恢复正常；但若植株遭遇不可承受或长期低温胁迫，膜系统则会发生降解，甚至破裂，使原生质体流动性降低，膜透性显著增加，导致 K⁺、糖类和氨基酸等物质从细胞内大量外渗，离子间的动态平衡被破坏，从而引发植株脱水、萎蔫、黄化和加速衰老等，造成不可逆的损伤（图 3-1）。低温胁迫下膜系统的相变及膜透性的增加通常发生于植株外部形态变化之前，因此可以根据生物膜的变化情况，及时判断植株的受伤害程度，进而采取一定的有效措施防止冷害的发生。

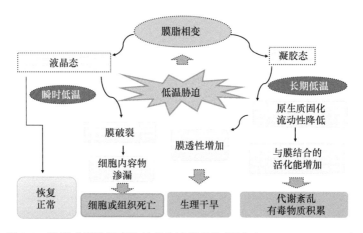

图 3-1　基于"膜脂相变"的花生冷害发生机制（Zhang et al.，2019）

电解质渗透率（相对电导率）是评价生物膜透性最直接可靠的生理指标，可准确判断植物的耐冷性。电解质渗透率越高，膜透性越大，电解质渗透率越低，膜透性越小。张鹤（2020）研究发现，花生幼苗经低温处理后，其电解质渗透率会明显增加，变化幅度随低温时间的延长及低温强度的增加而持续增大，且耐冷性不同的花生品种之间存在显著差异（图 3-2）。冷敏感型花生品种阜花 18 号（FH18）的电解质渗透率自低温胁迫初期便开始快速增加，至低温处理后 120h，增加幅度高达 189.15%，膜透性遭到严重破坏；而耐冷型花生品种农花 5 号（NH5）的电解质渗透率在低温胁迫下相对稳定，至低温处理后 72h 略有增加，增加幅度为 26.53%。吕登宇等（2022）比较分析耐冷性不同花生品种经冷水吸胀后的相对电导率发现，低温处理后各花生品种的相对电导率变化均达到显著差异水平（$P < 0.05$），其中中间型品种濮花 16 号、冷敏感型品种泉花 6 号和鲁花 11 号的相对电导率分别为耐冷型品种豫花 22 号的 1.15 倍、1.59 倍和 2.5 倍，表明电解质渗

透率与花生的耐冷性存在极显著的负相关关系（$P<0.01$），可作为花生耐低温能力的评价指标，且适用于各个生育时期。

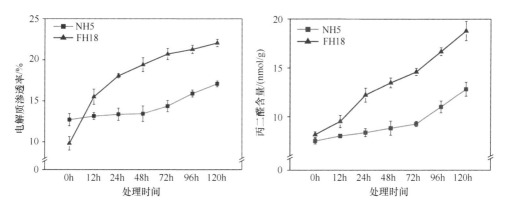

图 3-2　低温胁迫对花生幼苗电解质渗透率和丙二醛含量的影响（张鹤，2020）

三、膜脂过氧化

膜脂过氧化是低温对细胞造成伤害的重要表现之一。植物在低温环境中所造成的生物膜损伤，可能与活性氧自由基引起的膜脂过氧化及蛋白质破坏有关。Fridovich（1975）提出的生物自由基伤害学说认为，在正常生理条件下，植物体内由光合作用、呼吸作用和β-氧化等过程产生的活性氧自由基，会与由抗氧化酶和抗氧化剂等构成的抗氧化防御系统处于一种动态平衡，不会对细胞造成伤害；但当外界环境改变，遭遇低温、干旱等逆境胁迫时，植物体内活性氧自由基的产生速度就会超出其清除速度，动态平衡状态被破坏，若活性氧自由基的含量超过伤害"阈值"，就会攻击细胞内的蛋白质、核酸、多糖和脂质等生物大分子，导致膜系统的完整性被破坏，膜透性增加，导致细胞或组织的内容物大量外漏，最终造成细胞受损甚至死亡。

低温胁迫造成生物膜损伤的另一原因是，膜脂过氧化作用会导致膜系统中的蛋白质和酶分子等发生降解。一方面，过量积累的活性氧自由基能攻击膜蛋白上的氨基酸残基，使氨基酸残基的金属结合位点被优先氧化，其中组氨酸（His）、脯氨酸（Pro）、精氨酸（Arg）和赖氨酸（Lys）残基是过氧化作用的主要目标，导致核酸主键断裂、碱基降解、氢键损坏，从而造成多肽链断裂，蛋白质降解；另一方面，膜脂过氧化的最终产物丙二醛（malondialdehyde，MDA）及其类似物可直接与蛋白质、核酸等生物大分子发生反应，使纤维素分子间的桥键松弛，抑制蛋白质的合成，或与蛋白质发生聚合和交联，使膜蛋白变性，因此膜脂过氧化也是导致膜脂流动性降低的重要原因，对植物细胞损伤极大。

MDA 作为膜脂过氧化的最终产物，其含量随膜脂过氧化作用的增强，以及生物膜受损程度的增大而增加，因此 MDA 含量是判断逆境胁迫对生物膜造成危害程度的重要依据。张鹤（2020）通过比较低温胁迫下耐冷性不同花生品种 MDA 含量的变化规律发现，低温胁迫下各花生品种 MDA 含量的变化趋势整体上与电解质渗透率相同，均随低温胁迫时间的延长而持续增加，且不同品种之间存在显著差异。低温胁迫 120h 后耐冷型花生品种 NH5 的增加幅度为 36%，而冷敏感型花生品种 FH18 的增加幅度达 134.38%，说明低温胁迫对 FH18 膜系统的稳定性造成了严重的破坏，而对 NH5 的影响较小，尤其是在低温胁迫初期，几乎不产生影响（图 3-2）。钟鹏等（2018）以 MDA 含量作为评价指标，对不同花生品种的耐冷性进行了鉴定，研究结果表明，各花生品种的 MDA 含量均随低温胁迫强度的增加而不断累积上升，且花生耐冷性与 MDA 含量的增加呈显著负相关。

第二节 渗透调节物质与花生耐冷性

低温对植物造成的伤害主要在于生物膜系统的损伤、细胞蛋白质变性和渗透胁迫（Zhou et al.，2012）。为了适应低温环境，植物在长期进化过程中会产生一些小分子细胞相容性物质，用以在逆境中调节细胞液浓度，稳定渗透压，保护生物膜组分，促进细胞对水分和各种营养物质的吸收，同时产生新的功能蛋白质、酶和生长激素，相互协同调节细胞内环境，维持植物体的正常生长和生命活动，这类物质被称为渗透调节物质。高等植物细胞内的渗透调节物质基本可以分为两大类，即外界环境进入细胞内的无机离子（K^+、Cl^-和无机盐）和细胞自身合成的有机溶质。其中，有机渗透调节物质主要包括游离氨基酸、可溶性蛋白、可溶性糖和甜菜碱等，可有效抑制低温胁迫造成的组织脱水和细胞损伤，目前已在提高植物耐冷性的研究中被广泛应用。

一、游离氨基酸

包括谷氨酸（Glu）、丙氨酸（Ala）、甘氨酸（Gly）、脯氨酸（Pro）和丝氨酸（Ser）等在内的游离氨基酸是植物体内重要的非结构性含氮保护物质，既是蛋白质分解的产物，又是蛋白质合成的原料，低温条件下还可作为重要的有机渗透调节物质，参与调节细胞的渗透势，维持植物体内正常的功能代谢。低温胁迫下，植株的半致死温度（LT_{50}）与游离氨基酸含量呈显著负相关。花生在遭遇低温胁迫后其根系分泌物中的游离氨基酸会大量积累，其中耐冷品种的增加幅度较大，而冷敏感品种的增加幅度相对较小（张鹤，2020）。

Pro 是水溶性最大的亲水氨基酸，具有较强的水合趋势或水合能力，低温胁迫下可以与细胞内的蛋白质结合，增强蛋白质的可溶性，减少可溶性蛋白的沉淀，不仅能够保护植物体内各种酶类的结构和功能，还能调节和维持原生质与环境之间的渗透压平衡，抑制原生质由溶胶态向凝胶态的转变，从而降低低温环境对植物细胞的伤害（Kishor and Sreenivasulu，2014）。除了维持细胞的渗透压，低温胁迫下 Pro 还可以作为能量库调节细胞的氧化还原势，稳定氧化型烟酰胺腺嘌呤二核苷酸/还原型烟酰胺腺嘌呤二核苷酸（NAD⁺/NADH）比率，增加类囊体膜中光系统Ⅱ（PSⅡ）的光化学活性，参与并促进叶绿素的合成，清除羟自由基（·OH），降低脂质过氧化程度。因此，植物各组织部位的 Pro 含量常被用作评价其耐冷性强弱的关键指标。

张鹤（2020）通过分析低温胁迫下耐冷性不同花生品种中游离 Pro 含量的变化规律发现，6℃低温处理可导致花生幼苗中的游离 Pro 含量显著增加，尤其在低温胁迫初期，无论耐冷品种还是冷敏感品种，均可通过增加体内的游离 Pro 含量来缓解电解质渗漏造成的细胞损伤，且冷敏感品种的增加幅度相对较大；但随着低温胁迫时间的延长，冷敏感品种的游离 Pro 含量呈显著下降趋势，而耐冷品种始终保持平稳状态（图 3-3）。常博文等（2019）在花生萌发期低温胁迫试验中也得出了相同结论，低温胁迫下花生种子发芽率与相对膜透性、丙二醛含量均呈显著负相关，与 Pro 含量呈显著正相关，且外源赤霉素可通过促进花生种子的内源 Pro 积累来提高其在低温环境中的萌发能力。

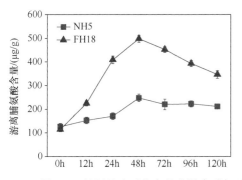
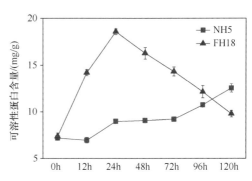

图 3-3　低温胁迫对花生幼苗游离脯氨酸和可溶性蛋白含量的影响（张鹤，2020）

低温胁迫下 Pro 作为渗透调节物质在植物细胞内的大量积累，主要是由其从头合成途径被激活导致的（Savouré et al.，1997）。植物体内 Pro 的生物合成途径主要有两条，这两条合成途径根据其起始氨基酸分别被命名为 Glu 途径和鸟氨酸（Orn）途径。当逆境胁迫造成水分亏缺时，植物主要通过 Glu 途径积累氨基酸（Verslues and Sharma，2010）。存在于细胞质中的 Glu 首先会在 Δ¹-吡咯啉-5-羧酸合成酶（P5CS）的作用下转化为 Δ¹-吡咯啉-5-羧酸（P5C），然后再在 Δ¹-吡咯啉-5-羧酸还原酶（P5CR）

的催化下形成 Pro。P5CS 是 Glu 途径合成 Pro 的限速酶，Gleeson 等（2005）将豇豆中的 *P5CS* 基因以农杆菌介导的方法转入落叶松中，发现转基因植株的 Pro 含量较野生型提高 30 倍，且在 4℃低温处理下转基因植株的生长率显著高于野生型植株，耐冷能力明显增强。

二、可溶性蛋白

可溶性蛋白是指能以小分子状态溶于水或其他溶剂的一类蛋白质，是植物细胞内重要的渗透调节物质和营养物质。植物体内可溶性蛋白的含量与植物的耐冷性密切相关，通常认为其含量的增加在一定程度上可以促进植物对低温环境的适应。一方面，可溶性蛋白自身亲水胶体性较强，可以增加细胞对水分的束缚，明显提高细胞的持水力，保护原生质膜结构，提高细胞液浓度，从而降低冰点，提高植物的耐冷性。另一方面，可溶性蛋白还可以作为能量物质和信息传递物质，在抵御低温逆境中发挥作用。可溶性蛋白中包含着多种代谢相关的酶，低温胁迫下酶含量的增加会促进植物体内的代谢过程，从而提高耐冷能力（闫蕾，2019）。

张鹤（2020）通过分析低温胁迫下耐冷性不同花生品种可溶性蛋白的变化规律发现，低温胁迫初期，花生幼苗可通过促进体内的可溶性蛋白积累来维持生物膜系统的稳定性，防止膜脂过氧化作用。经 6℃低温处理 24h 后，耐冷品种 NH5 和冷敏感品种 FH18 的可溶性蛋白含量分别较对照增加了 24.88%和 151.80%；随着低温胁迫时间的延长，FH18 的生理调节能力逐渐减弱，可溶性蛋白含量急剧下降，至 120h 降低了 47.28%，而 NH5 仍可通过持续积累可溶性蛋白来平衡低温伤害（图 3-3）。王娜和褚衍亮（2007）的研究表明，低温胁迫下花生体内的可溶性蛋白增加趋势明显，其中低温前期 10℃处理下的可溶性蛋白含量高于 15℃胁迫处理，说明此时花生体内可能有新的基因启动表达诱导蛋白质，产生应激反应抵抗外界不良环境；而低温胁迫后期 10℃处理的可溶性蛋白含量有所下降，逐渐低于 15℃低温处理，说明此时花生幼苗对 10℃低温的耐受能力明显减弱，但仍可适应 15℃低温，这与低温胁迫下花生幼苗的形态学表现相一致。

植物在低温胁迫下不仅能促进体内可溶性蛋白含量的增加，还能激活或合成新的特异性蛋白质，进行信号转导或者诱导相应基因的表达，提高其对低温的适应能力。Terry 等（2021）对水仙花球进行了冷藏处理，发现水仙鳞茎不同部位的可溶性蛋白电泳图谱较常规处理多了一些条带，说明经低温处理促进了新蛋白质的合成，增强了水仙的耐冷性。王俊娟等（2016）对棉花幼苗的耐冷性进行了研究，得出棉花叶片中的可溶性蛋白含量随低温时间的延长呈先降低后升高的趋势，并且耐冷品种的表现更为明显，说明低温诱导产生了新的蛋白质，增加了可溶性蛋白的含量，提高了棉花幼苗的耐冷性。任学敏等（2014）通过对不同花生品种的冠层温度进行连续观测，发现冠层温度较低的花生品种，其可溶性蛋白含量较冠层温度高的花生品种明显偏高，表明低温可以诱导可溶性蛋白含量和数量的增加，从而调控相关的生理生化代谢过程，维持植物的正常生命活动。

低温胁迫下植物体内的蛋白质变化受相关基因表达的调控。简令成和吴素萱（1965）研究发现，冬小麦在秋末冬初的抗寒锻炼中，其蛋白质和 RNA 水平均有明显提升，其中 RNA 含量的增加主要表现为核糖核蛋白体 RNA 的增加，而 DNA 在整个越冬过程中始终保持平衡。并且，低温胁迫下植物体内的蛋白质会在同一植株的不同器官内发生转移，使得整个植株更有效地适应低温胁迫。例如，低温条件下植株可以通过将叶片中的某些蛋白质转移到其他器官来增强耐冷性。

三、可溶性糖

据报道，碳水化合物代谢较其他光合作用组分具有更高的瞬时低温敏感性（Fernandez et al.，2012）。在温度下降过程中，植物细胞内的一些大分子物质会逐渐趋向水解，使葡萄糖、果糖、麦芽糖、蔗糖和半乳糖等可溶性糖的含量迅速增加。研究表明，大多数植物的耐冷性与其体内的可溶性糖含量存在正相关关系，可溶性糖在植物适应低温环境中起多种作用：其一，可溶性糖是大多数植物都含有的一种有机渗透调节物质，低温胁迫下可以提高细胞液浓度，增加细胞保水能力，调节细胞渗透势，降低细胞质冰点，从而起到防止细胞脱水和抑制蛋白质凝固的作用；其二，可溶性糖是植物光合作用和呼吸作用等生命活动的能源物质，低温胁迫下可为其他耐低温物质的合成提供原料和能量；其三，可溶性糖在细胞低温脱水期间可以代替水分子与脂质分子建立氢键，从而保护生物膜和胞内酶的稳定性；其四，可溶性糖还具有信号传递功能，可以作为重要的信号分子参与激素信号转导、植物生长发育和逆境响应等过程（Sami et al.，2016）。

钟鹏等（2018）认为，随着低温胁迫程度的增强，花生幼苗体内的可溶性糖含量逐渐增加，其中耐冷品种四粒红的出苗时间最短，出苗率最高，可溶性糖积累量最大，说明低温胁迫下花生幼苗可溶性糖含量与其耐冷能力呈显著正相关，可以作为评价花生耐冷性的生理指标。常博文等（2019）也得出了相同的结论，4℃低温处理后花生中可溶性糖含量显著上升，且耐低温品种的上升幅度较大，阜花17 号和冀花 18 号分别较对照增加了 1.51 倍和 1.39 倍，而不耐低温品种上升幅度较小，白玉花生较对照仅升高了 33.95%。郝西等（2021）研究了过氧化氢（H_2O_2）浸种对花生耐低温能力的影响。结果发现，H_2O_2 浸种后开农 176 种子内蛋白质、脂肪和淀粉等物质的分解代谢加速，合成作用减弱，导致种子低温发芽过程中的可溶性糖、可溶性蛋白、总氨基酸和 ATP 等含量显著增加，发芽后 0h、24h 和 48h 的可溶性糖含量分别较常温对照提高了 7.78%、12.85%和 0.54%，为种子低温发芽过程中蛋白质、核酸的合成提供了能量。

近年来，科研工作者们进一步研究了蔗糖、葡萄糖和果糖等单独在植物耐冷过程中所起的作用，结果发现，各种形式的可溶性糖均参与对低温应激的生理反应。例如，在低温胁迫之前，用葡萄糖处理水稻幼苗增加了其对低温环境的适应性；低温胁迫下漂浮于蔗糖溶液中的棉花子叶圆盘比漂浮于非糖溶液中的受冷害影响小；蔗糖和果糖是提高油茶花器官耐冷性的关键糖（唐润钰等，2023；Couée et al.，2006；Cai et al.，2004）。海藻糖是一种由两个葡萄糖残基通过 α-α-(1,1)键结合而成的非还原双糖，广泛存在于海藻、酵母、霉菌、食用菌、虾、昆虫及高等植物体内，具有保护细胞核生物活性物质在脱水、低温、干旱及有毒试剂等不良环境条件下免遭破坏的功能。Jang 等（2003）将大肠杆菌中编码 6-磷酸海藻糖合成酶的基因 *TPS1* 和编码 6-磷酸海藻糖磷酸酯酶的基因 *TPP* 融合成双功能融合酶基因（*TPSP*），用玉米 Ubi1 作为启动子转化水稻，获得的转基因水稻海藻糖含量达较高水平，且耐冷性明显提高。

四、甜菜碱

甜菜碱是一种水溶性生物碱，广泛存在于细菌、动物和高等植物中，在调节植物对环境胁迫的适应性，以及提高植物对各种胁迫因子的抗性等方面具有重要的生理作用（张天鹏和杨兴洪，2017）。植物中的甜菜碱主要有 12 种，分为 Gly-甜菜碱、β-Ala-甜菜碱和 Pro-甜菜碱三大类，其中 Gly-甜菜碱是结构最简单，被发现最早、研究最多的一类。在高等植物中，甜菜碱是由 Ser 通过乙醇胺、胆碱和甜菜碱醛在叶绿体中合成的。胆碱首先经胆碱单加氧酶（choline monooxygenase，CMO）转化为甜菜碱醛，然后再由甜菜碱醛脱氢酶（BADH）催化形成甜菜碱（Hanson and Scott，1980）。值得注意的是，甜菜碱在植物体内一经合成就几乎不再被进一步代谢，属于永久性或半永久性的非毒性调节物质。

甜菜碱与 Pro、可溶性蛋白和可溶性糖等物质相同，可以作为有机渗透调节物质，参与调节细胞的渗透势，平衡细胞的渗透压，有效保护生物膜的结构与功能。Sun 等（2017）通过比较低温下不同小麦品种间的甜菜碱及其代谢途径发现，低温胁迫可诱导耐冷小麦品种的 BADH 活性和甜菜碱含量大幅度增加、MDA 含量显著降低，说明低温胁迫下 *BADH* 基因的表达促进了甜菜碱的积累，增加了细胞膜的稳定性。王超（2008）在研究中发现，低温胁迫下甜菜碱有利于维持类囊体膜脂不饱和脂肪酸的相对含量，保持类囊体膜的流动性，缓解叶片光抑制，提高光保护作用，从而改善叶绿体的光合功能。同时，低温胁迫下甜菜碱还能参与稳定生物大分子的结构与功能。甜菜碱对许多酶的活性没有抑制作用，甚至有一定的稳定能力，可解除低温胁迫对酶活性造成的抑制，防止脱水诱导的蛋白质热动力学干扰，对有氧呼吸和能量代谢过程有良好的保护作用。另外，甜菜碱还是·OH 的有效清除剂，低温胁迫下可通过清除细胞内过量积累的·OH 使植物免受过氧化伤害。Park 等（2004）研究发现，甜菜碱合成酶基因过表达的番茄植株经 3℃低温处理后，其体内的甜菜碱积累量与过氧化氢含量呈负相关，与过氧化氢酶含量呈正相关，说明甜菜碱的合成有利于去除过氧化物毒害。

实际上，有很多常见的作物如水稻、烟草、番茄等自身并不能合成甜菜碱，但通过外源施用，或利用遗传转化的手段将甜菜碱合成基因导入植物体内，也可有效改善其耐冷性。Park 等（2004）将菠菜中的胆碱氧化酶基因 *codA* 导入本身不合成甜菜碱的番茄植株中，发现转基因植株的叶片、种子、根尖、雌蕊、花药、花瓣、萼片、茎尖中均有甜菜碱合成，含量为 0.1～0.3μmol/g FW，同时低温胁迫下种子的萌发能力和幼苗的耐冷能力较野生型番茄植株提高了 30%，产量增加了 10%～30%。Huang 等（2000）将细菌的胆碱氧化酶基因 *COM* 分别转入拟南芥、烟草和油菜中，获得了高甜菜碱水平的植株（拟南芥中 613μmol/g FW，油菜中 250μmol/g FW，烟草中 80μmol/g FW），转化株甜菜碱的积累提高了植株的耐冷性，并且有助于其吸胀萌发及幼苗早期生长对低温的适应性。Su 等（2006）将细菌的胆碱氧化酶基因 *COM* 连接一个脱落酸的启动子后转入水稻，提高了水稻叶片中的甜菜碱浓度，且转基因植株对盐和低温都有较强的忍耐性。

第三节　活性氧与花生耐冷性

植物在正常生命活动中会不断地产生羟自由基（·OH）、超氧阴离子（$O_2^-·$）和过氧化氢（H_2O_2）等活性氧类物质。这些活性氧类物质作为信号分子调控植物生长发育、新陈代谢、细胞程序性死亡，以及参与对生物和非生物胁迫的响应等过程。在正常环境条件下，植物体内的活性氧浓度较低，且与自身的活性氧清除系统处于动态平衡状态，不会对细胞造成伤害。但当植物遭遇低温、干旱、高盐等逆境胁迫时，体内的电子传递和氧化还原动态平衡会被破坏，导致细胞内活性氧的产生速度和积累量迅速增加。高浓度的活性氧具有很强的氧化能力，几乎能与所有细胞成分发生反应，造成核酸损伤、蛋白质失活、脂质过氧化等，使膜系统的完整性和稳定性被破坏，严重时可导致细胞代谢功能紊乱甚至凋亡（Arnaud et al.，2017）。为了抑制低温胁迫下活性氧过量积累造成的氧化损伤，植物在长期进化过程中形成了复杂的活性氧平衡调控机制，通过酶促和非酶促抗氧化防御系统，使活性氧始终保持在一个基本无毒的水平，维持细胞的氧化还原平衡状态（Choudhury et al.，2017）。

一、活性氧的产生与毒害效应

（一）活性氧的产生

活性氧是氧分子经过连续的单电子还原而产生的一系列化学性质活泼且氧化能力很强的含氧物质，其基础结构为双原子分子或离子，主要包括超氧化氢自由基（$HO_2\cdot$）、$\cdot OH$、脂质过氧自由基（$LOO\cdot$）等含氧自由基，O_2^-等自由基离子，单线态氧（$^1O_2$）等激发态氧分子，以及 H_2O_2、过氧化脂质（ROOH）等过氧化物四大类。植物中的活性氧通常被认为是有氧代谢的副产物，可在细胞壁、质膜、叶绿体、线粒体、过氧化物酶体和内质网等多个部位产生，其中叶绿体、线粒体和过氧化物酶体是活性氧产生的主要细胞器（Mittler et al.，2011）。

叶绿体是光合作用的细胞器，叶绿体光合电子传递系统是活性氧的一个重要来源。在光系统 I（PS I）中，叶绿素分子吸收能量后会由基态上升到一个不稳定的、高能的激发态，在从激发态向较低能量状态转变的过程中会发生电子的渗漏，导致电子转移到 O_2 产生 $^1O_2$。在 PS I 的电子传递过程中，光合电子可通过末端氧化酶将 O_2 光氧化还原为超氧化物，并通过 PS I 电子循环或类囊体扩散至基质表面，PS I 反应中心 P_{700} 受到激发后会还原 $NADP^+$，导致电子受体 $NADP^+$减少，使 PS I 的初级电子受体和还原态的铁氧还蛋白（ferredoxin，Fd）自动氧化产生 $O_2^-\cdot$。PS I 受体一侧产生 $O_2^-\cdot$后，会发生歧化反应或经内源超氧化物歧化酶（superoxide dismutase，SOD）作用产生 H_2O_2，还会通过 Fenton 型哈勃–韦斯反应（Harber-Weiss reaction）、Winterbourn 反应或光解反应等形成$\cdot OH$（Fryer et al.，2002）。

线粒体呼吸作用过程中的电子传递链也是活性氧产生的主要部位。线粒体呼吸链末端的氧化酶可以把底物的电子传递到 O_2，形成水或 H_2O_2。同时，Rich 和 Bonner（1978）还首次发现了绿豆下胚轴和马铃薯块茎线粒体呼吸时会产生 $O_2^-\cdot$，它是呼吸链上黄素蛋白组分的 O_2 直接单电子还原的产物。王爱国等（1986）指出，大豆下胚轴线粒体基态分子氧单电子还原的位置是在呼吸链上的 NADH-黄素蛋白和辅酶 Q-细胞色素 b 两个部分，且 $O_2^-\cdot$的产生速率与基质浓度有关，用 NADH 作呼吸基质所产生的 $O_2^-\cdot$较用琥珀酸和 Glu 作基质时多。在正常条件下，哺乳动物中有1%～5%的 O_2 被消耗用于活性氧的产生，而植物中由于交替氧化酶的存在，线粒体中的活性氧处于较低水平。

过氧化物酶体是植物产生 H_2O_2 的主要细胞器，一方面发生于过氧化物酶体中的 β-氧化过程会伴随 H_2O_2 的产生，另一方面叶绿体光呼吸过程产生的乙醇酸可被过氧化物酶体中的乙醇酸氧化酶氧化生成乙醛酸和 H_2O_2。除此之外，植物细胞壁上的多种氧化酶，以及细胞质膜上的还原型辅酶 II（reduced nicotinamide adenine dinucleotide phosphate，NADPH）氧化酶在受逆境胁迫激活后也会促进活性氧的产生（Kawano，

2003）。张鹤（2020）对低温胁迫下耐冷性不同花生品种的活性氧含量进行了测定，结果发现，低温胁迫可导致花生幼苗叶片中的活性氧含量显著增加，尤其在低温胁迫初期积累速度最快，且随低温胁迫时间的延长呈持续上升趋势。经 6℃处理 120h 后，冷敏感品种 FH18 的 $O_2^- \cdot$ 和 H_2O_2 含量分别增加至对照的 2.75 倍和 4.71 倍，而耐冷品种 NH5 的 $O_2^- \cdot$ 和 H_2O_2 含量仅为对照的 1.92 倍和 1.90 倍（图 3-4），说明低温胁迫下活性氧的产生速率和积累量与花生幼苗的耐冷性呈显著负相关。

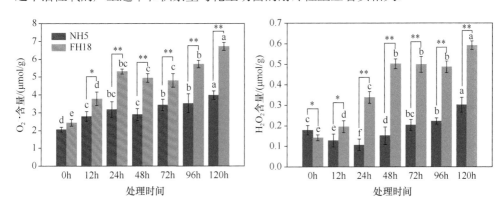

图 3-4 低温胁迫对花生幼苗中活性氧含量的影响（Zhang et al.，2022）

图中*和**分别表示两个品种之间在 $P < 0.05$ 和 $P < 0.01$ 水平上差异显著，不同小写字母表示同一品种在不同温度处理时间点差异显著（$P < 0.05$）

（二）活性氧的毒害效应

活性氧是植物细胞代谢过程所必需产生的物质之一，在植物整个生命周期发挥重要作用。例如，活性氧水平的改变可将氧化还原信号从细胞器传递到细胞质和细胞核中，刺激植株对逆境胁迫做出防御反应；叶绿体中活性氧的产生可以转移光合机构中的电子，防止光能过剩导致的光抑制或光破坏；活性氧还具有抑制微生物活性的功能，可以抑制真菌孢子的萌发和细菌的生长，甚至直接杀死入侵的微生物（李格等，2018）。但是在胁迫响应过程中，过量的活性氧会导致植物处于氧化应激状态，对细胞造成伤害。低温胁迫下植物体内活性氧的大量积累是一种氧化或呼吸的突发，通常称为活性氧爆发（Suzuki et al.，2011），对细胞有明显的毒害作用，可与蛋白质、核酸和脂类发生反应，引发蛋白质失活和降解、DNA链断裂和膜脂过氧化等现象，从而造成细胞结构和功能的破坏。

低温胁迫下活性氧对蛋白质的氧化作用一般以共价修饰的方式进行。在蛋白质氨基酸氧化修饰过程中，羰基的形成是评价蛋白质氧化程度的重要指标。Bartoli 等（2004）研究发现，线粒体中的蛋白质羰基化程度要高于叶绿体和过氧化物酶体，表明线粒体对氧化胁迫更加敏感。另外，不同种类的氨基酸对活性氧的敏感程度不同，其中 Arg、Lys、Pro、苏氨酸（Thr）和色氨酸（Trp）对活性氧比较敏感。Pro

是被·OH 优先氧化的氨基酸，低温胁迫下能竞争性地抑制·OH 对水杨酸的羟基化速率，降低·OH 对苹果酸脱氢酶的变性作用，从而维持细胞内代谢过程的正常进行，增强植物对低温环境的耐受性(Fu et al., 2019)。活性氧还倾向于氧化甲硫氨酸（Met）、半胱氨酸（Cys）等含硫和巯基的氨基酸。一方面，活性氧能够与 Met 发生反应形成硫自由基，并进一步与其他硫自由基作用形成二硫键；另一方面，活性氧能够和 Met 的残基发生反应形成硫的衍生物。通常情况下，大部分蛋白质的氧化变性是不可逆的。

生物膜的主要成分为磷脂和蛋白质，不饱和脂肪酸含量较多，并且在膜结构的非极性区氧的溶解度较大，因而膜系统局部位置氧浓度较高，极易产生超氧自由基。低温胁迫下，当活性氧产生速度过快或抗氧化防御系统作用减弱时，活性氧的过量积累就会引起脂质不饱和脂肪酸链的过氧化分解，导致膜脂组分发生变化，从而造成膜透性增大，流动性降低，膜系统的整体结构被破坏（详见本章第一节）。大量研究表明，低温胁迫下活性氧对膜脂的过氧化程度是反映细胞受损情况的重要指标。活性氧对膜脂的氧化作用一般可分为 3 个步骤，即起始、发展和终止。起始是指过量积累的·OH 与不饱和脂肪酸的亚甲基发生反应形成碳自由基（R·），启动膜脂过氧化的过程；发展是指 R·因缺少配对电子与基态氧发生反应形成过氧化自由基（ROO·），ROO·进一步与其他脂肪酸反应生成 ROOH 和 R·的过程；终止则为 R·与自身交联形成脂肪酸二聚体，ROO·与自身交联形成过氧桥联二聚体（ROOR）的过程。

张鹤（2020）通过观察低温胁迫下耐冷性不同花生品种的叶片超显微结构发现，低温胁迫下活性氧的过量积累会对线粒体的形态结构造成损伤（图 3-5）。正

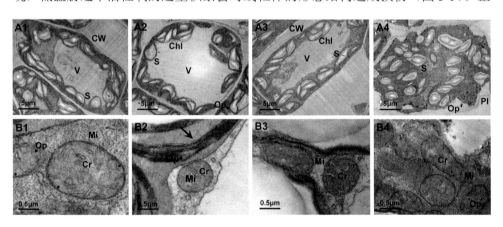

图 3-5　低温胁迫下花生幼苗叶片的超微结构变化（张鹤，2020）

A1：正常条件下 NH5 的叶片细胞（×1200）；A2：低温胁迫下 NH5 的叶片细胞（×1200）；A3：正常条件下 FH18 的叶片细胞（×1200）；A4：低温胁迫下 FH18 的叶片细胞（×1200）；B1：正常条件下 NH5 的线粒体（×20 000）；B2：低温胁迫下 NH5 的线粒体（×15 000）；B3：正常条件下 FH18 的线粒体（×15 000）；B4：低温胁迫下 FH18 的线粒体（×12 000）。Chl：叶绿体；Cr：嵴；CW：细胞壁；Mi：线粒体；Op：嗜锇颗粒；Pl：质壁分离；S：淀粉粒；V：液泡

常条件下，NH5 和 FH18 的细胞结构均完整、紧凑，拥有大量完整的细胞器（图 3-5A1、A3）；线粒体呈圆形或椭圆形，少量存在于叶绿体之间或叶绿体与质膜的连接处，双层膜清晰完整，嵴结构明显（图 3-5B1、B3）。但经 6℃低温处理 48h后，FH18 的细胞结构遭到了严重破坏（图 3-5A4），线粒体的数量明显增多，聚集在叶绿体之间，嗜锇颗粒的数量也显著增加（图 3-5B2、B4）。低温胁迫下叶肉细胞线粒体和叶绿体形态结构的破坏，以及维管束鞘细胞淀粉粒的增大或增多，不仅会导致光合和呼吸代谢紊乱，而且还会使水解酶活性增强，促进大量重要有机物质分解，造成细胞结构和功能受损。

二、酶促活性氧清除系统

为了抵御逆境环境对细胞造成的过氧化损伤，植物在长期进化过程中形成了能有效抑制活性氧产生或及时清除活性氧的酶促抗氧化系统，主要包括超氧化物歧化酶（SOD）、过氧化氢酶（catalase，CAT）、过氧化物酶（peroxidase，POD）、抗坏血酸过氧化物酶（ascorbate peroxidase，APX）、谷胱甘肽过氧化物酶（glutathione peroxidase，GSH-Px）、谷胱甘肽还原酶（glutathione reductase，GR）、脱氢抗坏血酸还原酶（dehydro-ascorbate reductase，DHAR）、单脱氢抗坏血酸还原酶（monodehydroascorbate reductase，MDHAR）和多酚氧化酶（polyphenol oxidase，PPO）等。它们可将活性氧最终转化为基态分子氧、水及活性较低的有机物，从而防止膜脂过氧化作用，维持细胞结构和功能的完整性。

SOD 是一种金属酶，包括 Cu-Zn-SOD、Mn-SOD 和 Fe-SOD 三种类型，广泛存在于线粒体、叶绿体、过氧化物酶体等细胞器，以及细胞质基质中，是迄今为止自然界中唯一以氧自由基为底物的酶，在各种酶促反应系统中处于第一道防线。高等植物中的 SOD 以 Cu-Zn-SOD 为主，能将 O_2^- 催化清除并产生 O_2 和 H_2O_2，H_2O_2 则在 CAT 的作用下被清除（魏婧等，2020）。CAT 是氧化还原酶类的一种，也是植物细胞中唯一在反应时不需要还原能的活性氧清除酶，主要定位于线粒体、过氧化物酶体和乙醛酸体中，在高等植物中具有双重功能：一是将光合作用或乙醛酸循环中脂肪降解产生的 H_2O_2 分解为 H_2O 和 O_2；二是催化氢供体如苯酚的氧化，同时消耗等摩尔的过氧化物（类似于 POD 活性）（Mhamdi et al., 2012）。POD 是以 H_2O_2 为电子受体催化底物氧化的酶，主要存在于细胞的过氧化物酶体中，不仅可以清除活性氧类（reactive oxygen species，ROS），在植物生长、发育、木质化、木栓化，以及细胞壁蛋白交联等进程中也起到重要作用。POD 一般包括 APX 和 GSH-Px 两类，其中 APX 主要通过抗坏血酸-谷胱甘肽循环（ascorbate-glutathione cycle，AsA-GSH）再生系统，在 MDHAR、DHAR 和 GR 等的作用下，利用维生素 C（VC，又称抗坏血酸）、NADPH 和还原型谷胱甘肽（reduced glutathione，

GSH）等抗氧化物，将 H_2O_2 还原成 H_2O；而 GSH-Px 则主要通过谷胱甘肽过氧化物酶循环体系，直接利用 GSH 将 H_2O_2 还原为 H_2O（Park et al.，2004）。

张鹤（2020）研究表明，低温胁迫会导致花生幼苗体内 SOD、POD、CAT 和 APX 等抗氧化酶的活性发生不同程度的变化，且耐冷性不同的花生品种之间存在显著差异。在低温胁迫初期，为了抑制体内活性氧含量的过量增加，各花生品种的抗氧化酶活性均显著提高，基本于低温处理的 12～48h 达到最大值。但随着低温胁迫时间的延长，冷敏感品种 FH18 的抗氧化酶活性迅速下降，经 6℃低温处理 120h 后，其体内的 SOD、POD 和 CAT 活性分别较对照下降了 7.91%、8.96% 和 4.25%；而耐冷品种 NH5 的抗氧化酶活性始终保持在较高水平，低温处理 120h 后的 SOD、POD、CAT 和 APX 活性分别较对照增加了 57.14%、36.22%、20.66% 和 263.48%，说明耐冷花生品种可以通过提高体内抗氧化酶的活性来抑制低温诱导的过氧化损伤（图 3-6）。钟鹏等（2018）在研究中也得出了相同的结论，随着低温胁迫强度的增加，强耐冷型花生品种的 SOD、POD、CAT 和 APX 活性逐渐增高，膜脂过氧化水平未发生明显变化，而冷敏感花生品种的抗氧化酶活性却大幅度降低，膜脂过氧化水平明显提高，因此抗氧化酶的活性可以作为衡量花生耐冷性强弱的重要指标。

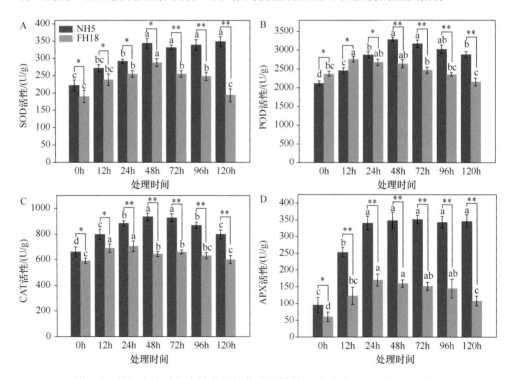

图 3-6 低温胁迫对花生幼苗抗氧化酶活性的影响（Zhang et al.，2022）

图中*和**分别表示两个品种之间在 $P<0.05$ 和 $P<0.01$ 水平上差异显著，不同小写字母表示同一品种在不同温度处理时间点差异显著（$P<0.05$）

三、非酶促活性氧清除系统

植物体内的非酶促活性氧清除系统主要包括 α-生育酚、抗坏血酸（ascorbic acid，AsA）、GSH、Cys、Pro、类胡萝卜素、生物碱和类黄酮等抗氧化物质。该系统一方面可以直接与活性氧发生反应并将其还原，另一方面又可以作为酶的底物作用于活性氧的清除反应。此外，一些人工合成的自由基清除剂在抑制活性氧过量积累中也发挥重要作用，如甲苯酸钠、二苯胺、2,6-二叔丁基对羟基甲苯和没食子酸丙酯等。

AsA 是一种在植物中大量存在的、可溶性的抗氧化物质，既可以作为还原剂直接与活性氧反应，还可以作为抗氧化酶的底物，在活性氧清除中发挥重要作用。GSH 是由 Glu-Cys-Gly 组成的三肽，是植物中重要的抗氧化剂，广泛存在于植物的所有组织和细胞。GSH 对活性氧的清除主要有两种途径：其一是与 $^1O_2$、O_2^- 和·OH 等直接发生化学反应，从而清除活性氧；其二是作为氢供体与 DHAR 反应，使 AsA 从氧化型转变为还原型，增加细胞中脱氢抗坏血酸（dehydroascorbic acid，DHA）的含量。低温胁迫下，植物体内大量积累的 H_2O_2 可通过 AsA-GSH 系统被有效清除，这一系统在清除 H_2O_2 时产生的 DHA 会在 GSH 的作用下还原成 AsA，产生的氧化型谷胱甘肽（oxidized glutathione，GSSG）会在 GR 的作用下还原成 GSH，从而形成抗氧化循环。AsA-GSH 循环不仅能清除活性氧自由基，还能使脂质过氧化物转变为正常的脂肪酸，从而防止膜脂过氧化连锁反应造成的细胞损伤。

类胡萝卜素是光合器官内的光合辅助色素，可有效保护光合膜系统免受活性氧的伤害。植物中的类胡萝卜素包括胡萝卜素和叶黄素两类，其中胡萝卜素属于类异戊二烯烃，不含氧；而叶黄素虽然与胡萝卜素的结构相似，但在其末端环上却含有氧，因此属于胡萝卜素的含氧衍生物。低温胁迫下，类胡萝卜素可以通过自身的过氧化分解来猝灭三线态叶绿素和 $^1O_2$。若将不能合成类胡萝卜素的突变体置于光下，突变体就会迅速被光和氧损伤致死。

第四节　光合作用与花生耐冷性

光合作用是指绿色植物利用光能同化 CO_2 和 H_2O 生成碳水化合物并释放 O_2 的过程，是植物生长发育和产量形成的物质基础和能量来源。温度是决定植物光合作用强弱的重要因素，低温环境几乎影响光合作用的所有过程，包括改变类囊体膜的生物学特性、降低气孔导度、破坏碳还原循环反应、限制光合电子传递、减少光合产物等（Zhang et al.，2016）。从植物生理学的角度来看，作物干重的 90% 来自光合作用，而低温胁迫造成产量降低的原因首先是限制了作物的生长，减少了个体与群体的光合面积，同时降低了光合速率，使单位叶面积的同化产物减少，从而进一步减少了根、茎、叶等生长的物质基础（Ortiz et al.，2017）。因此，一般在低温胁迫下能够维持较高的生长速度和光合速率的作物和品种，具有耐冷高产的特性（张毅，2021）。

一、叶绿体结构

叶绿体是光合作用的主要场所，其正常发育是保证植物光合作用顺利进行的前提条件。叶绿体对气候变化较为敏感，低温胁迫会直接影响叶绿体结构、类囊体膜组分及光合色素含量等，进而改变植物的生理生化代谢过程。一般来说，叶绿体遭遇低温胁迫的初始表现为体积的膨胀，主要原因包括类囊体变形、淀粉粒肿胀和小囊泡的形成等（Song et al.，2021）。随着低温时间的延长或低温强度的增加，叶绿体的形态和结构会发生更大程度的改变，出现栅栏组织和海绵组织的厚度下降，叶绿体膜溶解破裂，基质内外溶质相混且颜色暗淡，淀粉粒数量减少甚至完全消失，类囊体疏松变性甚至分解，基粒片层排列松散，以及嗜锇颗粒数量大幅度增加等现象，造成叶绿体粘连堆叠甚至瓦解，最终导致其对光能的吸收利用效率显著降低，细胞生理功能明显失常（Oliveira et al.，2009）。

张鹤（2020）分别观察了正常条件和低温胁迫下耐冷性不同花生品种的叶绿体超显微结构（图 3-7），结果发现，正常条件下花生叶片的叶绿体呈规则的梭形，叶绿体外膜清晰可见，长圆形的淀粉粒完整地居于叶绿体中，基粒片层

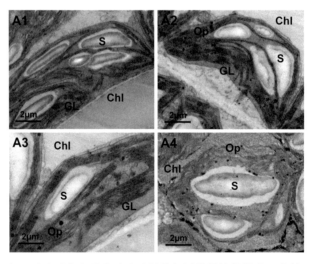

图 3-7　低温胁迫对花生幼苗叶片叶绿体超显微结构的影响（张鹤，2020）

A1：正常条件下 NH5 的叶绿体（×5000）；A2：低温胁迫下 NH5 的叶绿体（×6000）；A3：正常条件下 FH18 的叶绿体（×5000）；A4：低温胁迫下 FH18 的叶绿体（×4000）。Chl：叶绿体；GL：基粒片层；Op：嗜锇颗粒；S：淀粉粒

排列紧密、规则（图 3-7A1、A3）；低温胁迫下耐冷品种 NH5 的叶绿体略有膨胀，部分淀粉粒体积有所增大，嗜锇颗粒数量明显增多，但各部分结构依然保持完整，发育良好，叶绿体外膜和基粒片层清晰可见（图 3-7A2）；冷敏感品种 FH18 的叶绿体变得肿胀扭曲，淀粉粒体积明显增大，叶绿体外膜模糊不清，基粒片层稀疏、排列混乱，外周堆积大量黑色物质（图 3-7A4）。Peng 等（2015）认为，低温胁迫引起叶绿体内淀粉粒体积的增大可能与磷酸蔗糖酶的合成和氢离子-ATP 酶（H^+-ATPase）的活性有关。低温胁迫会使碳同化产物的合成和运输过程受到抑制，导致光合作用产物大量转化为淀粉积累在叶绿体内，这也是光合速率降低的一种表现。同时，低温胁迫下叶绿体内嗜锇颗粒的增多是脂类物质降解聚集的结果，对提高细胞质浓度、降低细胞内渗透势有重要的生理意义，因此嗜锇颗粒沉积增多的现象可以作为植物适应低温环境的标志（Shi et al., 2016）。

二、光合色素

光合色素是指在光合作用中参与光能的吸收、传递或引起原初光化学反应的色素，集中存在于叶绿体类囊体膜上，包括叶绿素、类胡萝卜素和藻胆素 3 类。高等植物中的光合色素主要有叶绿素 a、叶绿素 b 和类胡萝卜素，其含量通常被用作衡量叶绿体发育和光合能力的指标，可有效反映植物的生理状态。低温胁迫会直接破坏光系统（PS I 和 PS II）中的光合色素，光吸收能力下降，最终导致光合能力下降。Erdal（2012）认为，低温导致叶绿素含量下降主要有两方面原因：一方面是叶绿体结构受损，阻碍了叶绿素的合成；另一方面是叶绿素合成酶活性降低，使叶绿素的合成受到了抑制。除此之外，低温还会导致植物体代谢缓慢，使合成叶绿素的原料不足，造成叶绿素含量减少。

张鹤（2020）通过分析低温胁迫下耐冷性不同花生品种的光合色素含量发现，低温胁迫可导致花生幼苗叶片中的总叶绿素、叶绿素 a 和叶绿素 b 含量显著降低，且冷敏感品种 FH18 的下降幅度显著高于耐冷品种 NH5（表 3-1）。与常温对照相比，6℃低温处理 120h 后 FH18 的叶绿素 a、叶绿素 b 和总叶绿素含量分别下降了 91.67%、54.39% 和 86.26%，而 NH5 分别降低了 71.51%、48.53% 和 67.59%，说明低温胁迫下 NH5 中的叶绿素较 FH18 中稳定，能够保证其具有较高的光合能力；而 FH18 中叶绿素的快速降解可能是其叶片出现严重褪色现象的重要原因。同时，NH5 和 FH18 中叶绿素 a/b 的比值也呈显著下降趋势，分别较对照降低了 44.74% 和 81.66%，说明低温胁迫下花生叶片中的叶绿素 a 不及叶绿素 b 稳定，更易分解破坏，因此叶绿素 a 含量的变化更能评价花生耐冷性的强弱。

表 3-1　低温胁迫对花生幼苗叶绿素含量的影响（张鹤，2020）

处理时间/h	叶绿素 a/(mg/g)		叶绿素 b/(mg/g)		叶绿素 a/b /(mg/g)		总叶绿素/(mg/g)	
	NH5	FH18	NH5	FH18	NH5	FH18	NH5	FH18
0	3.30±0.02a	3.36±0.11a	0.68±0.01a	0.57±0.10a	4.85±0.04a	5.89±0.10a	3.98±0.02a	3.93±0.09a
12	2.90±0.06ab	2.43±0.07b	0.65±0.08a	0.50±0.02b	4.46±0.10ab	4.87±0.04b	3.55±0.10ab	2.93±0.05b
24	2.68±0.09ab	1.71±0.05c	0.62±0.03a	0.45±0.03bc	4.32±0.06ab	3.80±0.03c	3.30±0.08ab	2.16±0.07c
48	2.32±0.17b	1.26±0.10d	0.59±0.03a	0.39±0.02c	3.93±0.02b	3.23±0.10d	2.91±0.20b	1.65±0.09d
72	1.91±0.04c	0.87±0.05e	0.51±0.01b	0.33±0.02d	3.75±0.05b	2.64±0.07e	2.42±0.05c	1.20±0.05e
96	1.58±0.09d	0.53±0.06f	0.43±0.05c	0.31±0.01d	3.67±0.18b	1.71±0.13f	2.01±0.12d	0.84±0.04f
120	0.94±0.04e	0.28±0.02g	0.35±0.01d	0.26±0.05f	2.68±0.03c	1.08±0.07g	1.29±0.04e	0.54±0.01g

注：表中数字后的不同字母代表同一品种同一参数不同处理间在5%水平上差异显著

　　叶黄素类光合色素是一类含氧的类胡萝卜素，主要包括叶黄素、环氧化叶黄素、玉米黄质、环氧玉米黄质、紫黄质、花药黄质和新黄质等，分布于光合器官的捕光复合体上，在捕获光能、光保护及组成捕光复合体等方面起重要作用（Misra et al.，2006）。在高等植物中，依赖于叶黄素循环的热耗散是一种重要的光破坏防御机制，由紫黄质、花药黄质和玉米黄质参与形成。大量研究表明，低温胁迫可显著增加植物叶片中的玉米黄质和（或）叶黄素含量，如大豆（Musser et al.，1984）、豌豆（Lidon et al.，2001）、水稻（Kim et al.，2017）等，有利于低温胁迫下光系统中过剩激发能的进一步耗散，从而保护光合机构，改善光合能力（Bonnecarrère et al.，2011）。

三、叶绿素荧光参数

　　叶绿素分子吸收光能后呈极不稳定的激发态，此时活跃的能量主要用于光化学反应、叶绿素荧光和热耗散。在正常生理状态下，只有小部分的光能（约占总能量的 1%～2%）会转化为叶绿素荧光。但叶绿素荧光参数却能反映出光能吸收强度、电子传递能力和光能利用效率等几乎全部光合代谢的变化，因此多用于检测胁迫条件下 PS II 的激发能等原初反应过程。根据测定方式的不同，叶绿素荧光可分为脉冲调制式荧光和连续激发式荧光两种类型：脉冲调制式荧光是利用调制式荧光仪可在有背景光的条件下进行测定，而连续激发式荧光是利用连续式荧光仪进行测定。在逆境胁迫研究中，常用的叶绿素荧光参数一般为脉冲调制式荧光，主要包括初始荧光（F0）、最大荧光（Fm）、可变荧光（Fv）、PS II 最大光化学效率（Fv/Fm）、实际光化学效率（ΦPS II）、光化学猝灭（qP）、非光化学猝灭（NPQ）和电子传递速率（electron transport rate，ETR）等。

　　Kong 等（2014）认为，低温胁迫引起的 PS II 受损和反应速率降低会使光合电子传递过程受阻，导致吸收的激发能消耗受限，从而造成光抑制和光氧化损伤。

光下低温诱发的慢性光抑制主要发生于光合作用反应中心的供体侧和受体侧，其中 PSⅡ 反应中心的 DI 蛋白是发生光合抑制的初始位点，不仅具有其他双铁羧基蛋白共有的结构特点，以及去除分子氧的功能，还可以通过改变自身结构等方式主动调节抗氰呼吸途径的运行程度，进而调节细胞多方面的代谢和功能，以适应环境条件的改变，增强植物适应各种逆境的能力（Barber and De Las Rivas，1993）。Allen 和 Ort（2001）在研究中发现，即使是较少的过剩激发能也会增加 PSⅡ 氧化损伤的可能性，特别是 PSⅡ 功能核心的 DI 组分。同时，即使是在修复周期中，低温条件也会改变 *PsbA*（编码 DI 蛋白的质体基因）的表达，降低膜的流动性，从而减慢光损伤 DI 蛋白向类囊体非黏附区域的扩散，导致 DI 蛋白的正常周转速率降低（合成速率低于降解速率），发生净光合损伤，最终造成 PSⅡ 反应中心失活。

Ozturk 等（2013）研究表明，低温胁迫引发光抑制或光氧化时会导致 C3 植物 PSⅡ 最大光化学效率（Fv/Fm）、实际光化学效率（ΦPSⅡ）、光化学猝灭（qP）及电子传递速率（ETR）的显著下降和非光化学猝灭（NPQ）的显著增加，吸收的过剩光能可通过叶黄素循环中 NPQ 的增加而耗散。张鹤（2020）在对花生的研究中发现，低温胁迫下 NH5 和 FH18 的 Fv/Fm、ΦPSⅡ 和 qP 均呈不同程度的下降趋势，且耐冷性不同的花生品种之间差异显著，经低温处理 120h 后耐冷品种 NH5 的上述参数较常温对照分别降低了 52.44%、38.63% 和 32.89%，冷敏感品种 FH18 的上述参数较常温对照分别降低了 96.30%、82.14% 和 67.95%，说明花生幼苗的光合系统在低温胁迫下受到了明显的影响，光能利用率显著降低；耐冷品种的受影响程度明显小于冷敏感品种。同时，NPQ 在低温胁迫下呈先升高再降低的趋势，低温胁迫初期两个花生品种均可通过启动热耗散保护 PSⅡ 反应中心；经 6℃ 低温处理 24h 后 NH5 和 FH18 的 NPQ 分别较常温对照增加了 17.56% 和 85.82%，但随着低温胁迫时间的延长，NH5 和 FH18 的 NPQ 反而呈现下降的趋势，且 FH18 达到极显著水平，表明持续的低温胁迫使 FH18 的热耗散自我保护机能受到严重破坏，从而导致光合系统受损（图 3-8）。

四、光合特性

净光合速率（Pn）作为植物光合作用效率的直接体现，是反映植物生长发育、抗逆能力及生产情况的重要指标。当植物遭遇低温胁迫时，Pn、气孔导度（Gs）、蒸腾速率（Tr）和胞间 CO_2 浓度（Ci）等气体交换参数会受到一定程度的影响，直接破坏光合作用进程。宋俏博（2017）认为，低温胁迫对植物叶片 Pn 的影响主要是由气孔限制和非气孔限制两个途径导致的。气孔限制是指低温胁迫下由于叶片的气孔开闭作用使植物与外界环境的气体交换和对外源营养物质的吸收过程受到影响，导致 Gs、Ci 和 Pn 均下降的现象（邵怡若等，2013）。气孔的主要功能

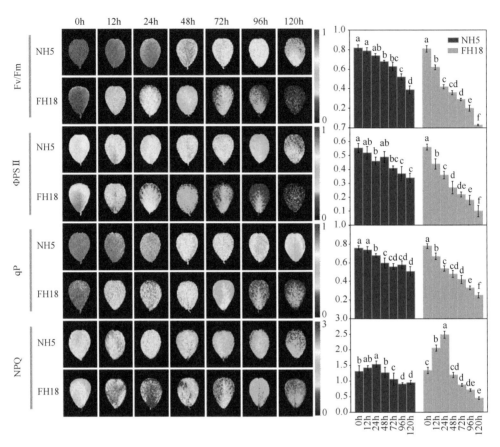

图 3-8 低温胁迫对花生幼苗叶片叶绿素荧光参数的影响（张鹤，2020）
柱状图上的不同字母表示不同处理之间在 5% 水平上差异显著，下同

是调节植株叶片与外界环境的气体交换，以及水分的蒸腾，其开闭状态对植物的光合生理过程起决定性作用，而环境因子会通过改变细胞内的离子浓度，调节保卫细胞的渗透势，实现对气孔开闭的调节（Kim et al.，2008）。低温胁迫下，植物细胞液中游离态的 Ca^{2+} 浓度会显著上升，促进植物激素脱落酸和 H_2O_2 的产生，使质外体中的 Ca^{2+} 通过 Ca^{2+} 通道进入细胞质，而细胞质中的 K^+、Cl^- 和苹果酸根离子通过 K^+ 通道排出，从而导致气孔关闭（Agurla et al.，2018）。非气孔限制是指低温胁迫下通过影响光合酶活性和蛋白质表达等使 CO_2 的利用受阻，导致 Gs 和 Pn 下降而 Ci 上升的现象（Ploschuk et al.，2014），一般发生于重度或长时间低温胁迫中。

为了明确低温胁迫下耐冷性不同花生品种的光合特性变化规律，张鹤（2020）于多个低温处理时间点（0h、12h、24h、48h、72h、96h 和 120h）对耐冷品种 NH5 和冷敏感品种 FH18 的 Pn、Tr、Gs 和 Ci 进行了测定。结果表明，低温胁迫可导致花生幼苗的 Pn、Tr、Gs 和 Ci 均发生不同程度的下降，其中 Pn、Tr 和 Gs 的下降幅度较大，且品种之间差异显著；经 6℃低温处理 120h 后，NH5 的 Pn、Tr、Gs 和 Ci 分别较常温对照降低了 60.86%、55.55%、65.52% 和 19.26%，而 FH18 分别降低了 97.03%、89.51%、84.38% 和 37.19%（图 3-9）。这说明低温胁迫可导致花生叶片的气孔开度减小，正常气体交换受到影响，使 CO_2 供应受阻，从而造成光合作用减弱，即气孔限制是低温胁迫下花生幼苗 Pn 下降的主要原因，但耐冷品种的光合能力所受影响较小，依然可以维持光合作用的进行。

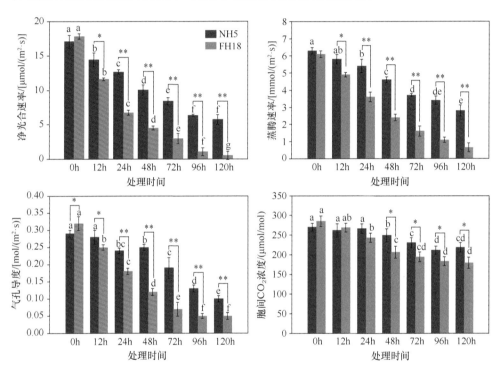

图 3-9 低温胁迫对花生幼苗叶片光合特性的影响（张鹤，2020）

图中*和**分别表示两个品种之间分别在 $P<0.05$ 和 $P<0.01$ 水平上差异显著，不同小写字母表示同一品种在不同温度处理时间点差异显著（$P<0.05$）

主要参考文献

常博文, 钟鹏, 刘杰, 等. 2019. 低温胁迫和赤霉素对花生种子萌发和幼苗生理响应的影响. 作物学报, 45(1): 118-130.

郝西, 崔亚男, 张俊, 等. 2021. 过氧化氢浸种对花生种子发芽及生理代谢的影响. 作物学报, 47(9): 1834-1840.

简令成, 吴素萱. 1965. 植物抗寒性的细胞学研究: 小麦越冬过程中细胞结构形态的变化. 植物生理学报(英文版), (1): 1-23.

李格, 孟小庆, 蔡敬, 等. 2018. 活性氧在植物非生物胁迫响应中功能的研究进展. 植物生理学报, 54(6): 951-959.

吕登宇, 郝西, 苗利娟, 等. 2022. 花生萌发期对低温胁迫的生理生化响应机制. 中国油料作物学报, 44(2): 385-391.

任学敏, 朱雅, 王长发, 等. 2014. 花生生理和农艺性状对冠层温度的影响. 西北农林科技大学学报(自然科学版), 42(10): 81-86.

邵怡若, 许建新, 薛立, 等. 2013. 低温胁迫时间对 4 种幼苗生理生化及光合特性的影响. 生态学报, 33(14): 4237-4247.

宋俏博. 2017. 叶面施钙缓解花生低夜温光合障碍的机制. 沈阳: 沈阳农业大学硕士学位论文.

唐润钰, 孙敏红, 吴玲利, 等. 2023. 不同外源物质对低温胁迫下油茶花器官的缓解效应. 植物生理学报, 59(1): 219-230.

王爱国, 罗广华, 邵从本, 等. 1986. 大豆下胚轴线粒体产生超氧物自由基的效率. 植物生理学报, (2): 148-153.

王超. 2008. 外源根施甜菜碱对烟草叶片类囊体膜组分及功能的改善作用. 泰安: 山东农业大学硕士学位论文.

王俊娟, 王德龙, 阴祖军, 等. 2016. 陆地棉萌发至幼苗期抗冷性的鉴定. 中国农业科学, 49(17): 3332-3346.

王娜, 褚衍亮. 2007. 低温对花生幼苗渗透调节物质和保护酶活性的影响. 安徽农业科学, (29): 9154-9156.

魏婧, 徐畅, 李可欣, 等. 2020. 超氧化物歧化酶的研究进展与植物抗逆性. 植物生理学报, 56(12): 2571-2584.

闫蕾. 2019. 甘蓝型油菜抗寒资源筛选及抗寒性机理研究. 武汉: 华中农业大学博士学位论文.

张鹤. 2020. 花生苗期耐冷评价体系构建及其生理与分子机制. 沈阳: 沈阳农业大学博士学位论文.

张天鹏, 杨兴洪. 2017. 甜菜碱提高植物抗逆性及促进生长发育研究进展. 植物生理学报, 53(11): 1955-1962.

张毅. 2021. 甘蓝型油菜耐低温配合力分析与耐低温基因的功能研究. 北京: 中国农业科学院硕士学位论文.

钟鹏, 刘杰, 王建丽, 等. 2018. 花生对低温胁迫的生理响应及抗寒性评价. 核农学报, 32(6): 1195-1202.

Agurla S, Gahir S, Munemasa S, et al. 2018. Mechanism of stomatal closure in plants exposed to drought and cold stress. Adv. Exp. Med. Biol., 1081: 215-232.

Allen D J, Ort D R. 2001. Impacts of chilling temperatures on photosynthesis in warm-climate plants. Trends Plant Sci., 6(1): 36-42.

Arnaud D, Lee S, Takebayashi Y, et al. 2017. Regulation of reactive oxygen species homeostasis by cytokinins modulates stomatal immunity in *Arabidopsis*. Plant Cell, 29(3): 543-559.

Barber J, De Las Rivas J. 1993. A functional model for the role of cytochrome b559 in the protection against donor and acceptor side photoinhibition. Proc. Natl. Acad. Sci. U. S. A., 90(23): 10942-10946.

Bartoli C G, Gómez F, Martínez D E, et al. 2004. Mitochondria are the main target for oxidative damage in leaves of wheat (*Triticum aestivum* L.). J. Exp. Bot., 55(403): 1663-1669.

Bonnecarrère V, Borsani O, Díaz P, et al. 2011. Response to photooxidative stress induced by cold in *japonica* rice is genotype dependent. Plant Sci., 180(5): 726-732.

Cai Q, Wang S, Cui Z, et al. 2004. Changes in freezing tolerance and its relationship with the contents of carbohydrates and proline in overwintering centipedegrass (*Eremochloa ophiuroides* (Munro) Hack.). Plant Prod. Sci., 7(4): 421-426.

Chen P, Liu W, Yuan J, et al. 2005. Development and characterization of wheat-*Leymus racemosus* translocation lines with resistance to *Fusarium* Head Blight. Theor. Appl. Genet., 111(5): 941-948.

Choudhury F K, Rivero R M, Blumwald E, et al. 2017. Reactive oxygen species, abiotic stress and stress combination. Plant J., 90(5): 856-867.

Couée I, Sulmon C, Gouesbet G, et al. 2006. Involvement of soluble sugars in reactive oxygen species balance and responses to oxidative stress in plants. J. Exp. Bot., 57(3): 449-459.

Erdal S. 2012. Androsterone-induced molecular and physiological changes in maize seedlings in response to chilling stress. Plant Physiol. Biochem., 57: 1-7.

Fernandez O, Theocharis A, Bordiec S, et al. 2012. *Burkholderia phytofirmans* PsJN acclimates grapevine to cold by modulating carbohydrate metabolism. Mol. Plant Microbe. Interact., 25(4): 496-504.

Fridovich I. 1975. Chapter 26. A free radical pathology: superoxide radical and superoxide dismutases. Annu. Rep. Med. Chem., 10: 257-264.

Fryer M J, Oxborough K, Mullineaux P M, et al. 2002. Imaging of photo-oxidative stress responses in leaves. J. Exp. Bot., 53(372): 1249-1254.

Fu J, Sun P, Luo Y, et al. 2019. Brassinosteroids enhance cold tolerance in *Elymus nutans* via mediating redox homeostasis and proline biosynthesis. Environ. Exp. Bot., 167: 103831.

Gleeson D, Lelu-Walter M A, Parkinson M. 2005. Overproduction of proline in transgenic hybrid larch (*Larix* x *leptoeuropaea* (*Dengler*)) cultures renders them tolerant to cold, salt and frost. Mol. Breeding, 15(1): 21-29.

Hanson A D, Scott N A. 1980. Betaine synthesis from radioactive precursors in attached, water-stressed barley leaves. Plant Physiol., 66(2): 342-348.

Huang J, Hirji R, Adam L, et al. 2000. Genetic engineering of glycinebetaine production toward enhancing stress tolerance in plants: metabolic limitations. Plant Physiol., 122(3): 747-756.

Jang I C, Oh S J, Seo J S, et al. 2003. Expression of a bifunctional fusion of the *Escherichia coli* genes for trehalose-6-phosphate synthase and trehalose-6-phosphate phosphatase in transgenic rice plants increases trehalose accumulation and abiotic stress tolerance without stunting growth. Plant Physiol., 131(2): 516-524.

Kawano T. 2003. Roles of the reactive oxygen species-generating peroxidase reactions in plant defense and growth induction. Plant Cell Rep., 21(9): 829-837.

Kim H S, Hoang M H, Jeon Y A, et al. 2017. Differential down-regulation of zeaxanthin epoxidation in two rice (*Oryza sativa* L.) cultivars with different chilling sensitivities. J. Plant Biol., 60(4): 413-422.

Kim J S, Jung H J, Lee H J, et al. 2008. Glycine-rich RNA-binding protein 7 affects abiotic stress responses by regulating stomata opening and closing in *Arabidopsis thaliana*. Plant J., 55(3): 455-466.

Kishor P B K, Sreenivasulu N. 2014. Is proline accumulation *per se*, correlated with stress tolerance or is proline homeostasis a more critical issue? Plant Cell Environ., 37(2): 300-311.

Kong F, Deng Y, Zhou B, et al. 2014. A chloroplast-targeted DnaJ protein contributes to maintenance of photosystem II under chilling stress. J. Exp. Bot., 65(1): 143-158.

Lidon F C, Ribeiro G, Santana H, et al. 2001. Photoinhibition in chilling stressed leguminosae: comparison of vicia faba and pisum sativum. Photosynthetica, 39(1): 17-22.

Lyons J M. 1973. Chilling injury in plants. Ann. Rev. Physiol., 24(1): 445-466.

Mhamdi A, Noctor G, Baker A. 2012. Plant catalases: peroxisomal redox guardians. Arch. Biochem. Biophys., 525(2): 181-194.

Misra A N, Latowski D, Strzalka K. 2006. The xanthophyll cycle activity in kidney bean and cabbage leaves under salinity stress. Russ. J. Plant Physiol., 53(1): 113-121.

Mittler R, Vanderauwera S, Suzuki N, et al. 2011. ROS signaling: the new wave? Trends Plant Sci., 16(6): 300-309.

Musser R L, Thomas S A, Wise R R, et al. 1984. Chloroplast ultrastructure, chlorophyll fluorescence, and pigment composition in chilling-stressed soybeans. Plant Physiol., 74(4): 749-754.

Oliveira J G D, Alves P L C A, Vitória A P. 2009. Alterations in chlorophyll a fluorescence, pigment concentrations and lipid peroxidation to chilling temperature in coffee seedlings. Environ. Exp. Bot., 67(1): 71-76.

Ortiz D, Hu J, Salas Fernandez M G. 2017. Genetic architecture of photosynthesis in Sorghum bicolor under non-stress and cold stress conditions. J. Exp. Bot., 68(16): 4545-4557.

Ozturk I, Ottosen C O, Ritz C. 2013. The effect of temperature on photosynthetic induction under fluctuating light in *Chrysanthemum morifolium*. Acta Physiol. Plant., 35(4): 1179-1188.

Park E J, Jeknić Z, Sakamoto A, et al. 2004. Genetic engineering of glycinebetaine synthesis in tomato protects seeds, plants, and flowers from chilling damage. Plant J., 40(4): 474-487.

Peng X, Teng L, Yan X, et al. 2015. The cold responsive mechanism of the paper mulberry: decreased photosynthesis capacity and increased starch accumulation. BMC Genomics, 16(1): 898.

Ploschuk E L, Bado L A, Salinas M, et al. 2014. Photosynthesis and fluorescence responses of *Jatropha curcas* to chilling and freezing stress during early vegetative stages. Environ. Exp. Bot., 102: 18-26.

Rich P R, Bonner W D. 1978. The sites of superoxide anion generation in higher plant mitochondria. Arch. Biochem. Biophys., 188(1): 206-213.

Sami F, Yusuf M, Faizan M, et al. 2016. Role of sugars under abiotic stress. Plant Physiol. Biochem., 109: 54-61.

Savouré A, Hua X J, Bertauche N, et al. 1997. Abscisic acid-independent and abscisic acid-dependent regulation of proline biosynthesis following cold and osmotic stresses in *Arabidopsis thaliana*. Mol. Gen. Genet., 254(1): 104-109.

Shi D W, Wei X D, Chen G X. 2016. Effects of low temperature on photosynthetic characteristics in the super-high-yield hybrid rice 'Liangyoupeijiu' at the seedling stage. Genet. Mol. Res., 15(4): 1-10.

Singer S J. 1975. Membrane fluidity and cellular functions. Adv. Exp. Med. Biol., 62: 181-192.

Song Y, Feng L, Alyafei M A M, et al. 2021. Function of chloroplasts in plant stress responses. Int. J. Mol. Sci., 22(24): 13464.

Su J, Hirji R, Zhang L, et al. 2006. Evaluation of the stress-inducible production of choline oxidase in transgenic rice as a strategy for producing the stress-protectant glycine betaine. J. Exp. Bot., 57(5): 1129-1135.

Sun L, Böckmann R A. 2018. Membrane phase transition during heating and cooling: molecular insight into reversible melting. Eur. Biophys. J., 47(2): 151-164.

Sun Y, Fu L, Chen L, et al. 2017. Characterization of two winter wheat varieties' responses to freezing in a frigid region of the People's Republic of China. Can. J. Plant Sci., 97(5): 808-815.

Suzuki N, Miller G, Morales J, et al. 2011. Respiratory burst oxidases: the engines of ROS signaling. Curr. Opin. Plant Biol., 14(6): 691-699.

Terry M I, Ruiz-Hernández V, Águila D J, et al. 2021. The effect of post-harvest conditions in *Narcissus* sp. cut flowers scent profile. Front. Plant Sci., 11: 540821.

Theocharis A, Clément C, Barka E A. 2012. Physiological and molecular changes in plants grown at low temperatures. Planta, 235(6): 1091-1105.

Verslues P E, Sharma S. 2010. Proline metabolism and its implications for plant-environment interaction. Arabidopsis Book, 8: e0140.

Zhang H, Dong J, Zhao X, et al. 2019. Research Research progress in membrane lipid metabolism and molecular mechanism in peanut cold tolerance. Front. Plant Sci., 10: 838.

Zhang H, Jiang C, Lei J, et al. 2022. Comparative physiological and transcriptomic analyses reveal key regulatory networks and potential hub genes controlling peanut chilling tolerance. Genomics, 114(2): 110285.

Zhang J, Yuan H, Yang Y, et al. 2016. Plastid ribosomal protein S5 is involved in photosynthesis, plant development, and cold stress tolerance in *Arabidopsis*. J. Exp. Bot., 67(9): 2731-2744.

Zhou C Y, Yang C D, Zhan L. 2012. Effects of low temperature stress on physiological and biochemical characteristics of *Podocarpus nagi*. Agr. Sci. Tech., 13(3): 533-536.

Zhu J K. 2016. Abiotic stress signaling and responses in plants. Cell, 167(2): 313-324.

Zhukov A V. 2015. Palmitic acid and its role in the structure and functions of plant cell membranes. Russ. J. Plant Physiol., 62(5): 706-713.

第四章　花生适应低温冷害的脂类代谢调控机制

脂质，又称脂类或类脂，是一类低溶于水而高溶于非极性溶剂的生物有机分子，广泛存在于动植物体内。植物脂质种类繁多，功能各异，包括膜脂、油脂、信号分子、植物激素、光合色素、香精油，以及植物表面保护性物质，在植物生长发育和逆境反应中发挥重要作用（Fan et al.，2017）。例如，三酰甘油（triacylglycerol，TAG）等可以储存脂质，是高效储能物质，可为种子萌发和生物代谢提供能量和碳源；鞘脂、磷脂酰肌醇和茉莉酸等脂质衍生物可以作为生理活性物质和信号分子，参与各种生物学过程；甘油磷脂、甘油糖脂和胆固醇是生物膜的重要组成成分，其含量及代谢水平会影响植株的抗逆性（Wan et al.，2020；Wasternack and Song，2017；Hou et al.，2016）。生物膜是最先感受温度变化并做出反应的部位，低温胁迫下膜脂相变或膜脂过氧化导致的膜系统受损是造成花生冷害发生的首要原因（Zhang et al.，2019）。为了抵御低温伤害，花生植株在长期进化过程中逐渐形成了一套通过膜脂重塑和调整脂肪酸不饱和度适应温度变化的复杂机制，对维持膜系统的稳定性和功能至关重要（Zhang et al.，2020）。

第一节　花生脂质的化学组成及分类

花生作为世界上重要的油料作物之一，其籽仁中约 50%以上的成分为油脂，含油量普遍高于油菜、大豆和棉籽等主要食用油料作物。花生油脂中富含油酸、亚油酸、亚麻酸和棕榈酸等不饱和脂肪酸，不仅可以满足人类对高热量和高营养食物的需求，还可以作为绿色生物燃料缓解能源危机（Bates et al.，2013）。近年来，随着我国人口的不断增加和生活水平的日益提高，人们对植物油脂的组成和含量也有了新的、更高的要求，培育含油量更高、脂肪酸组成比例更合理的花生新品种成为我国花生产业发展的主要方向之一。花生油脂的主要成分为三酰甘油，脂质代谢产物的合成与降解过程均对三酰甘油含量有所影响。因此，系统明确花生脂质的组成成分及其生物合成与代谢调控途径，对花生品质和抗逆性的遗传改良具有重要意义。

一、花生脂质的化学组成

脂质是根据溶解性质定义的一类生物分子，其化学本质为脂肪酸和醇所形成的酯类及其衍生物，主要由碳、氢、氧 3 种元素组成，部分还含氮、磷和硫（图 4-1）。

参与脂质组成的脂肪酸多为 4 个碳以上的长链一元羧酸,醇成分包括甘油、鞘氨醇、高级一元醇和固醇。

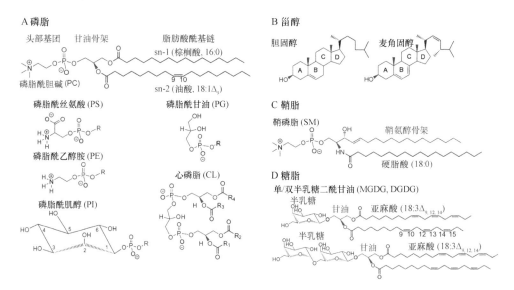

图 4-1　主要脂质分子的化学组成结构（Loschwitz et al.，2020）

二、花生脂质的分类

脂质包括的范围很广,不仅在化学组成和结构上具有多样性,在生物学功能上也存在较大差异。根据化学结构和功能的不同,花生脂质分子可以分为以下几种类型。

（一）按照化学结构分类

按照化学结构的不同,花生脂质分子可以分为简单脂质、复合脂质和衍生脂质三大类。

1. 简单脂质

简单脂质是由脂肪酸和醇形成的酯,包括脂肪和蜡质。

（1）脂肪即三酰甘油,由 1 分子甘油和 3 分子脂肪酸通过酯键结合而成。花生体内的脂肪酸种类较多,生成三酰甘油时可有不同的排列组合,因此其脂肪具有多种形式,但主要的生理功能均为储存能量和供给能量。

（2）蜡质是由长链脂肪酸和高级脂肪醇形成的高度不溶于水的酯,主要存在于花生的叶片和种皮表面,在生物和非生物胁迫中起保护作用（梁炫强等,2003；Samdur et al.，2003）。

2. 复合脂质

复合脂质简称复脂，是指其组成除脂肪酸和醇以外，还含有磷酸基团、糖基和胆碱等非脂成分的脂质分子。根据非脂成分的不同，复脂可以分为磷脂和糖脂两大类，是生物膜的主要组成成分，共同构成疏水性的"屏障"，分隔细胞水溶性成分和细胞器，维持细胞的正常结构与功能。

（1）磷脂是含有磷酸和含氮碱的脂质，根据醇成分的不同可分为甘油磷脂和鞘磷脂。其中，甘油磷脂因含有羟基的有机官能团的不同主要包括磷脂酸、磷脂酰胆碱（PC）、磷脂酰肌醇、磷脂酰丝氨酸、磷脂酰乙醇胺和双磷脂酰甘油 6 种类型。甘油磷脂分子的化学结构较为特殊，整体上可分为两个部分：一部分由两个较长的非极性碳氢链构成，具有疏水的性质，被称为疏水尾巴；另一部分由极性的磷酸基团和有机官能团组成，具有亲水性质，被称为亲水头部，特别适合作为生物膜骨架。鞘磷脂的结构与甘油磷脂十分相似，也是一种两性分子，只是甘油由神经鞘氨醇代替，有机官能团通常为胆碱或乙醇胺。鞘磷脂也是生物膜的重要组分，主要存在于动物的神经组织，在植物中含量较低。

（2）糖脂是糖的半缩醛羟基以糖苷键与脂质连接形成的化合物，其非脂部分为糖基，包括由甘油构成的甘油糖脂和由鞘氨醇构成的鞘糖脂。甘油糖脂是糖基通过糖苷键与二酰甘油分子上原本处于游离状态的羟基相连而形成的脂质分子，以单半乳糖基二酰甘油和双半乳糖基二酰甘油最为常见，主要存在于花生植株的叶绿体膜上。鞘糖脂在植物中的含量较低，但却广泛参与细胞间的信号转导，在植物与病原菌互作、细胞程序性死亡，以及各种非生物胁迫应答中发挥重要作用。

3. 衍生脂质

衍生脂质又称其他脂质，是由简单脂质和复合脂质衍生而来，或与之关系密切，同时具有脂质一般性质的物质，主要包括取代烃（脂肪酸及其碱性盐、高级醇、脂肪醛、脂肪胺、烃等）、类固醇（胆固醇及其衍生物等）、萜（柠檬烯、叶绿醇、鲨烯、番茄红素、β-胡萝卜素等）和其他脂质（脂溶性维生素、脂多糖、脂蛋白等）。

（二）按照生物学功能分类

脂质化学组成和结构的多样性决定了其在生物学功能上的差异。按照生物学功能的不同，脂质分子还可以分为储存脂质、结构脂质和活性脂质三大类。

1. 储存脂质

储存脂质包括三酰甘油和蜡质。在大多数真核细胞中，三酰甘油以微小油滴的形式存在于含水的胞质溶胶中，在油料作物的种子中大量储存，为种子萌发提供合成前体和能量。油脂作为一种高度还原的化合物，是很多生物能量的主要储存形式。据报道，1g 油脂完全氧化将产生 37kJ 能量，而 1g 糖或蛋白质只产生 17kJ 能量（王镜岩等，2002）。在海洋的浮游生物中，蜡质是代谢燃料的主要储存形式，同时也覆盖于大多热带作物的叶片表面，以防止外来生物侵袭和水分的过度蒸发。

2. 结构脂质

结构脂质是由磷脂、糖脂和固醇等脂质分子构成的双分子层或脂双层，是生物膜系统的骨架，因此被称为结构脂质或膜脂。这些膜脂在分子结构上存在共同特点，即具有极性头部（亲水部分）和非极性尾部（疏水部分）。极性头部含有醇基、含氮碱和磷酸基团，非极性尾部主要是脂肪酸和脂肪胺（鞘氨醇）的烃链。膜脂分子的极性头部和非极性尾部在水介质中的定向排列，是导致膜脂装配成脂双层的主要原因，其中表面为亲水部分，内部为疏水烃链。脂双层具有屏障作用，能阻拦膜两侧亲水物质的自由通过，对维持细胞正常结构和功能尤为重要。

3. 活性脂质

活性脂质包括数百种类固醇和萜（类异戊二烯），在细胞中的含量较低，但具有极其重要的专一生物活性。植物固醇又称植物甾醇，属于植物性甾体化合物，主要成分包括谷固醇、菜油固醇、豆固醇、菜籽固醇和固醇类激素等，广泛存在于植物油、坚果种子和豆类作物中，是植物体内的一种活性成分，参与调节细胞增殖、形态建成、顶端优势、叶与叶绿体衰老等过程。萜类化合物是一类以异戊二烯为基本构成单元的链状或环状结构的次生代谢产物，在植物生长及适应环境变化过程中发挥重要作用，如倍半萜类化合物脱落酸和二萜类化合物赤霉素，是调节植物生长及应对逆境胁迫的重要激素；四萜类化合物番茄红素是一种天然的脂溶性类胡萝卜素，具有极强的自由基清除能力，被誉为"植物黄金"（Bohlmann and Keeling，2008）。除此之外，花生体内还存在一些其他活性脂质，如线粒体中的泛醌和叶绿体中的质体醌可以作为电子载体，质膜上的磷脂酰肌醇及其磷酸化衍生物是胞内信使的储存库，肌醇-1, 4, 5-三磷酸和二酰甘油作为胞内信使在细胞信号转导过程中发挥重要作用。

Fahy 等（2005）在"脂质代谢途径研究计划"（lipid metabolites and pathways strategy，LIPID MAPS）项目中，根据脂质的结构和亲水性，又将脂质分为 8 大类：脂肪酸、甘油酯类、磷脂类、鞘脂类、固醇脂类、萜烯类、糖脂类和聚酮类。

第二节　脂肪酸与花生耐冷性

　　脂肪酸是花生体内最简单的脂类,在各组织和细胞中主要以结合态形式存在,如储存在花生种子中的三酰甘油,分布于花生叶片表面、防止机械损伤和热量散发的蜡质,以及构成花生生物膜骨架的磷脂和糖脂等,仅有少量以游离态形式存在(禹山林,2008)。作为生物膜的重要组成成分,脂肪酸碳氢链的长度及不饱和双键的数目和位置是决定膜系统流动性的基础。脂肪酸的不饱和程度除了取决于作物或作物品种的自身遗传特性,还受外界温度影响较大,与作物的耐冷性密切相关(孙柏林等,2021)。

一、花生脂肪酸组成及分类

　　所有脂肪酸都是由一条长烃链(尾部)和一个末端羧基(头部)组成的羧酸。目前,从动物、植物和微生物中分离出来的脂肪酸已有百余种,其区别主要表现在烃链的长度(碳原子数目)、双键的数目及其位置。

(一)按照碳原子数目分类

　　生物体内的脂肪酸是以二碳为单位从头合成的,因此脂肪酸骨架的碳原子数目几乎均为偶数,长度为 4～36 个碳原子。奇数碳原子的脂肪酸在植物中极其少见,仅在某些海洋生物中有相当数量的存在。根据烃链上碳原子数目的多少,脂肪酸通常可以分为短链脂肪酸、中链脂肪酸和长链脂肪酸 3 类。其中,短链脂肪酸烃链上的碳原子数目<6 个,又称作挥发性脂肪酸,是微生物的主要代谢物;中链脂肪酸烃链上的碳原子数目为 6～12 个,主要成分是辛酸和癸酸,存在于乳脂中;长链脂肪酸烃链上的碳原子数目≥14 个,广泛存在于高等动植物体内。花生各组织部位的脂肪酸多为长链脂肪酸,烃链上的碳原子数目为 14～24 个,其中以 16 和 18 个碳所占比例较大,如棕榈酸、硬脂酸、油酸、亚油酸和亚麻酸等(表 4-1)。

(二)按照双键数目分类

　　根据烃链上不饱和双键的数目,脂肪酸可分为饱和脂肪酸、单不饱和脂肪酸和多不饱和脂肪酸 3 类。其中,烃链上不含不饱和双键的为饱和脂肪酸,根据其烃链碳原子数目的多少,又可分为低级饱和脂肪酸(碳原子数≤10)和高级饱和脂肪酸(碳原子数>10)。一般 4～24 个碳原子的脂肪酸常存在于油脂中,而 24 个碳原子以上的则存在于蜡质中。烃链上仅含有一个不饱和双键的为单不饱和脂

表 4-1　花生中几种常见的脂肪酸

通俗名	系统名	简写符号	化学结构
豆蔻酸	正十四烷酸	14:0	$CH_3(CH_2)_{12}COOH$
棕榈酸	正十六烷酸	16:0	$CH_3(CH_2)_{14}COOH$
棕榈油酸	十六碳-9-烯酸（顺）	$16:1\Delta^{9c}$	$CH_3(CH_2)_5CH=CH(CH_2)_7COOH$
硬脂酸	正十八烷酸	18:0	$CH_3(CH_2)_{16}COOH$
油酸	十八碳-9-烯酸（顺）	$18:1\Delta^{9c}$	$CH_3(CH_2)_7CH=CH(CH_2)_7COOH$
亚油酸	十八碳-9,12-二烯酸（顺）	$18:2\Delta^{9c,12c}$	$CH_3(CH_2)_4(CH=CHCH_2)_2(CH_2)_6COOH$
亚麻酸	十八碳-9,12,15-三烯酸（顺）	$18:3\Delta^{9c,12c,15c}$	$CH_3(CH=CHCH_2)_3(CH_2)_7COOH$
花生酸	正二十烷酸	20:0	$CH_3(CH_2)_{18}COOH$
花生烯酸	二十碳-11-烯酸（顺）	$20:1\Delta^{11c}$	$CH_3(CH_2)_7CH=CH(CH_2)_9COOH$
花生四烯酸	二十碳-5,8,11,14-四烯酸（顺）	$20:4\Delta^{5c,8c,11c,14c}$	$CH_3(CH_2)_4(CH=CHCH_2)_4(CH_2)_2COOH$
山嵛酸	正二十二烷酸	22:0	$CH_3(CH_2)_{20}COOH$
木蜡酸	正二十四烷酸	24:0	$CH_3(CH_2)_{22}COOH$

肪酸，如棕榈油酸、油酸和芥子酸等。烃链上含有两个或两个以上不饱和双键的为多不饱和脂肪酸，以亚油酸和亚麻酸最为常见，仅在高等植物体内合成，又称为必需脂肪酸。一般来说，动物体内的脂肪酸结构比较简单，碳骨架为线形，双键数目为1~4个；细菌体内多为饱和脂肪酸，少数为单烯酸，多不饱和脂肪酸含量极少；而高等植物中不饱和脂肪酸较饱和脂肪酸丰富，除含有烯键外，部分还含炔键、羟基、酮基、环氧基或环戊烯基等。花生中的脂肪酸以含有16~20个碳原子的饱和脂肪酸和不饱和脂肪酸为主，包括棕榈酸、硬脂酸、油酸、亚油酸、亚麻酸和花生四烯酸等（表4-1）。

　　为便于研究，每个脂肪酸分子都有其特定的通俗名、系统名和简写符号（表4-1）。简写符号的组成为：先写出脂肪酸烃链上的碳原子数目，再写出双键数目，将两者用冒号（:）隔开，如硬脂酸（十八烷酸）的简写符号为18:0，亚油酸（十八碳二烯酸）的简写符号为18:2；双键位置用Δ右上标数字表示，数字为双键结合的两个碳原子的较低排序（从羧基端开始），并在数字后用c（顺式）和t（反式）注明双键的构型，如十八碳-9,12-二烯酸（顺）简写为$18:2\Delta^{9c,12c}$。

二、花生脂肪酸生物合成

　　脂肪酸生物合成是植物体内最重要的代谢途径之一，受到多种酶的催化和调控。自1957年Wakil等从鹅肝匀浆中首次发现脂肪酸合成酶之后，人们便开始对脂肪酸生物合成途径展开广泛研究，并对脂肪酸的合成规律进行深入了解，发现脂肪酸生物合成主要涉及从头合成、脱氢去饱和，以及碳链延长等过程。

（一）脂肪酸从头合成

花生体内脂肪酸的从头合成，是通过复杂的多酶复合体系，于质体的基质中催化完成的（图 4-2）。首先，经糖酵解途径产生的己糖或丙酮酸，会作为脂肪酸合成的碳源，被运输至质体合成乙酰辅酶 A（乙酰-CoA）；乙酰-CoA 是脂肪酸从头合成的必需前体物质，会在乙酰-CoA 羧化酶（ACCase）的催化下产生丙二酰辅酶 A（丙二酰-CoA）；随后，丙二酰-CoA 与酰基载体蛋白（ACP）结合，在丙二酰-CoA：ACP 丙二酰基转移酶（MCMT）的催化下生成丙二酰-ACP，作为脂肪酸链延长的碳链供体；最后，丙二酰-ACP 和乙酰-CoA 会在脂肪酸合酶（FAS）复合体的作用下，分别受 β-酮脂酰-ACP 合酶（KAS）、β-酮酰-ACP 还原酶（KAR）、β-羟酰-ACP 脱水酶（HAD）和烯酰基-ACP 还原酶（ER）催化，不断进行缩合-还原-脱水-还原循环反应，完成脂肪酸链的延伸（每次循环增加 2 个碳原子），最终通过终止反应生成含有 16 或 18 个碳原子的饱和脂肪酸。

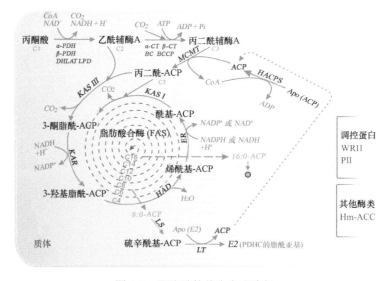

图 4-2 脂肪酸的从头合成途径

图片下载自 http://aralip.plantbiology.msu.edu/pathways/fatty_acid_synthesis ［2022-05-27］；HACPS 为 holo-ACP synthase 的简写

参与缩合反应的 KAS 有 3 种形式的同工酶，主要以底物的特异性来区分：在第一次循环中，丙二酰-ACP 和乙酰-CoA 的缩合反应由 KASIII 催化进行，但主要倾向于与乙酰-CoA 作用；在接下来的 6 次循环中，由 KASIII 的同工酶 KASI 催化缩合反应，对碳链长度为 4～14 的酰基-ACP 活性较大，对乙酰-ACP 活性较小；而在最后一次循环中，催化棕榈酰基-ACP 与丙二酰-ACP 聚合生成硬脂酰基-ACP 的反应则需要 KASII，只接受长链酰基-ACP 作为底物。

　　不同碳链长度脂肪酸的合成终止反应是指酰基-ACP 在酰基-ACP 硫酯酶（FAT）的作用下，通过水解反应将酰基部分（脂肪酸）释放出来，形成游离脂肪酸（FFA）的过程。不同类型 FAT 作用的酰基-ACP 不同，其中酰基-ACP 硫酯酶 A（FATA）的底物较为保守，仅作用于 18:1-ACP；而酰基-ACP 硫酯酶 B（FATB）的底物范围较大，可以作用于 10:0-ACP、16:0-ACP 和 18:0-ACP 等。花生中对 16 或 18 碳酰基-ACP 特异性高的 FAT 较多，因此含有 16 或 18 个碳原子的脂肪酸所占比例较大。脂肪酸从头合成途径终止后，约 40%的游离脂肪酸会继续留在质体内合成质体脂质，即脂质合成的原核生物途径；而 60%的游离脂肪酸会经乙酰-CoA 活化后以酰基-CoA（Acyl-CoA）的形式被转运到内质网膜或细胞质中，进行脂肪酸的去饱和、再延长和修饰等过程，即脂质合成的真核生物途径（图 4-3）。

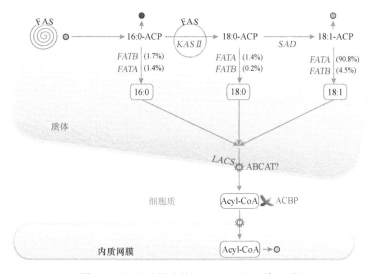

图 4-3　脂肪酸的去饱和、再延长和输出过程

图片下载自 http://aralip.plantbiology.msu.edu/pathways/fatty_acid_elongation_desaturation_export_from_plastid［2022-05-27］，图中问号（？）表示该步骤需要进一步被证明，下同

（二）脂肪酸去饱和

　　花生体内约 75%的脂肪酸为不饱和脂肪酸（阮建，2018）。不饱和脂肪酸是在脂肪酸从头合成途径产生饱和脂肪酸的基础上，由脂肪酸脱氢酶进一步催化形成的，包括棕榈油酸、油酸和花生烯酸等单不饱和脂肪酸，以及亚油酸、亚麻酸和花生四烯酸等长链多聚不饱和脂肪酸。脂肪酸脱氢酶（fatty acid desaturase，FAD）是一类能在脂肪酸链上引入不饱和双键、催化不饱和脂肪酸合成的酶，按照所

作用底物的载体不同可分为酰基-CoA 脱氢酶、酰基-ACP 脱氢酶和酰基-脂脱氢酶（表 4-2）。

表 4-2 花生脂肪酸脱氢酶的种类和分布

FAD 成员	功能	作用底物	双键位置	电子供体	亚细胞定位	编码基因数量
SAD	对酰基-ACP 脂肪酸去饱和	18:0	$\Delta 9$-FAD	—	叶绿体基质	12
FAD2	负责除质体内膜膜脂外所有不饱和甘油酯合成	18:1	$\Delta 12$-FAD	细胞色素 b5	内质网膜	6
FAD3		18:2	$\Delta 15$-FAD	细胞色素 b5	内质网膜	4
FAD4		16:0	反式 $\Delta 3$-FAD	—	叶绿体膜	3
FAD5		16:0	$\Delta 7$-FAD	—	叶绿体膜	
FAD6	对质体内膜膜脂进一步去饱和	18:1	$\Delta 12$-FAD	铁氧还蛋白	叶绿体膜	2
FAD7		18:2	$\Delta 15$-FAD	铁氧还蛋白	叶绿体膜	4
FAD8		18:2	$\Delta 15$-FAD	铁氧还蛋白	叶绿体膜	

注：表中"—"表示该 FAD 成员无电子供体

（1）酰基-CoA 脱氢酶 作用底物为结合在 CoA 上的脂肪酸烃链，以细胞色素 b5 和 NADH 为电子供体形成不饱和脂肪酸。酰基-CoA 脱氢酶是一种膜结合蛋白，包括 $\Delta 4$、$\Delta 6$ 和 $\Delta 9$ 等脂肪酸脱氢酶，主要存在于动物、真菌和酵母的内质网膜上，在花生中尚未发现。

（2）酰基-ACP 脱氢酶 作用底物为以酰基-ACP 为载体的脂肪酸，能在其烃链上引入第一个双键，生成单不饱和脂肪酸。目前研究最广泛、最深入的为硬脂酰-ACP 脱氢酶（SAD）。它是存在于植物质体基质中的唯一一个可溶性脱氢酶家族，包括 $\Delta 4$-SAD、$\Delta 6$-SAD 和 $\Delta 9$-SAD 等成员。其中，$\Delta 9$-SAD 能通过 NADPH、NADPH$_2$、铁氧还蛋白还原酶、铁氧还蛋白、O$_2$ 参与的氧化还原反应在质体内引入第一个双键，催化 18:0 的碳 9 位脱氢形成 18:1，是饱和脂肪酸转化成不饱和脂肪酸的起始酶。SAD 作用于脂肪酸从头合成途径的最后一步，其脱氢产物是形成多种多不饱和脂肪酸的前体，因此它直接决定着脂质分子中不饱和脂肪酸的总量，以及饱和脂肪酸与不饱和脂肪酸的比例关系。植物 SAD 由多拷贝基因编码，且不同物种之间同源性较高。花生基因组中共包含 12 个编码 SAD 的基因，其序列都含有酶活性中心的 4 个 α-螺旋保守结构域，主要参与籽仁发育后期不饱和脂肪酸的积累。

（3）酰基-脂脱氢酶 作用底物为以甘油酯为载体的脂肪酸，能将结合在甘油酯上的脂肪酸进一步脱氢形成双键，生成多不饱和脂肪酸。酰基-脂脱氢酶的本质是膜结合蛋白，广泛存在于植物的内质网和质体膜上，包括 FAD2、FAD3、FAD4、FAD5、FAD6、FAD7 和 FAD8。根据亚细胞定位的不同，酰基-脂脱氢酶可分为内质网 FAD 和质体 FAD。其中，FAD2 和 FAD3 位于内质网膜上，分别催化 18:1

和 18:2 的脱氢生成 18:2 和 18:3，负责除质体内膜膜脂以外所有不饱和甘油酯的合成；FAD4、FAD5、FAD6、FAD7 和 FAD8 则主要位于叶绿体膜上，可以使质体膜内膜膜脂进一步脱氢去饱和。根据作用底物的不同，酰基-脂脱氢酶还可以分为3 种类型：其中，FAD4 和 FAD5 作用于饱和脂肪酸 16:0，分别负责催化脂肪酸链上的第 3 和第 7 碳脱氢，形成 16:1；FAD2 和 FAD6 为 Δ12-FAD，负责为单不饱和脂肪酸 18:1 引入第二个双键形成 18:2，属于 ω-6 FAD 亚家族；FAD3、FAD7 和 FAD8 为 Δ15-FAD，负责在脂肪酸链中引入第 3 个双键，催化 $18:2^{Δ9,12}$ 转化为 $18:3^{Δ9,12,15}$，属于 ω-3 FAD 亚家族。

目前所发现的酰基-脂脱氢酶，在遗传学上都存在 3 个十分保守的组氨酸簇，即 $HX_{3/4}H$、$HX_{2/3}HH$ 和 $H/QX_{2/3}HH$ 组氨酸簇，与 Fe^{2+} 共同构成了去饱和酶的活性中心。花生基因组中共有 19 个编码酰基-脂脱氢酶的基因，包括 6 个 *AhFAD2*、4 个 *AhFAD3*、3 个 *AhFAD4/5*、2 个 *AhFAD6* 和 4 个 *AhFAD7/8*，其中 *AhFAD2* 和 *AhFAD3* 主要参与籽仁发育后期不饱和脂肪酸的积累，而 *AhFAD4/5*、*AhFAD6* 和 *AhFAD7/8* 主要作用于叶片中不饱和脂肪酸的合成。Jung 等（2000）首次从花生中克隆了 *AhFAD2A* 和 *AhFAD2B*，并将高油酸花生和普通油酸花生的 *FAD2B* 基因序列进行了比对，发现高油酸花生在 442bp 处插入了一个 A 碱基，导致发生移码突变，使蛋白质翻译提前终止。利用基因组编辑工具 TALEN 和 CRISPR 对 *AhFAD2A* 和 *AhFAD2B* 基因进行编辑，可显著提高花生籽仁中的含油量（Yuan et al.，2019；Wen et al.，2018），同时 *fad2a* 和 *fad2b* 双突变体的油亚比显著升高，最高可达 40（Davis et al.，2013）。

（三）脂肪酸再延长

除了 16 和 18 碳脂肪酸，花生体内还含有超过 18 个碳原子的超长链脂肪酸，这些脂肪酸的碳链长度一般为 20~34，是蜡质的主要成分。超长链脂肪酸的合成发生于细胞质基质和内质网膜上，其延长过程可分为两条途径：一条途径是以乙酰-CoA 为碳原子供体，以短链脂肪酸分子为合成前体，在线粒体基质中由线粒体脂肪酸延长酶催化脂肪酸延长；另一条途径是以丙二酰-CoA 为碳原子供体，以饱和或不饱和长链脂肪酸分子为合成前体，在内质网膜上由内质网脂肪酸延长酶催化完成，是植物超长链脂肪酸的主要合成途径（图 4-4）。其中，超长链饱和脂肪酸以 16:0-CoA 和 18:0-CoA 为底物，而超长链不饱和脂肪酸以18:1-CoA 为底物。

脂肪酸延长酶是膜结合的多酶复合体，由 β-酮脂酰-CoA 合成酶（KCS）、β-酮脂酰-CoA 还原酶（KCR）、β-羟脂酰-CoA 脱水酶（HACD）和烯脂酰-CoA 还原酶（ECR）组成，催化过程与脂肪酸从头合成途径相似，需反复进行缩合-还原-脱水-再还原循环反应：首先，丙二酰-CoA 和长链脂肪酸酰基-CoA 在 KCS 的催化下

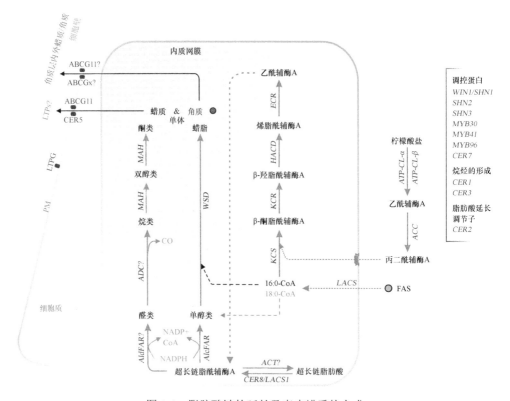

图 4-4　脂肪酸链的延长及表皮蜡质的合成

图片下载自 http://aralip.plantbiology.msu.edu/pathways/fatty_acid_elongation_wax_biosynthesis［2022-05-27］

发生缩合反应，产生多 2 个碳的 β-酮脂酰-CoA 并释放 CO_2；随后，β-酮脂酰-CoA 在 KCR 的作用下被还原为 β-羟脂酰-CoA；β-羟脂酰-CoA 进一步在 HACD 的作用下发生脱水，生成烯脂酰-CoA；最后，烯脂酰-CoA 在 ECR 的催化下被还原，最终产生延长 2 个碳原子的乙酰-CoA（图 4-4）。小部分超长链脂酰-CoA 会在硫酯酶（TE）的水解作用下释放出游离态的超长链脂肪酸，而大部分超长链饱和脂肪酸会在多种酶的作用下形成表面蜡质。

　　植物蜡质分子的形成是以超长链脂酰-CoA 为底物，主要由两部分蜡质单体构成：一部分是在生成醇类的酰基-CoA 还原酶（AlcFAR）的作用下生成醇类，然后经蜡质合成酶（WS）或多功能蜡质合成酶（WSD）催化形成蜡质；另一部分是在生成醛类的酰基-CoA 还原酶（AldFAR）的作用下生成醛类，然后依次经醛类脱羧酶（ADC）和中链烷基羟化酶（MAH）催化形成酮类。这两部分蜡质单体首先被转运至质膜，然后在三磷酸腺苷结合盒（ATP-binding cassette，ABC）转运体的协助下穿过质膜，最后由脂类转移蛋白（lipid transfer protein，LTP）穿过细胞壁转运至表皮，形成蜡质（图 4-4）。

三、脂肪酸对花生耐冷性的调控

植物在遭遇低温胁迫时，生物膜尤其是光合膜是受害的首要部位，其流动性和稳定性与植物耐冷性密切相关。早在 1973 年，Lyons 于"膜脂相变"假说中就提出，植物冷害的发生是由于生物膜在低温下发生了物相变化，即当植物细胞所受低温胁迫达到一定程度时，膜脂由正常生理活动下的流动性液晶态转变为滞流性凝胶态，膜脂脂肪酸链由无序排列变为有序排列，导致原生质停止流动，生物膜透性增大，酶促反应失调，细胞代谢紊乱，自由基等有害物质大量积累，最终使植物细胞受损甚至死亡。此假说提出后，膜脂相变一直被认为是植物冷害发生的原初反应。

低温胁迫下，膜脂不发生相变的前提是保持生物膜的流动性，而生物膜流动性的基础为膜脂脂肪酸链的无序排列，主要取决于碳氢链的长度、分支和不饱和度。不饱和脂肪酸能促进膜脂分子间的疏松无序排列，使相变温度降低，从而增强生物膜的流动性（He and Ding，2020）。因此，在一定温度范围内，不饱和脂肪酸的含量与膜脂相变温度呈负相关，与植物耐冷性呈正相关。例如，当膜脂分子中只含有饱和脂肪酸 16:0 和 18:0 时，其相变温度可超过 40℃；若将 16:0 增加一个反式不饱和键变为 16:1t，其相变温度会降低 10℃；若增加一个顺式不饱和键，其相变温度可降低至 0℃；若增加两个顺式不饱和键，其相变温度则可降低到 –20℃（Phillips et al.，1972）。

植物的脂肪酸组成是一种潜在的遗传特性，相同植物品种间的脂肪酸组分基本相同，区别在于各脂肪酸在膜脂中的含量和比例。Lyons 早在 1965 年就发现，强耐冷植物的不饱和脂肪酸含量较不耐冷植物高，尤其是 18:2 和 18:3 等多不饱和脂肪酸的含量变化与植物耐冷性的关系最为密切，16:3 和 18:3 在冷胁迫下能够较大程度地维持叶绿体膜的流动性和稳定性（Upchurch，2008）。植物脂肪酸的不饱和度除了取决于遗传特性，还受外界温度影响。低温驯化和抗寒锻炼可以提高不饱和脂肪酸的含量，从而增强植物对低温的适应性，以维持其正常生理功能，但当外界温度低于膜脂相变温度时则会发生冷害。张鹤（2020）利用气相色谱-质谱法（gas chromatography-mass spectrometry，GC-MS），对低温胁迫下耐冷性不同花生品种的脂肪酸含量进行了定量分析，从花生叶片中共检测到 22 种脂肪酸，其中 16:0、16:1、18:0、18:1、18:2、18:3 和 20:4 的含量较高，是花生叶片中的主要脂肪酸（表 4-3）。低温胁迫下，两个花生品种的脂肪酸组成均未发生改变，但各组分含量变化明显，且品种之间差异显著，其中耐冷品种 NH5 的总脂肪酸含量、不饱和脂肪酸（unsaturated fatty acid，UFA）含量，以及脂肪酸不饱和指数（UFA/SFA）均呈增加趋势，饱和脂肪酸（saturated fatty acid，SFA）含量呈下降趋势，说明耐冷花生品种可以通过降低饱和脂肪酸、增加多不饱和脂肪酸含量适应低温胁迫。

表 4-3　低温胁迫下 NH5 和 FH18 的脂肪酸组成及含量变化（张鹤，2020）

脂肪酸组分	NH5 的脂肪酸含量/(ng/mg)		FH18 的脂肪酸含量/(ng/mg)		变化幅度/%	
	对照	低温	对照	低温	NH5	FH18
14:0	0.39±0.01a	0.37±0.05a	0.20±0.01b	0.37±0.06a	−0.10	0.87
14:1	0.95±0.06a	0.91±0.10a	0.37±0.04a	0.34±0.04a	−0.08	−0.08
16:0	151.87±9.69a	131.96±11.21ab	149.52±10.68a	144.61±12.59a	−0.17	−0.04
16:1	51.29±3.21a	41.41±5.12b	51.14±2.97a	53.16±6.71a	−0.22	0.03
18:0	213.37±7.54a	195.57±15.25a	194.53±9.23a	195.45±10.04a	−0.12	0.00
18:1	59.60±2.48a	51.95±4.63ab	58.82±5.59a	58.31±4.97a	−0.16	−0.02
18:2	83.50±4.44b	117.37±9.13a	79.13±4.67b	99.19±6.42a	0.35	0.24
18:3	164.18±5.86b	211.32±7.99a	166.05±11.35a	186.73±9.68a	0.24	0.12
20:0	2.73±0.54a	1.89±0.22b	2.07±0.12a	1.39±0.20b	−0.34	−0.33
20:1	0.53±0.09b	1.14±0.13a	0.67±0.06a	0.55±0.06ab	1.05	−0.18
20:2	0.15±0.03a	0.27±0.08a	0.22±0.03a	0.20±0.01a	0.75	−0.09
20:3	56.72±2.96a	62.60±5.54a	1.08±0.14a	0.80±0.02b	0.06	−0.27
20:4	81.03±4.17a	84.53±3.69a	65.95±7.26a	33.33±3.68b	0.00	−0.50
20:5	0.31±0.11a	0.38±0.02a	0.41±0.03a	0.35±0.03ab	0.21	−0.17
22:0	1.78±0.25a	2.11±0.17a	0.21±0.01a	0.20±0.01a	0.14	−0.05
22:1	0.34±0.04b	0.55±0.10a	0.43±0.11a	0.42±0.04a	0.55	−0.03
22:2	0.41±0.06a	0.48±0.06a	0.49±0.06a	0.43±0.10a	0.10	−0.13
22:4	1.17±0.10a	1.34±0.21a	1.36±0.27a	1.21±0.31a	0.10	−0.12
22:5	2.53±0.15ab	3.04±0.26a	2.97±0.33a	2.64±0.19a	0.15	−0.12
22:6	2.55±0.08a	2.89±0.14a	2.99±0.16a	2.63±0.12a	0.09	−0.13
24:0	1.89±0.24a	1.46±0.33b	1.47±0.08b	3.48±0.20a	−0.26	1.35
24:1	0.63±0.04a	0.72±0.10a	0.67±0.05a	0.60±0.05a	0.10	−0.12
总脂肪酸	877.90±13.69a	914.26±15.25a	780.77±12.53a	786.40±14.45a	0.04	0.007
UFA	505.88±17.68ab	580.91±7.53a	432.77±15.62a	440.89±7.50a	0.15	0.02
SFA	372.02±10.12a	333.35±3.97a	348.00±9.71a	345.51±4.95a	−0.10	−0.01
UFA/SFA	1.36±0.14b	1.74±0.14a	1.24±0.03a	1.28±0.06a	0.28	0.03

注：表中数字后的不同字母代表同一品种同一脂肪酸组分在不同处理间在 5% 水平上差异显著

作为不饱和脂肪酸合成途径的关键酶，FAD 的种类和活性与膜脂的不饱和度密切相关。FAD 活性的增强会导致膜脂不饱和度和流动性的增加，从而使低温胁迫下植物膜系统的稳定性得到改善（D'Angeli and Altamura，2016）。FAD 对植物耐冷性的调控机制主要包括调节 *FAD* 的表达以改变酶蛋白的数量，在翻译后水平调控 FAD 的活性，以及通过改变有效底物调节 FAD 的活性等（Menard et al.，2017；Tovuu et al.，2016）。低温胁迫下，拟南芥 *fad6* 突变体中 16:1 和 18:1 不饱和脂肪酸的过度积累，会导致叶绿体膜脂多不饱和脂肪酸含量和类囊体数量大幅度减少，使植株出现冷敏感表型（Maeda et al.，2008）。马铃薯 *SAD* 基因在烟草中过表达后，16:3 和 18:3 不饱和脂肪酸的含量均显著高于野生型，且耐冷性增强（Craig et al.，2008）。花生 *AhFAD2-1A/B* 和 *AhFAD2-4A/B* 基因均受低温诱导上调表达，尤其是在高油酸花生中，*AhFAD2-1A/B* 和 *AhFAD2-4A/B* 的响应速度和上调倍数均比普通油酸花生快且多（薛晓梦等，2019）。

超长链脂肪酸及其衍生物还是植物体表角质和蜡质的组成成分，除了可以通过改变膜脂不饱和度影响花生耐冷性，还可以在植物细胞与外界环境之间形成一道隔离屏障。低温胁迫下拟南芥叶片表面的蜡质晶体结构会发生改变，蜡质总量显著增加，蜡质相关基因 *CER1* 上调表达，说明蜡质组分响应低温胁迫（倪郁等，2014）。关于蜡质与花生耐冷性之间的关系目前尚未见报道。

第三节　三酰甘油与花生耐冷性

三酰甘油（TAG）是动、植物油脂的主要成分，由甘油的 3 个羟基与 3 分子长链脂肪酸酯化后形成。植物性 TAG 在常温下多为液态，是植物花粉、种子和果实等生殖器官的主要碳源和能量储存库，大量存在于油料作物种子中，可为种子萌发和幼苗早期生长提供物质和能量支持。而 TAG 在植物根、茎、叶等营养器官中的含量一般较低，多被水解成游离脂肪酸和二酰甘油（diacylglycerol，DAG），作为生物膜的组成成分或活跃的信号分子，参与植物气孔开闭、膜脂重塑及细胞分裂与扩增等过程（Yang and Benning，2018）。研究表明，TAG 及其代谢中间产物的形成受环境因子影响较大，参与 TAG 合成代谢的基因在转录过程中多会受到环境因子调控，从而通过改变 TAG 含量对逆境胁迫做出响应（Wang et al.，2022）。

一、花生 TAG 生物合成

花生 TAG 的生物合成主要发生于内质网中，是以酰基-CoA 为脂酰基供体，以甘油-3-磷酸（glycerol-3-phosphate，G3P）为甘油骨架，在多种酰基转移酶的催化下，通过 Kennedy 途径完成组装（Gibellini and Smith，2010；Kennedy，1961）。首先，经脂肪酸从头合成途径产生的长链脂肪酸，在长链酰基-CoA 合成酶（LACS）的作用下形成酰基-CoA，并从质体转运至内质网中，启动 Kennedy 途径；随后，第 1 个酰基-CoA 上的脂酰基，在甘油-3-磷酸酰基转移酶（GPAT）的催化下，被转移至 G3P 的 sn-1 位置，生成溶血磷脂酸（LPA）；第 2 个酰基-CoA 上的脂酰基，在溶血磷脂酸酰基转移酶（LPAT）的催化下，被转移至 LPA 的 sn-2 位置，生成磷脂酸（PA）；PA 则在磷脂酸磷酸酶（PAP）的去磷酸化作用下，去除 sn-3 位置上的磷酸基团，进一步形成 DAG；最后，第 3 个酰基-CoA 上的脂酰基，在二酰甘油酰基转移酶（DGAT）的催化下，被转移至 DAG 的 sn-3 位置，生成 TAG（图 4-5）。TAG 所含的 3 个脂肪酸既可相同亦可不同，既可以为饱和脂肪酸，又可以为不饱和脂肪酸。花生籽仁中的油脂脂肪酸随生育进程呈现出明显的动态变化规律，即长链脂肪酸和不饱和脂肪酸逐渐增加，超长链脂肪酸和饱和脂肪酸逐渐减少。在开花后 20d，长链脂肪酸含量为 88.38%，超长链脂肪酸含量为 11.62%，饱和脂肪酸含量为 29.03%，不饱和脂肪酸含量为 70.97%；在开花后 50d，长链脂肪酸含量为 90.59%，超长链脂肪酸含量为 9.41%，饱和脂肪酸含量为 24.11%，不饱和脂肪酸含量为 75.89%；籽仁成熟时，长链脂肪酸含量为 93.70%，超长链脂肪酸含量为 6.30%，饱和脂肪酸含量为 22.05%，不饱和脂肪酸含量为 77.95%（郭建斌等，2020）。

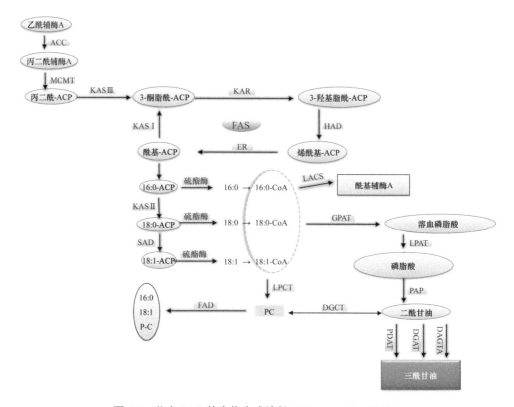

图 4-5　花生 TAG 的生物合成途径（Zhang et al.，2019）

除了上述保守的 Kennedy 途径，后续大量研究表明，植物中还存在其他合成 TAG 的途径。例如，TAG 合成的最后一步可由磷脂酰胆碱代替酰基-CoA 提供脂酰基，在磷脂二酰甘油酰基转移酶（PDAT）的催化下，将 sn-2 位置的酰基链转移至 DAG 的 sn-3 位置，生成溶血磷脂酰胆碱（LPC）和 TAG（Dahlqvist et al.，

2000）；Stobart 等（1997）在未成熟的红花种子中发现，具有催化可逆反应的二酰甘油转酰酶（diacylglycerol transacylase，DAGTA）可以将 DAG 上的一个脂酰基转移到另一个 DAG 上，生成 TAG 和单酰甘油（MAG），此反应是可逆的。

　　TAG 虽然是植物油脂的主要成分，但不是最终的存在形式。植物油脂常以油体的形式储存于种子内部，其主要形成过程为：内质网上不断积累的 TAG 首先被磷脂单分子层包裹形成"芽体"，随后内质网上的磷脂分子和油脂蛋白依次附着于"芽体"表面，最终形成植物细胞中最小的细胞器——油体，并由内质网释放至胞质（Voelker and Kinney，2001）。油体主要以油质蛋白、油体钙蛋白和油体固醇蛋白的形式存在。因其蛋白质含量丰富，且覆盖于整个油体表面，故油体间的电负性斥力和空间位阻较强，这不仅能提高油体的稳定性，还能促进油脂的不断积累（周丹等，2012）。

二、花生 TAG 降解

　　相对于脂质生物合成，关于植物脂质分解代谢的研究较少。植物脂质分解代谢主要通过 α-氧化、β-氧化和 γ-氧化等途径进行。目前，TAG 的降解途径大部分已经被揭示，编码相关催化酶的基因也陆续被鉴定出来。TAG 的降解主要包括两个过程，即 TAG 先在各级酶的作用下水解成甘油和脂肪酸，脂肪酸再经 β-氧化进一步降解生成乙酰-CoA。这两个过程具体分为三个步骤：第一步，油体在脂氧合酶（LOX）和磷脂酶（PL）的作用下被降解，释放出 TAG；第二步，TAG 在三酰甘油脂肪酶（TGL）的作用下水解形成 DAG，DAG 继续被 TGL 水解形成 MAG，MAG 再在单酰甘油脂肪酶（MAGL）的作用下形成甘油和脂肪酸；第三步，脂肪酸在 ABC 转运体的作用下被转运至过氧化物酶体，经 LACS 酯化成乙酰-CoA 后依次在乙酰-CoA 氧化酶（ACX）、多功能蛋白（MFP）和 3-酮酰-CoA 硫解酶（KAT）的催化下进行 β-氧化，生成乙酰-CoA 和少 2 个碳原子的酰基-CoA，然后继续下一轮循环，即每次 β-氧化循环都能以乙酰-CoA 的形式从脂肪酸链上脱下 2 个碳原子（图 4-6）。

　　TAG 降解产生的乙酰-CoA 还可以通过乙醛酸循环转变为琥珀酸，或脱羧脱氢形成柠檬酸，参与三羧酸循环释放能量，为种子萌发或幼苗能进行光合作用前的代谢过程提供能量和碳骨架。但在种子形成过程中，TAG 的降解会造成种子含油量损失，因此抑制 TAG 的降解过程是改良种子含油量的有效途径。TGL 是 TAG 降解途径的关键酶，大豆中已经有 4 个编码 TGL 的基因（*GmSDP1-1*、*GmSDP1-2*、*GmSDP1-3* 和 *GmSDP1-4*）被鉴定，均与拟南芥 *SUGAR DEPENDENT1*（*SDP1*）同源；抑制 4 个 *GmSDP1* 基因的表达，不仅可以显著增加含油量，还可以改变脂肪酸各组分含量，使亚油酸含量降低而油酸含量增加（Kanai et al.，2019）。

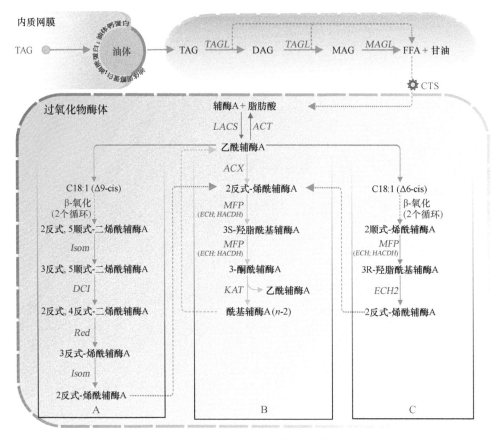

图 4-6 TAG 及脂肪酸的降解途径

图片下载自 http://aralip.plantbiology.msu.edu/pathways/triacylglycerol_fatty_acid_degradation〔2022-05-27〕

三、TAG 与花生耐冷性

作为植物体内的主要碳源和能量物质，TAG 通常以油体的形式大量储存于种子或果实中，在根、茎、叶等营养器官中的含量极少。研究表明，造成植物营养器官中 TAG 含量较低的原因主要包括以下两方面：一方面，在植株营养器官正常生长发育过程中，与种子成熟或胚发育相关的代谢途径不会被激活，导致营养器官中的 TAG 不会像在种子中一样大量积累；另一方面，正常条件下营养器官中催化 TAG 生物合成途径相关酶的活性会受到抑制，催化 TAG 降解途径的脂肪酶活性较高，导致 TAG 的水解速度远大于合成速度，由此造成 TAG 在营养器官中较难积累（Xu and Shanklin，2016；Kelly et al.，2013）。但当植物遭遇极端温度、干旱、高盐、强光、养分亏缺等逆境胁迫时，营养器官中 ABA 信号转导、细胞脱水和胚胎发育等促进种子成熟的代谢途径在一定程度上被激活，导致 TAG 和部分脂肪酸组分大量积累（Nam et al., 2022）。例如，胁迫条件下营养器官中编码种子特异性胚胎主调控因子 LEAFY COTYLEDON1（LEC1）、LEC2 和 FUSCA3（FUS3）的基因显著上调表达（Stone et al., 2001），同时 ABA 信号转导通路的关键转录因子 ABSCISIC ACID INSENSITVE4（ABI4）和 ABI5 能与 *DGAT1* 基因的启动子区域结合，增加其表达量，从而促进 TAG 的生物合成（Kong et al., 2013）。

　　低温胁迫下，通过膜脂重塑改变脂质组成或各组分含量，是植物适应低温环境的主要调节机制之一，此过程除了会引起脂肪酸去饱和及碳链延长，还会导致 TAG 含量显著增加。张鹤（2020）利用电喷雾电离串联质谱（electrospray ionization-tandem mass spectrometry，ESI-MS/MS）技术，对低温胁迫下不同花生品种幼苗叶片中的 DAG 和 TAG 含量进行了定量检测，发现花生幼苗经低温处理后，其叶片中的 DAG 和 TAG 发生明显变化，且品种之间存在差异（图 4-7）。其中，耐冷品种 NH5 的 DAG 和 TAG 含量均显著增加，尤其以 16:0/18:2-DAG、16:1/18:2-DAG、18:0/18:3-DAG、18:3/18:3-DAG、18:2-TAG 和 18:3-TAG 的增加幅度最大，但

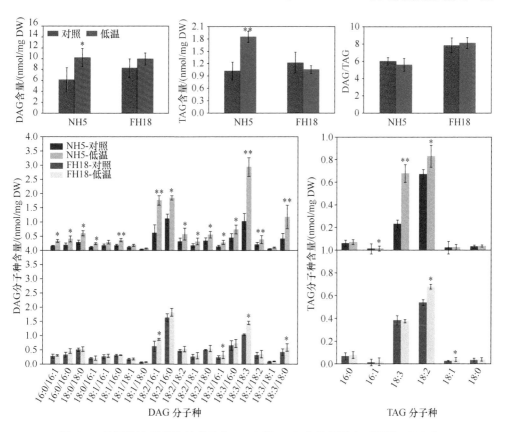

图 4-7　低温胁迫对花生幼苗叶片 DAG 和 TAG 含量的影响（张鹤，2020）

柱形图上方*表示组间在 $P<0.05$ 水平上差异显著，**表示组间在 $P<0.01$ 水平上差异显著

DAG/TAG 值略有降低，说明 TAG 的合成速度大于降解速度；冷敏感品种 FH18 的 DAG 和 TAG 含量变化幅度相对较小，且 TAG 呈下降趋势。进一步研究表明，低温胁迫下 NH5 中 DAG 和 TAG 大量积累的主要原因是 Kennedy 途径的关键基因 *GPAT2*（*arahy.5U50HE* 和 *arahy.K79JM6*）、*LPAAT*（*arahy.E4P4QB* 和 *arahy.ZN271A*）和 *DGAT1*（*arahy.5W0QMQ*）受低温诱导显著上调表达，经 6℃ 处理 24h 后，2 个 *GPAT2* 基因的差异表达倍数（Log$_2$FC）分别高达 10.31 和 9.03（张鹤，2020）。DGAT 作为 TAG 生物合成途径的限速酶，其活性被认为与植物耐冷性呈正相关关系。低温胁迫下拟南芥 *dgat1* 突变体植株出现冷敏感表型，而 *DGAT1* 过表达植株的耐冷性明显增强（Arisz et al.，2018；Tan et al.，2018）。相反，催化 TAG 降解的关键酶 TGL 对植物的耐冷性起抑制作用，*MPL1* 和 *LIP1* 的过表达会导致拟南芥植株对低温表现更敏感（Wang et al.，2022）。以上研究结果表明，低温胁迫下植物体内 TAG 的积累对植株耐冷性起促进作用。

TAG 在植物营养器官中主要以油体的形式存在于细胞质，或以质体球的形式存在于叶绿体。与种子中油体不同的是，营养器官中的油体和质体球在植物适应逆境胁迫过程中发挥重要作用。例如，低温胁迫会诱导叶绿体膜脂和叶绿素发生降解，导致一些有毒的脂质中间体（DAG、游离脂肪酸、酯基等）大量积累，造成细胞受损甚至死亡（Hölzl and Dörmann，2019）。但对于低温环境适应能力较强的植物，能将这些有毒物质转运至含有 TAG 的油体和质体球中，使其与胞内环境隔离开，从而抑制生物膜损伤，维持细胞存活（Lu et al.，2020）。另外，低温胁迫下 DAG 若于膜收缩期间释放到细胞质中，还会在 DAG 激酶（DGK）的催化下进一步形成 PA。PA 对植株无直接毒害作用，但能与 NADPH 氧化酶（RbohD）N 端的 PA 结合基序直接结合，刺激 RbohD 的活性，促进超氧化物活性氧（ROS）迅速积累，造成膜脂过氧化，甚至导致蛋白质、叶绿素和核酸等生物大分子受损（Zhang et al.，2009）。为了减缓低温胁迫下的过氧化损伤，此时 DGAT 和 DGK 会共同作用，将过量积累的 DAG 尽可能地转化为 TAG，从而达到抑制 PA 过量产生的目的（Tan et al.，2018）。

第四节　生物膜脂与花生耐冷性

生物膜是细胞内所有膜结构的总称，包括所有细胞都具有的细胞质膜和真核细胞所特有的细胞器膜，可作为一种选择透过性屏障，将细胞或细胞器的内环境与其外界环境分隔开，在细胞能量转换、物质运输、信息传递和代谢调节等过程中发挥重要作用。生物膜的化学本质为镶嵌有糖蛋白的脂质双分子层，主要由脂质、蛋白质和糖类组成。其中构成生物膜骨架的脂质分子是一类含有甘油的两性脂，对维持生物膜的完整性、流动性和正常生物学功能起决定性作用。植物体内膜脂种类繁多，其组成成分取决于脂质生物合成、运输、降解和重塑等一系列代谢过程，且受外界环境影响较大。通过调节膜脂各组分含量及其不饱和度来维持生物膜的完整性和流动性一直被认为是植物适应逆境胁迫的关键途径之一。

一、花生膜脂组成及分类

构成生物膜的脂质主要包括磷脂、糖脂和类固醇，其组成比例因物种、组织部位和生物膜类型的不同差异较大。在动物或酵母细胞中，含有磷酸基团的脂质分子（甘油磷脂和鞘磷脂）是最丰富的膜脂类型，占总膜脂的50%以上。花生各组织部位的膜脂以极性甘油脂（甘油磷脂和甘油糖脂）为主要成分，鞘脂和类固醇的含量相对较低。

（一）甘油磷脂

甘油磷脂是一类以甘油为骨架的两性磷脂分子，具有一个极性头部和两个非极性尾部，即甘油 sn-1 和 sn-2 位置的两个羟基通过酯键分别与一分子脂肪酸结合形成疏水尾部，sn-3 位置的羟基通过磷酸酯键与磷酸基团结合形成亲水头部。根据构成极性头部的磷酸基团的种类不同，花生中的甘油磷脂主要可分为磷脂酸（PA）、磷脂酰胆碱（PC）、磷脂酰乙醇胺（PE）、磷脂酰甘油（PG）、磷脂酰肌醇（PI）和磷脂酰丝氨酸（PS）六大类，均由 C、H、O、N 和 P 五种化学元素组成。PA 是花生体内最简单的甘油磷脂，由两个在甘油-3-磷酸（G3P）sn-1 和 sn-2 处成酯的脂酰基组成，在细胞中很少以游离态的形式存在，是其他甘油磷脂分子生物合成的前体，还可以作为中间代谢产物参与脂质的降解代谢过程。PG、PC 和 PE 是花生叶片中含量最多的磷脂组分，分别占总脂含量的11%、6%和5.5%左右（张鹤，2020）。此外，甘油磷脂在水解过程中脱下一条疏水侧链后还会形成溶血磷脂。根据底物来源，溶血磷脂分为溶血磷脂酸（LPA）、溶血磷脂酰胆碱（LPC）、溶血磷脂酰乙醇胺（LPE）和溶血磷脂酰肌醇（LPI）等，也是生物膜的重要组成成分，但在花生膜脂中的含量较低，一般占总膜脂含量的 0.03%～2.6%（张鹤，2020；Nakamura，2017）。

（二）甘油糖脂

甘油糖脂是花生中含量最高的膜脂组分，约占总膜脂含量的 70%，主要存在于叶绿体的类囊体膜上。甘油糖脂的结构与甘油磷脂相似，极性尾部均是由甘油 sn-1 和 sn-2 位置的两个羟基与脂肪酸链结合形成，区别在于构成极性头部的磷酸基团被糖基所取代，通过糖苷键与甘油 sn-3 位置的羟基相结合。根据糖基的结构特征，花生中的甘油糖脂主要包括单半乳糖甘油二酯（MGDG）、双半乳糖甘油二酯（DGDG）和硫代异鼠李糖甘油二酯（SQDG）三种类型。其中，MGDG 和 DGDG 为不带电荷的中性脂，是类囊体膜上含量最多的脂质分子，分别占类囊体膜脂的 50% 和 30%，且含有较高比例的多不饱和脂肪酸，是类囊体膜具有高度流动性、能进行高光效化学反应的基础；SQDG 是叶绿体特有的带负电荷的含硫糖脂，在类囊体膜脂中所占比例为 5%～12%，在非光合组织中的含量极少；此外，叶绿体内外膜上亦有 PC、PG 和 PI 等少量甘油磷脂，其中花生体内约 85% 的 PG 都分布于叶绿体中，也是类囊体膜上唯一的磷脂分子，是决定类囊体膜发生相变的关键因素（张鹤，2020）。

（三）鞘脂

除了丰富的甘油磷脂和甘油糖脂，花生生物膜上还存在少量的鞘脂。鞘脂是一类以鞘氨醇（Sph）为骨架的两性脂，主要由 18 个碳的 Sph 长链分子、16～30 个碳的脂肪酸长链和一个特殊的极性头部基团 3 部分组成。鞘脂分子种类繁多且结构复杂，其复杂性不仅受鞘脂脂肪酸和 Sph 的碳链长度、不饱和度、羟基数目和羟基位置的影响，还取决于鞘脂极性头部基团的多样性。目前植物中已经有 300 多种鞘脂类物质被分离鉴定，根据其极性头部基团的差异可分为神经酰胺（Cer）、鞘磷脂和鞘糖脂三大类。Cer 又称 N-脂酰鞘氨醇，是其他复杂鞘脂分子的基本结构单元和合成前体，由 Sph 和游离脂肪酸通过酰胺键缩合而成，其末端第 1 个碳原子上的羟基能被糖基、磷酸基团等极性头部基团取代，从而生成各种结构复杂的鞘脂类化合物。鞘磷脂是由 Cer 在 Sph 碳链的第 1 位碳上发生磷酸化而形成的鞘脂分子，其极性头部主要为 PC 或 PE，多存在于富含脂类的组织和生物膜中，在植物中的含量极低，很难被检测到。鞘糖脂则是 Cer 在 Sph 碳链的第 1 位碳上进行糖基化修饰而形成，是植物细胞质膜的重要组成部分，在花生体内主要包括葡萄糖神经酰胺（GluCer）和糖基磷脂酰肌醇神经酰胺（GIPC）两种类型。其中，GluCer 的极性头部由一分子葡萄糖基团构成，是植物中最简单的鞘糖脂，约占叶片鞘糖脂总含量的 1/3；GIPC 是由 PI 与 Cer 结合，并在 PI 上增加己糖或戊糖基团而形成，是植物中最丰富的鞘糖脂，约占叶片鞘糖脂总含量的 2/3（张鹤，2020；Cacas et al.，2013）。

（四）类固醇

类固醇又称甾醇，是一类以环戊烷多氢菲为骨架的三萜类化合物，通常以游离状态或与脂肪酸和糖脂等结合的状态存在于多种植物的生物膜中，还可以作为信号分子广泛参与植物的生长发育和逆境响应过程。目前植物中已经有 250 余种固醇类化合物被分离鉴定，可分为 4-无甲基固醇、4-甲基固醇和 4, 4-二甲基固醇三类，其中 4-无甲基固醇主要包括 β-谷固醇、豆固醇、菜油固醇和菜籽固醇，是植物体内固醇的主要存在形式（何小钊等，2013）。植物固醇的结构与动物固醇（主要为胆固醇）几乎相同，其区别仅在于第 24 个碳上多了一些侧链，如 β-谷固醇在第 24 个碳上有一个乙基，菜油固醇在第 24 个碳上有一个甲基，而豆固醇的结构与 β-谷固醇基本相同，只是第 22 个碳原子连接的为双键。β-谷固醇是植物体内含量最多的固醇类化合物，占植物固醇的 65%左右，主要存在于小麦和大豆等谷物中；其次是菜油固醇，约占 30%；豆固醇所占比例最少，仅为 3%。

二、花生膜脂生物合成

通常情况下，花生体内的脂肪酸仅在质体中合成，而甘油酯、鞘脂和类固醇等膜脂的生物合成，涉及质体与胞内其他区室之间复杂的协同作用，包括内质网或质体中脂质的从头合成、内质网和质体间脂质的转运，以及质体内脂质的进一步修饰等过程，受到多种酶的高度催化和调控。

（一）甘油磷脂

甘油磷脂的生物合成主要在内质网中进行，经高尔基体加工后可被生物膜利用或成为脂蛋白分泌出细胞。PA 是花生生物膜上最简单的甘油磷脂分子，由 G3P 在甘油-3-磷酸酰基转移酶（GPAT）和溶血磷脂酸酰基转移酶（LPAAT）的连续催化下形成。目前，花生中已经有 3 个编码 GPAT 的基因（*AhGPAT3*、*AhGPAT5* 和 *AhGPAT9*）被分离鉴定。这些基因被认为是调控花生生物膜甘油酯合成途径第一步反应的关键基因，同时在花生油脂合成过程中也发挥重要作用（韩妮莎等，2022）。由于 GPAT 和 LPAAT 对底物选择的特异性，一般于内质网中合成的 PA 在 sn-2 位置上仅含有 18 碳脂肪酸。

PA 形成后会作为其他甘油磷脂分子的前体物质，首先在磷脂酸磷酸酶（PAP）和胞苷二磷酸-二酰基甘油合酶（CDP-DAGS）的作用下，分别生成二酰甘油（DAG）和胞苷二磷酸-二酰基甘油（CDP-DAG）。随后，DAG 通过 CDP-胆碱和 CDP-乙醇胺途径，在氨基乙醇磷酸转移酶（AAPT）的作用下，分别形成 PC 和 PE。其中，CDP-胆碱途径包括由胆碱激酶（CK）、胞嘧啶核苷三磷酸：磷酸胆碱胞苷转移酶（CCT）和 CDP-胆碱：DAG 胆碱磷酸转移酶（DAG-CPT）催化的连续反应；CDP-乙醇胺途径包括由乙醇胺激酶（EK）、磷酸乙醇胺胞苷酰转移酶（PECT）和 CDP-乙醇胺：DAG 乙醇胺磷酸转移酶（DAG-EPT）催化的连续反应。DAG 结合 CDP-乙醇胺途径产生的 PE 能在碱基交换型磷脂酰丝氨酸合酶（BE-PSS）的催化下进一步形成 PS，同时 PS 也能在 PS 脱羧酶（PSD）的催化下发生脱羧反应而再次生成 PE。CDP-DAG 则作为底物在磷脂酰肌醇合酶（PIS）和磷脂酰甘油磷酸合酶（PGPS）的催化下分别形成 PI 和磷脂酰甘油磷酸（PGP），PGP 在 PGP 磷酸酶的去磷酸化作用下进一步形成 PG（图 4-8）。

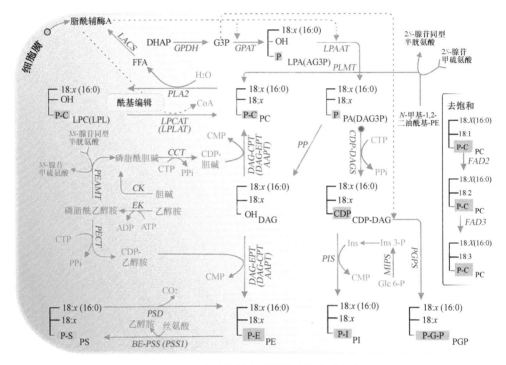

图 4-8　内质网中甘油磷脂的生物合成途径

图片下载自 http://aralip.plantbiology.msu.edu/pathways/eukaryotic_phospholipid_synthesis_editing［2022-05-27］

（二）质体甘油酯

花生叶绿体的光合膜主要由 MGDG、DGDG、SQDG 和 PG 四种甘油酯构成。根据甘油酯分子 DAG 主链的来源不同，其生物合成过程包括两条完全独立的途径，即仅存在于叶绿体中的原核途径和在内质网中合成并可向叶绿体转运的真核途径。在原核途径中，GPAT 和单酰基甘油-3-磷酸酰基转移酶（MGPAT）分别以 18:1-ACP 和 16:0-ACP 为底物，首先在 G3P 的 sn-1 和 sn-2 位置发生脂酰化作用形成 PA；随后，PA 在 CDP-DAGS、PGPS 和 PGP 磷酸酶（PGPP）的连续催化下生成 PG，或在 PP 的去磷酸化作用下生成 DAG，进而合成其他甘油酯（图 4-9A）。例如，DAG 和二磷酸尿苷-半乳糖（UDP-Gal）能在 MGDG 合酶（MGDGS）的作用下合成 MGDG，并在 DGDG 合酶（DGDGS）的催化下进一步合成 DGDG；DAG 还能与 UDP-硫代异鼠李糖（UDP-SQ）在硫脂合酶（SLS）的催化下合成 SQDG（图 4-9B）。在真核途径中，16:0-ACP 和 18:1-ACP 会在酰基-ACP 硫酯酶（FAT）的作用下水解，生成游离脂肪酸，并自由扩散至叶绿体外膜上，然后在乙酰-CoA 合成酶（ACS）的催化下分别生成 16:0-CoA 和 18:1-CoA，并通过酰基-CoA 结合蛋白转运至内质网中，用于 PA 和其他磷脂分子的合成。在内质网中，通过 DAG 和胆碱途径合成的部分 PC 能返回至叶绿体膜上，在磷脂酶（PL）的作用下水解为 DAG，参与叶绿体膜脂的合成（图 4-10）。目前关于内质网中的 PC 分子如何转运至叶绿体中的机制尚不明确。

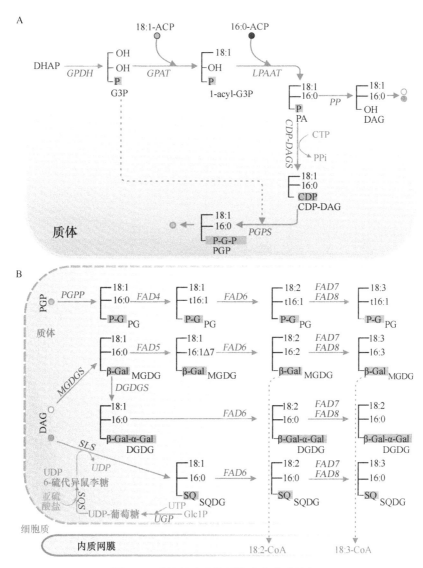

图 4-9 质体甘油酯的原核生物合成途径

图片下载自 http://aralip.plantbiology.msu.edu/pathways/prokaryotic_galactolipid_sulfolipid_phospholipid_synthesis 和
http://aralip.plantbiology.msu.edu/pathways/prokaryotic_galactolipid_sulfolipid_phospholipid_synthesis_2 ［2022-05-27］

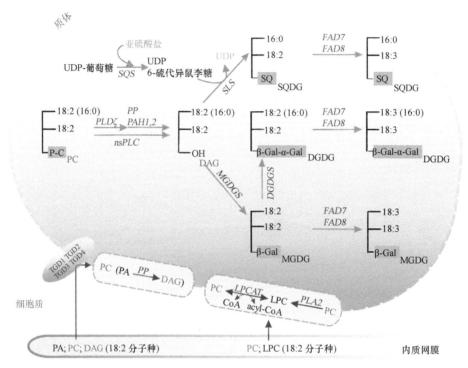

图 4-10　质体甘油酯的真核生物合成途径

（下载自 http://aralip.plantbiology.msu.edu/pathways/eukaryotic_galactolipid_sulfolipid_synthesis. 2022-05-27）

　　由于不同部位酰基转移酶对底物的选择存在特异性，各质体甘油酯分子的来源途径可根据所连接的脂肪酸分子种来判断。通常情况下，定位于叶绿体的酰基转移酶对 16 碳脂肪酸具有较强的选择特异性，定位于内质网的酰基转移酶对 18 碳脂肪酸的选择特异性较高，导致原核途径合成的脂质分子在 sn-2 位置多结合 16 碳脂肪酸，而真核途径合成的脂质分子在 sn-2 位置则多结合 18 碳脂肪酸。这两条合成途径虽然在空间上是完全分开的，但在脂质合成过程中是相互协同调控的，并且不同物种之间存在较大差异。例如，单细胞藻类的叶绿体脂质只能依靠原核途径合成；在花生、大豆和豌豆等高等植物中，PG 是唯一通过原核途径合成的质体甘油酯，半乳糖脂均由真核途径合成，且甘油骨架的 sn-2 位置仅连接 18:3，故称这些植物为 18:3 植物；在拟南芥、烟草和菠菜等植物中，原核途径和真核途径都参与了甘油糖脂的合成，并且通过原核途径合成的 MGDG 和 DGDG 在 sn-2 位置含有大量的 16:3，故称这些植物为 16:3 植物。

（三）鞘脂

花生鞘脂的生物合成主要发生于内质网的细胞质侧，以及与内质网相连的质膜上。丝氨酸是鞘脂生物合成的初始底物，首先在丝氨酸棕榈酰转移酶（SPT）的催化下，与棕榈酰-CoA 发生聚合反应，产生 3-酮基鞘氨醇，而后在 3-酮基鞘氨醇还原酶（KSR）的作用下被还原为 Sph。d18:0-Sph 是花生中最简单的 Sph，可在神经酰胺合酶（CERS）的催化下直接合成 Cer，或先经羟基化或不饱和修饰形成植物神经酰胺（PhytoCer）后再合成 Cer，亦可在鞘氨醇激酶（SPHK）的磷酸化作用下合成鞘氨醇-1-磷酸（S1P）。Cer 不仅是花生中最简单的鞘脂分子，还是合成其他复杂鞘脂的中心物质，于内质网中合成后，一部分在葡萄糖神经酰胺合酶（GCS）的催化下与 UDP-葡萄糖聚合形成 GluCer，另一部分被转运至高尔基体在鞘糖脂合酶和鞘磷脂合酶的作用下分别合成鞘糖脂和鞘磷脂。例如，磷脂酰肌醇神经酰胺合酶（IPCS）能催化 Cer 和 PI 聚合，形成磷脂酰肌醇神经酰胺（IPC）；IPC 的磷脂酰肌醇基团可以继续添加糖基，形成结构多样的 GIPC；Cer 还能在神经酰胺激酶（ACD5）的磷酸化作用下生成神经酰胺-1-磷酸（C1P）。

三、生物膜脂对花生耐冷性的调控

极性甘油脂是生物膜的主要结构与组成成分，细胞中每种生物膜都有其特殊的脂质组分，而特定生物膜上的脂质分子又有其独特的脂肪酸组成。生物膜脂种类的多样性和结构的复杂性，导致其在维持细胞完整性、调节植物生长发育和响应环境变化等过程中发挥重要作用。同样，外界环境的异常变化对生物膜脂的结构组成、各组分含量及代谢反应也有较大影响。当花生植株遭遇低温胁迫时，质膜和叶绿体膜上会形成非双层结构的脂质分子，此时膜脂的物相发生变化，导致生物膜受损，使光合、呼吸和细胞内的多种生物学途径受到影响。低温条件下，膜脂的相变温度主要取决于脂质分子上脂肪酸链的不饱和度，较高比例的多不饱和脂肪酸可以降低膜脂的相变温度，使生物膜在低温下保持一定的流动性（Zhang et al.，2020）。因此，通过改变各种膜脂的分布比例和不饱和度来调节生物膜的流动性，是花生适应低温环境的重要机制之一。

（一）甘油磷脂

低温胁迫下，生物膜上各类甘油酯的含量和组成比例与植物的耐冷性密切相关。植物的耐冷性越强，其体内的磷脂含量越高。若植物的磷脂合成途径受到抑制，其对低温的适应能力就会随之减弱，即植物的耐冷性与生物膜上的磷脂含量呈正相关（Saita et al.，2016）。磷脂各组分的变化规律在不同植物种类之间存在差异。例如，低温胁迫下玉米幼苗中磷脂酶 D（PLD）活性的增强，会导致 PA 和 LPC 的含量显著增加，PC、PE 和溶血磷脂酰甘油（LPG）的含量显著降低（Gu et al.，2017）；而小麦植株体内的 PC 和 PE 含量却受低温影响明显增多，且根部和叶片等不同组织间的变化幅度差异较大（Cheong et al.，2022）。张鹤（2020）利用 ESI-MS/MS 检测技术，对低温胁迫下花生叶片中的膜脂组分进行了全面分析，发现低温胁迫会导致花生叶片的总膜脂含量明显下降，且冷敏感品种的下降幅度较大；PA、PI、PS 和溶血磷脂的含量增加，其中 PA 在耐冷型和冷敏感型品种中分别增加了 36.17% 和 63.15%；PC、PE 和 PG 则显著降低（图 4-11）。

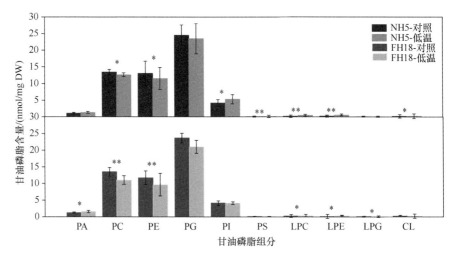

图 4-11 低温胁迫下花生叶片中甘油磷脂各组分含量的变化（张鹤，2020）

柱形图上方*表示组间在 $P<0.05$ 水平上差异显著，**表示组间在 $P<0.01$ 水平上差异显著

低温胁迫会导致花生体内各膜脂组分的含量发生变化，但品种之间耐冷性的差异并非由某些脂质类别的波动所引起，而是由于单个脂质分子组成的变化。张鹤（2020）从花生叶片中共鉴定出 75 个甘油磷脂分子种，其碳链长度大多为 C32～C38（碳原子总数）。其中，PA 的分子种以 C36 和 C34 为主，尤其以 C36:4-PA（碳原子数:双键数目）、C36:5-PA 和 C36:6-PA 的含量最高，且在低温胁迫下普遍呈增加趋势；PC 的分子种以 C34:2-PC、C34:3-PC 和 C36:4-PC 的含量最多，其中 C34:3-PC 和 C36:4-PC 经低温处理后均显著下降，导致低温胁迫下 PC 的总含量较低；PE 的分子种以 C36:4-PE 的含量最多，低温胁迫下在耐冷品种中基本不发生显著变化，在敏感品种中显著降低；PG 作为花生类囊体膜上的唯一磷脂组分，其分子组成较为丰富，尤其以 C34:4-PG、C36:4-PG 和 C38:6-PG 的含量最多，且 C34:4-PG 和 C34:3-PG 的含量受低温影响显著降低，C32:0-PG、C32:1-PG 和 C34:1-PG 等高熔点分子种的含量均增加，说明饱和脂肪酸（16:0、16:1t 和 18:0）

所占的比例与植株的冷敏感程度呈正相关；PI 和 PS 的分子种组成较为相似，数量较少，且均以 C34:2 和 C34:3 为主，低温胁迫下在耐冷品种中明显增加，在冷敏感品种中变化不显著或显著降低；溶血磷脂的分子种主要由 C16:0、C16:1、C18:0、C18:1、C18:2 和 C18:3 组成，低温胁迫下 LPC 和 LPE 的各分子种含量大多显著增加，LPG 的各分子种含量有所下降，但其变化水平并不显著（图 4-12）。

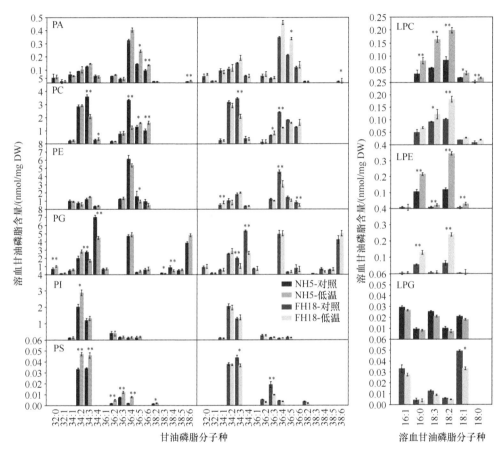

图 4-12　低温胁迫下花生叶片中甘油磷脂分子种的含量变化（张鹤，2020）

柱形图上方*表示组间在 $P<0.05$ 水平上差异显著，**表示组间在 $P<0.01$ 水平上差异显著

（二）甘油糖脂

除了甘油磷脂，包括 MGDG、DGDG 和 SQDG 在内的甘油糖脂也与植物的耐冷性密切相关。与甘油磷脂 PG 相同，甘油糖脂也是类囊体膜和光合复合体的主要组成成分，且所占比例较高。低温胁迫下，耐冷花生品种中各类甘油糖脂的含量均会发生明显变化，MGDG 的含量显著降低，DGDG 和 SQDG 的含量均增

加；冷敏感品种中除了 MGDG 的含量呈明显降低趋势，DGDG 和 SQDG 的含量几乎不发生变化（图 4-13）。低温胁迫引起 MGDG 含量的降低主要有两方面原因：一方面，植株为了维持类囊体膜结构的稳定性，非双层脂 MGDG 会在 DGDGS 的作用下转化为双层脂 DGDG（Gasulla et al.，2016；Tarazona et al.，2015）；另一方面，低温胁迫使糖基水解酶 SFR2 的活性大幅度提高，催化 MGDG 水解产生寡聚半乳糖脂和 DAG，DAG 在 DGAT 的作用下被进一步酰基化为 TAG（Arisz et al.，2018；Roston et al.，2014）。硫脂 SQDG 在类囊体膜脂中所占的比例较低，却对低温胁迫下维持植物的光合作用至关重要。在含有较少 PG 但不含 SQDG 的拟南芥突变体中，阴离子脂质大幅度减少，植株的生长和光合作用受到明显抑制，说明 SQDG 和 PG 等阴离子脂质在植物的光合作用中必不可少（Gabruk et al.，2017；Yu and Benning，2003）。低温胁迫下，*AhSQD2*（*arahy.L6AUEE*）上调表达所导致的 SQDG 含量增多，会促进 SQDG 与 PG 等其他脂质分子相互作用，从而改变膜脂的相变温度，适应低温环境（张鹤，2020；Burgos et al.，2011）。

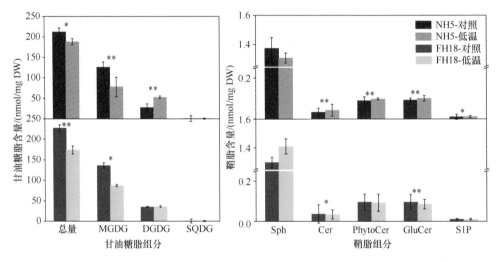

图 4-13 低温胁迫下花生叶片中甘油糖脂（左）和鞘脂（右）各组分含量的变化（张鹤，2020）

柱形图上方*表示组间在 $P<0.05$ 水平上差异显著，**表示组间在 $P<0.01$ 水平上差异显著

与大多数植物相类似，花生各甘油糖脂分子中同样含有较高比例的不饱和脂肪酸，尤其是 18:3 和 16:3 等多不饱和脂肪酸（张鹤，2020；Li et al.，2015）。花生叶片中共有 31 个甘油糖脂分子种存在，绝大多数为 C34 和 C36（图 4-14）。其中，MGDG 的分子种以 C34:6-MGDG 和 C36:6-MGDG 的含量较高，经低温处理后显著下降，不仅从整体上减少了类囊体膜脂的总含量，还降低了类囊体膜脂的不饱和度，使类囊体膜受到不同程度的损伤，从而影响光合作用；DGDG 的分子种以 C36:6-DGDG、C36:5-DGDG、C36:3-DGDG、C34:6-DGDG、C34:3-DGDG

和 C34:2-DGDG 的含量较高，并且低温胁迫下在耐冷品种中均显著增加，尤其是 C36:6-DGDG、C36:5-DGDG 和 C34:6-DGDG 等含有多不饱和脂肪酸的分子种含量，不仅在一定程度上弥补了因 MGDG 降低造成的类囊体膜脂减少，同时还增加了膜脂的不饱和度，使类囊体膜在低温胁迫下保持较高的流动性与完整性，进而保证光合作用的正常进行；SQDG 分子种的数目相对较少，以 C34:3-SQDG 的含量最高，低温胁迫下几乎所有 SQDG 分子种的含量在耐冷品种中均显著增加，在冷敏感品种中则表现出不同程度的下降。C34:3-SQDG 与光合膜中蛋白复合体的形成有关，低温胁迫下可以通过与 PS II 复合体结合维持其稳定构象（Gabruk et al.，2017）。

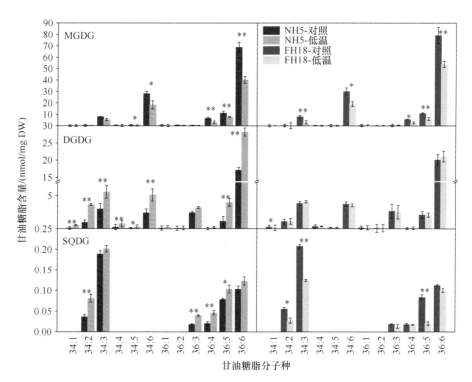

图 4-14　低温胁迫下花生叶片中甘油糖脂分子种的含量变化（张鹤，2020）

柱形图上方*表示组间在 $P < 0.05$ 水平上差异显著，**表示组间在 $P < 0.01$ 水平上差异显著

（三）鞘脂

鞘脂亦是生物膜的重要组成成分，但在花生体内的含量极低。在构成真核细胞质膜的脂质分子中，鞘脂是极为特殊的一类，既可以作为结构成分，又可以作为信号分子，广泛参与细胞生长和分化、细胞凋亡、细胞周期停滞、发病机制和胁迫响应等过程。张鹤（2020）从花生叶片中共检测出 5 类鞘脂，包括 Cer、GluCer、PhytoCer、

S1P，以及由鞘脂从头合成途径产生的游离长链 Sph，其中 Sph 的含量最高，GluCer 和 PhytoCer 次之。低温胁迫下，耐冷花生品种中除了 Sph 的含量有所降低，其他鞘脂组分的含量均显著增加；冷敏感品种中各鞘脂组分的含量呈现出与耐冷品种完全相反的变化趋势（图 4-13）。从各鞘脂分子的脂肪酸构成上来看，花生植株经低温处理后仅有少数几个分子种发生了变化，包括耐冷品种中 d18:1/18:0-Cer、d18:1/20:0-Cer、d18:1/24:0-Cer 的显著增加和 t18:1/h22:0-GluCer 的显著降低，以及冷敏感品种中 18:0-Sph、18:1-Sph、t18:1/h22:0-GluCer、t18:1/h24:0-GluCer、d16:1/18:1-Cer 的显著增加和 d18:1/24:0-Cer 的显著降低等；PhytoCer 分子种的含量基本均未发生明显变化，可能是由鞘脂分子的含量过低导致的（图 4-15）。

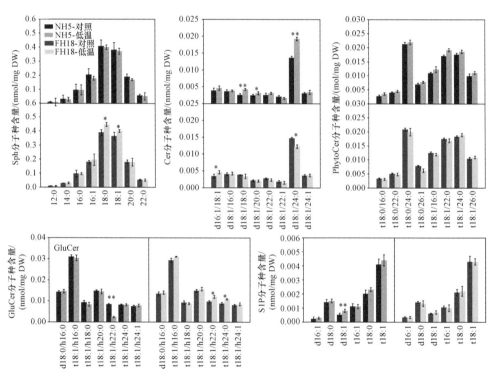

图 4-15　低温胁迫下花生叶片中鞘脂分子种的含量变化（张鹤，2020）

柱形图上方*表示组间在 $P<0.05$ 水平上差异显著，**表示组间在 $P<0.01$ 水平上差异显著

　　GluCer 是花生细胞质膜上最简单的鞘糖脂，也是目前在植物冷响应中研究相对广泛的鞘脂分子，其对植物耐冷性的调节作用主要取决于不同分子种脂肪酸侧链的长度、饱和度和羟基化程度。通常情况下，具有饱和脂肪酸链的 GluCer 水平与植物的耐冷性呈极显著负相关（$P<0.01$）。例如，小麦、燕麦和黑麦幼苗经冷驯化 3~4 周后，其叶片中具有饱和脂肪酸链的 GluCer 含量均呈下降趋势，这种现象在耐寒性较强的黑麦中表现得尤为明显（Bohn et al.，2007）。另有研究发现，从内生

真菌中分离出来的一种鞘糖脂（脑苷脂 C），能通过诱导植株生长、降低脂质过氧化、调节脂质代谢增强植株的耐冷性（Li et al.，2013）。这说明来自互惠生物的外源鞘脂也在植物适应低温环境中发挥作用，并可能有助于提高作物的生产力。

（四）膜脂不饱和度

经低温处理后，花生叶片中的大部分脂质分子种均会发生一定程度的变化，且在低温环境适应能力不同的品种之间存在明显差异。各膜脂组分的分子种组成，主要取决于连接在其侧链的脂肪酸基团，因此低温胁迫下膜脂分子种含量的变化会造成膜脂的不饱和度发生改变。双键指数（double bond index，DBI）是反映膜脂总不饱和度的重要指标，以膜脂分子中所含脂肪酸双键数目的平均值表示，其数值越大代表不饱和程度越高。张鹤（2020）对低温胁迫下花生幼苗叶片中各膜脂组分的 DBI 进行了计算，发现低温环境会使花生植株的膜脂不饱和度发生改变，且耐冷性不同花生品种的变化趋势差异较大（表 4-4）。其中，耐冷品种的总膜脂 DBI 增加了 7.92%，而冷敏感品种的总膜脂 DBI 降低了 13.25%。这表明花生植株可以通过增加膜脂不饱和度来适应低温胁迫。

表 4-4 低温胁迫下花生叶片中各膜脂组分的双键指数（张鹤，2020）

膜脂组分	双键指数				变化幅度/%	
	NH5-Control	NH5-Cold	FH18-Control	FH18-Cold	NH5	FH18
MGDG	3.3534±0.07a	2.8792±0.13a	3.2965±0.42a	2.2921±0.64b	−14.14	−30.47
DGDG	0.6750±0.04b	1.4135±0.09a	0.7822±0.08a	1.0660±1.03a	109.41	36.28
SQDG	0.0084±0.00b	0.0125±0.02a	0.0086±0.04a	0.0072±0.01a	48.81	−16.28
PA	0.0195±0.01b	0.0339±0.03a	0.0174±0.07b	0.0262±0.02a	73.85	50.57
PC	0.2061±0.04a	0.2271±0.05a	0.2183±0.04a	0.2349±0.07a	10.19	7.60
PE	0.1911±0.05a	0.1921±0.01a	0.2279±0.02a	0.2179±0.05a	0.52	−4.39
PG	0.3981±0.03a	0.4720±0.02a	0.4464±0.03a	0.4824±0.06a	18.56	8.06
PI	0.0069±0.01b	0.0098±0.04a	0.0064±0.02a	0.0086±0.02a	42.03	34.38
PS	0.0010±0.00b	0.0017±0.00a	0.0013±0.01a	0.0014±0.01a	70.00	7.69
CL	0.0109±0.00a	0.0130±0.00a	0.0083±0.03a	0.0117±0.03a	19.27	40.96
Sph	0.0024±0.00a	0.0035±0.01a	0.0028±0.01a	0.0030±0.01a	45.83	7.14
Cer	0.0002±0.00a	0.0003±0.00a	0.0002±0.00a	0.0003±0.00a	28.27	30.74
PhytoCer	0.0003±0.00a	0.0004±0.00a	0.0003±0.00a	0.0004±0.01a	33.33	33.33
GluCer	0.0004±0.00a	0.0006±0.00a	0.0004±0.00a	0.0004±0.00a	50.00	0.00
S1P	0.0000±0.00a	0.0000±0.00a	0.0000±0.00a	0.0000±0.00a	0.00	0.00
总膜脂	4.8737±0.10a	5.2596±0.54a	5.0170±0.31a	4.3525±0.18a	7.92	−13.25

注：Control 表示正常温度对照组，Cold 表示低温处理组；同行不同小写字母代表同一品种不同处理下在 5%水平上差异显著

在各膜脂组分中，甘油糖脂 MGDG 的 DBI 最高，是决定花生叶片膜脂不饱和程度的主要膜脂分子。经低温处理后耐冷和冷敏感品种的 MGDG 含量均呈大幅度下降趋势，导致其 DBI 分别降低了 14.14% 和 30.47%，抑制了膜脂不饱和度的提高；DGDG、PG、PC、PE 和 PA 在花生叶片中也具有相对较高的 DBI，尤其是 DGDG，经低温处理后其 DBI 在耐冷品种中增加了 109.41%，是耐冷品种膜脂不饱和度增加的主要原因；低温胁迫下耐冷品种中鞘脂组分 Sph 和 GluCer 的 DBI 也呈显著增加的趋势，但由于花生叶片中鞘脂的含量较低，对总膜脂不饱和度的影响相对较小。

第五节　花生耐冷的脂质信号转导及调控机制

脂质作为生物膜的基础成分，不仅是维持生物膜稳定性和有序调控其他代谢过程的结构基础，还是具有胞间或远距离信号活性的信号分子，在植物生长发育和逆境胁迫响应等生物学过程中发挥重要的调节作用。一般来说，结构脂质和信号脂质在细胞内的作用方式不同，结构脂质的主要功能是维持生物膜结构的稳定性，保证膜上和胞内发生的一切生理生化反应能正常进行；信号脂质则属于诱导表达的脂类，受磷脂酶、蛋白激酶和磷酸水解酶等多种脂质信号酶的调控，在胁迫条件下主要通过其含量的迅速升高或降低，对各种信号做出响应并介导信号级联反应，从而调节植物对外界环境的适应性。

一、参与花生耐冷的脂质信号分子

长期以来，关于脂质分子参与信号转导和信息传递等过程的研究，多集中于人类、动物和微生物等领域，在植物中少有涉及。近期大量研究表明，一些在动物系统中被鉴定为信号分子的脂质在植物信号通路中也具有相似功能，包括磷脂酸（PA）、二酰甘油（DAG）、磷脂酰肌醇（PI）、鞘脂（SL）、溶血磷脂（LPL）、游离脂肪酸（FFA）和其他脂质衍生物等（Hou et al.，2016；Okazaki and Saito，2014）。这些信号脂质在植物细胞内通常仅有少量存在，但每种脂质分子都有其特定的生物学功能、生物合成机制和信号级联反应，从而在转录水平上激活防御响应过程。

（一）磷脂酸

PA 是一种二酰基甘油磷脂，不仅可以作为前体物质进行甘油磷脂、甘油糖脂和三酰甘油等复杂脂质分子的生物合成，还可以作为信号分子参与调节细胞骨架重排、激素信号转导、过氧化物产生、器官生长发育和逆境胁迫响应等多个生理过程，被称为植物体内重要的"脂质第二信使"。用于合成结构脂或储存脂的 PA 与作为信号分子的 PA 产生途径不同，前者是通过发生于内质网、质体和线粒体中的甘油脂从头合成途径产生；后者是通过发生于质膜上的两条磷脂酶途径产生：第一条是基于磷脂酶 D（PLD）的水解作用，即磷脂酰胆碱（PC）和磷脂酰乙醇胺（PE）等结构复杂的甘油磷脂，在 PLD 的催化下，水解为 PA 和 1 个水溶性头部基团（胆碱、乙醇胺等）；第二条是基于磷脂酶 C（PLC）和二酰甘油激酶（DGK）的两步反应，首先磷脂酰肌醇-4,5-二磷酸［PI(4,5)P2］在 PLC 的催化下水解为肌醇-1,4,5-三磷酸（IP3）和 DAG，随后 DAG 在 DGK 的作用下被磷酸化为 PA。正常条件下，PA 在生物膜中的含量很低，花生叶片中的 PA 含量为 1.0～1.6nmol/mg，在总脂含量中所占比例不足 1%（张鹤，2020）。经低温、干旱、盐碱和活性氧等胁迫因子诱导后，PA 的含量迅速增加，低温胁迫下耐冷型和冷敏感型花生品种的 PA 含量可分别增加36.17% 和 63.15%（图 4-11）。并且，不同胁迫刺激诱导 PA 含量上升的途径不同。一般来说，当植物受到干旱和高盐等渗透胁迫时，PA 含量的增加大部分依赖于 PLD途径，主要是 *PLDδ* 基因表达量的显著提高（Katagiri et al.，2001）；在植物与病原菌相互作用的防御反应中，不同的病原激发子可分别通过 PLC/DGK 和 PLD 磷脂信号通路诱导 PA 的产生（Raho et al.，2011）；在低温胁迫下，植物体内 PA 的快速形成是 PLC/DAG 和 PLD 两条途径共同作用的结果，且大部分通过 PLC/DGK 途径产生，约 20% 通过 PLD 途径产生（Arisz et al.，2018）。

　　PLD、PLC 和 DGK 均由基因家族编码，四倍体栽培花生基因组上共存在 46个 *AhPLDs*（包括 20 个 *AhPLDα*、4 个 *AhPLDβ*、2 个 *AhPLDγ*、8 个 *AhPLDδ*、4个 *AhPLDε*、6 个 *AhPLDζ* 和 2 个 *AhPLDφ*）、39 个 *AhPLCs*（包括 28 个 *AhPI-PLC*和 11 个 *AhNPC*）和 31 个 *AhDGKs*。其中，PLD 基因家族的作用涉及植物生长发育的各个阶段。迄今为止，关于 PA 对植物耐冷性调控作用的研究主要集中于 PLD介导的磷脂信号转导通路。张鹤（2020）基于转录组测序技术，对低温胁迫下花生叶片中 *AhPLDs* 的表达量进行了全面检测，发现 *AhPLDα2B*（*Arahy.7PV95K*）、*AhPLDδ4A*（*Arahy.87HDGW*）、*AhPLDδ4B*（*Arahy.UD7LPN*）、*AhPLDζ1A*（*Arahy.T1UA0C*）、*AhPLDζ1B*（*Arahy.Y1617F*）和 *AhPLDφA*（*Arahy.XZ9AUI*）等成员均受低温诱导上调表达，尤其是 *AhPLDδ4A* 和 *AhPLDδ4B*，经 6℃ 处理 24h后其差异表达倍数（Log$_2$FC）分别高达 10.73 和 6.46。由于 PLD 基因家族成员具有结构多样性、激活特异性和底物专一性的特点，因此不同 PLD 成员在植物响应低温胁迫中发挥的功能不同。例如，PLDδ 主要以 PE 作为水解底物，低温胁迫下*AtPLDδ* 的过表达能抑制 H$_2$O$_2$ 的产生，增强植株耐冷性；*AtPLDδ* 的敲除则直接导致植株出现冷敏感表型，说明 PLDδ 对植物的耐冷性具有正向调节作用。而 PLDα主要以 PC 作为水解底物，低温胁迫下 *AtPLDα1* 沉默植株的电解质渗透率明显降低，存活率显著提高，且 PA 的含量较野生型植株高 50%，说明 PLDα 在植物适应低温环境中起负向调节作用（Rajashekar et al.，2006）。

近年来，关于低温胁迫诱导 PA 发生动态变化的信号通路大部分已经明确，但 PA 如何执行信号分子的作用，以及 PA 在低温信号转导中的具体作用机制仍需进一步验证。根据前人已获得的研究结果，目前对 PA 信号功能的解释主要可以归结为如下几类：第一，直接与靶蛋白相互作用，能将靶蛋白定位到细胞膜上的特定位置，并增强或抑制靶蛋白的生理活性，从而行使其准确的生物学功能；第二，诱导细胞膜上的蛋白质的构象发生改变，使其活性被激活或抑制；第三，与其他脂质信号分子协同激活并改变靶蛋白在细胞膜上的位置，即靶蛋白上存在需要不同脂质分子结合的结构域；第四，通过转录后修饰行使功能，如小 G 蛋白的激活作用或靶蛋白的磷酸化作用，能促进靶蛋白的结构域与 PA 较好地结合；第五，激活特定基因的转录，PA 能与抑制基因转录的因子结合并将其定位至细胞膜上，使基因的转录抑制作用解除。其中，PA 通过将靶蛋白招募到细胞膜上的特定位置，并直接或间接地调节其活性，从而使其在正确位置行使特定功能，这是目前被大家普遍认可的观点。PA 的此种功能主要取决于其独特的分子构型，PA 是细胞膜上唯一一种在生理条件下带负电荷且为圆锥体型的磷脂分子，能使靶蛋白的结合结构域更容易地嵌入膜脂双分子层，尤其是具有赖氨酸和精氨酸等带正电荷氨基酸残基的蛋白质分子，导致 PA 所在的细胞膜区域形成有利的蛋白质锚定位点，招募相关蛋白定位到细胞膜上，然后通过对靶蛋白活性的调节将逆境信号逐级传导下去。植物中能与 PA 相互作用的靶蛋白种类较多，包括各种蛋白激酶、磷酸酶和氧化酶等，涉及激素信号转导、有丝分裂信号传递和活性氧爆发等多个生物学途径。例如，低温胁迫下 PA 能与 ABA 信号转导通路上的负调控因子 ABI1结合，将其固定在细胞膜上，并抑制其磷酸酶活性，从而降低 ABI1 对 ABA 的负调控作用，促进气孔关闭（Guo et al.，2012）。

低温胁迫会诱导植物细胞积累大量的活性氧类物质，活性氧的产生也与 PA 信号分子密切相关。Park 等（2004）研究发现，外源施用 PA 可以激活 Rho 小 G 蛋白相关激酶介导的信号通路，导致植株叶片和单细胞的活性氧水平显著升高，同时促进叶片细胞死亡。*AtPLDα* 基因沉默的植株则产生少量过氧化物，说明调控活性氧产生的 PA 信号分子主要受 PLDα 催化（Peppino et al.，2017）。因此，植物在适应低温环境过程中，为了避免 PA 过量积累导致活性氧大量产生而引发膜脂过氧化作用，PA 的降解对于低温信号转导来说也是一个不可忽视的途径。PA 先合成又降解的现象在植物低温"冻—融"处理中表现得尤为明显：植株在经受 0℃以下的缓慢降温时，其体内 PA 的含量会迅速上升，若此时植株仍然存活，PA 的含量在升温恢复过程中还会缓慢下降，直到恢复至正常水平；但若植株经冷冻处理后直接死亡，体内 PA 的含量则不再下降，一直维持在最高水平（Li et al.，2008）。目前，花生植株中与 PA 降解相关的途径主要有 3 条：一是 PA 选择性磷脂酶 A（PA-PLA）途径，PA 在 PA-PLA 的催化作用下脱去酰基，形成溶血磷脂酸（LPA）和 FFA；二是磷脂酸激酶（PAK）途径，PA 在 PAK 的磷酸化作用下形成 DAG 焦磷酸（DGPP）；三是磷脂酸磷酸酶（PAP）途径，PA 在 PAP 的去磷酸化作用下形成 DAG。张鹤（2020）在研究中发现，低温胁迫虽然会诱导花生叶片中 PA 的含量显著增加，但同时耐冷花生品种中编码 PLA2（*arahy.E4P4QB* 和 *arahy.ZN271A*）、PAP1（*arahy.9A7I0S* 和 *arahy.53JHUG*）和胞嘧啶二脂酰甘油合成酶（CDS1/2，*arahy.5320XR*）的基因均显著上调表达，使过量的 PA 被分别转化为 DAG、CDP-DAG、LPA 和 FFA，这些衍化产物可作为新的信号分子进一步发挥功能。

（二）磷酸肌醇

磷酸肌醇是磷脂酰肌醇在磷脂激酶或磷酸酶的作用下所形成的一类信号脂质。从化学结构上看，磷脂酰肌醇由甘油骨架和肌醇通过磷酸二酯键构成，肌醇环上存在 5 个羟基，其中 D3、D4 和 D5 位的羟基可以被相应的磷脂激酶磷酸化形成磷酸肌醇，即磷酸肌醇是磷脂酰肌醇单、双、三磷酸化产物的总称。根据肌醇环上发生磷酸化修饰位点的不同，目前研究人员发现在花生植株体内共存在磷脂酰肌醇-3-磷酸（PI3P）、磷脂酰肌醇-4-磷酸（PI4P）、磷脂酰肌醇-5-磷酸（PI5P）、磷脂酰肌醇-3,5-二磷酸 [PI(3,5)P2] 和磷脂酰肌醇-4,5-二磷酸 [PI(4,5)P2] 5 类磷酸肌醇分子，尚未发现磷脂酰肌醇-3,4-二磷酸 [PI(3,4)P2] 和磷脂酰肌醇-3,4,5-三磷酸 [PI(3,4,5)P3]。磷酸肌醇在生物膜脂中所占的比例较低，一般不超过 1%，是维持细胞结构、控制生物膜流动、调节膜上物质转运、调控离子通道和转导细胞信号的关键信号分子，广泛参与细胞骨架构成、器官生长发育和逆境胁迫响应相关的诸多生物学过程（Hou et al., 2016）。

磷酸肌醇的代谢途径包括磷脂酰肌醇依赖和磷脂酰肌醇非依赖两种方式。其中，磷脂酰肌醇非依赖途径是以葡萄糖-6-磷酸（G-6-P）为初始底物，首先在肌醇磷酸合酶（MIPS）的作用下合成 PI3P，再由 1,3,4-三磷酸肌醇 5/6-激酶（ITPK）和多磷酸肌醇激酶（IPK2/IPMK）逐步磷酸化，依次生成肌醇-1,4,5-三磷酸（IP3）、肌醇-1,3,4,5-四磷酸（IP4）、肌醇-1,2,3,4,5-五磷酸（IP5）和肌醇-1,2,3,4,5,6-六磷酸（IP6），这一途径是植物种子中 IP6 的主要来源；磷脂酰肌醇依赖途径则是以细胞膜上的磷脂酰肌醇为初始底物，首先在磷脂酰肌醇-4-激酶（PI4K）和磷脂酰肌醇-4-磷酸-5-激酶（PI4P5K）的依次催化下，分别合成 PI4P 和 PI(4,5)P2，随后 PI(4,5)P2 在 PI-PLC 的作用下，进一步被水解为肌醇-1,4,5-三磷酸（IP3）和 DAG，最后 IP3 经 IPK2/IPMK 的连续磷酸化作用，依次形成 IP4、IP5 和 IP6 等多磷酸肌醇，这一途径是磷酸肌醇信号分子的主要来源。

磷酸肌醇作为一类重要的信号分子，其在植物体内具有较高的动态性，不同磷酸肌醇分子之间可以通过一系列相关酶的催化作用相互转换，从而形成复杂的磷酸肌醇信号网络。IP3 是植物细胞中含量最丰富的磷酸肌醇分子，也是磷酸肌醇信号网络的枢纽，不仅能被细胞内的多种激酶催化形成多磷酸肌醇分子，还能被各种磷酸酶连续去磷酸化而形成单磷酸肌醇或不含磷酸基团的肌醇分子，从而使磷酸肌醇信号系统维持高度的多态性和稳定性。在磷酸肌醇信号通路中，由 PI-PLC 水解 PI(4,5)P2 产生的 DAG 和 IP3 均可作为"第二信使"，参与外界信号向细胞内转导的过程，因此又被称为"双信使系统"，在植物生长发育和逆境响应中发挥重要作用。当花生植株遭遇低温胁迫时，低温信号首先与细胞表面的 G 蛋白耦联型受体结合，激活质膜上的 PI-PLC 产生 DAG 和 IP3，导致 DAG 和 IP3 的浓度迅速上升；随后，DAG 与质膜内表面的蛋白激酶 C（PKC）结合，调节多种酶和结构蛋白的活性；IP3 则与内质网表面的受体结合开启 Ca^{2+} 通道，将 Ca^{2+} 从胞内钙库释放到细胞质中，并激活下游一系列钙结合蛋白进行感受和传导，从而诱导细胞内的一系列生理生化反应，以响应低温胁迫。

（三）鞘脂

　　鞘脂及其代谢产物不仅可以作为结构分子保证生物膜的完整性（详见本章第四节），还可以作为具有生物活性的信号分子，参与调节植物细胞分化、细胞程序性死亡、细胞壁形成、器官发育、ABA 依赖性气孔关闭和胁迫应答等多个细胞过程（Ali et al.，2018）。正常条件下，花生体内的鞘脂含量较低，一般仅占细胞总脂含量的 0.5%～10%。在低温条件下，耐冷花生植株的鞘脂水平通常较高，能通过参与膜脂重塑或作为信号转导分子实现对低温环境的适应（张鹤，2020）。糖基磷脂酰肌醇神经酰胺（GIPC）和葡萄糖神经酰胺（GluCer）是植物中含量最丰富的鞘脂分子，分别约占鞘脂总含量的 35% 和 55%，低温胁迫下它们的含量变化在调节膜脂不饱和度和维持生物膜完整性中发挥关键作用，但能否作为信号分子或在低温信号转导中的作用机制尚不明确。鞘脂长链碱基（LCB）、神经酰胺（Cer）、鞘氨醇-1-磷酸（S1P）、神经酰胺-1-磷酸（C1P）和植物鞘氨醇-1-磷酸（phytoS1P）等鞘脂分子在总鞘脂中所占的比例较低，可以作为信号分子迅速对低温信号做出响应。

　　鞘脂分子种类繁多，其在细胞内的合成和代谢过程涉及内质网、高尔基体和细胞质等多个部位，因此由鞘脂介导的细胞信号转导途径十分复杂。目前，关于鞘脂分子在细胞信号转导中的功能机制主要包括以下几个方面：一是位于细胞质膜外侧的鞘糖脂分子，能作为表面受体，对胞外信号进行感知，例如，GIPC 可以通过直接与 Na^+ 结合，感知胞外的盐浓度，并激活 Ca^{2+} 通道，使 Ca^{2+} 内流（Jiang et al.，2019）；二是 LCB、Cer、S1P、C1P 和 phytoS1P 等鞘脂，或被磷酸化的鞘脂分子，能与多种靶蛋白相互作用，通过调控靶蛋白在生物膜上的位置及相关酶的生理活性，实现其信号转导功能（Michaelson et al.，2016）；三是部分鞘脂分子能与甾醇类物质进行动态结合，并聚集在膜上，形成脂筏或其他微结构域，作为细胞信号转导的平台（Cacas et al.，2016）。此外，植物细胞对各种环境因子的反应，还取决于体内磷酸化与非磷酸化鞘脂之间的相对平衡水平。一般来说，LCB、Cer、S1P、C1P 和 phytoS1P 等鞘脂分子间的动态平衡是通过酶促反应来维持的，逆境条件下植物会严格控制这种平衡稳态，以实现各种酶促反应对细胞生理功能的有效调控。例如，低温胁迫会诱导花生植株产生大量的 LCB 和 Cer，使细胞内磷酸化与非磷酸化鞘脂间的动态平衡被打破，导致细胞发生程序性死亡，并伴随 H_2O_2 的不断积累；为了适应低温环境，具有耐冷表型的花生植株能通过增强长链鞘氨醇激酶（LCBK）和神经酰胺激酶（CERK）的生理活性，促进磷酸化 LCB（LCB-P）和 C1P 的产生，同时降低 LCB 和 Cer 的水平，以维持磷酸化和非磷酸化鞘脂间的动态平衡，抑制细胞程序性死亡。

自 1987 年 Lynch 和 Steponkus 首次提出鞘脂分子可能在植物适应低温胁迫中发挥重要作用，各国科研工作者陆续开始在黑麦、拟南芥和绿豆等植物中开展了相关研究，发现提前进行冷驯化或具有耐冷基因型的植株经低温处理后，其体内总 LCB、GluCer 和脑苷脂的含量普遍下降，LCB-P、C1P 和 phytoS1P 的含量迅速增加（Guillas et al.，2013；Yoshida et al.，1988）。张鹤（2020）在花生研究中亦得出了相似结论，再次证实植物鞘脂可以作为信号分子参与细胞内的低温信号转导过程。LCB-P 和 C1P 是 LCB 和 Cer 分别在 LCBK 和 CERK 的催化下所形成的磷酸化鞘脂分子，低温胁迫下鞘氨醇激酶突变体 *lcbk1* 和神经酰胺激酶突变体 *acd5* 呈现冷敏感表型，*LCBK1* 过表达植株的耐冷性明显提高，说明 LCB-P 和 C1P 含量的快速积累对植物的耐冷性起正调控作用（Huang et al.，2017；Dutilleul et al.，2015）。S1P 也是鞘脂代谢途径中的关键信号分子，可以在鞘氨醇激酶（SPHK）的作用下迅速产生，也可以在磷酸鞘氨醇裂解酶（SPL）和鞘氨醇-1-磷酸磷酸酶（SPP）的作用下迅速降解。低温条件下，S1P 既能作为"第一信使"与细胞表面的 G 蛋白偶联受体结合，实现信号转导的功能，又能作为"第二信使"通过 IP3 非依赖方式动员细胞内的 Ca^{2+} 释放，在细胞内发挥调控作用（Quist et al.，2009）。

（四）氧脂素

氧脂素是一类普遍存在于所有需氧生物体内，由多不饱和脂肪酸经过一系列酶促或非酶促加氧反应所产生的，具有生物活性的化合物，包括脂肪酸氢过氧化物、环氧羟基脂肪酸、二乙烯基醚、挥发性醛和部分脂质类激素等。在高等植物体内，氧脂素的生物合成主要以亚油酸（18:2$\Delta^{9c,12c}$）和 α-亚麻酸（18:3$\Delta^{9c,12c,15c}$）等 18 碳多不饱和脂肪酸为初始底物，一方面在单线态氧（$^1O_2$）、超氧阴离子（$O_2^-\cdot$）、羟自由基（·OH）和过氧化氢（H_2O_2）等活性氧类物质的攻击下，通过自动氧化反应产生，即氧脂素的非酶促合成途径；另一方面在脂氧合酶（LOX）、α-双加氧酶（α-DOX）和细胞色素 P450 单加氧酶（CYP74）等多种酶的协同催化作用下产生，即氧脂素的酶促合成途径。由 LOX 或 α-DOX 催化多不饱和脂肪酸，在特定位置发生双氧合反应，并产生 9-过氧羟基十八碳三烯酸（9-HPOT）、13-过氧羟基十八碳三烯酸（13-HPOT）和 2-羟基十八碳三烯酸等多不饱和脂肪酸的氢过氧化物，这是氧脂素酶促合成途径的第一步。生成的脂肪酸氢过氧化物可以作为底物，进一步被 CYP74 家族催化，合成多种氧脂素类化合物。例如，在丙二烯氧化物合成酶（AOS）的催化下生成茉莉酮酸酯（JAs），在氢过氧化物裂解酶（HPL）的催化下生成绿叶挥发物（GLV）（醇、醛及其酯化物），在二乙烯基醚合酶（DES）的催化下生成芥酸和山梨酸等二乙烯基醚脂肪酸，以及在环氧醇合酶（EAS）的催化下生成环氧羟基脂肪酸等（Griffiths，2015）。

　　氧脂素合成途径所产生的代谢物质结构复杂，且具有较高的生物活性，可以作为信号分子，参与调控植物的生长发育及多种生物和非生物胁迫的信号转导过程。其中，JAs 是迄今植物学领域研究最具体、最深入的氧脂素类化合物，主要包括 12-氧-植物二烯酸（12-OPDA）、茉莉酸（JA）、茉莉酸甲酯（MeJA）及其他衍生物。JAs 的生物合成在高等植物体内较为保守，一般由 18:3 经十八碳烷酸代谢途径完成（图 4-16）：首先，由叶绿体膜脂水解产生的 18:3，在 LOX 的催化下，发生双氧合反应，生成 13-HPOT，并在 AOS 和丙二烯氧化物环化酶（AOC）的进一步催化下，形成具有光学活性的 12-OPDA；随后，12-OPDA 被转运至过氧化物酶体中，经过由 12-OPDA 还原酶（OPR）催化五元环上双键的还原反应，以及 3 次 β-氧化反应，形成稳定的 JA；最后，JA 被转运至细胞质中，经甲酯化、羟基化、糖基化或与氨基酸结合等修饰后，生成 MeJA、二氢茉莉酸丙酯（PDJ）和茉莉酸异亮氨酸（JA-Ile）等衍生物。JAs 种类繁多且分布广泛，目前植物体内

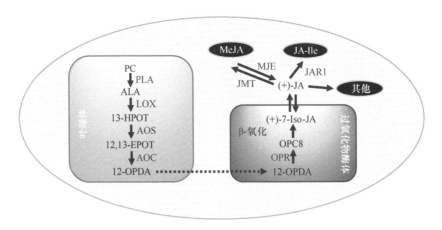

图 4-16　JAs 的生物合成途径

已有 30 余种天然 JAs 被提取鉴定，JAs 在各组织器官中均有存在，尤其在营养器官中含量较高，主要作为内源生长调节物质调控种子萌发、侧根发生、花器官形成、叶片脱落、气孔关闭和果实成熟等生理过程，或者作为信号分子介导植物对外源生物或非生物胁迫的防御反应。

JAs 的信号转导过程通常分 3 个阶段完成，即 JAs 信号产生（JAs 生物合成）、JAs 信号转导和下游基因表达。其中，JAs 的合成在植物体内受正反馈调节，即当植株的生长发育环境遭到破坏时，JAs 在植株局部大量合成，并立刻启动 JAs 信号，激活 JAs 合成途径相关基因的表达，进而促进 JAs 及其中间代谢产物的再次积累，以发挥放大反馈信号的作用。在 JAs 信号转导过程中，JA 可作为"第一信使"进行胞间信号传递，但其本身并非活跃的植物激素，必须在转化为氨基酸缀合物之后才能行使信号分子功能。有研究表明，JA 的生物合成，及其与异亮氨酸缀合形成 JA-Ile，是激活 JA 信号转导通路的首要条件（Thines et al.，2007）。JA-Ile 是 JA 的活性形式，由 JASMONATE RESISTANT 1（*JAR1*）基因编码的酶催化形成，在 JA 信号转导通路中能促进茉莉酸 ZIM 结构域（JAZ）蛋白与 JA 受体 F-box 蛋白 COI1 结合，使 26S 蛋白酶体对 JAZ 蛋白的泛素依赖性降解。JAZ 蛋白是 JA 信号转导的负调控因子，其降解过程会引起 MYC2 等正调控因子的释放，从而诱导 JA 依赖性基因的表达（图 4-17）。COI1 是 JA 信号的关键感知组分，大多数 JA 反应都需要 COI1 参与，但是除 JA-Ile 外，包括 OPDA、(+)-7-异茉莉酸 [(+)-7-*iso*-JA] 和 MeJA 在内的其他 JAs 均不能在体外激活 COI1-JAZ 的相互作用，即在 JA 信号转导途径中起活性激素作用的 JAs 还有待被进一步挖掘。除了转化为氨基酸缀合物，通

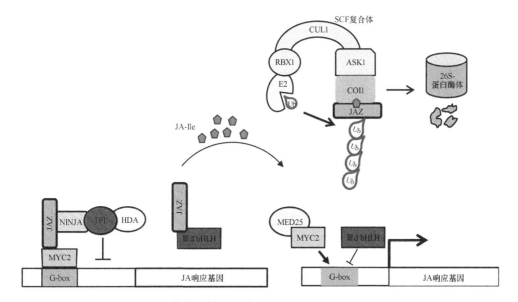

图 4-17 JA 的信号转导通路（Wasternack and Song，2017）

过已知的 JA 信号转导通路，实现对多种生理过程的调控，JA 还可以进行其他修饰反应，以行使其信号分子功能。例如，由茉莉酸羧甲基转移酶（JMT）催化形成的 MeJA 具有较强的挥发性，且不易被离子化，能作为信号气体实现细胞和植株间的通信（Yu et al.，2019；Cheong and Choi，2003）。Matsui 等（2017）在拟南芥中还发现了另外一种挥发性 JAs——顺式茉莉酮（*cis*-jasmone），它由 JA 通过脱羧反应合成，在胁迫条件下能诱导一组独特而有限的基因上调表达。这说明顺式茉莉酮能在植物防御响应中发挥特异性作用，但具体的功能机制尚不明确。

长期以来，关于 JAs 参与调节植物逆境防御响应的研究，主要集中于植食性动物攻击和腐生性病原菌侵染等生物胁迫。例如，当植物遭受虫害时，其体内的 MeJA 含量会显著升高。MeJA 可将"虫害信息"传递给未受伤部位和邻近植物，使其进入警戒状态，同时诱导植物体内防御基因的表达，激活一系列防御反应（Chen et al.，2005）。外源施用 MeJA 可以促进小麦植株体内酚类物质的分泌，抑制过氧化氢的产生，增强其对镰刀菌根腐病的抗性（Motallebi et al.，2017）。在拟南芥和水稻中过表达 *AtJMT* 可导致其体内 MeJA 的含量分别提高 3 倍和 19 倍，同时响应 JA 信号转导途径的营养储存蛋白（VAP）和植物防御素（PDF1.2）的表达量显著上升，使植株对葡萄孢菌的抗性显著增强（Kim et al.，2009）。若将烟草植株中的 *AtJMT* 沉默，则导致受 JAs 诱导表达的苏氨酸脱氨酶（TD）和胰蛋白酶抑制剂（TI）的活性显著降低，使植物抗虫性明显减弱（Stitz et al.，2011）。近年来，越来越多的研究发现，一些由 JAs 介导的适应性反应，在植物响应低温、干旱、盐、重金属等非生物胁迫中也发挥重要作用。张鹤（2020）基于低温胁迫下耐冷花生品种和冷敏感花生品种的比较转录组学和代谢组学联合分析发现，低温胁迫下耐冷花生品种 JAs 生物合成途径的关键基因 *AhLOX3*（arahy.6TJ5BP；arahy.S6TVHJ）、*AhLOX5*（arahy.ZS7YSR）、*AhAOS1*（arahy.I2ECPT；arahy.B9A644）、*AhAOS3*（arahy.F73TU2；arahy.DB4GMR）、*AhAOC*（arahy.H5H05M）、*AhOPR1*（arahy.5A3JDR；arahy.W8AC1S）、*AhOPR2*（arahy.03WWG0；arahy.QLS1U0）和 *AhJMT*（arahy.EK4G75；arahy.PVQF0C；arahy.AAI0ZL；arahy.YC7CVR）等普遍上调表达（表 4-5）；JAs 生物合成底物 18:3、JAs 生物合成前体物质 OPDA 和 JA 的含量均显著增加，与正常温度相比分别增加了 187.25%、69.40% 和 149.67%（图 4-18）；同时，低温胁迫前以 100μmol/L MeJA 喷施花生幼苗能有效缓解低温伤害（图 4-19）。JA 生物合成和信号转导途径相关突变体 *lox2*、*aos*、*jar1* 和 *coi1* 等的耐低温能力较野生型明显下降（Hu et al.，2013）。有研究表明，JA 对植物耐冷性的正向调控是基于 JAZ 蛋白介导的 JA 信号转导和 C 端重复结合因子（CBF）转录途径完成的。低温胁迫下转录抑制因子 JAZ1 和 JAZ4 蛋白会与 ICE1 相互作用，抑制 *CBFs* 和下游冷响应基因（*CORs*）表达，使植株出现敏感表型（An et al.，2021）。JA 生物合成能介导 JAZ 蛋白降解，解除其对 ICE1 的抑制作用，从而提高植株耐冷性（Chen et al.，2019）。此外，JA 还可以通过调控一些不依赖于 ICE1-CBF 通路的基因调节作物耐冷性，如编码多胺、谷胱甘肽和花青素等次级代谢产物生物合成酶的基因（Hu et al.，2013）。

表 4-5 低温胁迫下 JAs 生物合成途径上关键基因的差异表达（张鹤，2020）

基因名	基因功能	log₂FC（T1/T0）	log₂FC（T2/T0）	log₂FC（S1/S0）	log₂FC（S2/S0）
arahy.6TJ5BP	脂氧合酶 3（LOX3）	2.88	4.83	0.84	1.02
arahy.S6TVHJ	脂氧合酶 3（LOX3）	2.48	4.09	——	——
arahy.ZS7YSR	脂氧合酶 5（LOX5）	3.76	6.67	1.29	0.13
arahy.I2ECPT	丙二烯氧化物合成酶 1（AOS1）	4.19	1.98	0.45	0.88
arahy.B9A644	丙二烯氧化物合成酶 1（AOS1）	4.19	1.98	0.45	0.88
arahy.F73TU2	丙二烯氧化物合成酶 3（AOS3）	4.12	1.70	——	——
arahy.DB4GMR	丙二烯氧化物合成酶 3（AOS3）	3.30	1.52	——	——
arahy.H5H05M	丙二烯氧化物环化酶（AOC）	4.87	2.06	0.09	0.37
arahy.5A3JDR	12-氧代-植物二烯酸还原酶 1（OPR1）	2.81	5.71	1.05	1.72
arahy.W8AC1S	12-氧代-植物二烯酸还原酶 1（OPR1）	2.87	5.46	0.87	0.31
arahy.03WWG0	12-氧代-植物二烯酸还原酶 2（OPR2）	3.24	5.22	0.40	1.21
arahy.QLS1U0	12-氧代-植物二烯酸还原酶 2（OPR2）	3.24	7.27	——	——
arahy.EK4G75	茉莉酸羧甲基转移酶（JMT）	13.17	11.53	1.48	0.56
arahy.PVQF0C	茉莉酸羧甲基转移酶（JMT）	11.40	9.62	0.44	0.73
arahy.AA10ZL	茉莉酸羧甲基转移酶（JMT）	7.56	8.80	1.12	0.98
arahy.YC7CVR	茉莉酸羧甲基转移酶（JMT）	7.92	7.26	0.91	1.03

注：表中 log₂FC（T1/T0）表示耐冷品种 NH5 经低温处理 24h 后与常温对照相比的基因差异表达倍数，log₂FC（T2/T0）表示耐冷品种 NH5 经低温处理 48h 后与常温对照相比的基因差异表达倍数，log₂FC（S1/S0）表示冷敏感品种 FH18 经低温处理 24h 后与常温对照相比的基因差异表达倍数，log₂FC（S2/S0）表示冷敏感品种 FH18 经低温处理 48h 后与常温对照相比的基因差异表达倍数，"——"表示无差异表达

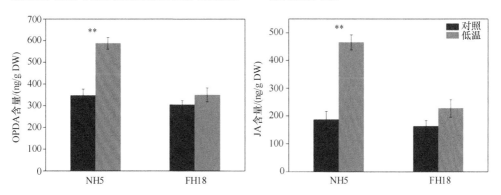

图 4-18 低温胁迫下花生 JA 及其代谢产物的含量变化（沈阳农业大学花生研究所数据，待发表）

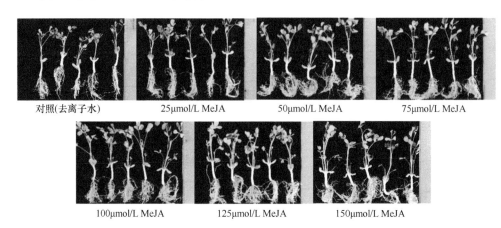

对照(去离子水)　　25μmol/L MeJA　　50μmol/L MeJA　　75μmol/L MeJA

100μmol/L MeJA　　125μmol/L MeJA　　150μmol/L MeJA

图 4-19　外源 MeJA 对低温胁迫下花生幼苗表型的影响（沈阳农业大学花生研究所数据，待发表）

二、花生耐冷的脂质代谢调控机制

拟南芥中共存在 600 多个与脂质代谢相关的基因，它们至少参与着植物脂质合成通路中的 120 多个酶促反应（Li-Beisson et al.，2013）。花生作为世界范围内最重要的油料作物之一，许多脂质相关的基因已经被相继鉴定出来，并广泛应用于籽仁品质改良（Zhuang et al.，2019）。近年来，沈阳农业大学花生研究所基于耐冷基因型和冷敏感基因型的比较转录组学分析发现，包括膜脂代谢和脂肪酸代谢在内的脂质代谢途径，在花生耐冷中发挥重要作用。此外研究人员还从脂质代谢通路上鉴定出了大量耐冷相关基因、代谢物质和信号分子，构建了花生耐冷的膜脂代谢调控网络，揭示了花生适应低温胁迫的脂质信号转导及其分子机制，为实现花生耐冷高产优质遗传改良提供了理论参考。

（一）脂质代谢途径对低温胁迫的响应

为了明确花生脂质代谢相关途径对低温胁迫的响应，张鹤（2020）将低温胁迫下耐冷和冷敏感型花生品种的转录组数据与拟南芥脂质数据库进行比对，并依据转录组测序中的京都基因和基因组数据库（Kyoto Encyclopedia of Genes and Genomes，KEGG）注释结果，对花生脂质代谢相关基因进行了鉴定，最终从转录组数据库中鉴定出了 651 个脂质代谢相关基因。研究人员通过对低温胁迫下各基因的表达量进行聚类分析，发现这 651 个脂质代谢相关基因在不同耐性花生品种中的表达模式可以被划分为 5 类：第I类为在低温胁迫初期持续上调表达的基因，共有 74 个；第III类为在低温胁迫初期持续下调表达的基因，共有 37 个；第II类、第IV类和第V类中的基因仅在 12h 或 24h 表现为显著上调或下调，为非持续表达基因（图 4-20）。

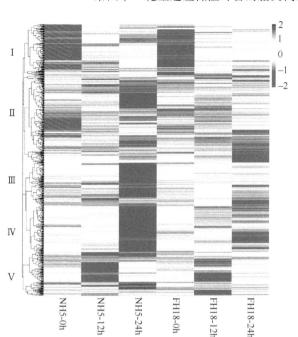

图 4-20　花生中 651 个脂质代谢相关基因在低温胁迫初期的表达模式（张鹤，2020）

为了探究低温胁迫初期，脂质差异表达基因所参与的生物学途径及其行使的功能，研究人员对 111 个持续差异表达基因进行了 KEGG 富集分析，发现这些基因被显著富集到 13 个生物学通路中，其中甘油磷脂代谢（ko00564）、甘油酯代谢（ko00561）和 α-亚麻酸代谢（ko00592）三个通路最为显著富集（图 4-21）。研究

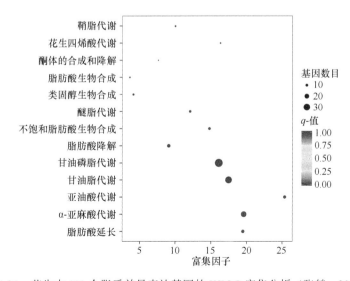

图 4-21　花生中 111 个脂质差异表达基因的 KEGG 富集分析（张鹤，2020）

人员进一步分析 13 个脂质代谢通路上 111 个差异表达基因的转录谱发现，无论是低温处理 12h 还是 24h，耐冷品种中各脂质代谢通路上基因的差异表达数目和差异表达水平都显著高于冷敏感品种，其中甘油磷脂代谢（ko00564）、甘油脂代谢（ko00561）、α-亚麻酸代谢（ko00592）、亚油酸代谢（ko00591）和醚脂代谢（ko00565）等途径的差异表达基因大部分为持续上调表达，且差异表达水平较高，表明其在花生响应低温胁迫中具有促进作用；脂肪酸延长（ko00062）通路中的差异表达基因几乎全部为下调表达，表明其在花生响应低温胁迫中具有抑制作用（图 4-22）。

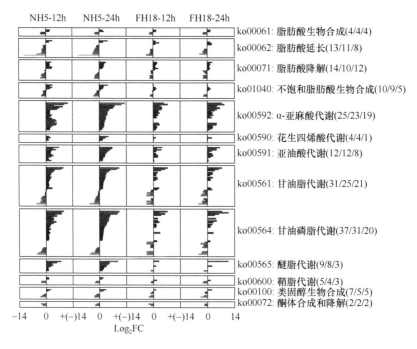

图 4-22　低温胁迫初期 13 个脂质代谢通路上基因的差异表达水平分析（张鹤，2020）

括号中的数字从左到右分别代表持续差异表达基因数目、在 NH5 中表达的基因数目和在 FH18 中表达的基因数目

（二）脂质代谢途径中花生耐冷基因的鉴定

研究人员通过分析耐冷品种和冷敏感品种中各脂质代谢基因的差异表达数目和表达水平发现，在 111 个脂质差异表达基因中，有 37 个仅在耐冷品种中持续差异表达，18 个仅在冷敏感品种中持续差异表达，56 个在两个品种中共同持续差异表达。另外，共表达基因中有 22 个基因的差异表达水平在耐冷品种中较高 [FC（耐冷品种/冷敏感品种）≥2]，这些基因也被认为在花生耐冷中起重要作用，因此与在耐冷品种中特异性差异表达的 37 个基因共同组成"耐冷基因集"，主要分布在三酰甘油（TAG）的从头合成、膜脂代谢和脂肪酸代谢三个类别中（表 4-6）。

表4-6　脂质代谢途径中的花生耐冷相关基因（张鹤，2020）

基因名称	基因功能	log$_2$FC（T1/T0）	log$_2$FC（T2/T0）
TAG 从头合成			
arahy.5W0QMQ	二酰甘油酰基转移酶1（DGAT1）	1.79	3.02
arahy.5U50HE	甘油-3-磷酸酰基转移酶2（GPAT2）	9.10	10.31
arahy.K79JM6	甘油-3-磷酸酰基转移酶2（GPAT2）	7.96	9.03
arahy.E4P4QB	磷脂酶A2（PLA2）/溶血磷脂酸酰基转移酶（LPAAT）	2.37	3.36
arahy.ZN271A	磷脂酶A2（PLA2）/溶血磷脂酸酰基转移酶（LPAAT）	1.17	1.95
膜脂代谢			
arahy.9A7I0S	磷脂酸磷酸酶1（PAP1）	2.83	3.40
arahy.53JHUG	磷脂酸磷酸酶1（PAP1）	2.49	3.08
arahy.YI6E2M	醛还原酶1B（AKR1B）	−2.72	−3.29
arahy.5320XR	胞嘧啶二脂酰甘油合成酶1/2（CDS1/2）	1.42	1.49
arahy.GT1I17	胆碱/乙醇胺激酶1（CK1/EK1）	3.13	4.59
arahy.JJP1G0	心磷脂合酶（CRLS/CLS）	2.27	2.01
arahy.KAI8DY	心磷脂合酶（CRLS/CLS）	1.35	1.53
arahy.BQ87IR	双半乳糖甘油二酯合成酶1（DGDGS1）	2.71	2.98
arahy.G7M3GH	二酰甘油激酶5（DGK5）	3.83	4.63
arahy.UA9SQ6	乙醇胺磷酸转移酶1（EPT1）	1.06	2.23
arahy.REV2BJ	乙醇胺磷酸转移酶1（EPT1）	1.25	1.52
arahy.8WED6E	乙醇胺激酶（EK）	5.10	3.80
arahy.V1ADX0	α-半乳糖苷酶（GLA）	−2.58	−1.85
arahy.US8HBC	α-半乳糖苷酶（GLA）	−2.81	−2.56
arahy.67NNK3	单半乳糖甘油二酯合成酶（MGDGS）	1.36	2.09
arahy.HAI9AH	单半乳糖甘油二酯合成酶（MGDGS）	1.02	1.72
arahy.YU79V3	磷酸乙醇胺胞苷转移酶（PECT/ET）	1.33	1.74
arahy.9Q6XN1	磷酸乙醇胺胞苷转移酶（PECT/ET）	1.07	1.35
arahy.U045QQ	磷脂酰肌醇合酶1（PIS1）	−1.99	−2.10
arahy.XZ9AUI	磷脂酶Dζ（PLDζ）	2.99	4.80
arahy.T1UA0C	磷脂酶Dζ1（PLDζ1）	3.60	3.75
arahy.Y1617F	磷脂酶Dζ2（PLDζ2）	5.48	5.24
arahy.8F881C	磷脂酰丝氨酸合酶1（PSS1）	1.32	1.96
arahy.A779NY	磷脂酰丝氨酸合酶1（PSS1）	1.03	1.68
arahy.IP4RNA	鞘氨醇激酶1（SPHK1）	1.26	1.96
arahy.YND711	鞘氨醇激酶1（SPHK1）	1.49	1.26
arahy.L6AUEE	硫代异鼠李糖甘油二酯合成酶2（SQDGS2）	1.41	1.73

基因名称	基因功能	log₂FC（T1/T0）	log₂FC（T2/T0）
	脂肪酸代谢		
arahy.K55J2B	乙酰辅酶 A 酰基转移酶 1（ACAA1）	2.05	2.40
arahy.74QZJ8	酰基辅酶 A 硫酯酶 1/2/4（ACOT1/2/4）	3.51	4.52
arahy.I9A8PV	乙酰辅酶 A 氧化酶 1（ACOX1）	3.36	2.24
arahy.H5H05M	丙二烯氧化物环化酶（AOC）	4.87	2.06
arahy.F73TU2	丙二烯氧化物合成酶 3（AOS3）	4.12	1.70
arahy.I2ECPT	丙二烯氧化物合成酶 1（AOS1）	4.19	1.98
arahy.B9A644	丙二烯氧化物合成酶 1（AOS1）	4.19	1.98
arahy.DB4GMR	丙二烯氧化物合成酶 3（AOS3）	3.30	1.52
arahy.EK4G75	茉莉酸甲基转移酶（JMT）	13.17	11.53
arahy.PVQF0C	茉莉酸甲基转移酶（JMT）	11.40	9.62
arahy.4PU0PP	超长链(3R)-β-羟酰基载体蛋白脱水酶（HACD）	−1.54	−1.43
arahy.AAI0ZL	茉莉酸甲基转移酶（JMT）	7.59	8.80
arahy.YC7CVR	茉莉酸甲基转移酶（JMT）	7.92	7.26
arahy.0GWZ16	β-酮脂酰辅酶 A 还原酶 1（KCR1）	−1.27	−1.44
arahy.KTR7HF	β-酮脂酰辅酶 A 还原酶 1（KCR1）	−1.50	−2.09
arahy.AYAJ7Z	β-酮脂酰辅酶 A 合酶 1（KCS1）	−4.64	−4.87
arahy.new17195	β-酮脂酰辅酶 A 合酶 6（KCS6）	−11.41	−10.74
arahy.6TJ5BP	脂氧合酶 3（LOX3）	2.88	4.83
arahy.S6TVHJ	脂氧合酶 3（LOX3）	2.48	4.09
arahy.7CJ2RM	脂氧合酶 3（LOX3）	1.92	3.64
arahy.CU7JXX	脂氧合酶 3（LOX3）	1.53	1.86
arahy.ZS7YSR	脂氧合酶 5（LOX5）	3.76	6.67
arahy.V7KTJ4	脂氧合酶 5（LOX5）	2.75	1.65
arahy.ZR4S3S	单酰甘油酯酶（MAGL）/咖啡酰莽草酸酯酶（CSE）	1.21	1.87
arahy.FWY8EA	单酰甘油酯酶（MAGL）/咖啡酰莽草酸酯酶（CSE）	1.43	1.81
arahy.5S3M3D	超长链烯酰辅酶 A 还原酶（TER）	−2.43	−3.10
arahy.4ZRU7U	超长链烯酰辅酶 A 还原酶（TER）	−2.91	−3.54

注：表中 log₂FC（T1/T0）表示耐冷品种 NH5 经低温处理 24h 后与常温对照相比的基因差异表达倍数，log₂FC（T2/T0）表示耐冷品种 NH5 经低温处理 48h 后与常温对照相比的基因差异表达倍数

TAG 是植物中油脂的主要储存形式，在内质网中从头合成 TAG 的途径也称 Kennedy 途径，主要由甘油-3-磷酸（G3P）经连续三步的酰基化反应完成。其中，甘油-3-磷酸酰基转移酶（GPAT）催化酰基辅酶 A 上的脂肪酸，连接到 G3P 的第

一个碳（sn-1），是 Kennedy 途径的第一步反应；溶血磷脂酸酰基转移酶（LPAAT）催化酰基，从酰基供体连接到溶血磷脂酸（LPA）的 sn-2 位，是 Kennedy 途径的第二步反应；二酰甘油酰基转移酶（DGAT）催化二酰甘油（DAG），加上脂肪酸酰基生成 TAG，是 Kennedy 途径的最后一步反应，也是合成 TAG 的限速反应。低温胁迫下，耐冷品种中 2 个编码 GPAT 的基因（*arahy.5U50HE* 和 *arahy.K79JM6*）、2 个编码 LPAAT 的基因（*arahy.E4P4QB* 和 *arahy.ZN271A*）和 1 个 *DGAT1* 基因均上调表达，其中 2 个 *GPAT2* 基因的差异表达水平尤其显著，经低温处理 12h 后 $\log_2$FC 值分别达到 9.10 和 7.96，经低温处理 24h 后 $\log_2$FC 值分别达到 10.31 和 9.03，这可能直接造成了 DAG 和 TAG 含量的大幅度增加。

在膜脂代谢途径中，直接催化磷脂酸（PA）产生的酶，包括磷脂酸磷酸酶（PAP）、磷脂酶 D（PLD）和二酰甘油激酶（DGK）等，均表现出不同程度的上调，可导致 PA 在低温胁迫下的大量积累。同时，PA 在胞嘧啶二脂酰甘油合成酶（CDS）的催化下，能够形成脂质中间产物 CDP-DAG，进而在磷脂酰肌醇合酶（PIS）和心磷脂合酶（CRLS/CLS）的催化下，分别形成 PI 和心磷脂（CL）。低温胁迫下，编码 PIS 的基因下调表达，编码 CRLS 的基因显著上调表达。在甘油磷脂代谢中，DAG 也是产生其他甘油酯的中间产物。例如，在磷脂酰乙醇胺（PE）合成途径中，DAG 可以作为底物，在乙醇胺磷酸转移酶（EPT）和磷酸乙醇胺胞苷酰转移酶（PECT）的作用下，与 CDP-乙醇胺共同作用产生 PE，PE 还可以在 CDP-DAG-磷脂酰丝氨酸合酶（PSS）的作用下，进一步产生磷脂酰丝氨酸（PS），低温胁迫下 PE 和 PS 的合成途径均被激活。在甘油糖脂代谢中，2 个编码单半乳糖甘油二酯合成酶（MGDGS）的基因（*arahy.67NNK3* 和 *arahy.HA19AH*）、1 个编码双半乳糖甘油二酯合成酶（DGDGS）的基因（*arahy.BQ87IR*），以及 1 个硫代异鼠李糖甘油二酯合成酶（SQDGS）的基因（*arahy.L6AUEE*）均显著上调，表明甘油糖脂的合成途径在花生耐冷中也具有重要作用。

在脂肪酸代谢途径中，参与脂肪酸 β-氧化过程中的关键基因乙酰辅酶 A 氧化酶 *1*（*ACOX1*）、乙酰辅酶 A 酰基转移酶 *1*（*ACAA1*）和酰基辅酶 A 硫酯酶 *1/2/4*（*ACOT1/2/4*）均显著上调，表明花生在适应低温胁迫过程中脂肪酸 β-氧化过程被显著激活。脂肪酸的 β-氧化也是 α-亚麻酸代谢途径的核心过程，花生耐冷相关基因中有 6 个编码脂氧合酶（LOX）的基因、4 个编码丙二烯氧化物合成酶（AOS）的基因、1 个编码丙二烯氧化物环化酶（AOC）的基因，以及 4 个编码茉莉酸甲基转移酶（JMT）的基因在低温胁迫初期显著上调，且差异表达水平较高，尤其是编码 JMT 的基因，最高差异表达倍数达到 13.17。JMT 除了参与 α-亚麻酸代谢途径，还是茉莉酸生物合成途径中的关键酶，说明茉莉酸信号转导途径也可能在花生耐冷中具有重要作用。相反，低温胁迫下脂肪酸延长途径中编码 β-酮脂酰辅酶 A 合酶（KCS）、β-酮脂酰辅酶 A 还原酶（KCR）、超长链(3R)-β-羟酰基载体蛋白脱水酶（HACD）

及超长链烯酰辅酶 A 还原酶（TER）的基因均显著下调，*KCS6* 在低温处理 24h 和 48h 时差异表达倍数分别为–11.41 和–10.74，表明花生在耐冷过程中脂肪酸延长过程受到了严重抑制。

（三）花生耐冷的脂质代谢调控网络

为了明确花生耐冷的脂质代谢调控机制，研究人员将转录组数据与脂质组数据整合，对筛选出的脂质差异表达基因与主要脂质差异代谢产物进行了综合分析，并构建了花生耐冷的脂质代谢分子调控网络（图 4-23）。图中，红色框代表低温胁迫下含量显著增加的代谢产物，绿色框代表低温胁迫下含量显著降低的代谢产物，除标注的绿色差异表达基因为下调表达之外，其他未特殊标记的基因均为显著上调表达。低温胁迫下，内质网中的磷脂合成途径，以及叶绿体中的半乳糖脂合成途径和 α-亚麻酸代谢途径的大部分反应均被激活，且催化这些反应步骤的基因大多呈现上调表达，由此可见，脂质代谢对花生的耐冷性具有重要的调控作用。

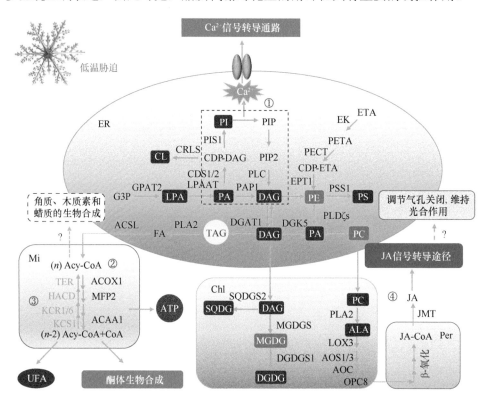

图 4-23　花生耐冷的脂质代谢调控网络（张鹤，2020）

ER 为内质网；Mi 为线粒体；Chl 为叶绿体

PA 是合成其他甘油磷脂、半乳糖脂及储存脂 TAG 的重要中间产物，在植物体内可通过三条途径产生：第一条，在脂质的从头合成途径中，G3P 在 GPAT2 和 LPAAT 的作用下，经连续两步的酰基化反应后可产生 PA；第二条，PLD 可直接将 PC 和 PE 等磷脂水解成 PA；第三条，在磷脂酰肌醇途径中，多磷酸肌醇磷脂（PPI）在 PLC 的作用下会水解产生 DAG，DAG 可在 DGK 的作用下进一步发生磷酸化反应，最终合成 PA。低温胁迫下，花生叶片中调控 PA 合成的基因均显著上调表达，直接导致了 PA 的大量积累。在耐冷品种中，PA 在积累的同时，还会被 PAP1 和 CDS1/2 催化水解，形成 DAG 和 CDP-DAG，随后在各种磷脂合成酶（PIS1、CRLS、EPT1 和 PSS1 等）的作用下产生甘油磷脂，此为低温胁迫下耐冷品种中 PA 的含量显著低于冷敏感品种的重要原因之一。

由 PLC 和 PAP1 水解产生的 DAG，除了是脂质的中间产物，还是合成半乳糖脂的主要前体。半乳糖脂是叶绿体膜的主要组分，在膜脂中所占比例最高。低温胁迫下，两个花生品种中 C36:6-MGDG 含量的大幅度降低，直接导致了叶绿体膜脂含量的减少，以及膜脂不饱和度的降低，从而破坏了叶绿体膜的流动性和完整性，影响光合作用。在耐冷品种中，*MGDGS*、*DGDGS1* 和 *SQDGS2* 的上调表达，可使 DGDG 和 SQDG 的含量显著增加，尤其是分子种 C36:6-DGDG、C36:5-DGDG、C34:6-DGDG、C34:3-DGDG 和 C34:2-DGDG 的含量，显著提高了膜脂的不饱和度，在一定程度上缓解了因膜损伤造成的光合能力降低。

DAG 还是储存脂 TAG 的合成前体。低温胁迫下耐冷花生品种中 *DGAT1* 的显著上调表达，直接促进了 TAG 的合成。体内积累的 TAG 可在 PLA2 的作用下进一步水解，产生游离脂肪酸，从而激活脂肪酸延长和脂肪酸 β-氧化过程。低温胁迫下，脂肪酸延长过程中关键基因全部显著下调表达，抑制了超长链脂肪酸（≥C20）的形成，脂肪酸 β-氧化过程中的关键基因全部上调表达。一方面，脂肪酸的 β-氧化可以释放大量 ATP，为细胞提供能量；另一方面，脂肪酸 β-氧化过程所释放的脂酰辅酶 A 可以进一步合成多不饱和脂肪酸，从而增加膜脂的不饱和度。脂肪酸的 β-氧化过程也是 α-亚麻酸（C18:3）代谢途径的中心步骤，C18:3 除了可以增加膜脂的不饱和度，还可以作为前体物质通过 α-亚麻酸代谢途径合成 JA。低温胁迫下，耐冷花生品种中 α-亚麻酸代谢途径中的关键基因全部上调表达，表明低温胁迫促进了 JA 的合成，故 JA 信号转导途径可能在花生耐冷中起着重要作用。

主要参考文献

郭建斌, 李威涛, 丁膺宾, 等. 2020. 花生籽仁不同发育时期不同部位主要营养成分变化. 中国油料作物学报, 42(6): 1051-1057.

韩妮莎, 丁硕, 郑月萍, 等. 2022. 植物甘油脂合成途径第一步酰化反应的研究进展. 中国油料作物学报, 44(4): 699-711.

何小钊, 徐慧妮, 龙娟, 等. 2013. 植物甾醇在植物逆境胁迫中的研究进展. 生命科学研究, 17(3):

267-273.

梁炫强, 周桂元, 潘瑞炽. 2003. 花生种皮蜡质和角质层与黄曲霉侵染和产毒的关系. 热带亚热带植物学报, 11(1): 11-14.

倪郁, 宋超, 王小清. 2014. 低温胁迫下拟南芥表皮蜡质的响应机制. 中国农业科学, 47(2): 252-261.

阮建. 2018. 花生 ω-3 FAD 对提高多不饱和脂肪酸含量的研究. 济南: 山东大学硕士学位论文.

孙柏林, 马骊, 曾秀存, 等. 2021. 低温胁迫下白菜型冬油菜脂肪酸组分及 FAD3 的差异表达分析. 干旱地区农业研究, 39(1): 65-74.

王镜岩, 朱圣庚, 徐长法. 2002. 生物化学. 3 版(上册). 北京: 高等教育出版社.

薛晓梦, 李建国, 白冬梅, 等. 2019. 花生 FAD2 基因家族表达分析及其对低温胁迫的响应. 作物学报, 45(10): 1586-1594.

禹山林. 2008. 花生脂肪酸代谢关键酶基因的克隆与表达分析. 南京: 南京农业大学博士学位论文.

张鹤. 2020. 花生苗期耐冷评价体系构建及其生理与分子机制. 沈阳: 沈阳农业大学博士学位论文.

周丹, 赵江哲, 柏杨, 等. 2012. 植物油脂合成代谢及调控的研究进展. 南京农业大学学报, 35(5): 77-86.

Ali U, Li H, Wang X, et al. 2018. Emerging roles of sphingolipid signaling in plant response to biotic and abiotic stresses. Mol. Plant, 11(11): 1328-1343.

An J P, Wang X F, Zhang X W, et al. 2021. Apple B-box protein BBX37 regulates jasmonic acid mediated cold tolerance through the JAZ-BBX37-ICE1-CBF pathway and undergoes MIEL1-mediated ubiquitination and degradation. New Phytol., 229(5): 2707-2729.

Arisz S A, Heo J Y, Koevoets I T, et al. 2018. DIACYLGLYCEROL ACYLTRANSFERASE1 contributes to freezing tolerance. Plant Physiol., 177(4): 1410-1424.

Arisz S A, Van Wijk R, Roels W, et al. 2013. Rapid phosphatidic acid accumulation in response to low temperature stress in *Arabidopsis* is generated through diacylglycerol kinase. Front. Plant Sci., 4: 1.

Bates P D, Stymne S, Ohlrogge J. 2013. Biochemical pathways in seed oil synthesis. Curr. Opin. Plant Biol., 16(3): 358-364.

Bohlmann J, Keeling C I. 2008. Terpenoid biomaterials. Plant J., 54(4): 656-669.

Bohn M, Luthje S, Sperling P, et al. 2007. Plasma membrane lipid alterations induced by cold acclimation and abscisic acid treatment of winter wheat seedlings differing in frost resistance. J. Plant Physiol., 164(2): 146-156.

Burgos A, Szymanski J, Seiwert B, et al. 2011. Analysis of short-term changes in the *Arabidopsis thaliana* glycerolipidome in response to temperature and light. Plant J., 66(4): 656-668.

Cacas J L, Buré C, Furt F, et al. 2013. Biochemical survey of the polar head of plant glycosylinositolphosphoceramides unravels broad diversity. Phytochemistry, 96: 191-200.

Cacas J L, Buré C, Grosjean K, et al. 2016. Revisiting plant plasma membrane lipids in tobacco: a focus on sphingolipids. Plant Physiol., 170(1): 367-384.

Cantrel C, Vazquez T, Puyaubert J, et al. 2011. Nitric oxide participates in cold-responsive phosphosphingolipid formation and gene expression in *Arabidopsis thaliana*. New Phytol., 189(2): 415-427.

Chen H, Wilkerson C G, Kuchar J A, et al. 2005. Jasmonate-inducible plant enzymes degrade essential amino acids in the herbivore midgut. Proc. Natl. Acad. Sci. U. S. A., 102(52): 19237-19242.

Chen W, Wang X, Yan S, et al. 2019. The ICE-like transcription factor HbICE2 is involved in jasmonate-regulated cold tolerance in the rubber tree (*Hevea brasiliensis*). Plant Cell Rep., 38(6): 699-714.

Cheong B E, Yu D, Martinez-Seidel F, et al. 2022. The effect of cold stress on the root-specific lipidome of two wheat varieties with contrasting cold tolerance. Plants (Basel), 11(10): 1364.

Cheong J J, Choi Y D. 2003. Methyl jasmonate as a vital substance in plants. Trends Genet., 19(7): 409-413.

Craig W, Lenzi P, Scotti N, et al. 2008. Transplastomic tobacco plants expressing a fatty acid desaturase gene exhibit altered fatty acid profiles and improved cold tolerance. Transgenic Res., 17(5): 769-782.

Dahlqvist A, Stahl U, Lenman M, et al. 2000. Phospholipid: diacylglycerol acyltransferase: an enzyme that catalyzes the acyl-CoA-independent formation of triacylglycerol in yeast and plants. Proc. Natl. Acad. Sci. U. S. A., 97(12): 6487-6492.

D'Angeli S, Altamura M M. 2016. Unsaturated lipids change in olive tree drupe and seed during fruit development and in response to cold-stress and acclimation. Int. J. Mol. Sci., 17(11): 1889.

Davis J P, Sweigart D S, Price K M, et al. 2013. Refractive index and density measurements of peanut oil for determining oleic and linoleic acid contents. J. Am. Oil Chem. Soc., 90(2): 199-206.

Dutilleul C, Chavarria H, Rézé N, et al. 2015. Evidence for ACD5 ceramide kinase activity involvement in *Arabidopsis* response to cold stress. Plant Cell Environ., 38(12): 2688-2697.

Fahy E, Submramaniam S, Brown H A, et al. 2005. A comprehensive classification system for lipids. J. Lipid Res., 46(5): 839-861.

Fan J, Yu L, Xu C. 2017. A central role for triacylglycerol in membrane lipid breakdown, fatty acid β-oxidation, and plant survival under extended darkness. Plant Physiol., 174(3): 1517-1530.

Gabruk M, Mysliwa-Kurdziel B, Kruk J. 2017. MGDG, PG and SQDG regulate the activity of light-dependent protochlorophyllide oxidoreductase. Biochem. J., 474(7): 1307-1320.

Gasulla F, Barreno E, Parages M L, et al. 2016. The role of phospholipase D and MAPK signaling cascades in the adaption of lichen microalgae to desiccation: changes in membrane lipids and phosphoproteome. Plant Cell Physiol., 57(9): 1908-1920.

Gibellini F, Smith T K. 2010. The Kennedy pathway—*De novo* synthesis of phosphatidylethanolamine and phosphatidylcholine. IUBMB Life, 62(6): 414-428.

Griffiths G. 2015. Biosynthesis and analysis of plant oxylipins. Free Radic. Res., 49(5): 565-582.

Gu Y, He L, Zhao C, et al. 2017. Biochemical and transcriptional regulation of membrane lipid metabolism in maize leaves under low temperature. Front. Plant Sci., 8: 2053.

Guillas I, Guellim A, Rézé N, et al. 2013. Long chain base changes triggered by a short exposure of *Arabidopsis* to low temperature are altered by *AHb1* non-symbiotic haemoglobin overexpression. Plant Physiol. Biochem., 63: 191-195.

Guo L, Mishra G, Markham J E, et al. 2012. Inter-relationship between sphingosine kinase and phospholipase D in signaling *Arabidopsis* response to abscisic acid. J. Biol. Chem., 287(11): 8286-8296.

He M, Ding N. 2020. Plant unsaturated fatty acids: multiple roles in stress response. Front. Plant Sci., 11: 562785.

Hölzl G, Dörmann P. 2019. Chloroplast lipids and their biosynthesis. Annu. Rev. Plant Biol., 70: 51-81.

Hou Q, Ufer G, Bartels D. 2016. Lipid signalling in plant responses to abiotic stress. Plant Cell Environ., 39(5): 1029-1048.

Hu Y, Jiang L, Wang F, et al. 2013. Jasmonate regulates the inducer of CBF expression-C-repeat binding factor/DRE binding factor1 cascade and freezing tolerance in *Arabidopsis*. Plant Cell, 25(8): 2907-2924.

Huang X, Zhang Y, Zhang X, et al. 2017. Long-chain base kinase1 affects freezing tolerance in *Arabidopsis thaliana*. Plant Sci., 259: 94-103.

Jiang Z, Zhou X, Tao M, et al. 2019. Plant cell-surface GIPC sphingolipids sense salt to trigger Ca^{2+} influx. Nature, 572(7769): 341-346.

Jung S, Swift D, Sengoku E, et al. 2000. The high oleate trait in the cultivated peanut [*Arachis hypogaea* L.]. I. isolation and characterization of two genes encoding microsomal oleoyl-PC desaturases. Mol. Gen. Genet., 263(5): 796-805.

Kanai M, Yamada T, Hayashi M, et al. 2019. Soybean (*Glycine max* L.) triacylglycerol lipase *GmSDP1* regulates the quality and quantity of seed oil. Sci Rep., 9(1): 8924.

Katagiri T, Takahashi S, Shinozaki K. 2001. Involvement of a novel *Arabidopsis* phospholipase D, *AtPLDdelta*, in dehydration-inducible accumulation of phosphatidic acid in stress signalling. Plant J., 26(6): 595-605.

Kelly A A, Erp H V, Quettier A L, et al. 2013. The SUGAR-DEPENDENT1 lipase limits triacylglycerol accumulation in vegetative tissues of *Arabidopsis*. Plant Physiol., 162(3): 1282-1289.

Kennedy E P. 1961. Biosynthesis of complex lipids. Fed. Proc., 20: 934-940.

Kim E H, Kim Y S, Park S H, et al. 2009. Methyl jasmonate reduces grain yield by mediating stress signals to alter spikelet development in rice. Plant Physiol., 149(4): 1751-1760.

Kong Y, Chen S, Yang Y, et al. 2013. ABA-insensitive (ABI) 4 and ABI5 synergistically regulate *DGAT1* expression in *Arabidopsis* seedlings under stress. FEBS Lett., 587(18): 3076-3082.

Li H, Xiao Y, Cao L, et al. 2013. Cerebroside C increases tolerance to chilling injury and alters lipid composition in wheat roots. PLoS One, 8(9): e73380.

Li N, Xu C, Li-Beisson Y, et al. 2015. Fatty acid and lipid transport in plant cells. Trends Plant Sci., 21(2): 145-158.

Li W, Wang R, Li M, et al. 2008. Differential degradation of extraplastidic and plastidic lipids during freezing and post-freezing recovery in *Arabidopsis thaliana*. J. Biol. Chem., 283(1): 461-468.

Li-Beisson Y, Shorrosh B, Beisson F, et al. 2013. Acyl-lipid metabolism. Arabidopsis Book, 11: e0161.

Loschwitz J, Olubiyi O O, Hub J S, et al. 2020. Computer simulations of protein-membrane systems. Prog. Mol. Biol. Transl. Sci., 170: 273-403.

Lu J, Xu Y, Wang J, et al. 2020. The role of triacylglycerol in plant stress response. Plants (Basel), 9(4): 472.

Lynch D V, Steponkus P L. 1987. Plasma membrane lipid alterations associated with cold acclimation of winter rye seedlings (*Secale cereale* L. cv Puma). Plant Physiol., 83(4): 761-767.

Lyons J M, Asmundson C M. 1965. Solidification of unsaturated/saturated fatty acid mixtures and its relationship to chilling sensitivity in plants. J. Am. Oil Chem. Soc., 42(12): 1056-1058.

Lyons J M. 1973. Chilling injury in plants. Ann. Rev. Physiol., 24(1): 445-466.

Maeda H, Sage T L, Isaac G, et al. 2008. Tocopherols modulate extraplastidic polyunsaturated fatty acid metabolism in *Arabidopsis* at low temperature. Plant Cell, 20(2): 452-470.

Matsui R, Amano N, Takahashi K, et al. 2017. Elucidation of the biosynthetic pathway of cis-jasmone in *Lasiodiplodia theobromae*. Sci. Rep., 7(1): 6688.

Menard G N, Moreno J M, Bryant F M, et al. 2017. Genome wide analysis of fatty acid desaturation and its response to temperature. Plant Physiol., 173(3): 1594-1605.

Michaelson L V, Napier J A, Molino D, et al. 2016. Plant sphingolipids: their importance in cellular organization and adaption. Biochim. Biophys. Acta, 1861(9Pt B): 1329-1335.

Motallebi P, Niknam V, Ebrahimzadeh H, et al. 2017. Exogenous methyl jasmonate treatment induces defense response against *Fusarium culmorum* in wheat seedlings. J. Plant Growth Regul., 36: 71-82.

Nakamura Y. 2017. Plant phospholipid diversity: emerging functions in metabolism and protein-lipid interactions. Trends Plant Sci., 22(12): 1027-1040.

Nam J W, Lee H G, Do H, et al. 2022. Transcriptional regulation of triacylglycerol accumulation in plants under environmental stress conditions. J. Exp. Bot., 73(9): 2905-2917.

Okazaki Y, Saito K. 2014. Roles of lipids as signaling molecules and mitigators during stress response in plants. Plant J., 79(4): 584-596.

Park J, Gu Y, Lee Y, et al. 2004. Phosphatidic acid induces leaf cell death in *Arabidopsis* by activating the Rho-related small G protein GTPase-mediated pathway of reactive oxygen species generation. Plant Physiol., 134(1): 129-136.

Peppino M M, Reyna M, Meringer M V, et al. 2017. Lipid signalling mediated by PLD/PA modulates proline and H_2O_2 levels in barley seedlings exposed to short- and long-term chilling stress. Plant Physiol. Biochem., 113: 149-160.

Phillips M C, Hauser H, Paltauf F. 1972. The inter- and intra-molecular mixing of hydrocarbon chains in lecithin-water systems. Chem. Phys. Lipids, 8(2): 127-133.

Quist T M, Sokolchik I, Shi H, et al. 2009. *HOS3*, an ELO-like gene, inhibits effects of ABA and implicates a S-1-P/ceramide control system for abiotic stress responses in *Arabidopsis thaliana*. Mol. Plant, 2(1): 138-151.

Raho N, Ramirez L, Lanteri M L, et al. 2011. Phosphatidic acid production in chitosan-elicited tomato cells, via both phospholipase D and phospholipase C/diacylglycerol kinase, requires nitric oxide. J. Plant Physiol., 168(6): 534-539.

Rajashekar C B, Zhou H E, Zhang Y, et al. 2006. Suppression of phospholipase Dα1 induces freezing tolerance in *Arabidopsis*: response of cold-responsive genes and osmolyte accumulation. J. Plant Physiol., 163(9): 916-926.

Roston R L, Wang K, Kuhn L A, et al. 2014. Structural determinants allowing transferase activity in SENSITIVE TO FREEZING 2, classified as a family I Glycosyl Hydrolase. J. Biol. Chem., 289(38): 26089-26106.

Saita E, Albanesi D, Mendoza D. 2016. Sensing membrane thickness: lessons learned from cold stress. Biochim. Biophys. Acta, 1861(8): 837-846.

Samdur M Y, Manivel P, Jain V K, et al. 2003. Genotypic differences and water-deficit induced enhancement in epicuticular wax load in peanut. Crop Sci., 43(4): 1294-1299.

Stitz M, Gase K, Baldwin I T, et al. 2011. Ectopic expression of *AtJMT* in *Nicotiana attenuata*: creating a metabolic sink has tissue-specific consequences for the jasmonate metabolic network and silences downstream gene expression. Plant Physiol., 157(1): 341-354.

Stobart K, Mancha M, Lenman M, et al. 1997. Triacylglycerols are synthesised and utilized by transacylation reactions in microsomal preparations of developing safflower (*Carthamus tinctorius* L.) seeds. Planta, 203(1): 58-66.

Stone S L, Kwong L W, Yee K M, et al. 2001. *LEAFY COTYLEDON2* encodes a B3 domain transcription factor that induces embryo development. Proc. Natl. Acad. Sci. U. S. A., 98(20): 11806-11811.

Tan W, Yang Y, Zhou Y, et al. 2018. DIACYLGLYCEROL ACYLTRANSFERASE and DIACYLGLYCEROL KINASE modulate triacylglycerol and phosphatidic acid production in the plant response to freezing stress. Plant Physiol., 177(3): 1303-1318.

Tarazona P, Feussner K, Feussner I. 2015. An enhanced plant lipidomics method based on multiplexed liquid chromatography-mass spectrometry reveals additional insights into cold- and drought-induced membrane remodeling. Plant J., 84(3): 621-633.

Thines B, Katsir L, Melotto M, et al. 2007. JAZ repressor proteins are targets of the SCF (COI1) complex during jasmonate signalling. Nature, 448(7154): 661-665.

Tovuu A, Zulfugarov I S, Wu G, et al. 2016. Rice mutants deficient in ω-3 fatty acid desaturase (*FAD8*) fail to acclimate to cold temperatures. Plant Physiol. Biochem., 109: 525-535.

Upchurch R G. 2008. Fatty acid unsaturation, mobilization, and regulation in the response of plants to stress. Biotechnol. Lett., 30(6): 967-977.

Voelker T, Kinney A J. 2001. Variations in the biosynthesis of seed-storage lipids. Annu. Rev. Plant Physiol. Plant Mol. Biol., 52(1): 335-361.

Wakil S J, Porter J W, Gibson D M. 1957. Studies on the mechanism of fatty acid synthesis. Ⅰ. Preparation and purification of an enzymes system for reconstruction of fatty acid synthesis. Biochim. Biophys. Acta, 24(3): 453-461.

Wan X, Wu S, Li Z, et al. 2020. Lipid metabolism: critical roles in male fertility and other aspects of reproductive development in plants. Mol. Plant, 13(7): 955-983.

Wang L, Qian B, Zhao L, et al. 2022. Two triacylglycerol lipases are negative regulators of chilling stress tolerance in *Arabidopsis*. Int. J. Mol. Sci., 23(6): 3380.

Wasternack C, Song S. 2017. Jasmonates: biosynthesis, metabolism, and signaling by proteins activating and repressing transcription. J. Exp. Bot., 68(6): 1303-1321.

Wen S, Liu H, Li X, et al. 2018. TALEN-mediated targeted mutagenesis of fatty acid desaturase 2 (*FAD2*) in peanut (*Arachis hypogaea* L.) promotes the accumulation of oleic acid. Plant Mol. Biol., 97(1-2): 177-185.

Xu C, Shanklin J. 2016. Triacylglycerol metabolism, function, and accumulation in plant vegetative tissues. Annu. Rev. Plant Biol., 67: 179-206.

Yang Y, Benning C. 2018. Functions of triacylglycerols during plant development and stress. Curr. Opin. Biotechnol., 49: 191-198.

Yoshida S, Washio K, Kenrick J, et al. 1988. Thermotropic properties of lipids extracted from plasma membrane and tonoplast isolated from chilling-sensitive mung bean (*Vigna radiata* [L.] Wilczek). Plant Cell Physiol., 29(8): 1411-1416.

Yu B, Benning C. 2003. Anionic lipids are required for chloroplast structure and function in *Arabidopsis*. Plant J., 36(6): 762-770.

Yu X, Zhang W, Zhang Y, et al. 2019. The roles of methyl jasmonate to stress in plants. Funct. Plant Biol., 46(3): 197-212.

Yuan M, Zhu J, Gong L, et al. 2019. Mutagenesis of *FAD2* genes in peanut with CRISPR/Cas9 based gene editing. BMC Biotechnol., 19(1): 24.

Zhang H, Dong J, Zhao X, et al. 2019. Research progress in membrane lipid metabolism and molecular mechanism in peanut cold tolerance. Front. Plant Sci., 10: 838.

Zhang H, Jiang C, Ren J, et al. 2020. An advanced lipid metabolism system revealed by transcriptomic and lipidomic analyses plays a central role in peanut cold tolerance. Front. Plant Sci., 11: 1110.

Zhang Y, Zhu H, Zhang Q, et al. 2009. Phospholipase Dα1 and phosphatidic acid regulate NADPH oxidase activity and production of reactive oxygen species in ABA-mediated stomatal closure in *Arabidopsis*. Plant Cell, 21(8): 2357-2377.

Zhuang W, Chen H, Yang M, et al. 2019. The genome of cultivated peanut provides insight into legume karyotypes, polyploid evolution and crop domestication. Nat. Genet., 51(5): 865-876.

第五章　花生适应低温冷害的分子生物学基础

作物对低温胁迫的生理响应，是基于一套精确的基因表达和蛋白质合成机制完成的。明确作物适应低温胁迫的信号转导途径，挖掘相关基因或数量性状遗传位点，并深入解析其分子调控机制，对实现作物耐冷性的遗传改良至关重要。近年来，随着高通量测序技术、基因组学分析技术和分子生物学技术的快速发展，花生四倍体野生种、栽培种及其二倍体祖先种的基因组测序工作已经陆续完成，关于花生耐冷机制的研究也逐步由形态和生理水平深入到分子生物学水平。多年来，沈阳农业大学花生研究所的研究人员一直针对我国花生生产上的低温冷害问题开展相关研究，在建立了花生不同生育时期低温培养体系、筛选出对低温表现极端的花生材料、明确了花生耐冷生理机制的基础上，利用多组学联合分析、生物信息学分析和分子生物学技术，相继鉴定出了一系列与花生耐冷相关的功能基因、转录因子和生物学通路，在染色质、转录、转录后修饰、翻译和翻译后修饰等多个层面对花生耐冷基因的表达调控机制有着比较深刻的见解，为全面揭示花生适应低温冷害的分子机制奠定了基础。

第一节　花生冷诱导基因的分离方法

基因的分离鉴定是生物技术研究的中心，耐冷基因的分离鉴定和分子辅助育种可以大大缩短作物耐冷育种进程，对指导作物生产具有重要意义。近几年，随着表达序列标签、cDNA 微阵列、mRNA 测序（RNA-Seq）、正向和反向遗传学等技术在花生研究领域的应用，花生冷诱导基因或数量性状遗传位点的鉴定与调控机制解析等方面的研究取得了一定进展。花生冷诱导基因的分离方法主要基于基因的基本特性获得，可以从中心法则中得到启示，主要包括基因序列（DNA）、基因图谱、基因位置、基因功能、基因转录产物（mRNA）和基因翻译产物（蛋白质）等。一般每种分离方法会涉及基因特性的一种或几种，从而导致了基因分离方法的多样性。

一、基于基因序列的分离方法

若所要获得的耐冷基因在其他植物中已经被分离，且序列已知，根据不同物种染色体基因排列顺序的共线性，可以采用以下两种方法对耐冷基因进行分离研究。一是基因序列同源克隆法。根据与已发表基因的同源性设计引物，以基因组 DNA 或信使 RNA（mRNA）反转录的 cDNA 为模板进行 PCR 扩增，如果得到的只是基因部分序列，可以将其克隆至载体，并以此作为探针筛选互补 DNA（cDNA）文库和基因组 DNA（gDNA）文库获得基因全长，或用 cDNA 末端快速扩增（RACE）技术得到基因全长。二是探针直接筛库法。若能得到其他植物中已经分离的耐冷基因，则可以直接用作探针筛选 cDNA 文库和 gDNA 文库，从而鉴定出所研究植物中的耐冷基因（陈庆山，2003）。基因序列同源克隆法相较于同源杂交等方法更为简便，是最早用于分离鉴定花生耐冷相关基因的方法。王秀贞等（2013）以耐低温花生品种花育 44 号为实验材料，利用 RACE 技术从花生种子中获得了 2 个与花生耐低温特性有关的基因 ACP2 和 ACP20，拼接后的完整编码区 cDNA 分别为 892bp 和 637bp，将其提交至 GenBank，利用生物大分子序列比对搜索工具 BLAST 进行比对后发现，这 2 个 cDNA 序列分别为花生铁硫簇 nifU-like 蛋白和油质蛋白完整编码区序列，与拟南芥、巨桉、水稻和玉米中相关蛋白质的同源性均达 80% 以上。Liu 等（2015）以水稻中编码丙二烯氧化物环化酶（AOC）的基因序列作为查询序列，利用基因序列同源克隆法，对花生中的 AhAOC 进行了分离鉴定，实验表明，该基因同时受低温、干旱和盐胁迫诱导表达，在提高花生抗逆性中发挥重要作用。

二、基于基因图谱的分离方法

近年来，定位克隆已成为分离植物耐冷基因的一种有效手段，即通过遗传作图产生一个高密度的物理图谱，确定与植物耐冷性紧密连锁的分子标记，再通过染色体步移的方法找到耐冷基因。定位克隆的具体步骤主要包括：首先，将目标基因定位在高密度的分子标记连锁群上；其次，利用脉冲场凝胶电泳法（PFGE）将连锁标记的遗传图谱距离转换成物理距离；然后，构建酵母人工染色体（YAC）文库，找到含有连锁标记的 YAC 克隆，并通过克隆的排序获得目标基因的 DNA 片段，或者利用基因组测序结果和 GenBank 等数据库，获得目标基因的 DNA 片段；最后，通过转化和功能互补试验验证基因所在 DNA 片段。Wu 等（1996）在 SOS1 基因的克隆工作中证明，定位克隆对于寻找胁迫忍耐基因来说是一种极为有效的方法。由于在拟南芥中各种分子标记和细菌人工染色体（BAC）文库较易得到，因此关键步骤就是先通过大量筛选获得目的性状的突变体，通过重组分析将目的基因定位于某个染色体上，然后再利用切割扩增多态性序列（CAPS）标记和简单序列长度多态性（SSLP）标记等分子标记进行精细定位和克隆。

三、基于基因位置的分离方法

植物基因组中一段核苷酸序列的变化就会使该位点的基因发生突变。将转移DNA（T-DNA）或转座子随机插入到基因组的可读框或者调控序列后，该位点的基因功能即发生改变，产生突变体。由于 T-DNA 和转座子的序列是已知的，故利用相应 T-DNA 或转座子对突变体文库进行筛选，以阳性克隆片段作为探针，就可从野生型基因组文库中分离出目的基因，此种基于基因位置分离目的基因的方法称为基因标签法。如将一株带有功能的转位因子系统的植物与另一株在遗传上有差异的同种植物杂交，在杂交后代中筛选由于转位因子插入到某一特定基因序列而导致表型破坏或改变的突变株，用该纯合突变株构建基因文库，然后用同位素标记转位因子作为探针，就可以从文库中筛选出带有同源转位因子的目的基因。目前基因标签法已被广泛应用在植物耐冷基因的分离鉴定中，Yu 等（2020）利用该方法从拟南芥 T-DNA 插入突变体库中筛选出了一个冷敏感突变体 *stch4*。*STCH4/REIL2* 是拟南芥中编码核糖体生物发生因子的基因，该基因过表达可明显提高拟南芥植株的耐冷性，而 *stch4* 突变体中 CBF 蛋白的表达水平显著下降，导致低温胁迫下受 CBF 调控的耐冷基因的表达受到抑制，从而使植株出现冷敏感表型，说明 *STCH4/REIL2* 能通过促进 CBF 蛋白翻译提高拟南芥耐冷性，利用 T-DNA标签法对植物耐冷相关基因进行鉴定是可行的。但大量研究表明，该方法主要限于稻、玉米、金鱼草等二倍体自花授粉作物，目前在花生中的研究鲜见报道。

四、基于基因功能的分离方法

基于基因功能对目的基因进行分离鉴定的方法主要包括蛋白质同功能互补克隆法和酵母单/双杂交系统克隆法两种。

（一）蛋白质同功能互补克隆法

一些具有最基本生物学功能的基因在生物进化过程中十分保守，其蛋白质产物在不同生物中的功能相同，甚至可以互相交换。根据蛋白质功能上的保守性，在目的基因分离鉴定研究中逐渐发展出了蛋白质同功能互补克隆法，即利用大肠杆菌或酵母营养缺陷型互补的基因克隆方法。若大肠杆菌或酵母的一些突变型可以通过接受外源植物基因片段而得到功能互补，表现为野生型，那么转化的外源片段必定是编码表达大肠杆菌或酵母所突变性状的基因。该方法的具体操作步骤主要包括两个环节：首先，将植物的 mRNA 反转录成 cDNA，并将 cDNA 克隆到可在大肠杆菌或酵母中表达的载体上；然后，将重组表达载体转化至已知的营养缺陷型突变大肠杆菌或酵母中，并在营养缺陷的培养基上筛选可生长的细菌或酵母，从而获得所要分离的基因 cDNA。对于功能不清楚的基因，一般可以通过产生表达反义 RNA 活性的转基因植物来体现其功能，即将特定的 cDNA 克隆连接到一个高度表达启动子的下游，使其反义表达，降低正常 mRNA 的表达活性，从而降低该基因产物的自然表达水平，相当于利用反义技术产生专一性突变的过程。Gao 等（2017b）利用酵母功能互补试验，从拟南芥中分离出了一个与酿酒酵母三甲基鸟苷合酶（TGS）基因高度同源的 *AtTGS1*，并且证明该基因所编码的高度保守的蛋白质不论是在酵母或植物中都是适应冷胁迫所必需的。

（二）酵母双杂交体系

常用的基因分离方法大多依赖于植物突变体表型的检测，对于某些必需基因或突变后不产生表型变化的基因来说，此类方法则不太适用。例如，*SOS3* 基因在胁迫前后表达量并无明显变化，但却在植物适应逆境中发挥重要作用，利用一般方法分离抗逆基因时就很容易被漏掉。以蛋白质-蛋白质相互作用为基础的克隆方法可以克服这些缺点，其中以酵母双杂交体系最为常用。酵母双杂交体系又称双杂交系统或相互作用陷阱，是根据基因表达产物和功能来分离基因的方法。其基本原理如下：根据许多真核生物的转录激活因子都有两个结构域，即 DNA 结合域（DNA-BD）和 DNA 转录激活域（DNA-AD），研究人员将待研究的两种蛋白质分别融合（克隆）到转录激活因子的 BD 和 AD 上，构建成融合表达载体；若表达产物中含有的报告基因可以转录，则证明这两种蛋白质能相互结合，存在相互作用。利用该技术体系，不但异源 BD 与 AD 融合形成的融合体蛋白可以活化转录，由非共价键连接的两个结构域也可以通过蛋白质的相互作用将 BD 和 AD 联系起来启动转录。除了鉴定已知蛋白质之间的相互作用，酵母双杂交体系还可以筛选 cDNA 文库编码已知蛋白质的特异成分，有助于挖掘更多新基因。

五、基于基因转录产物的分离方法

高等真核生物染色体上约含有 10 万个基因，但在某一生育阶段或特定细胞类型中仅有 15%的基因表达，产生大约 15 000 个基因。这种在生物个体发育的不同阶段或不同器官组织中发生的不同基因按一定时间和空间有序表达的方式称为基因的差异表达，此为基因表达的特点，也是分离克隆目的基因的前提。在植物体内，许多基因经低温、干旱或盐胁迫诱导后会发生差异表达，即在胁迫条件下这些基因的转录水平上升或下降，这被认为与植物的抗逆性有关。目前，植物中许多基因的分离鉴定都是通过此种分析方法获得的，其中就包括一些在植物耐冷中起重要作用的基因，如 *ICE1*、*DREB1/CBFs*、*CORs/RDs* 等（Kidokoro et al.，2022）。这类基于基因表达特点分离鉴定目标性状相关基因的方式主要包括以下几种。

（一）扣除杂交

扣除杂交由 Bautz 和 Reilly 于 1966 年提出，是目前所已知的最早通过基因差异表达筛选目的基因的方法。扣除杂交的具体操作步骤主要包括：首先，从来源相似而功能不同的两个样品中获取 mRNA，通常将含有目的基因的样品称为检测方，不含目的基因的样品称为驱动方；然后，将检测方 mRNA 反转录为 cDNA，与过量（10 倍于检测方）的驱动方 mRNA 进行杂交；最后，采用过柱或其他方法去掉双链杂合体，富集目的基因，构建扣除 cDNA 文库，筛选目的基因。但该方法操作较难，重复性较差，敏感度较低，因此在目前研究中很少被应用。

（二）cDNA 差异显示

cDNA 差异显示又称差示筛选或差别筛选，由 Lamar 和 Palmer 于 1984 年提出，其主要原理是以胁迫后植物组织为材料构建 cDNA 文库，其中应含有被胁迫诱导表达的基因克隆；然后以胁迫前和胁迫后相同组织的 cDNA 第一条链为探针，与所构建的胁迫后 cDNA 文库进行杂交筛选，从而找出与 2 个探针杂交有差异的克隆。但该方法灵敏度较低，对于高丰度的 mRNA 是一种有效方法，而低丰度的 mRNA 则难以被检测到。

（三）mRNA 差异显示

mRNA 差异显示由 Liang 和 Pardee 于 1992 年提出，其原理和方法建立在逆转录聚合酶链反应（RT-PCR）的基础上。通过特殊的引物设计和测序胶电泳来显示 mRNA，即以 poly-dT 引物作为 3′引物，随机引物作为 5′引物，对 cDNA 进行 PCR 扩增，扩增产物经测序胶分离后找出胁迫前后差异表达的基因片段。根据真核生物 3′端 polyA 尾巴的序列特点，对应的引物 $T_{11}MN$（M 可为 A、G、C 三种碱基，N 可为 A、T、G、C 四种碱基）可将扩增产物分为 12 组，而另一端为 20 种 10nt 的随机引物（因序列不同而在离 polyA 尾巴最近的一端配对），故这些引物组合扩增后约能得到 20 000 个条带，可大致包括某一发育阶段的全部基因。扩增后利用测序胶分离产物，采用放射自显影或银染的方法获得条带位置，通过比较不同组间的显示结果挑选差异表达条带，并对差异片段进行回收、克隆和测序，以确定其是否为目的基因。理论上，随机引物的长度越短，它在 cDNA 上的结合位点越多。但在实际应用中，10 聚体随机引物较 6~9 聚体随机引物产生的条带要多。通常情况下，理想反应中一对引物可产生 50~100 个条带，而 6 聚体随机引物甚至无条带显示，并且能显示条带的扩增片段一般大小都在 500bp 以下。

PCR 技术介入 mRNA 差异显示法，也使低丰度 mRNA 的检测成为可能。目前 mRNA 差异显示已在植物生长发育和生理过程差异表达基因的分离鉴定中得到了广泛应用，特别适用于数种平行材料之间的比较筛选，如植物发育过程中某一组织的某一特定多基因家族不同成员的差异表达等。但该方法也存在许多缺陷和不足，包括假阳性高，扩增条带分子长度较短等，因此近年来有许多研究在引物设计、Northern 印迹杂交和凝胶测序等方面对该技术进行了改进和优化，并衍生出了一些新技术，如代表性差示分析、有序差异显示法、基因组差异显示法、基因表达指纹、cDNA 3′端限制性酶切片段显示、标签接头竞争 PCR、基因表达连续分析法等。

（四）代表性差示分析

代表性差示分析是由 Lisitsyn 等于 1993 年建立的一种克隆两个基因组之间差异 DNA 片段的方法，经 Hubank 和 Schatz（1994）完善后用于克隆差异表达基因。该方法的原理是利用 PCR 技术能以指数形式扩增双链 DNA，而以线性形式扩增单链模板的特性，通过降低 cDNA 群体复杂性和更换 cDNA 接头等方法，特异性扩增目的基因片段。其技术流程大致为：首先，制备两种材料的 cDNA，利用限制性内切酶分别切割检测方和驱动方的 cDNA，并连接至第一对特殊接头进行 PCR 扩增；然后，切除第一对接头，并在检测方片段末端连接第二对接头，将检测方 cDNA 与过量的驱动方 cDNA（1∶100）混合杂交，于退火时形成 3 种杂合体；最后，以第二对接头为引物进行二次扩增，杂交的检测方/检测片段在两条链上都有接头，可以进行指数扩增，扩增产物能够分离；驱动方/检测片段只有一个接头，只能按线性方式扩增，扩增产物用于核酸酶消化；而驱动方/驱动片段没有接头，无法进行扩增，从而使检测方的 cDNA 得以富集。该技术最突出的优点在于即使靶序列的质量含量只有 0.0005%也可以很容易地得到分离，并具有很高的灵敏度。另外，由于 PCR 引物长达 24 个碱基，而且复性和延伸都在高温下进行，避免了非特异性扩增，因此该技术还具有假阳性低的优点。但若两个处理间存在较大差异，或某些基因在检测方存在上调表达，用此方法则很难达到目的。

（五）抑制性扣除杂交

抑制性扣除杂交由 Diatchenko 等于 1996 年提出，是一种以抑制 PCR 和杂交二级动力学为基础的 DNA 扣除杂交方法。抑制 PCR 是指利用非目标序列片段两端的长反向重复序列在退火时产生的"锅-柄"结构无法与引物配对，从而选择性地抑制非目标序列的扩增。同时，根据杂交的二级动力学原理，丰度高的单链 cDNA 复性时产生同源杂交的速度要快于丰度低的单链 cDNA，从而使得有丰度差别的 cDNA 相对含量基本一致。该方法的实验流程主要包括：首先，分别提取两种不同细胞（检测方和驱动方）的差异 mRNA，反转录为 cDNA，并用识别四核苷酸位点的限制性内切酶酶切，以产生大小适当的平头末端 cDNA 片段；然后，将检测方 cDNA 分成均等的两份，各自接上两种接头，与过量的驱动方 cDNA 变性后进行第一次扣除杂交；最后，将两份杂交产物合并，加入新的变性驱动方 cDNA，进行第二次扣除杂交。第一次扣除杂交会得到单链检测方 cDNA、双链检测方 cDNA、检测和驱动方的异源双链及驱动方 cDNA 4 种产物；其目的是实现检测方单链 cDNA 的均等化，即使原来有丰度差异的单链 cDNA 的相对含量达到基本一致。第二次扣除杂交会进一步富集差异表达基因的 cDNA，产生一种新的双链分子，它的两个 5′端各有不同的接头（接头 Ñ 和接头 Ò），使其在之后的 PCR 中被有效地扩增。抑制性扣除杂交技术敏感度高，效率高，假阳性低，但所需 mRNA 量比较大，并且低丰度差异表达基因的 cDNA 很可能检测不到。

（六）交互式扣除 RNA 差别显示

交互式扣除 RNA 差别显示由 Kang 等于 1998 年提出，结合了扣除杂交和 RNA 差别显示两项技术。该方法的实验流程主要由 3 部分组成：交互扣除、差异分析和表达分析。交互扣除就是建立两个具有差异基因表达的样品 cDNA 文库，将这两个文库进行交互扣除杂交，获得两个扣除 cDNA 文库，并通过体内剪切得到质粒 cDNA 文库；差异分析就是对质粒 cDNA 文库的质粒进行 PCR 扩增（3 种 3′锚定引物和 18 种 5′随机引物），经 5%测序胶电泳分离并回收差异条带；表达分析是用反向 RNA 印迹法和 RNA 印迹法分析鉴定再扩增后 DNA 片段的差异表达。此技术假阳性低，重复性好，对 mRNA 表达水平轻度、中度改变也可识别。

六、基于功能基因组学的分离方法

与传统育种和分子标记辅助选择育种相比，基因工程技术直接将耐冷基因导入植物体内能更高效地增强植物耐冷性，提高耐冷品种的选育效率。但植物的耐冷性是由微效多基因控制的数量性状，其在遗传和生理上的反应极为复杂，转化单一功能基因并不能完全实现耐冷育种目标，这就需要在全基因组水平上对植物的耐冷机制进行系统研究。“基因组”的提出距今已有近百年的历史，是指生物有机体染色体的全套基因。基因组的研究过程主要包括“结构基因组学”和“功能基因组学”两个阶段；前者代表基因组分析的最初阶段，主要研究基因组遗传排列方式，将生物的全部遗传信息以遗传标记、DNA 片段或核酸序列的形式展现出来，构建生物高分辨率的遗传图谱、物理图谱、表达图谱和序列图谱；后者代表基因组分析的最新阶段，研究内容从基因和蛋白质的单个研究扩展到生物体内所有基因和蛋白质的系统研究，主要基于结构基因组学所积累的信息资源，应用高通量分析方法，并结合统计学和生物信息学，研究基因的表达、调控与功能（Goh et al.，2018）。

栽培花生是豆科落花生属（*Arachis*）中唯一被驯化的物种，为异源四倍体（AABB，2*n*=4*x*=40），由 2 个二倍体野生种经过一次自然杂交后染色体加倍而成，其中 A 亚基因组的供体野生祖先种是 *Arachis duranensis*（AA，2*n*=2*x*=20），B 亚基因组的供体野生祖先种是 *Arachis ipaensis*（BB，2*n*=2*x*=20）。近年来，随着 DNA 测序技术的快速发展，花生野生种和栽培种的参考基因组被相继发布（表 5-1），为花生分子标记开发、基因定位挖掘及功能基因组学研究等奠定了重要基础（Bertioli et al.，2019；Chen et al.，2019，2016；Yin et al.，2019；Zhuang et al.，2019；Lu et al.，2018；Bertioli et al.，2016）。花生耐冷性的功能基因组学研究策略主要可概括为以下步骤：首先，利用特异性表达序列标签（EST）、cDNA 微阵列（或基因芯片）和多组学分析等技术筛选与耐冷相关的候选基因；然后，利用正向或反向遗传学（如 T-DNA 插入突变、基因敲除、基因编辑等）技术对候选基因进行功能研究；再利用正向遗传学和酵母杂交等技术研究基因与基因之间、基因与蛋白质之间、蛋白质与蛋白质之间的相互作用关系，从而全面解析花生的耐冷机制及相应的信号转导途径。

表 5-1 花生野生种和栽培种参考基因组测序结果

来源	物种	登录号/品种名	基因组	基因组大小/Gb	基因数目	GC含量/%	重复序列/%	参考文献
野生种	*Arachis duranensis*	PI475845	AA	1.38	50 324	31.79	59.77	Chen et al.，2016
	Arachis duranensis	V14167	AA	1.21	36 734	34.00	61.73	Bertioli et al.，2016
	Arachis ipaensis	K30076	BB	1.51	41 840	35.49	68.50	Bertioli et al.，2016
	Arachis ipaensis	ICG8206	BB	1.39	39 704	36.70	75.97	Lu et al.，2018
	Arachis monticola	PI263393	AABB	2.62	74 907	35.99	NA	Yin et al.，2019
栽培种	*Arachis hypogaea*	伏花生	AABB	2.55	83 087	36.33	54.34	Chen et al.，2019
	Arachis hypogaea	狮头企	AABB	2.54	83 709	36.53	69.23	Zhuang et al.，2019
	Arachis hypogaea	Tifrunner	AABB	2.55	66 469	36.21	74.03	Bertioli et al.，2019

（一）同源克隆结合 RACE 技术

生物信息学理论分析认为，当其他植物的同类基因已经被分离鉴定，并且核苷酸序列高度保守时，可以直接利用已知基因片段作为探针，对未克隆到该基因的植物基因文库进行筛选，即能够分离获得未知的新基因；也可以根据近缘物种同类基因编码序列合成引物，直接从未克隆该基因的植物核 DNA 或 cDNA 文库中调出基因片段，然后采用 cDNA 末端快速扩增技术获得基因全长。王秀贞等

（2013）利用 cDNA 文库和 PCR 技术相结合的方法克隆了与花生耐低温特性有关的油脂蛋白基因 *ACP20* 和铁硫簇蛋白（nifU-like）基因 *ACP2*，并通过 cDNA 末端快速扩增（RACE）技术获得了相关基因的完整编码区，为解析花生耐低温分子机制及培育耐低温花生品种奠定了基础。RACE 技术又被称为单边 PCR 或锚定 PCR，具有简单、快速、廉价等优点，只需知道 mRNA 内很短的一段序列即可扩增出其 cDNA 的 5′端和 3′端，该技术的基本步骤为 3′RACE、5′RACE 和基因全长的依次获得。3′端 RACE 首先利用 mRNA 3′端的天然 polyA 尾巴作为一个引物的结合位点，以由接头和 Oligo(dT)组成的 3′-RACE CDS Primer A 为引物进行反转录，得到加接头的第一链 cDNA，然后用基因的特异引物 GSP 和含有接头的 UPM 为引物，分别于已知序列区和 polyA 尾区退火，PCR 扩增捕获位于已知信息区和 polyA 尾之间的未知 3′mRNA 序列。为了防止非特异性条带和弥散条带的出现，实验可用巢式 PCR 扩增。5′端 RACE 与 3′端 RACE 原理类似，以由 3′端带两个简并核苷酸的 Oligo(dT)组成的 5′-RACE CDS Primer 和带有接头的 SMARTIIA 为引物，将 mRNA 反转录为 cDNA，同时也在未知 cDNA 的 5′端加上了接头，然后基因的反向特异性引物与通用引物结合，PCR 扩增未知 mRNA 的 5′端。以 3′端带两个简并核苷酸的 Oligo(dT)作为引物，可以防止传统的以 Oligo(dT)作引物出现 3′端混杂的现象。

（二）基因表达连续分析技术

基因表达连续分析技术（SAGE）是由 Velculescu 等于 1997 年建立的一种快速、高效分析转录产物的实验方法。主要理论依据如下：来自 cDNA3′端特定位置的一段 9～11bp 长的寡核苷酸序列能够区分基因组中 95% 的基因，被称为 SAGE 标签；对 cDNA 制备 SAGE 标签并将这些标签串联起来，然后对其进行测序，不仅可以显示各 SAGE 标签所代表的基因在特定组织或细胞中是否表达，而且还可以根据所测序列中各 SAGE 标签所出现的频率，来确定其所代表的基因表达的丰度。SAGE 技术的操作方法具体分为以下六步：一是提取植物 mRNA，并以生物素标记的 Oligo(dT)为引物将 mRNA 反转录为 cDNA；二是锚定酶酶切，并将酶切后产物通过生物素分离含 polyA 尾巴的 cDNA 片段作为该转录物的独特信息；三是将所得 cDNA 等分为 2 部分，分别与含锚定酶和标签酶酶切位点的接头 A 和接头 B 连接；四是用标签酶切产生连有接头的短 cDNA 片段，并混合 2 个 cDNA，待短的 cDNA 片段相连构成双标签后再进行 PCR 扩增；五是用锚定酶酶切扩增产物，分离双标签并克隆、测序；六是用 SAGE 软件分析所得标签数据，并与 GenBank、EST databases 等数据库比较，获得转录物丰度的数量信息及新的表达基因。SAGE 技术最重要的用途就是确定、分离那些在特定组织中或对外界胁迫做出不同反应时表达的基因，一方面通过所获得的 SAGE 标签与已知基因进行对比分析，若发现标签没有同源序列，则这个标签就有可能与新基因对应，此时用 SAGE 标签作探针筛选 cDNA 文库，就有可能钓出新基因；另一方面通过对不同状态下表达图谱的比较会发现基因表达上的差异，这些差异往往是由细胞或组织所处的状态所致，差异基因很可能就是与之相关的新基因（朱莉等，2003）。SAGE 技术可以在短期内得到丰富的表达信息，与直接测定 cDNA 克隆序列方法相比，大大减少了重复测序，节省了研究时间和经费投入，唯一不足之处是不能检测出稀有的转录产物。

（三）表达序列标签技术

表达序列标签技术（EST）是一种以基因 5′或 3′端部分序列作为标签来发现和鉴定表达基因的方法，主要用于新基因克隆、基因组图谱绘制、基因组序列编码区的确定等，在新基因资源挖掘中发展最为迅速。利用 EST 技术克隆基因的操作步骤主要包括：第一，构建 cDNA 文库；第二，大规模随机挑选 cDNA 克隆；第三，每个克隆从 5′端或 3′端进行一次测序，所获得的基因序列片段称为 EST，每个 EST 长度一般为 300～500bp 就能包含已表达基因的信息；第四，与同种和异种生物已知的核酸和蛋白质数据库进行比较分析；第五，在基因库中登记新基因及未知基因。目前，在美国国家生物技术信息中心（NCBI）dbEST（http://www.ncbi.nlm.nih.gov/dbEST）数据库中公布的各物种的 EST 数目总和已达数千万条，不仅为生物基因组遗传图谱的构建提供了大量的分子标记，也为基因的功能研究提供了有价值的信息。2016 年以前，由于花生基因组序列信息的缺乏，构建 cDNA 文库并进行大规模 EST 测序成为克隆花生基因最主要的手段之一。研究人员先后克隆了乙酰辅酶 A 羧化酶复合体基因、II 型脂肪酸合成酶复合体基因和酰基载体蛋白基因等大量脂肪酸代谢相关基因（Li et al.，2010a，2010b，2009），脂质转运蛋白基因、DREB 转录因子基因和种皮特异表达基因 *AhPSG13* 等抗病抗逆相关基因（张国林等，2010；张梅等，2009；赵传志等，2009），以及种子储藏蛋白基因等，有力地推动了花生功能基因组学的研究。

（四）微阵列分析技术

微阵列分析技术主要包括 cDNA 微阵列和 DNA 芯片（基因芯片）技术，可同时快速检测目的材料中上万个甚至整个基因组基因的表达差异，是识别逆境条件下基因表达特征十分有用的工具。cDNA 微阵列和 DNA 芯片的原理相同，基本思想都是首先利用光导化学合成、照相平板印刷，以及固相表面化学合成等技术，在固相表面合成成千上万个寡核苷酸"探针"（cDNA、EST 或基因特异性寡核苷酸）；并将一系列"探针"固定在硅片、玻璃或尼龙膜等固相支持物上，与放射性同位素或荧光物标记的来自不同细胞、组织或器官的 DNA 或 mRNA 反转录生成的第一链

cDNA 进行分子杂交；然后用激光共聚焦显微镜对每个杂交点进行定量分析，根据探针位置、序列及杂交信号强弱来确定靶基因的表达情况。由于 DNA 片段可被高密度点到固相支持物上，而且样品可用多种荧光物进行标记，所以这一技术具有微型化、自动化和平行化等特点。目前，微阵列分析技术已广泛应用于植物防御、果实成熟、种子发育、环境胁迫响应等研究中。研究中应用的微阵列系统主要是 cDNA 微阵列，即将 cDNA 克隆的 PCR 扩增产物固定到固相支持物上的一种微阵列。Luo 等（2005）应用花生 cDNA 基因芯片技术从 384 个 UniGene 中筛选出 42 个被黄曲霉菌和干旱胁迫诱导的基因。Bi 等（2010）利用从花生中测得的 EST 序列，设计制备了花生 cDNA 芯片，对花生不同组织器官（根、茎、叶、花、种子）和种子发育不同时期各基因的表达进行了系统分析。除了 cDNA 基因芯片，Payton 等（2009）利用 NCBI 中登录的 49 025 条 EST 序列信息制备了寡核苷酸基因芯片，系统分析了这些 EST 在花生不同组织（果针、荚果、叶、茎和根）中的表达情况，为花生基因的克隆和基因表达特性分析提供了大量可以参考的数据。

（五）转录组测序技术

转录组是指某一特定条件下植物组织或细胞内所有转录产物的集合，包括非编码 RNA、信使 RNA、核糖体 RNA、转运 RNA 和小 RNA（Costa et al.，2010）。转录组学能够从整体水平深入研究基因的功能和结构，进而揭示特定生物学过程的分子机制，是研究某一物种表型和基因型的有效工具（Poulsen and Vinther，2018；O'Rourke et al.，2013）。目前，基于 Illumina 第二代和 PacBio 第三代测序平台的转录组测序技术在各研究领域应用尤为广泛，被越来越多的科研工作者用于多角度、全方位解析植物的耐低温机制，帮助科研人员挖掘出了大量与低温相关的基因，切实提高了耐低温品种的选育效率。

第二代测序技术又被称为新一代测序技术，主要以 Illumina 公司的 Solexa Genome Analyzer 测序平台、Roche 公司的 GS FLX 测序平台、ABI 公司的 SOLiD 测序平台和 Life Technologies 公司的 Ion Torrent 测序平台为代表进行 cDNA 测序技术，可对任意物种的整体转录组活动进行检测（Ambardar et al.，2016；Goodwin et al.，2016；Liu et al.，2012）。第二代测序技术不受基因组限制，无须预先设计探针和制备 cDNA 克隆，也不需要测序样品的电泳分离，利用序列片段的数量表示基因的转录水平，可以一次性检测到全基因组区域的所有位点（Van Dijk et al.，2018）。第二代测序技术最突出的特点是通量高，一次能测序几十万到几百万条 DNA 分子序列，使得一个物种的转录组测序或基因组深度测序简便易行。但第二代测序技术读长（reads）较短，虽然能检测到降解 RNA 和单核苷酸变异，却很难精确检测到大的结构性变异和重复序列，并且很容易导致错配和缺失。另外，第二代测序技术的短读长对"单倍型判定"的分析能力有限，很难获得较大基因的单倍型结果。

近年来，第三代转录组测序技术即全长转录组测序技术的出现对第二代测序技术进行了补充和完善，主要以 Pacific Biosciences（PacBio）公司的单分子实时测序（SMRT）技术和 Oxford Nanopore Technologies（ONT）公司的单分子纳米孔测序技术为代表（Xiao and Zhou，2020；Ameur et al.，2019）。其中，PacBio公司的 SMRT 技术采用边合成边测序的方法，即聚合酶将荧光标记的核苷酸与单分子 DNA 结合，并实时记录荧光信号；而 ONT 公司的单分子纳米孔测序技术是利用单分子 DNA 或 RNA 通过纳米孔时会引起电流的变化，来识别不同的核苷酸。第三代测序技术的读长超长，可达数十 kb 到 1Mb，更侧重于优化 mRNA 的结构，能覆盖转录本的完整结构，准确识别分析转录本同源异构体、可变剪接、基因融合、同源基因、超基因家族和等位基因等。另外，第三代测序技术除了可以帮助有参考基因组的物种完善基因序列和注释信息，还可以在研究经费不足的情况下对无参考基因组的物种进行全基因组从头测序，用作参考基因组。但第三代测序技术通量较低，错误率较高（较成熟的第二代测序技术高 1~2 个数量级），并且针对降解 RNA 的分析能力有限。

利用转录组测序技术研究植物耐冷机制的主要思路可以总结为：对低温胁迫处理前和处理后的植物材料（根、茎、叶、花、种子等器官）提取总 RNA；然后进行 cDNA 文库的构建，并进行文库质量检测；合格后基于测序平台测序，通过基础数据分析（包括测序质量、基因表达量等）、基因结构分析 [单核苷酸多态性（SNP）分析、可变剪接鉴定和新转录本预测等]、差异表达基因分析和基因功能注释等，从转录水平了解植物对低温胁迫的反应机制（Wang et al.，2019c；Zhang et al.，2019；Kang et al.，2018）。自 2019 年栽培花生参考基因组完成测序以来，国内外研究学者利用该技术对花生不同品种、不同生育时期和不同组织部位的低温胁迫响应机制进行了解析。Wang 等（2021a）基于转录组测序技术，从花生基因组中鉴定出 3620 个耐冷相关基因，这些基因主要富集在苯丙烷生物合成途径。张鹤等（2020）以耐冷花生品种为实验材料，通过对 6℃低温胁迫下花生叶片的第二代转录组学测序分析，初步揭示了花生幼苗适应低温胁迫的分子机制。张高华等（2019）对芽期低温胁迫下耐寒和不耐寒高油酸花生品种进行了高通量转录组测序，共获得 139 429 条非冗余的基因序列，为深入了解高油酸花生发芽期低温胁迫转录调控机制和筛选花生抗寒基因提供了数据资源。

（六）蛋白质组学技术

基因的生物学功能最终由其编码的蛋白质在细胞水平上体现，因而有时即便知道了基因的表达情况，也难以阐明基因的实际功能。1996 年，澳大利亚学者 Wilkins 等提出了"蛋白质组"的概念，即由基因组编码的全部蛋白质组成的集合，又被称为基因组的综合功能谱。按照此定义，蛋白质组内的蛋白质数目应该等于基因组内编码蛋白质的基因数目。但实际上，生物体内并不存在蛋白质组，因为它是动态的，具有时空性和可调节性，能反映某基因的表达时间和表达量，以及蛋白质翻译后的加工修饰和亚细胞分布等。因此，为了便于研究，"功能蛋白质组学"又被提出，它是指在特定时间、特定环境和实验条件下研究某一细胞或组织所表达的蛋白质组成和变化的科学（Moritz et al.，2004；Bader et al.，2003）。蛋白质组学技术主要涉及两个步骤，即蛋白质的分离和蛋白质的鉴定。蛋白质分离技术主要基于凝胶电泳和色谱，包括尺寸排除色谱法、双向聚丙烯酰胺电泳、差异凝胶电泳和高效液相色谱法等；蛋白质分离技术的原理是细胞抽提物在电泳过程中蛋白质个体首先依据所带电荷，然后依据分子大小被分离。蛋白质鉴定技术主要包括埃德曼降解法 N 端测序、质谱技术和氨基酸组成分析等。其中，应用最广的是质谱技术，其基本原理是使样品分子离子化后，根据不同离子间质荷比（m/z）的差异来分离并确定相对分子质量。蛋白质组学分析技术可以明确从基因序列预测的基因产物是否及何时被翻译，基因产物的相对浓度，以及翻译后修饰的程度，能在分子水平以动态的、整体的角度探索生命现象的本质及其规律，目前已被广泛应用在花生抗病和抗逆研究中（Chen et al.，2021；李春娟等，2020；Katam et al.，2016；Kottapalli et al.，2009）。

（七）反向遗传学技术

随着高通量测序技术的飞速发展，科学家完成了越来越多的作物基因组测序，他们正面临着解读作物功能基因组的巨大挑战。利用自然变异构建作图群体，并通过图位克隆技术分离基因（正向遗传学），是鉴定基因功能的有效方法，但是从构建群体直至揭示基因功能耗时较长，因此人工创建遗传突变成为作物学研究领域的重要组成部分。科研人员开始借助转基因技术，利用反向遗传学手段对基因的功能进行研究，即通过创造功能丧失突变体并研究突变所造成的表型效应，在已知基因序列的基础上研究基因的生物学功能。反向遗传学主要涉及基因的互补试验、超表达、反义抑制、基因敲除、基因诱捕和基因激活等技术手段，其中基因敲除技术可为基因产物的功能提供直接证据，包括定点敲除、T-DNA 或转座子随机插入突变等。例如，陈欣瑜等（2019）通过构建花生黑腐病菌致病效应因子 *g10687* 基因的敲除载体，从分子水平上研究了 *g10687* 基因的致病机制；Qiu 等（2019）通过构建花生柠檬酸盐转运基因（*AhFRDL1*）的 RNA 干扰（RNAi）突变体，以及拟南芥 *AtFRD3* 和 *AtMATE* 基因的 T-DNA 插入敲除突变体，揭示了 *AhFRDL1* 在铁高效利用花生品种的铁转运和铝耐受性中发挥关键作用，可以作为花生铁高效和耐铝育种的遗传标记。

利用 RNAi 沉默表达或者 T-DNA 插入突变虽然可以在一定程度上揭示目标基因的生物学功能，但 RNAi 只是一种不彻底的转录水平的调控，不能完全展现出基因对表型的影响；而 T-DNA 插入具有随机性，且常发生多拷贝现象，需要花费大量人力物力筛选突变体和鉴定功能基因。因此，对目标基因进行序列修饰产生定向突变才能更好地揭示基因功能，实现高效定向遗传育种。近年来，基因组编辑技术的出现使这一问题得到了有效解决。基因组编辑技术利用工程核酸酶诱导基因组产生 DNA 双链断裂，进而激活细胞内源修复机制，实现对基因组的精确修饰（替换、插入或缺失）（Marton et al.，2010）。该技术最关键的步骤是利用工程核酸酶在靶位点产生双链断裂，通过同源重组或者非同源末端连接的自我修复途径进行基因组修饰，其中应用最广泛的三类序列特异的工程核酸酶为锌指核酸酶（ZFN）、转录激活因子样效应物核酸酶（TALEN）和成簇规律间隔短回文重复及其核酸酶（CRISPR/Cas9）。这些工程核酸酶都包含 DNA 识别与结合结构域（具有位点特异性）以及核酸内切酶切割结构域（具有双链断裂的酶切活性），对特定靶位点进行特异性的结合并切割产生 DNA 双链断裂（周想春和邢永忠，2016）。目前基因编辑技术已经被广泛地应用到花生的基因组修饰中（Tang et al.，2022；Shu et al.，2020；Shan et al.，2013；Townsend et al.，2009），为花生内源基因的定向改造及遗传改良提供了新的途径，也为深入揭示花生适应低温胁迫的分子机制提供了高效手段。

第二节　花生冷诱导基因的分离鉴定

植物从感受到低温胁迫到做出应答，其间涉及一系列复杂的转录调控过程。明确低温胁迫下花生的基因表达情况，并鉴定出调控花生耐冷性的关键基因，对揭示花生耐冷的分子机制，促进花生耐冷的遗传改良具有重要意义。自 2017 年以来，沈阳农业大学花生研究所在国家花生产业技术体系岗位科学家建设专项、国家自然科学基金和辽宁省"兴辽英才计划"科技创新领军人才（特聘教授）等项目的资助下，以耐冷品种农花 5 号（NH5）和冷敏感品种阜花 18 号（FH18）为实验材料，基于比较转录组学分析技术，从全基因组水平上明确了低温胁迫下花生的基因表达变化，并鉴定出与花生耐冷相关的关键基因和代谢通路，为深入揭示花生耐冷的分子机制奠定了基础（Zhang et al.，2023，2022a，2020；张鹤等，2021，2020；Jiang et al.，2020；张鹤，2020）。

一、转录组测序及质量评估

基于 Illumina Hiseq 4000 高通量测序平台，研究人员利用边合成边测序技术，分别对 6℃低温处理下 NH5 和 FH18 的 cDNA 文库进行了转录组测序，产出了大量的原始读长。原始读长通常存在部分测序接头序列、低质量序列和重复序列，对后期测序数据的组装质量造成影响，因而在序列拼接组装前需对原始读长进行严格的质量控制，以获得无冗余的高质量读长。

（一）碱基质量值检测

碱基质量值是碱基识别错误概率的一种整数映射方式，计算公式为

$$Q_{score} = -10 \times \log_{10} P$$

式中，Q_{score} 代表碱基质量值，该值越高说明碱基识别越可靠，测序结果的准确度越高。P 为碱基识别错误概率，碱基质量值与碱基识别错误概率的对应关系如表 5-2 所示。碱基质量值为 Q_{10}，说明 10 个碱基中有 1 个会出现识别出错，碱基识别精度为 90%；碱基质量值为 Q_{20}，说明 100 个碱基中有 1 个会出现识别出错，碱基识别精度为 99%；碱基质量值为 Q_{30}，则说明 1000 个碱基中有 1 个会出现识别出错，碱基识别精度为 99.9%。

表 5-2　碱基质量值与碱基识别错误概率的对应关系（张鹤，2020）

碱基质量值	碱基识别错误概率	碱基识别精度
Q_{10}	1/10	90%
Q_{20}	1/100	99%
Q_{30}	1/1000	99.9%
Q_{40}	1/10 000	99.99%

图 5-1 为冷敏感型花生品种 FH18 在低温处理 0h 的序列碱基识别错误概率分布。由图可知，随着测序的持续进行，序列片段 1 和序列片段 2 的碱基识别错误概率呈逐渐升高的趋势，这是由测序过程中化学试剂的消耗造成的，整体上各序列的碱基识别错误概率均在 0.05% 以下，符合转录组测序的技术特点。其余 17 个样品的序列碱基识别错误概率分布情况也均在可靠范围之内。

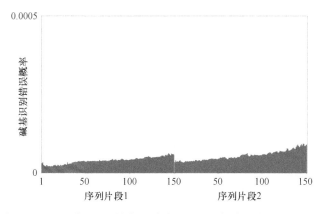

图 5-1　低温处理 0h 时 FH18 的序列碱基识别错误概率分布图（张鹤，2020）

横坐标代表碱基位置，纵坐标代表碱基识别错误概率

（二）碱基含量分布

转录组测序中所用序列为随机打断的 cDNA 片段，依据碱基互补配对原则，每个测序循环中碱基 A 和 T、G 和 C 的含量应分别相等，这也是对测序结果进行质量把控的一个标准。研究人员对 18 个花生样品测序后的碱基含量测定后发现（以样品 S0-1 为例），除初始端部分碱基的含量波动较大以外，序列片段 1 和序列片段 2 的各碱基含量几乎呈水平分布，表明测序获得的序列中 A 和 T、G 和 C 的含量在各测序循环上基本相等，未发生 AT、GC 分离现象，测序结果稳定可靠（图 5-2）。部分碱基含量波动较大是由于序列 5′端的前几个碱基对随机引物序列存在一定的偏好性，对实验结果不造成影响。

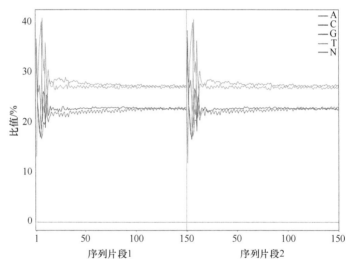

图 5-2　低温处理 0h 时 FH18 的碱基含量分布（张鹤，2020）

横坐标代表碱基位置，纵坐标代表单碱基所占比例，
N 代表还没有测序、尚不明确的碱基

（三）测序数据产出统计

对 18 个花生样品的原始读长去杂过滤后，共获得 113.61Gb 的高质量读长，对各样品的高质量读长总数、碱基总数、G 和 C 两种碱基占总碱基的百分比（GC 含量），以及质量值 $\geq Q_{30}$ 的碱基百分比等数据产出指标进行统计，研究人员发现所有样品的高质量读长均达到 5.82Gb，GC 含量为 44.08%～47.01%，质量值 $\geq Q_{30}$ 的碱基百分比均在 93.17% 以上（表 5-3）。结果表明，经过滤后的测序数据质量完全符合标准，可用于后续的数据分析。

表 5-3　测序数据产出统计表（张鹤，2020）

样品	过滤后序列数目/条	过滤后碱基数量/bp	GC 含量	质量值≥Q_{30}的碱基百分比
S0-1	21 100 115	6 299 646 916	45.38%	93.50%
S0-2	22 354 370	6 670 915 352	47.01%	93.70%
S0-3	21 003 329	6 273 938 942	45.34%	93.43%
S1-1	20 385 430	6 092 297 710	44.34%	93.41%
S1-2	21 732 808	6 493 303 004	44.08%	93.24%
S1-3	19 473 318	5 819 343 442	44.31%	93.46%
S2-1	19 997 179	5 983 737 418	44.26%	93.22%
S2-2	23 245 769	6 938 537 932	45.04%	93.56%
S2-3	20 578 352	6 163 111 978	44.84%	93.66%
T0-1	20 068 900	5 971 529 812	45.40%	93.56%
T0-2	19 960 915	5 955 655 282	45.62%	93.85%
T0-3	25 365 424	7 564 675 716	46.49%	93.94%
T1-1	20 633 406	6 169 204 568	44.13%	93.34%
T1-2	20 490 964	6 126 473 402	44.34%	93.65%
T1-3	20 787 936	6 216 244 802	44.29%	93.17%
T2-1	22 431 403	6 707 153 856	44.75%	93.46%
T2-2	20 510 038	6 120 416 506	45.39%	93.51%
T2-3	20 342 543	6 042 441 166	45.39%	93.63%

注：表中样品列 S 代表冷敏感品种 FH18，T 代表耐冷品种 NH5，0、1、2 分别代表低温胁迫 0h、12h 和 24h，-1、-2 和-3 分别代表该处理下的第一、二和三个重复

（四）参考基因组比对

研究人员分别将各样品的高质量读长与栽培花生参考基因组（Tifrunner.gnm1. KYV3）比对，并通过比对效率计算转录组数据的可利用率，结果发现，各样品测序数据与参考基因组的比对效率为 85.83%～95.36%，其中比对到参考基因组上的读长占高质量读长百分比最多的样品是 T0-2（NH5 在低温胁迫 0h 时的第二个重复）；比对到参考基因组唯一位置的读长所占高质量读长的百分比为 72.27%～81.95%，占比最多的样品为 S2-3；比对到参考基因组多处位置的读长所占高质量读长的百分比为 12.14%～17.82%，占比最多的样品为 S0-2；比对到参考基因组正链的读长所占高质量读长的百分比为 41.21%～45.68%，占比最多的样品为 T0-2；比

对到参考基因组负链的读长在高质量读长中所占比例为 41.41%～45.95%，占比最多的样品为 T0-2。

测序数据经检测合格后，研究人员对各样品中比对到参考基因上的基因数目进行统计，结果如表 5-4 所示。其中，经低温胁迫 12h 后 FH18 叶片的基因数目最多，达 35 006 个；经低温胁迫 24h 后 NH5 叶片的基因数目最少，为 31 301 个。另外，还从转录组数据库中获得了 5774 个新基因，在各花生样品中不均匀分布。

表 5-4　低温处理下各花生样品的基因数目统计（张鹤，2020）

分组	已知基因	新基因	基因总数
S0	30 182	2 784	32 966
S1	32 246	2 760	35 006
S2	30 277	2 626	32 903
T0	30 556	2 715	33 271
T1	31 860	2 665	34 525
T2	28 970	2 331	31 301

注：表中分组列 S 代表冷敏感品种 FH18，T 代表耐冷品种 NH5，0、1、2 分别代表低温胁迫 0h、12h 和 24h

二、基因表达水平分析

以每千个碱基的转录每百万映射读取的片段（fragments per kilobase of transcript per million fragments mapped，FPKM）作为衡量转录本或基因表达水平的指标（Florea et al.，2013），计算公式如下：

$$FPKM = \frac{cDNA片段}{映射读取的片段 \times 转录长度 (kb)}$$

从基因表达密度分布图可以看出，各花生样品的基因表达水平涉及范围较大，横跨 6 个数量级（$10^{-2} \sim 10^4$），且样品间基因表达量的分布也存在明显差异（图 5-3A）。但这种差异主要存在于不同低温处理或品种之间，同一品种在相同处理下的基因表达基本处于同一水平，无明显差异；与对照相比，NH5 和 FH18 经低温胁迫后其基因表达水平整体上均呈上升趋势，且在低温胁迫 12h 最高（图 5-3B）。

由于基因的表达在不同个体之间存在生物学可变性，且不同基因之间表达的可变程度也存在差异，因此在筛选差异表达基因时还需要考虑各处理因生物学可变性造成的表达差异。在分析过程中，一般通过检测各处理生物学重复之间的表达量相关性来筛查异常样品，同时评估差异表达基因的可靠性。从各样品的表达量相关性聚类热图（图 5-4）可以看出，本研究相同处理的 3 次生物学

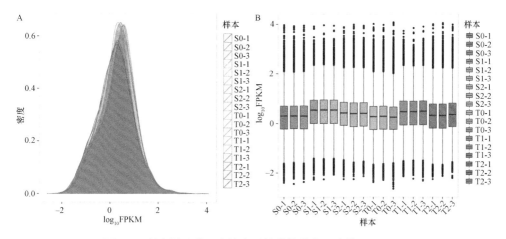

图 5-3　所有样品基因表达水平的总体分布（张鹤，2020）

A. 各样品 FPKM 的密度分布；B. 各样品的 FPKM 箱线图

图中样本列 S 代表冷敏感品种 FH18，T 代表耐冷品种 NH5，0、1、2 分别代表低温胁迫 0h、12h 和 24h，-1、-2 和-3 分别代表该处理下的第一、二和三个重复

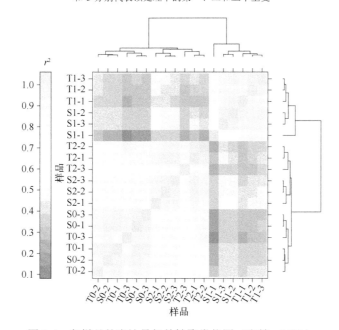

图 5-4　各样品的表达量相关性聚类热图（张鹤，2020）

图中样品列 S 代表冷敏感品种 FH18，T 代表耐冷品种 NH5，0、1、2 分别代表低温胁迫 0h、12h 和 24h，-1、-2 和-3 分别代表该处理下的第一、二和三个重复

重复之间的表达量相关性较强，r^2 值几乎接近于 1，在图中以蓝色方块表示；而不同处理之间基因表达水平的相关性较弱，r^2 值几乎接近于 0，在图中以粉色方块表示；各品种经不同处理后表达量单独聚为一类，说明各处理的生物学重复

性较好，但处理之间表达量差异较大；另外，T0-1、T0-2 与 S0-2 聚为一类，而 S0-1、S0-3 与 T0-3 聚为一类，表明低温处理前两个品种的基因表达水平无显著差异。

三、花生耐冷相关基因鉴定

为了明确耐冷和冷敏感花生品种响应低温胁迫的分子机制及其差异，研究人员分别对低温胁迫前后 NH5 和 FH18 的基因表达水平进行了系统性比较分析，并以差异表达倍数（FC）≥2 且错误发现率（FDR）<0.01 作为判断标准筛选差异表达基因（DEG）。从差异表达基因数目统计表（表 5-5）和差异表达基因火山图（图 5-5）可以看出，两个花生品种中均有大量基因差异表达，且 $\log_2$FC 值大多为 $-5 \sim 5$。其中，T1 vs T0 对比组中的 DEG 数目最多，达到 8943 个，包括 4639 个上调表达的 DEG 和 4304 个下调表达的 DEG；其次为 S1 vs S0 对比组，共有 8816 个基因差异表达，其中有 4287 个上调表达，4529 个下调表达；而 T2 vs T0 和 S2 vs S0 对比组中的 DEG 数量相对较少，分别为 6835 和 6310 个。以上结果表明，低温胁迫下两个花生品种中的 DEG 数量均在 12h 时最多，且耐冷型花生品种多于冷敏感型花生品种；同时，耐冷型花生品种上调表达的 DEG 始终多于下调表达的 DEG，而冷敏感型花生品种在低温胁迫 12h 后下调表达的 DEG 较上调表达的 DEG 多。

基于各比较组 DEG 的数目统计，研究人员通过差异表达基因韦恩图，进一步对两个品种及各处理之间的 DEG 进行了比较分析（图 5-6）。在持续低温胁迫下，共有 3910 个 DEG（包括 2428 个上调表达和 1482 个下调表达）在 NH5 中持续差异表达，有 3702 个 DEG（包括 2070 个上调表达和 1632 个下调表达）在 FH18 中持续差异表达，即与对照相比在低温胁迫 12h 和 24h 均差异表达。在所有持续差异表达基因（CDEG）中，分别有 569 个（包括 277 个上调表达和 292 个下调表达）和 499 个（包括 115 个上调表达和 384 个下调表达）CDEG 在 NH5 和 FH18 中特异性差异表达，

表 5-5　差异表达基因数目统计表（张鹤，2020）

分组	差异基因数目/个	上调表达基因数目/个	下调表达基因数目/个
T1 vs T0	8943	4639	4304
T2 vs T0	6835	4390	2445
T1 vs T2	5155	3446	1709
S1 vs S0	8816	4287	4529
S2 vs S0	6310	3620	2690
S1 vs S2	5268	3351	1917

注：表中分组列 S 代表冷敏感品种 FH18，T 代表耐冷品种 NH5，0、1、2 分别代表低温胁迫 0h、12h 和 24h

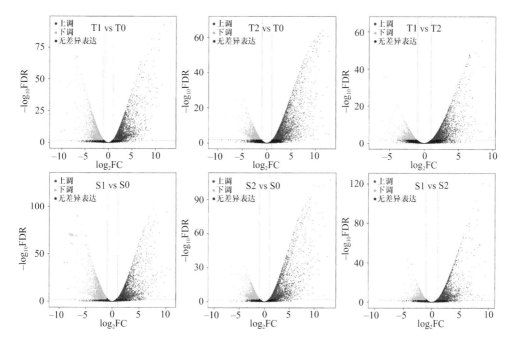

图 5-5 差异表达基因火山图（张鹤，2020）

图中 S 代表冷敏感品种 FH18，T 代表耐冷品种 NH5，0、1、2 分别代表低温胁迫 0h、12h 和 24h

有 2358 个 CDEG（包括 1534 个上调表达和 824 个下调表达）在两个品种中均持续差异表达。基于 CDEG 的 FC 值，研究人员对 2358 个 CDEG 开展了进一步分析，发现有 190 个 CDEG 虽然在两个品种中都差异表达，但在耐冷型花生品种 NH5 中的差异表达水平显著高于冷敏感型花生品种 [FC(NH5/FH18)≥2]，因此这 190 个 CDEG 也被认为在花生耐冷中发挥重要作用，与 569 个在 NH5 中特异性差异表达的 CDEG 共同组成"耐冷基因集"。

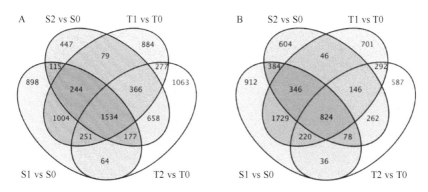

图 5-6 差异表达基因韦恩图（张鹤，2020）

A. 上调差异表达基因；B. 下调差异表达基因。图中 S 代表冷敏感品种 FH18，T 代表耐冷品种 NH5，0、1、2 分
别代表低温胁迫 0h、12h 和 24h

四、花生耐冷相关基因功能分析

为了明确耐冷和冷敏感品种中冷响应基因的功能及其参与的生物学过程，将各对比组的 DEG 分别比对到 Clusters of Orthologous Genes（COG）、Gene Ontology（GO）、Kyoto Encyclopedia of Genes and Genomes（KEGG）、Eukaryotic Orthologous Groups（KOG）、Non-Redundant Protein Sequence Database（NR）、Protein family（Pfam）、Swiss-Prot 和 Evolutionary Genealogy of Genes：Non-supervised Orthologous Groups（eggNOG）等 8 个数据库进行功能注释。NH5 经低温胁迫处理 12h 和 24h 后分别注释到 8816 和 6732 个 DEG，FH18 经低温胁迫处理 12h 和 24h 后分别注释到 8664 和 6182 个 DEG，耐冷型花生品种中注释到的 DEG 明显多于冷敏感型花生品种（表 5-6）。

表 5-6 注释到各数据库中的差异表达基因数目（张鹤，2020）

分组	总数	COG	GO	KEGG	KOG	NR	Pfam	Swiss-Prot	eggNOG
T1 vs T0	8816	3546	4785	3412	4936	8807	7455	6598	8493
T2 vs T0	6732	2524	3517	2531	3661	6722	5672	5031	6520
T1 vs T2	5116	2272	2910	2071	2866	5113	4507	3951	5015
S1 vs S0	8664	3482	4707	3276	4778	8652	7290	6486	8350
S2 vs S0	6182	2117	3138	2140	3163	6166	5119	4603	5905
S1 vs S2	5223	2260	3015	2048	2824	5217	4574	4003	5107

注：表中分组列 S 代表冷敏感品种 FH18，T 代表耐冷品种 NH5，0、1、2 分别代表低温胁迫 0h、12h 和 24h

（一）DEG 的 GO 分类

GO 数据库是一个国际标准化的基因功能分类体系，主要涉及生物学过程、细胞组分和分子功能三大类，描述了基因产物可能参与的生物学过程、所处的细胞环境和具有的分子功能。低温胁迫下，NH5 中的 3910 个持续差异表达基因（CDEG）可以被注释到 42 个功能组中，包括 19 个生物学过程类别、11 个细胞组分类别和 12 个分子功能类别（图 5-7A）。在生物学过程中，代谢过程（GO：0008152）和细胞过程（GO：0009987）所注释到的 CDEG 最多，分别为 1150 和 908 个；在细胞组分中，细胞（GO：0044464）和细胞部分（GO：0005623）所注释到的 CDEG 最多，分别为 507 和 504 个；在分子功能中，催化活性（GO：0003824）和结合（GO：0005488）所注释到的 CDEG 最多，分别为 1222 和 1033 个。而 FH18 中的 3702 个 CDEG 被注释到了 43 个功能组分中，其具体类别几乎与 NH5 相同（图 5-7B）。但品种之间在不同分组中所富集到的 CDEG 数目，以及 CDEG 的表达水平均存在显著差异，在 NH5 中富集到的 CDEG 数目明显多于 FH18。

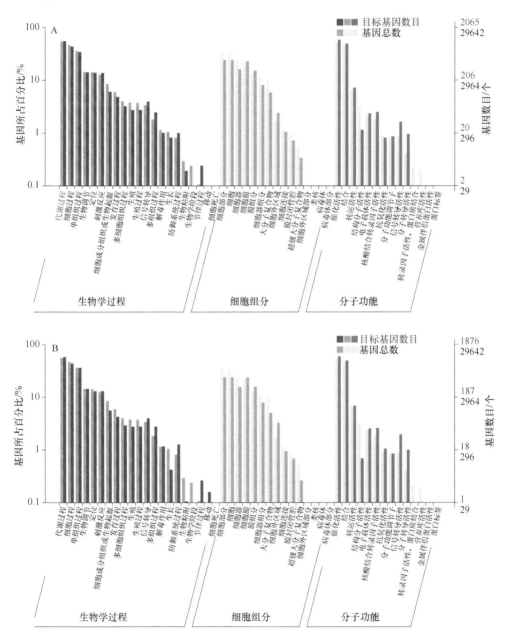

图 5-7　低温胁迫下 NH5 和 FH18 中持续差异表达基因的 GO 分类（张鹤，2020）

A. NH5 中持续差异表达基因的 GO 分类；B. FH18 中持续差异表达基因的 GO 分类

为了明确与花生耐冷相关基因的生物学功能，研究人员对 759 个"耐冷基因集"中的 CDEG 进行了 GO 分类（图 5-8）。低温胁迫下与花生耐冷相关的基因主要富集在 GO 数据库中的 39 个功能组，在生物学过程中，代谢过程（GO：0008152）、细胞过程（GO：0009987）和单组织过程（GO：0044699）所包含的耐冷基因数目最多；在细胞组分中，细胞部分（GO：0044464）、细胞（GO：0005623）和细胞膜（GO：0016020）三个组分包含的耐冷基因数目最多；在分子功能中，大部分耐冷基因富集在催化活性（GO：0003824）和结合（GO：0005488）两个功能组中，分别为 234 和 173 个。

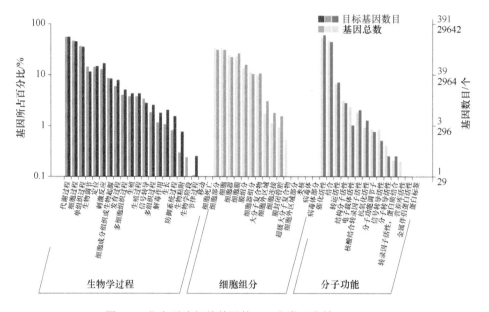

图 5-8　花生耐冷相关基因的 GO 分类（张鹤，2020）

（二）DEG 的 COG 分类

COG 数据库可以通过多种生物蛋白质序列的大量比对来识别直系同源基因，从而对基因产物进行同源分类。低温胁迫下，NH5 中有 2566 个 CDEG 可以在 COG 数据库中得到注释，共被富集到 21 个 COG 功能组分，其中一般或预测功能（R）组分所包含的 CDEG 数目最多，为 521 个（20.3%），其次为转录（K）、复制、重组和修复（L）和信号转导机制（T）等组分，而细胞运动（N）、细胞外结构（W）和细胞核结构（Y）3 个组分中无 CDEG 富集。FH18 中共有 2178 个 CDEG 能在 COG 数据库得到注释，其中 443 个 CDEG 富集在一般或功能预测（R）组分，298 个 CDEG 富集在信号转导机制（T）组分，290 个 CDEG 富集在转录（K）组分，细胞运动（N）、细胞外结构（W）和细胞核结构（Y）3 个组分同样无 CDEG 富集。以上结果表明，两个花生品种中受低温胁迫诱导的 CDEG 均参与了大部分的代谢过程，但各代谢过程的 CDEG 数目及其差异表达水平存在显著差异。

在 759 个花生耐冷相关基因中，超过 50% 的 CDEG 富集在一般或预测功能（R）、转录（K）、复制、重组和修复（L）和信号转导机制（T）组分，说明其在花生幼苗适应低温胁迫中具有重要作用；而核酸转运和代谢（F）、细胞运动（N）、细胞外结构（W）和细胞核结构（Y）4 个组分中无花生耐冷相关基因富集，说明其在花生耐冷中可能不起作用（图 5-9）。

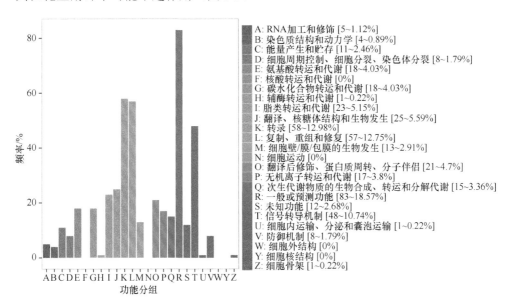

图 5-9　花生耐冷相关基因的 COG 功能分类（张鹤，2020）

图中横坐标为功能组分编号，右侧文字代表功能组分名称，中括号中的数字代表该功能组分中被注释到的 CDEG 的数目占比

（三）DEG 的 KEGG 富集分析

在生物体内，不同基因产物之间相互作用、相互协调，从而使特定的生物学过程发挥功能，对差异表达基因通路进行注释、分析，有助于更深层次地解析基因的生物学功能。KEGG 数据库可以系统地分析目标基因在细胞中参与的代谢途径及其发挥的功能，将基因及基因表达信息作为一个完整的网络体系进行研究。为了明确各生物学通路对低温胁迫的响应及其在花生耐冷中发挥的作用，研究人员将低温胁迫下 NH5 中的 3910 个 CDEG、FH18 中的 3702 个 CDEG，以及"耐冷基因集"中的 759 个 CDEG 进行了 KEGG 富集分析。NH5 中受低温诱导的 CDEG 主要富集在代谢类别中，其中碳水化合物代谢、脂类代谢和氨基酸代谢 3 个组分所富集到的 CDEG 最多，分别为 116、95 和 77 个；此外，环境信息加工类别中

的信号转导、遗传信息处理类别中的折叠、分类和降解，以及机体系统中的植物-病原菌互作等组分也有较多的 CDEG 富集。对各功能组分所包含的生物学通路进行进一步分析发现，NH5 中受低温诱导的 CDEG 可以富集到 116 个具体的生物学通路，其中植物激素信号转导（map04075）、植物-病原菌互作（map04626）及淀粉和蔗糖代谢（map00500）3 个通路富集最显著。FH18 中响应低温胁迫的 CDEG 则主要富集在代谢、遗传信息处理、环境信息加工和机体系统 4 个类别中，其中碳水化合物代谢、脂类代谢、氨基酸代谢和植物-病原菌互作组分中的 CDEG 数目最多，分别为 101、81、68 和 67 个，尤其以植物-病原菌互作（map04626）、植物激素信号转导（map04075）、α-亚麻酸代谢（map00592）、植物昼夜节律（map04712）和甘油脂类代谢（map00561）等通路富集最显著。

低温胁迫下，花生耐冷相关基因主要富集在代谢、机体系统、环境信息加工、遗传信息处理和细胞过程等 5 个类别。其中，脂肪酸代谢和膜脂代谢 2 个组分所富集的 CDEG 数目最多，分别为 35 和 31 个，其次为信号转导、碳水化合物代谢和植物-病原菌互作组分（图 5-10A）。从生物学通路富集结果可以看出，大部分花生耐冷相关基因都显著富集在甘油磷脂代谢（map00564）、甘油脂类代谢（map00561）、α-亚麻酸代谢（map00592）和不饱和脂肪酸的生物合成（map01040）等脂类代谢途径上，还有一部分显著富集在植物激素信号转导（map04075）、植物昼夜节律（map04712）和植物-病原菌互作（map04626）等通路中（图 5-10B）。以上结果表明，脂类代谢通路、植物激素信号转导、植物昼夜节律和植物-病原菌互作（map04626）在花生耐冷中起关键作用。

（四）花生冷诱导基因的 qRT-PCR 验证

为了验证转录组测序（RNA-Seq）结果的可靠性，研究人员从数据库中随机选取 10 个 CDEG，利用实时荧光定量 PCR（qRT-PCR）的方法，分别对其在低温胁迫 0h、12h 和 24h 下的表达水平进行测定，并与转录组测序结果中对应的 FPKM 值进行比较分析（图 5-11）。结果显示 10 个 CDEG 的表达水平在转录组测序和 qRT-PCR 之间存在一定差异，这可能是由测定方式和计算方法的不同导致的，但整体变化趋势基本一致，说明转录组数据的分析结果十分可靠。

五、基于加权基因共表达网络鉴定花生耐冷候选基因

加权基因共表达网络分析（WGCNA）是一种经典的系统生物学分析方法，主要利用植物体内生命活动互相关联的特点，结合高通量测序技术所获得的基因表达量数据，将具有相似表达模式的基因聚类到同一个模块，并对基因间的连接系统进行幂次处理，使模块内部的基因符合无尺度网络拓扑结构，进而通过相关性分析预

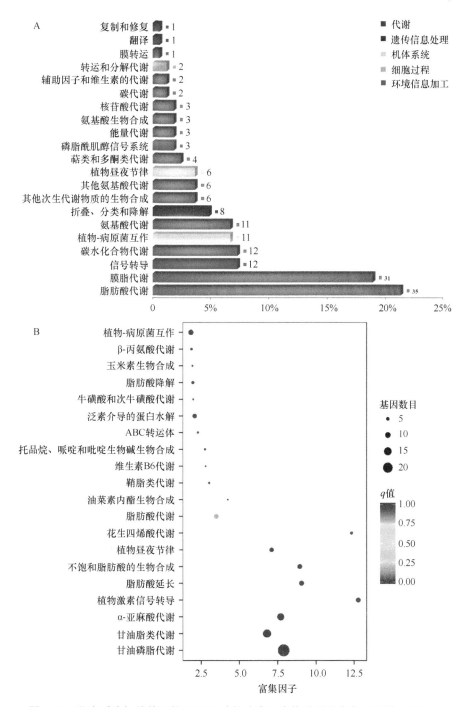

图 5-10 花生耐冷相关基因的 KEGG 功能分类及生物学通路富集（张鹤，2020）

A. 耐冷基因的 KEGG 功能分类；B. 耐冷基因所富集的前 20 条生物学通路。图 A 中的横坐标代表富集在该通路上的 CDEG 数目与该通路上基因总数的百分比测位于网络中心的基因。该方法多用于研究共表达网络与植物性状之间的生物学关系，鉴定共表达的基因模块，以及挖掘与性状之间高度关联的关键基因。近年来，沈阳农业大学花生研究所通过花生生理表型和转录组数据的 WGCNA 分析，相继鉴定出了与花生耐冷、抗旱、耐盐及荚果发育相关的关键基因，为花生高产优质抗逆性的遗传改良提供了新思路（Ren et al.，2022；Lv et al.，2022；Zhang et al.，2022a）。

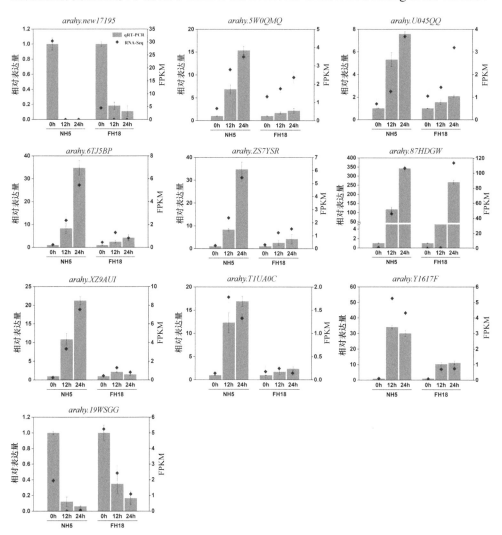

图 5-11 转录组测序中差异表达基因的 qRT-PCR 验证（张鹤，2020）

（一）加权基因共表达网络的构建

为了全面揭示花生耐冷的转录调控网络，研究人员对低温胁迫下耐冷性不同花生品种的生理表型性状和转录组测序数据进行了 WGCNA 分析。研究发现,当软阈值 $\beta=9$ 时,无标度模型拟合指数 $R^2=0.69$,平均连通度趋近于 0,说明以该值作幂处理可构建符合要求的无尺度网络(图 5-12A)。为了清除背景噪音和伪关联带来的误差,根据公式 $A_{mn}=[(1+S_{mn})/2]\beta$,将产生的相似矩阵转换为邻接矩阵,再将邻接矩阵转为拓扑重叠矩阵(TOM),同时利用函数 diss Tom=1–TOM 对拓扑重叠矩阵取逆得到相异性矩阵,最后利用函数 hclust 对相异矩阵进行层次聚类,并采用动态切割法将产生的聚类树切割,把表达模式相近、相关度高的基因合并在同一个分支上,即每一个分支代表一个共表达模块,不同模块以不同颜色表示(图 5-12B)。该过程最终将两个花生品种的 36 913 个有效表达基因(FPKM≥1)划分为 13 个共表达模块,其中黄绿色模块包含的基因数目最多(4643 个),红色模块次之(3231 个),黄色模块最少(32 个)(图 5-12C)。

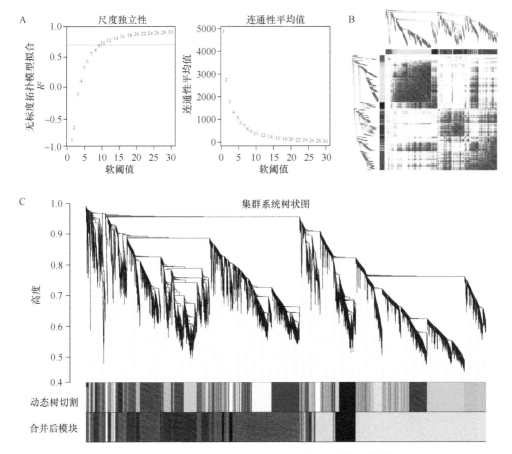

图 5-12 低温胁迫下 NH5 和 FH18 中有效表达基因的加权基因共表达网络构建(Zhang et al., 2022a)
A. 无标度拓扑模型和平均连通度;B. 基因共表达网络的相关性热图;C. 基于 WGCNA 的共表达模块层次聚类树

（二）花生耐冷关键共表达模块的鉴定

由于模块中的基因数目庞大，研究中一般通过降维的方式分析基因模块，即把模块中具有代表性的基因——特征向量基因（ME）挑选出来，代表模块中成千上万的基因进行相关性分析，以明确模块与模块之间、模块与处理之间的相关性，最终确定目标基因模块。为了筛选出具有生物学意义的共表达模块，将上述 13 个共表达模块的特征向量基因与活性氧、抗氧化防御和光合作用相关的 14 个生理指标进行了相关性分析，发现有 9 个共表达模块与这些生理指标存在一定相关性（图 5-13）。例如，淡蓝色模块与 POD 的活性呈负相关（$r=-0.72$，$P=7e-04$）；深品红模块与 SOD、CAT 和 APX 的活性呈显著正相关（$r=0.84$，$P=1e-05$；$r=0.91$，$P=2e-07$；$r=0.86$，$P=5e-06$）；宝蓝色模块与 $O_2^-·$ 和 H_2O_2 的含量呈极显著正相关（$r=0.92$，$P=7e-08$；$r=0.77$，$P=2e-04$），但与光合特性和叶绿素荧光参数（除了 NPQ）呈显著负相关。

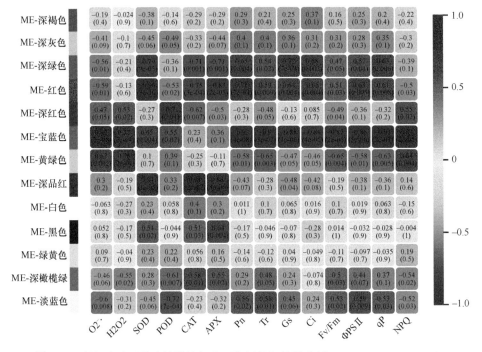

图 5-13　低温胁迫下共表达模块与生理指标的相关性分析（Zhang et al.，2022a）

图中 $O_2^-·$ 表示超氧阴离子，H_2O_2 表示过氧化氢，SOD 表示超氧化物歧化酶，POD 表示过氧化物酶，CAT 表示过氧化氢酶，APX 表示抗坏血酸过氧化物酶，Pn 表示净光合速率，Tr 表示蒸腾速率，Gs 表示气孔导度，Ci 表示胞间 CO_2 浓度，Fv/Fm 表示 PS II 最大光化学效率，ΦPS II 表示实际光化学效率，qP 表示光化学猝灭，NPQ 表示非光化学猝灭

为了鉴定出与花生耐冷相关的共表达模块，研究人员进一步分析了 9 个共表达模块中特征向量基因和所有基因在低温胁迫下的表达谱，发现各模块中特征向

量基因的表达模式与全部基因的表达模式相一致，说明共表达模块的相关信息可通过其特征向量基因所体现（图 5-14）。其中，深绿色、红色、深红色、黄绿色和淡蓝色模块的基因表达模式在两个品种之间较为相似（图 5-14A、B、C、E 和 I）；宝蓝色模块中的基因在冷敏感品种 FH18 中持续上调表达，在耐冷品种 NH5 中持续下调表达（图 5-14D）；深品红、黑色和深橄榄绿色模块中的大部分基因在冷敏感品种 FH18 中持续下调表达，在耐冷品种 NH5 中持续上调表达（图 5-14F、G 和 H）。以上结果表明，宝蓝色、深品红、黑色和深橄榄绿色模块在花生幼苗适应低温胁迫过程中发挥重要作用，可作为花生耐冷的关键模块进行深入分析。

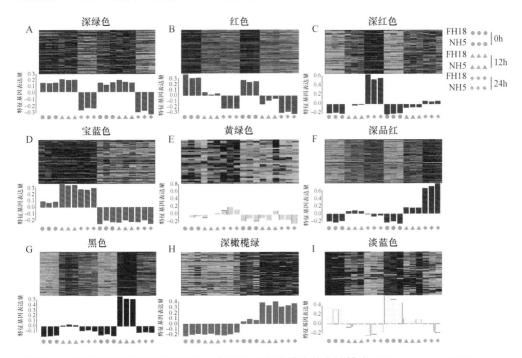

图 5-14　低温胁迫下 NH5 和 FH18 中代表性共表达模块的表达模式（Zhang et al.，2022a）

A. 深绿色模块；B. 红色模块；C. 深红色模块；D. 宝蓝色模块；E. 黄绿色模块；F. 深品红色模块；G. 黑色模块；H. 深橄榄绿色模块；I. 淡蓝色模块

（三）花生耐冷关键共表达模块的功能分析

为了明确花生耐冷关键共表达模块在花生幼苗适应低温胁迫过程中发挥的作用及功能，研究人员进一步对宝蓝色、深品红、黑色和深橄榄绿色模块中的特征向量基因进行了 GO 富集分析。这些基因主要富集在生物学过程、细胞组分和分子功能 3 个类别，其中深品红、黑色和深橄榄绿色模块在氧化还原过程（GO：0016491）、蛋白磷酸化（GO：0006468）和碳水化合物代谢过程（GO：0005975）等生物学过程，ATP 结合（GO：0005524）、氧化还原酶活性（GO：0016491）和血红素结合（GO：0020037）等分子功能组分，以及膜的组成部分（GO：0016021）中最为显著富集；而宝蓝色模块在转录调控（GO：0006355）、氧化还原过程、叶绿素分解代谢（GO：0015996）、核（GO：0005634）、叶绿体类囊体膜（GO：0009535）、DNA 结合（GO：0003677）和水解酶活性（GO：0016787）等通路最为显著富集（图 5-15）。即对花生耐冷性起正向调控作用的基因主要富集在氧化还原过程，对花生耐冷性起负向调控作用的基因主要富集在转录调控、过氧化和光合作用等相关途径。

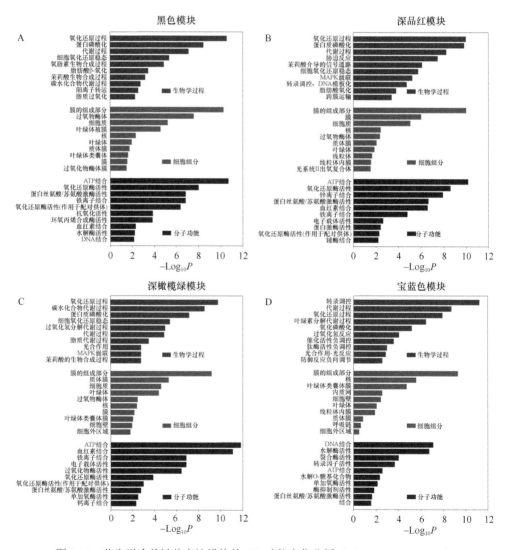

图 5-15　花生耐冷关键共表达模块的 GO 功能富集分析（Zhang et al.，2022a）

（四）调控花生耐冷性的关键候选基因鉴定

为了鉴定出调控花生耐冷性的关键候选基因，研究人员对上述 4 个关键共表达模块进行了基因共表达网络的构建，具有较高连接度的基因被认为是该模块的核心基因，在调控花生耐冷性中发挥关键作用（图 5-16）。其中，黑色模块中的核心基因主要包括编码受体样蛋白激酶的基因 *AhHSL1*（*arahy.ZXD46E*）、编码过氧化氢酶的基因 *AhCAT*（*arahy.RQ5XX8*）、转录因子基因 *AhMYC4*（*arahy.0RH9QK*）、编码丙二烯氧化物合成酶的基因 *AhAOS3*（*arahy.F73TU2*）和未知基因 *arahy.VPW5NJ*，通常在低温胁迫 12h 正向调控花生耐冷性；深品红色模块中的核心基因主要包括

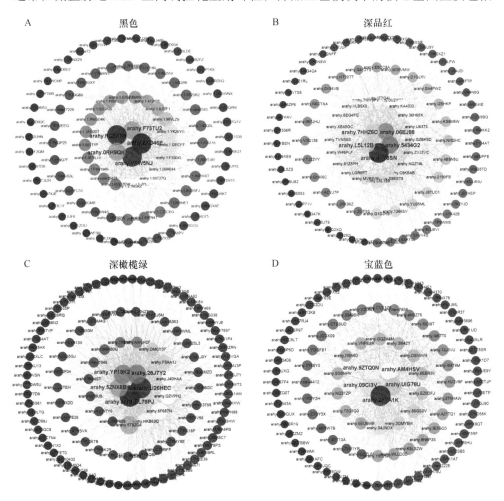

图 5-16　花生耐冷关键共表达模块的共表达模块构建（Zhang et al.，2022a）

A. 黑色模块；B. 深品红色模块；C. 深橄榄绿色模块；D. 宝蓝色模块。连接度高的基因用红色大圆圈表示，连接度低的基因用蓝色小圆圈表示

2 个编码谷胱甘肽-*S*-转移酶的基因 *AhGSTs*（*arahy.41Y8SN* 和 *arahy.06EJ88*）、编码
蛋白磷酸酶 2C 的基因 *AhPP2C*（*arahy.5434G2*）和 2 个未知基因（*arahy.7HHZ6C*
和 *arahy.L5L12B*），通常在低温胁迫 24h 正向调控花生耐冷性；深橄榄绿色模块中
的核心基因主要包括编码 E3 泛素蛋白连接酶的基因 *AhUPL5*（*arahy.U26HEC*）、编
码谷胱甘肽-*S*-转移酶的基因 *AhGST*（*arahy.28J7Y2*）、编码锌指蛋白的基因 *AhZFP8*
（*arahy.5ZNX8B*）和 2 个未知基因（*arahy.EL78PJ* 和 *arahy.YP19K2*），通常在低温胁
迫前 24h 内正向调控花生耐冷性；宝蓝色模块中的核心基因主要包括转录因子基因
AhNAC2 和 *AhNAC72*（*arahy.2FYA1K* 和 *arahy.9ZTQ0N*）、编码多胺氧化酶的基因
AhPAO2（*arahy.UIG78U* 和 *arahy.AM4HSV*）和未知基因 *arahy.09CI3V*，通常对花生
耐冷性起负向调控作用（表 5-7）。

表 5-7　4 个模块中调控花生耐冷性的关键候选基因（Zhang et al.，2022a）

基因名称	Log$_2$FC				基因功能
	NH5-12h	NH5-24h	FH18-12h	FH18-24h	
黑色模块					
arahy.ZXD46E	4.18	2.74	1.17	0.83	编码受体样蛋白激酶 HSL1
arahy.RQ5XX8	3.51	1.98	1.68	0.83	编码过氧化氢酶
arahy.VPW5NJ	3.85	1.03	1.79	0.86	编码未知蛋白 LOC107482746
arahy.0RH9QK	3.91	0.64	1.61	0.97	编码转录因子 MYC4
arahy.F73TU2	2.49	1.21	0.89	0.13	编码丙二烯氧化物合成酶 3
深品红色模块					
arahy.41Y8SN	2.39	4.60	1.72	2.12	编码谷胱甘肽-*S*-转移酶 U17
arahy.06EJ88	2.49	4.83	2.51	2.18	编码谷胱甘肽-*S*-转移酶
arahy.5434G2	1.07	4.57	−0.62	2.10	编码蛋白磷酸酶 2C
arahy.7HHZ6C	2.14	5.23	1.03	0.74	编码未知蛋白 LOC107462216
arahy.L5L12B	1.96	3.74	0.43	−0.92	编码未知蛋白 LOC107625656
深橄榄绿色模块					
arahy.EL78PJ	1.57	2.18	−0.22	−1.59	编码未知蛋白 LOC107618840
arahy.U26HEC	2.21	4.72	0.08	−1.30	编码 E3 泛素蛋白连接酶 UPL5
arahy.28J7Y2	2.25	2.03	−0.33	−1.37	编码谷胱甘肽-*S*-转移酶
arahy.5ZNX8B	1.41	1.60	−0.29	−2.12	编码锌指蛋白 ZFP8
arahy.YP19K2	3.13	2.83	1.06	−0.05	编码未知蛋白 LOC107467455
宝蓝色模块					
arahy.2FYA1K	−0.34	−0.20	5.79	7.25	编码包含 NAC 结构域的蛋白 NAC2
arahy.UIG78U	0.62	−0.63	2.05	1.92	编码多胺氧化酶 2
arahy.AM4HSV	−0.94	−0.16	2.17	2.08	编码多胺氧化酶 2
arahy.09CI3V	−0.56	0.43	2.49	1.71	编码未知蛋白 LOC107490333
arahy.9ZTQ0N	0.32	−0.78	4.32	3.73	编码包含 NAC 结构域的蛋白 NAC72

第三节　花生冷诱导基因的表达调控

作为生命体遗传信息的载体，基因组 DNA 能够储存、复制和传递遗传信息，但不能直接显现生物的表型特征，即基因只有经过表达（转录和翻译）后才可以充分地表现出每个生命体的独特特征。在长期进化过程中，植物已经形成了复杂且精细的基因表达调控网络，具有极其严密的时空调节秩序，涉及不同生育时期和各种逆境胁迫下的 DNA 转录、RNA 加工、翻译及翻译后修饰等调控机制。因此，借助生物信息学和分子生物学等手段，从转录、转录后和翻译后等水平明确花生冷诱导基因的表达调控方式，对完善花生适应低温环境的分子机制至关重要，同时可为花生抗逆的理论研究及遗传改良提供众多线索与依据。

一、转录水平调控

转录调控是基因表达的起始，也是生物体内最重要的调控机制之一。基因转录主要通过 RNA 聚合酶Ⅱ、基因启动子及结合在启动子区域的转录因子的相互作用来完成，能够控制基因表达的激活、抑制和延伸等行为。低温胁迫下，花生体内的转录因子可以通过识别下游基因启动子区域的功能元件来激活或抑制冷诱导基因的表达，引起与花生耐冷相关的代谢途径发生变化，从而改变花生对低温胁迫的适应能力（Jiang et al., 2020）。

（一）花生耐冷相关启动子及其功能元件

启动子作为一段能够调控基因表达的 DNA 序列，可以被 RNA 聚合酶识别并与之结合，使其具有起始特异性转录的性质，并决定转录的方向和效率，是理解基因转录调控机制和表达模式的关键。启动子由核心启动子序列，以及分散在启动子上、中、下游的顺式作用元件组成。高等植物启动子属于Ⅱ型启动子，一般包括启动子核心区和近端区两部分，其中前者包括转录起始点（TSS）和 TATA 框（TATA box）等顺式元件，与 DNA 双链的解链有关，并决定转录起始点的选择；后者位于核心区上游，由多个保守序列组成，往往决定启动子的类型及启动强度；在核心启动子序列内部及其周边区域还存在着各式各样的顺式作用元件，能够与特定蛋白质或者核酸序列发生相互作用（田晨菲等，2020）。植物启动子就是通过这些特异的顺式作用元件募集转录调控因子，在转录水平上精确调控植物基因在特定组织或特定时间内的表达，赋予其在不同生长发育阶段结构和形态各异的表型，以应对复杂的生长环境（图 5-17）。

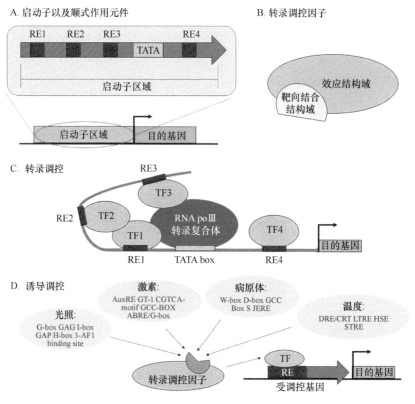

图 5-17　高等植物转录调控示意图

　　植物启动子根据转录模式可分为组成型、组织特异型和诱导型，其主要区别在于启动子区域的顺式作用元件受不同因素调控。组成型启动子能够控制基因在所有组织和器官中几乎无差异地持续性表达，使 mRNA 和蛋白质的表达量也相对恒定，比较常见的有管家基因 *Actin* 和 *Ubiquitin* 的启动子、花椰菜花叶病毒（CaMV）35S 启动子，以及根癌农杆菌 Ti 质粒 T-DNA 区域的胭脂碱合成酶基因 *Ocs* 启动子等；部分启动子虽然不是来源于植物，但能在植物遗传体系中稳定发挥启动子功能。组织特异型启动子可以驱动目的基因在特定组织或器官中表达，并表现出发育调节的特性，一般通过组织特异型相关顺式作用元件将基因表达限制在特定组织中，避免基因的不必要表达。例如，花生 *8A4R19G1* 基因启动子区域的 CTCTT 元件、RY 重复元件、E-box 和 ACGT 等决定了该基因在种子中的特异性表达（Sunkara et al.，2014）。诱导型启动子在植物正常发育条件下通常不具备活性或活性极低，在受到特定诱导因素的刺激后可高效启动基因的转录，这些特定诱导因素往往由特定的作用元件序列所决定。例如，拟南芥的 *rd29A* 基因启动子是干旱、低温和高盐诱导型启动子，在逆境环境下可促进目的基因的大量表达，目前已是植物抗逆基因工程研究中的首选启动子（Li et al.，2013）。

植物中的编码基因都由其特定的启动子来表达，受到大量功能元件的共同调控。但现阶段对植物启动子的研究并不深入，大部分启动子上相关元件的序列和功能还未得到充分鉴定和表征。近年来，随着生物信息学技术的快速发展，越来越多针对植物顺式作用元件挖掘鉴定的工具和数据库被开发利用，比较常用的有PLACE（Higo et al.，1998）、PlantCARE（Lescot et al.，2002）、PlantProm（Shahmuradov et al.，2003）、TRANSFAC（Matys et al.，2006）、GeneMANIA（Warde-Farley et al.，2010）、PromPredict（Morey et al.，2011）、Softberry（Shahmuradov and Solovyev，2015）、EPD（Dreos et al.，2017）和 TSSPlant（Shahmuradov et al.，2017）等。目前，被确定参与植物低温胁迫响应的顺式作用元件有 ERF、ABRE、DRE、CRT、W-BOX 和 LTRE 等（肖玉洁等，2018），拟南芥 *CBF* 基因可以结合 *COR* 和 *DRE* 基因启动子上的 CRT/DRE 顺式作用元件（Song et al.，2021）；Wang 等（2011）通过缺失分析亮氨酸受体激酶基因（*LRK6*）启动子的差分序列 DSLP2，发现与其互作的 ERF 蛋白是 OsERF3，DSLP2 序列上包含 OsERF3 的结合序列 [TAA(A)GT]；Mishra 等（2014）通过缺失分析 ABA 诱导启动子，确定了 ABA 响应元件（ACGT）并命名为 ABRE。另外，Kovalchuk 等（2013）研究发现，来自水稻 *WRKY71* 基因的低温诱导型启动子不但能提高植物的抗寒性，还能在表达外源基因时不像组成型启动子一样形成营养生长阶段迟缓、花期延后等表型，从而在一定程度上降低低温带来的不利影响。

（二）花生耐冷相关转录因子

转录因子也称为反式作用因子，是能够与真核基因启动子区域（转录起始位点上游 50~5000bp）的顺式作用元件、沉默子或增强子发生特异性相互作用，并参与调节靶基因转录效率的 DNA 结合蛋白，通过它们之间以及和其他相关蛋白质之间的相互作用激活或抑制转录。从蛋白质结构分析，转录因子一般由 DNA 结合区、转录调控区（包括激活区或抑制区）、寡聚化位点，以及核定位信号 4 个功能区域组成，这些功能区域会与靶基因启动子区域的功能元件作用，或与其他转录因子的功能区域相互作用，来调控基因的转录表达。典型的转录因子一般只含有 1 个 DNA 结合区，但有的转录因子如拟南芥的 GT2 和 AP2 等含有 2 个 DNA 结合区，少数转录因子甚至不含 DNA 结合区或转录调控区，主要通过与含有上述功能区的其他转录因子相互作用，实现对基因转录的调控。

转录因子是植物最重要的一类调控蛋白，几乎参与了生物体内的所有生命过程。有研究表明，植物转录因子通过转录调控可以影响一系列与逆境相关基因的表达，获得比单独导入某个功能基因更强的抗逆性，因此被认为是通过基因工程方法提高农作物抗逆性的有效工具（Santos et al.，2011）。转录因子对逆境响应基因的激活并不具有普遍规律，即特定类别的逆境响应基因由固定的转录因子激活。相反，不同家族的转录因子有可能同时调控同一类别的逆境响应基因，甚至几种不同的转录因子可以协同激活同一种基因。基于此，沈阳农业大学花生研究所利用分子生物学和生物信息学分析技术，在全基因组范围内对花生冷响应转录因子进行了分析鉴定，并初步解析了其参与花生适应低温胁迫的转录调控网络，为研究花生耐冷的分子机制、通过基因工程手段提高花生的耐低温能力奠定了基础。

1. 花生耐冷相关转录因子的鉴定

基于花生转录组测序数据与植物转录因子数据库（plant transcription factor database，PlantTFDB）（https://planttfdb.gao-lab.org/）的同源序列比对及保守结构域分析,研究人员从花生基因组水平上鉴定出 4193 个结构完整、非冗余的转录因子，其中有 2328 个转录因子能在花生各组织器官中有效表达，即经转录组测序的 FPKM≥1（表 5-8）。此 2328 个转录因子分别属于 87 个家族，其中成员数目最多的家族为 MYB 超级转录因子家族，包含 92 个 MYB 转录因子和 95 个 MYB-related 转录因子，分别占花生转录因子总数的 3.95%和 4.08%；第二大家族为 bHLH 转录因子家族，包含 144 个成员，占花生转录因子总数的 6.19%；其次为 C2H2（129，5.54%）、WRKY（95，4.08%）、C3H（86，3.69%）、ERF（79，3.39%）、bZIP（74，3.18%）和 NAC（73，3.14%）等转录因子家族（图 5-18）。

表 5-8　基于花生转录组测序的转录因子鉴定结果（Jiang et al.，2020）

编号	转录因子家族	数目/个	编号	转录因子家族	数目/个	编号	转录因子家族	数目/个
1	bHLH	144	17	ARF	43	33	Tify	22
2	C2H2	129	18	B3	42	34	LOB	21
3	MYB-related	95	19	Trihelix	42	35	BAF60b	20
4	WRKY	95	20	GRAS	38	36	ARID	18
5	MYB	92	21	mTERF	38	37	RWP-RK	18
6	C3H	86	22	AUX/IAA	37	38	HB-other	17
7	ERF	79	23	Dof	35	39	CO-like	16
8	bZIP	74	24	HSF	34	40	NF-YA	16
9	NAC	73	25	SBP	33	41	TUB	16
10	SET	73	26	TALE	33	42	NF-YC	15
11	SNF2	72	27	TRAF	33	43	HMG	13
12	HD-ZIP	67	28	GATA	32	44	M-type_MADS	13
13	G2-like	58	29	Jumonji	29	45	Alfin-like	12
14	GNAT	53	30	MIKC_MADS	29	46	CAMTA	12
15	PHD	53	31	TCP	23	47	E2F/DP	12
16	FAR1	47	32	IWS1	22	48	Pseudo ARR-B	12

续表

编号	转录因子家族	数目/个	编号	转录因子家族	数目/个	编号	转录因子家族	数目/个
49	ARR-B	11	62	SWI3	8	75	Rcd1-like	4
50	BES1	11	63	WOX	8	76	S1Fa-like	4
51	GRF	11	64	AP2	6	77	VOZ	4
52	LUG	11	65	Coactivator p15	6	78	Whirly	4
53	TAZ	11	66	DBB	6	79	CSD	3
54	BBR-BPC	10	67	GeBP	6	80	HB-PHD	3
55	CPP	10	68	LIM	6	81	OFP	3
56	DDT	10	69	ZF-HD	6	82	RAV	3
57	YABBY	10	70	MBF1	5	83	ULT	3
58	NF-YB	9	71	DBP	4	84	MED6	2
59	PLATZ	9	72	EIL	4	85	RB	2
60	SRS	9	73	MED7	4	86	SOH1	2
61	LSD	8	74	NF-X1	4	87	STAT	2
						合计		2328

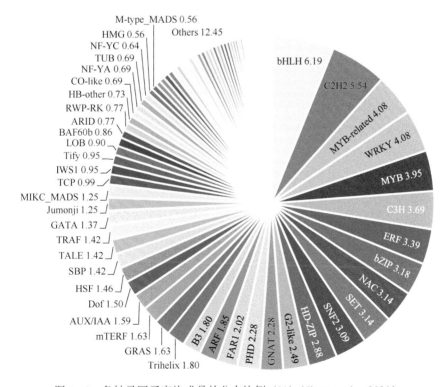

图 5-18 各转录因子家族成员的分布比例（%）（Jiang et al.，2020）

基于 FPKM 值，以 FC≥2 且 FDR＜0.01 作为筛选标准，研究人员对低温胁迫下各转录因子家族成员的差异表达水平进行了分析。结果发现，在鉴定出的 2328 个转录因子中，共有 1125 个差异表达，其中有 242 个只在耐冷花生品种 NH5 中差异表达，189 个只在冷敏感花生品种 FH18 中差异表达，耐冷品种中的差异表达转录因子数目明显多于冷敏感型品种；同时，另有 694 个转录因子在两个品种中均差异表达，其中有 203 个转录因子在 NH5 中的差异表达水平显著高于 FH18〔FC(NH5/FH18)≥2〕，与仅在 NH5 中差异表达的 242 个转录因子被共同认定为花生耐冷相关转录因子，对花生的耐冷性起重要调控作用；而其余的 491 个转录因子在两个品种中的表达水平差异不显著，被认为是花生中的冷响应转录因子（图 5-19）。

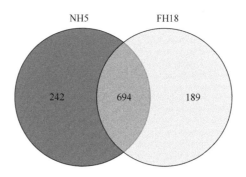

图 5-19 差异表达转录因子韦恩图（Jiang et al.，2020）

进一步对 445 个花生耐冷相关转录因子进行统计分析，研究人员发现这 445 个转录因子分别属于 69 个基因家族（图 5-20）。其中，bHLH 家族所包含的花生耐冷相关转录因子的数目最多，为 36 个，其次为 NAC（26）、ERF（23）、WRKY（23）、MYB-related（20）和 C2H2（17）等家族；同时，低温胁迫下 NAC、WRKY、ERF、MYB 和 C2H2 家族的大部分成员普遍上调表达，MYB-related 家族的大部分成员普遍下调表达，bHLH 家族中上调表达与下调表达的成员数目几乎相同。bHLH、C2H2、ERF、MYB、NAC 和 WRKY 都是植物中的超级转录因子家族，在植物的非生物胁迫中发挥重要作用。Pradhan 等（2019）在分析低温胁迫下两个水稻品种中所有转录因子的表达量变化时发现，WRKY、bZIP、NAC、ERF、MYB/MYB-related 和 bHLH 家族中的冷响应基因数目最多，且大部分为上调表达。在本研究中，445 个花生耐冷相关转录因子有超过 1/3 的成员分布于 bHLH（36）、MYB（29）、NAC（26）、ERF（23）、WRKY（23）和 C2H2（17）家族，其中 76.62% 的转录因子为上调表达，可见这些转录因子同样参与调控花生对低温胁迫的适应能力。

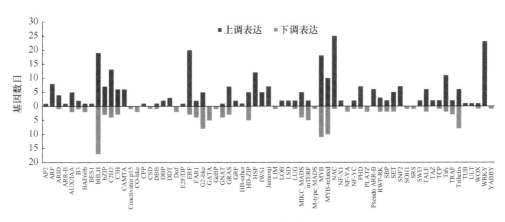

图 5-20　耐冷相关转录因子的差异表达数目统计（Jiang et al.，2020）

2. 花生耐冷相关转录因子的系统进化分析

基于拟南芥、水稻、大豆和花生中各转录因子家族成员的多重序列比对及系统进化树分析，花生 bHLH、C2H2、ERF、MYB、NAC 和 WRKY 等 6 个家族的 154 个转录因子可被划分至对应家族的多个亚家族中（图 5-21）。bHLH 转录因子是广泛存在于动植物中的转录因子超家族，因其含有"螺旋-环-螺旋"结构域而得名。依据进化关系、基因功能，以及与 DNA 的结合模式，动物 bHLH 转录因子可以被划分为 6 个组（A、B、C、D、E、F）、45 个亚家族（王勇等，2010）。与动物相比，植物 bHLH 转录因子家族成员较少，并且大多数分布于动物 bHLH 转录因子家族的 B 组。目前，已经分别从拟南芥、水稻、大豆和花生中鉴定出了 162、165、320 和 227 个 bHLH 转录因子，分别存在于 21、22、24 和 19 个亚家族中（Gao et al.，2017a；Li et al.，2006；Bailey et al.，2003）。研究表明，与花生耐冷相关的 36 个 bHLH 转录因子可被划分至 Group 5、Group 6、Group 7、Group 8、Group 9、Group 10、Group 12、Group 16、Group 17 和 Group 18 等 10 个亚家族，其中 Group 7、Group 16 和 Group 10 亚家族中所存在的与花生耐冷相关的 bHLH 转录因子数目最多，分别为 6、6 和 5 个（图 5-21A）。

C2H2 型锌指蛋白也被称为 TFIIIA 型转录因子，是目前真核生物基因组中分布最广泛，且研究最为深入的一类锌指蛋白。根据锌指模体的数量，以及锌指间氨基酸的分布模式，植物 C2H2 型锌指蛋白可分为 A（锌指分布为串联模式）、B（锌指分布为混合模式）、C（锌指分布为分散模式）3 个家族。其中，A 家族和 C1 亚家族成员的锌指间间隔要比 C2 和 C3 亚家族的锌指间间隔短，A 家族及其同源蛋白质的串联模式锌指间隔中均含有少见的 HX4H 片段和异常短的连接肽（1 或 0 个残基），A1 亚家族的锌指是串联模式而 C1 亚家族的锌指是单独的 1 个或 2～5 个分散连接。根据锌指数量的不同，C1 亚家族又能被进一步分为 C1-1i、C1-2i、

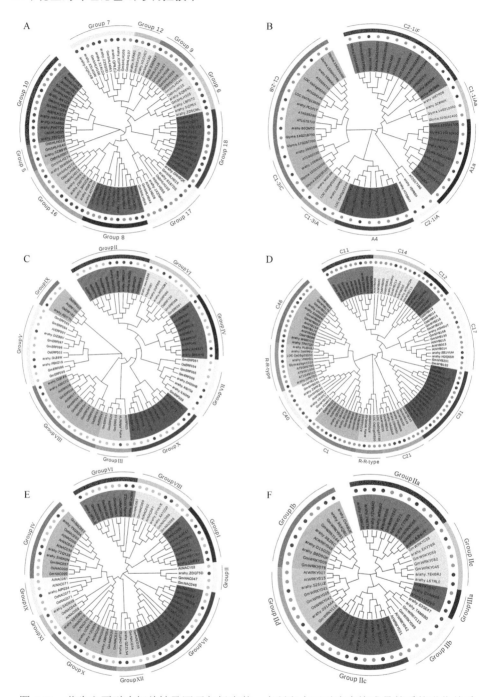

图 5-21　花生主要耐冷相关转录因子与拟南芥、水稻和大豆对应家族成员的系统进化关系

（Jiang et al.，2020）

A. bHLH 家族；B. C2H2 家族；C. ERF 家族；D. MYB 家族；E. NAC 家族；F. WRKY 家族

C1-3i、C1-4i 和 C1-5i 五类，其中 C1-1i 表示含有 1 个锌指结构域，C1-2i 表示含有 2 个锌指结构域，以此类推。C2H2 型锌指蛋白在植物的生长发育和非生物胁迫应答等方面发挥重要作用，同时参与 ABA 信号转导、赤霉素（GA）信号转导、与 C 端重复结合因子（CBF）途径平行的低温信号转导，以及光信号转导等多种信号途径（Wang et al., 2019a）。经分析鉴定，花生中共有 17 个 C2H2 型锌指蛋白受低温胁迫诱导，不均匀地分布在 A1a、A4、C1-1iAa、C1-2iB、C1-3iA、C1-3iC、C2-1iA 和 C2-1iF 等 8 个亚家族中，其中 C1 亚家族所包含的与花生耐冷相关的 C2H2 型锌指蛋白数量最多（9 个），说明 C2H2 的 C1 亚家族在花生适应低温胁迫中发挥重要作用（图 5-21B）。

　　AP2/ERF 是植物界最大的转录因子家族之一，曾被认为是植物中所特有的一类转录因子，之后在蓝藻、线虫和病毒中也相继被发现。AP2/ERF 转录因子均含有由 60 个左右氨基酸残基组成的保守 DNA 结合区，即 AP2/DREBP 结构域，并且 N 端都有起核定位作用的碱性氨基酸序列。根据 AP2/DREBP 结构域的数量，以及是否含有其他结构域，AP2/ERF 转录因子可分为 AP2、乙烯响应因子（ERF）、脱水响应元件结合蛋白（DREB）、与 ABI3/VP 相关（RAV）和 Soloist 等 5 个亚家族。其中，AP2 亚家族含有 2 个重复的 AP2/ERF 结构域；ERF 和 DREB 亚家族只含有 1 个 AP2/ERF 结构域，在研究中统称为 ERF 亚家族；RAV 亚家族除了含有 1 个 AP2/ERF 结构域，还含有 1 个 B3 结构域；Soloist 亚家族也含有 1 个 AP2/ERF 结构域，但其结构与其他亚家族有很大的差别，且核苷酸序列在多数植物中高度保守。由于 ERF 亚家族可以与乙烯响应元件 GCC 盒，以及干旱、低温响应元件 DRE/CRT 结合，因此在植物生长发育和非生物胁迫应答中被广泛研究。栽培花生基因组中共存在 185 个 AP2/ERF 转录因子，包括 59 个 AP2 亚家族成员、117 个 ERF 亚家族成员、4 个 RAV 亚家族成员和 5 个 Soloist 亚家族成员（Cui et al., 2021）。通过对拟南芥、水稻和大豆等作物的系统进化分析，与花生耐冷相关的 23 个 ERF 转录因子可进一步被划分至 9 个亚组中，其中除了 Group III 和 Group IX 两个亚组所包含的成员数目较少，其他各组均含有多个 ERF 成员（图 5-21C）。

　　MYB 类转录因子是植物中成员数量最多、分布最广的转录因子家族，因其 N 端具有高度保守的 MYB 结构域而命名。MYB 结构域一般由 1～4 段串联且不完全重复的氨基酸序列（R1、R2、R3 和 R4）组成，在三维空间上构成 3 个 α-螺旋，第二和第三个螺旋以 3 个色氨酸残基为疏水核心构成"螺旋-转角-螺旋"（HTH）结构，从而实现与 DNA 的结合。根据 MYB 结构域数量的不同，MYB 转录因子可分为 1R-MYB、2R-MYB、3R-MYB 和 4R-MYB 等 4 个亚家族。其中，1R-MYB 的结构域主要为 R1 或 R3，2R-MYB 的结构域主要为 R2 和 R3，3R-MYB 的结构域主要为 R1、R2 和 R3，4R-MYB 的结构域主要为 R1 和 R2。自 1987 年 Paz-Ares 等第一次在玉米中发现植物 MYB 转录因子后，国内外科研学者先后对拟南芥、水稻、大豆、棉花和苜蓿等植物中 MYB 转录因子的功能进行了相关研究，发现 MYB 转录因子参与调控植物细胞分裂、次生代谢物质合成和逆境胁迫响应等诸多过程，对植物的生长发育至关重要（Wang et al.，2021b）。方亦圆等（2021）从栽培花生基因组上共鉴定出了 443 个 MYB 转录因子，包括 219 个 1R-MYB、209 个 2R-MYB、12 个 3R-MYB 和 3 个 4R-MYB，不均匀地分布在 20 条染色体上，且大多集中于染色体末端。通过与拟南芥、水稻和大豆构建系统进化树发现，花生中受低温胁迫诱导的 29 个 MYB 转录因子存在于 10 个亚家族，其中除有一个成员分布在 1R-MYB 亚家族中，其他各成员均属于 R2R3-MYB（图 5-21D）。

NAC 是一类植物所特有的转录因子，广泛分布于陆生植物中，其命名是由 NAM、ATAF1/2 和 CUC2 的首字母缩写而成。NAC 转录因子的共同特点是，其 N 端都含有一段高度保守的由 150～160 个氨基酸所构成的 NAC 结构域，C 端为高度变异的转录调控区。N 端结构域由 A、B、C、D、E 五个亚域组成，这些结构与核定位及下游靶基因 DNA 序列的识别和结合密切相关。C 端具有转录激活或转录抑制作用，其序列的多变与 NAC 蛋白功能的多样化密切相关。Ooka 等（2003）在拟南芥和水稻 NAC 转录因子的 C 端多变区发现了 13 个不同的相对保守的区域，以此将 105 个拟南芥 NAC 和 75 个水稻 NAC 划分为不同的亚家族。此外，NAC 转录因子的启动子区域还含有多个响应激素信号通路和逆境胁迫的顺式作用元件，包括脱落酸响应元件（ABRE）、茉莉酸甲酯响应元件（JARE）、水杨酸响应元件（TCA）、逆境胁迫顺式作用元件（TC 富集重复序列）、高温响应元件（HSE）和低温响应元件（LTR）等，表明 NAC 转录因子在植物的逆境胁迫反应中发挥重要的调控作用。栽培花生基因组中共包含 132 个 NAC 转录因子（Li et al.，2021），其中与花生耐冷相关的 26 个 NAC 转录因子主要分布于 10 个亚家族中，尤其以 Group VII、Group I 和 Group X 亚家族所包含的数量最多，占全部花生耐冷相关 NAC 转录因子的 50%（图 5-21E）。

WRKY 是高等植物中最大的转录因子家族之一，其成员均含有由 60 个氨基酸残基序列组成的高度保守的 WRKY 结构域，能够与启动子区域的 W-box 元件特异性结合，进而调控基因的转录。根据结构域的组成及数量，WRKY 转录因子可分为 3 类：第I类具有 2 个保守的 WRKY 结构域和 1 个 C2H2（CX$_{4-5}$CX$_{22-23}$HXH）型锌指结构，主要由 C 端的 WRKY 结构域参与 DNA 结合反应，N 端 WRKY 结构域的功能和作用还未得到证实；第II类只含 1 个 WRKY 结构域，锌指结构也是 C2H2 型，根据氨基酸序列差异可进一步分为 IIa、IIb、IIc、IId 和 IIe 等 5 个亚类；第III类只含有 1 个 WRKY 结构域，锌指结构为 C2HC（CX$_7$CX$_{23}$HXC）型，这类转录因子目前仅在高等植物中被发现。除了 WRKY 结构域和锌指结构，大多数 WRKY 转录因子还具有核定位信号（NLS）区、丝氨酸/苏氨酸富集区、富含谷氨酰胺的区域、富含脯氨酸的区域、激酶结构域和 TIR-NBS-LRR（TNL）等结构，使 WRKY 转录因子拥有多种不同的转录调控功能。当植物受到生物胁迫时，WRKY 转录因子会通过激活水杨酸、茉莉酸和乙烯信号通路来改变相关基因的转录水平，从而对不同的生物胁迫产生反应。植物遭遇高温、低温、干旱、盐碱、氧化应激和营养缺乏等非生物胁迫时，也会在一定程度上诱导 WRKY 转录因子上调或下调表达，并引发信号级联网络，以提高植物的胁迫耐受性。目前，已经从栽培花生基因组中鉴定出 174 个 WRKY 转录因子，分布于 Group I（35，20.11%）、Group II（107，61.49%）、Group III（31，17.82%）和 Group IV（1，0.57%）等 4 个亚家族中（Yan et al.，2022）。其中，与花生耐冷相关的 23 个 WRKY 转录因子主要属于 Group II 亚家族，尤其以 Group IIa 所包含的数目最多，说明 Group II 亚家族在花生耐冷中起重要作用（图 5-21F）。

3. 花生耐冷相关转录因子的保守基序分析

蛋白质的一级结构，即氨基酸序列，是决定其功能的关键因素。为了明确各转录因子家族成员在功能上的保守性与多样性，研究人员利用在线软件 MEME（http://meme-suite.org/tools/meme）对其功能结构域的保守位点进行了分析。在 bHLH 转录因子家族中，所有成员都含有 Motif 2 和 Motif 3 两个基序，研究人员通过分析其氨基酸序列组成发现，Motif 2 和 Motif 3 为螺旋（helix）结构域，在 bHLH 转录因子家族中保守存在（图 5-22A）；在 MYB 转录因子家族中，几乎每条序列的 5′端都含有 Motif 1、Motif 2、Motif 3 和 Motif 4，即保守的 W 结合位点，说明与花生耐冷相关的 MYB 转录因子大部分属于 R2R3-MYB，而 *arahy. W9RD48* 仅由一个 Motif 2 组成，为 1R-MYB 转录因子，这与系统进化分析的结果相一致（图 5-22D）。以上研究结果表明，每个转录因子家族中都有保守的区域存在，并且同一亚家族成员的 Motif 组成都极为相似，这些保守基序的存在可能对转录因子家族的功能分组至关重要。不同亚家族成员的 Motif 组成通常差异较大。例如，在 C2H2 家族中，一部分序列的 5′端含有保守的 Motif 2、Motif 3 和 Motif 4 基序，有一部分序列仅由 Motif 8 组成，这可能是导致不同家族成员功能多样性的直接原因（图 5-22B）。

4. 花生耐冷相关转录因子的表达模式分析

基于转录组测序中的 FPKM 值，研究人员分析了低温胁迫初期 154 个耐冷相关转录因子在两个品种中的表达模式。正常条件下，各转录因子在 NH5 和 FH18 中的表达水平几乎相同。但在低温胁迫下，NH5 中的转录因子较 FH18 表现出了显著的上调或下调。并且，不同转录因子家族在低温胁迫下的表达模式明显不同，ERF、NAC 和 WRKY 家族的大部分成员在 NH5 中持续上调，bHLH、C2H2 和 MYB 中除上调的基因较多以外，还有较多的下调基因。另外，各转录因子在不同

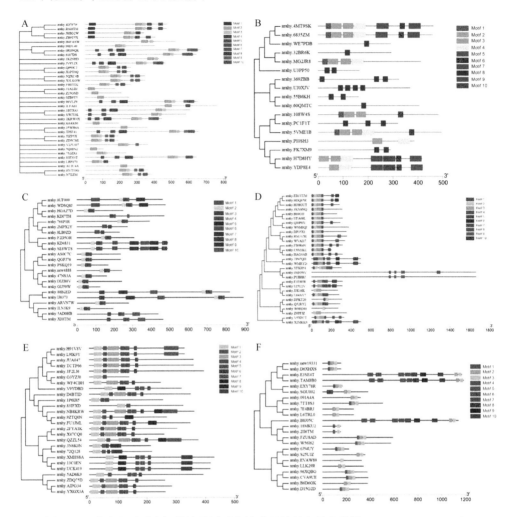

图 5-22　花生主要耐冷相关转录因子家族成员的保守基序分析（Jiang et al.，2020）
A. bHLH 家族；B. C2H2 家族；C. ERF 家族；D. MYB 家族；E. NAC 家族；F. WRKY 家族

低温时间点的表达模式也不尽相同。例如，bHLH 家族的 *arahy.5QXC4B*（*bHLH25*）、*arahy.0RH9QK*（*MYC2*）和 *arahy.83FN4T*（*bHLH13*），C2H2 家族的 *arahy.108W4S*（*MGP*），ERF 家族的 *arahy.KDI7TH*（*AP2.7*），以及 WRKY 家族的 *arahy.E3SE4T*（*WRKY70*）均只在低温胁迫 12h 时高表达；bHLH 家族的 *arahy.J8HG2W*（*ICE1*），C2H2 家族的 *arahy.FK7XM9*（*SAP11*），ERF 家族的 *arahy.2MPX2Y/arahy.8LB9ZD*（*DREB2C*），MYB 家族的 *arahy.WSM8QM*（*MYB55*），NAC 家族的 *arahy.D4BTID*（*NAC82*），以及 WRKY 家族的 *arahy.EVAW89*（*WRKY53*）均只在低温胁迫 24h 时高表达（图 5-23）。

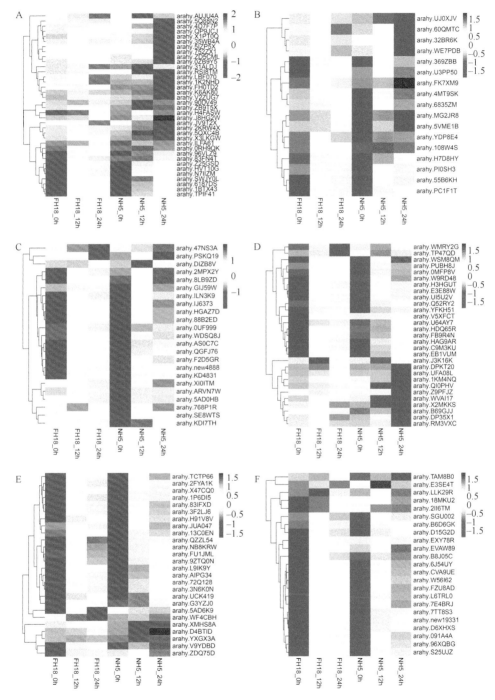

图 5-23 低温胁迫下花生主要耐冷相关转录因子家族成员的表达模式（Jiang et al.，2020）

A. bHLH 家族；B. C2H2 家族；C. ERF 家族；D. MYB 家族；E. NAC 家族；F. WRKY 家族

（三）转录因子对花生耐冷性的调控机制

为了明确低温胁迫下花生耐冷相关转录因子的功能，研究人员将 bHLH、C2H2、ERF、MYB、NAC 和 WRKY 6 个家族的 154 个转录因子比对到 GO 和 KEGG 数据库中。GO 功能注释结果表明，低温胁迫下花生耐冷相关转录因子主要富集在 18 个功能组分中（图 5-24）。在生物学过程类别中，生物调节（GO：0065007）、细胞过程（GO：0009987）和代谢过程（GO：0008152）所富集到的耐冷相关转录因子数目最多；在细胞组分类别中，全部耐冷相关转录因子都富集在细胞（GO：0005623）、细胞部分（GO：0044464）、细胞器（GO：0043226）和细胞器组分（GO：0044422）；在分子功能类别中，共注释到结合（GO：0005488）、核酸结合转录因子活性（GO：0001071）和催化活性（GO：0003824）3 个功能组分。KEGG 功能富集结果表明，低温胁迫下 154 个花生耐冷相关转录因子分别富集在植物激素信号转导（map04075）、植物昼夜节律（map04712）、赖氨酸降解（map00310）、戊糖磷酸途径（map00030）及光合器官中碳固定（map00710）等 11 个生物学通路中，其中植物激素信号转导（map04075）和植物昼夜节律（map04712）两个通路中的耐冷相关转录因子数目最多，分别为 29 和 9 个，表明它们在花生耐冷中起重要作用（图 5-25）。

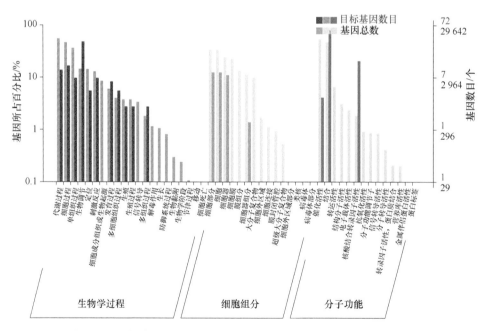

图 5-24 花生耐冷相关转录因子的 GO 功能注释（Jiang et al.，2020）

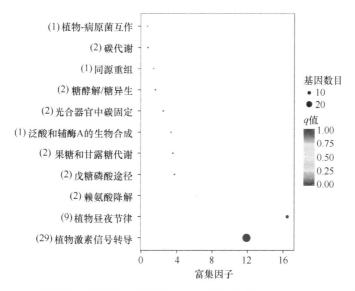

图 5-25　花生耐冷相关转录因子的 KEGG 富集分析（Jiang et al.，2020）

为了进一步探究低温胁迫下花生耐冷相关转录因子的作用机制，基于 STRING 数据库，研究人员对 6 个转录因子家族的 154 个成员进行了蛋白质互作网络的构建，并借助 Cytoscape 软件对蛋白质互作网络进行了模块分析与可视化。在 bHLH 家族中，获得了一个具有 63 个节点、383 条相互作用关系的网络，其中有 13 个 bHLH 转录因子发生了蛋白质互作，尤其以 arahy.0RH9QK（MYC2）、arahy.2KRW4X（MYC4）和 arahy.ILFA61（PIF3）3 个 bHLH 转录因子所获得的互作关系对最多，分别为 31、20 和 16 条，且均为上调表达，可能在花生耐冷中发挥重要作用（图 5-26A）。在 C2H2 家族中，获得了一个具有 64 个节点、393 条相互作用关系的网络，有 14 个 C2H2 转录因子发生了蛋白质互作，其中 arahy.U3PP50（HAL3A）的互作关系对最多，为 19 条（图 5-26B）。在 ERF 家族中，获得了一个具有 58 个节点、393 条相互作用关系的网络，有 8 个 ERF 转录因子发生了蛋白质互作，其中 arahy.new4888（ERF13）的互作关系对最多，为 22 条（图 5-26C）。在 MYB 家族中，获得了一个具有 63 个节点、388 条互作关系对的蛋白质互作网络，有 13 个 MYB 转录因子发生了蛋白质互作，其中 arahy.0MFP8V 成员的互作关系对最多，为 19 条（图 5-26D）。在 NAC 家族中，获得了一个具有 58 个节点、640 条互作关系的网络，其中 8 个 NAC 转录因子发生了蛋白质互作，但所获得的互作关系对均较少（图 5-26E）。在 WRKY 家族中，得到了一个具有 61 个节点、391 条相互作用关系的网络，有 11 个 WRKY 转录因子发生了蛋白质互作，其中 arahy.E3SE4T（WRKY70）、arahy.EVAW89（WRKY53）和 arahy.B6D6GK（WRKY22）的互作关系对最多，分别为 24、18 和 17 条（图 5-26F）。研究人员进一步对 6 个互作网络中的节点进行功能富集分析，发现这些节点显著富集在植物激素信号转导（49 个）、植物-病原菌互作（26 个）和植物丝裂原活化蛋白激酶（MAPK）信号转导（14 个）等 3 个生物学通路上，进一步证明了植物激素信号转导和植物-病原菌互作在花生耐冷中的重要作用。

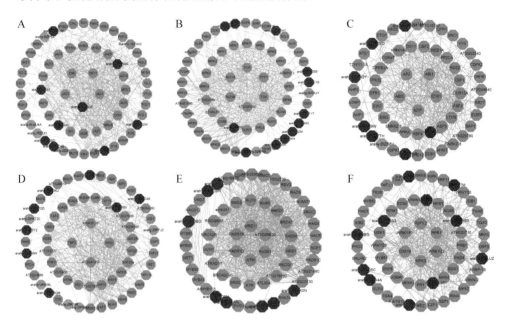

图 5-26　花生耐冷相关转录因子的蛋白质互作网络（Jiang et al.，2020）

A. bHLH 家族；B. C2H2 家族；C. ERF 家族；D. MYB 家族；E. NAC 家族；F. WRKY 家族；红色节点代表上调表达的转录因子，绿色节点代表下调表达的转录因子，蓝色节点代表与花生转录因子互作的蛋白质

利用 Cytoscape 软件中的 MCODE 插件对各蛋白质互作网络中的节点进行快速聚类，并对模块中蛋白质的关联程度（degree）进行打分，最终从每个互作蛋白质网络中鉴定出了与核心转录因子互作最为密切的关键基因（表 5-9）。其中，从 bHLH 家族的蛋白质互作网络中鉴定出了 4 个关键基因（*JAZ1*、*TIFY7*、*ZIM* 和 *JAZ3*），它们均编码茉莉酸（JA）途径的抑制因子 JAZ 蛋白，且都能与花生耐冷相关的 bHLH 转录因子 arahy.0RH9QK（MYC2）和 arahy.2KRW4X（MYC4）互作；从 C2H2 蛋白互作网络中鉴定出了 2 个关键基因，为编码 2C 型丝氨酸/苏氨酸蛋白磷酸酶（PP2C）的基因 *PP2C* 和 *TSK*，是脱落酸（ABA）信号转导途径中的关键抑制因子；从 ERF 蛋白互作网络中鉴定出了 4 个关键基因，分别为 bZIP 转录因子家族成员 *bZIP8*、乙烯信号转导途径中的负调控因子 *ETR1*，以及 ABA 信号转导途径中的主要抑制因子 *ABI1* 和 *ABI5*；从 MYB 蛋白互作网络中鉴定出了 2 个关键基因，分别为含有 WD40 重复结构域的 *WD40* 类转录因子和一般转录因子 TATA 盒（TATA-box）结合蛋白 *TBP2*；从 NAC 蛋白互作网络中鉴定出了 2 个关键基因，分别为 DNA 修复蛋白 *RAD51* 和 DNA 双链断裂修复蛋白 *MRE11*；

WRKY 蛋白互作网络中的关键基因则包括编码丝裂原活化蛋白激酶蛋白的基因 *MAPK3*、WRKY 转录因子家族成员 *WRKY33*，以及水杨酸（SA）信号转导通路中的正向调控因子 *NPR1*。以上研究结果表明，低温胁迫下 C2H2 家族中的 *arahy.108W4S*（*MGP*）和 *arahy.FK7XM9*（*SAP11*），以及 ERF 家族中的 *arahy.2MPX2Y/arahy.8LB9ZD*（*DREB2C*）可通过 ABA 信号转导途径调控花生的耐冷性；bHLH 家族中的 *arahy.J8HG2W*（*ICE1*）、*arahy.0RH9QK*（*MYC2*）和 *arahy.2KRW4X*（*MYC4*）可通过 JA 信号转导途径增强花生的耐冷性。

表 5-9　与花生耐冷相关转录因子互作的关键基因鉴定（Jiang et al.，2020）

家族	关键基因	关联程度	基因注释	基因功能
bHLH	JAZ1	28	TIFY 10A 蛋白	茉莉酸反应的抑制因子
	TIFY7	24	TIFY 7 蛋白	茉莉酸反应的抑制因子
	ZIM	24	TIFY 11B 蛋白	茉莉酸反应的抑制因子
	JAZ3	23	TIFY 6B 蛋白	茉莉酸反应的抑制因子
C2H2	PP2C	48	蛋白磷酸酶 2C	ABA 信号转导通路的关键组分和抑制因子
	TSK	39	蛋白磷酸酶 2C	ABA 信号转导通路的关键组分和抑制因子
ERF	bZIP8	28	碱性亮氨酸拉链 8	与 DNA 序列 5'-ACTCAT-3'结合的转录因子
	ETR1	27	乙烯受体 1	乙烯信号转导途径负调节因子
	ABI1	27	ABA 不敏感 1	ABA 信号转导通路的关键组分和抑制因子
	ABI5	24	ABA 不敏感 5	ABA 抑制的主要介质
MYB	WD40	29	WD40 重复蛋白	WD40 重复结构域
	TBP2	28	TATA 盒结合蛋白 2	一般转录因子
NAC	RAD51	39	DNA 修复蛋白	参与 DNA 双链修复
	MRE11	37	DNA 双链断裂修复蛋白	参与 DNA 双链断裂修复
WRKY	MAPK3	36	丝裂原活化蛋白激酶 3	参与先天免疫的 MAP 激酶信号级联
	WRKY33	35	WRKY 转录因子	参与防御反应
	NPR1	33	病程相关基因非表达子 1	SA 依赖性信号转导通路的关键正调节因子

二、转录后水平调控

植物对低温胁迫的响应依赖于基因表达的调节。基于选择性剪接、mRNA 前体加工、RNA 稳定性、RNA 沉默和从细胞核输出的转录后调控机制，在基因表达的精确调节中发挥关键作用。转录后调控主要体现在改变 mRNA 的稳定性或 mRNA 的翻译上，逆境胁迫下 RNA 蛋白可以调节植物细胞核 mRNA 的胁迫依赖性输出、胁迫相关基因的选择性翻译，以及相关转录本的稳定性。有研究表明，低温胁迫下错误折叠的 RNA 分子会变得过度稳定，使 RNA 结合蛋白能够作为 RNA 伴侣发挥作用，帮助 RNA 实现其天然构象（Ambrosone et al.，2012）。同时，富含甘氨酸的蛋白质 GRP7 在冷应激条件下能将 mRNA 从细胞核输出到细胞质中发挥作用（Kim et al.，2008）。RNA 解旋酶 LOS4 对于核 mRNA 的输出尤为重要，特别是在响应温度胁迫时。*LOS4-1* 突变会抑制核 mRNA 的输出，导致 CBF 表达降低和对寒冷应激的敏感性增加，说明核 mRNA 的输出在 CBF 表达的调节中起重要作用（Gong et al.，2005）。

选择性剪接又称为"可变剪接"，是一种广泛存在于真核生物的 mRNA 前体加工方式，由剪接复合体对 mRNA 前体上的剪接位点进行选择，从而产生不同的 mRNA 剪接体，改变编码蛋白质的结构域，进而影响其亚细胞定位、稳定性、结合特性、酶活性、甚至翻译后修饰等分子特征和功能，是增加转录组和蛋白质组结构与功能多样性的重要机制。可变剪接主要包括 5 种类型，即外显子跳跃、内含子保留、可变的 5′剪接位点、可变的 3′剪接位点和互斥外显子。据统计，植物基因组中 60%～85%编码基因的表达受可变剪接事件调控，广泛参与植物的昼夜节律、成花转变、表型变异、发育调控和胁迫响应等多种生物学过程（Zhu et al.，2017；Kwon et al.，2014；Syed et al.，2012）。Capovilla 等（2015）研究发现，可变剪接可作为一种"分子温度计"，使植物能够根据温度变化迅速调整功能转录本的丰度。拟南芥中有近 9000 个低温响应基因受可变剪接调节，约 27%的冷响应转录本属于可变剪接产物，其中近 2/3 的转录本只受可变剪接的独立调节而未表现出转录响应；并且，多数差异可变剪接事件为内含子保留类型，表现出低温胁迫下时间依赖的动态变化，即在温度下降的最初几小时内转录和可变剪接活动有较高的"重叠"，但随处理时间的延长，可变剪接独立调控基因的相对占比增高，广泛影响了调控型蛋白质的编码基因，如转录因子、剪接因子和其他 RNA 结合蛋白等（Calixto et al.，2018）。STA1 是 mRNA 前体的剪接因子，参与 mRNA 的剪接。研究表明，冷胁迫可以诱导 *STA1* 上调表达，而 *sta1* 突变体中 *COR15A* 的 mRNA 前体不能发生可变剪接，并对低温呈现出冷敏感表型，说明低温胁迫下 STA1 可通过控制耐冷基因的可变剪接来调节植物的耐冷性（Lee et al.，2006）。

另外，小分子的非编码 RNA 也可以在转录后水平调控基因的表达，从而调节植物的生长发育和逆境响应等诸多重要的生物学过程。微 RNA（microRNA，miRNA）是植物内源非编码 RNA 的一种，其长度仅为 21～24 个核苷酸，主要通过抑制基因的翻译或降解靶向 mRNA 来实现在转录后水平调控基因的表达。拟南芥经低温胁迫处理后，有 17%的转录因子上调表达，7%的转录因子下调表达，因此推测很多下调的基因受到 miRNA 的调控，从而获得抗性。例如，miR393、miR397 和 miR402 的表达受低温、干旱、高盐和 ABA 诱导，其中 miR393 的靶标是 E3 泛素连接酶的 mRNA，miR393 的上调会导致该 E3 泛素连接酶的靶标蛋白质积累，从而正调控植物的抗性（Sunkar et al.，2007）。Zhang 等（2022b）基于耐冷品种和冷敏感品种的深度测序，从花生中鉴定出了 407 个已知 miRNA 和 143 个新

miRNA，其中有 6 个 miRNA 可以通过 12 个靶基因响应低温胁迫，包括 miR160-*ARF*、miR482-*WDRL*、miR2118-*DR*、miR396-*GRF*、miR162-*DCL*、miR1511-*SRF* 和 miR1511-*SPIRAL1* 等（图 5-27）。

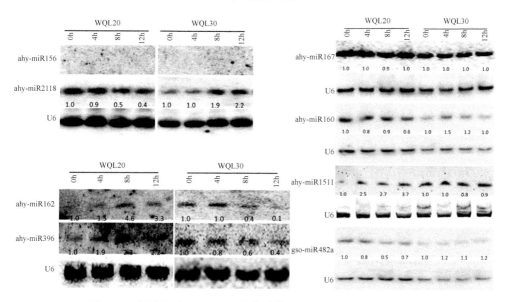

图 5-27　低温胁迫下 miRNA 的表达模式（Zhang et al.，2022b）

图中 WQL20 为冷敏感品种，WQL30 为耐冷品种。miRNAs 的表达量采用 Northern 印迹杂交的方法进行，以 U6 作为内参，每个条带下面的数字代表 miRNAs 的相对丰度

三、翻译后水平调控

植物细胞主要通过蛋白质行使其复杂的生理功能。基因表达产物的正确折叠，以及空间构象的正确形成，决定了蛋白质的正常功能。翻译后修饰决定了蛋白质的多样性，使蛋白质的结构更为复杂，功能更为完善，调节更为精细，作用更为专一。蛋白质的翻译后修饰主要是在氨基酸侧链或蛋白质末端共价结合一些化学小分子基团，通过修饰现有的功能基团或引入新的基团来扩展 20 种标准氨基酸的化学修饰和性质，从而精细调控蛋白质的结构、功能、定位、活性及其与其他蛋白质之间的相互作用。植物体内普遍存在着磷酸化、泛素化、乙酰化、糖基化和小泛素相关修饰物（SUMO）化等 20 余种翻译后修饰类型，它们广泛参与植物蛋白质的合成降解、转录调控、信号识别转导、代谢调控、生物与非生物胁迫响应等多种生物学过程（刘静等，2021）。

（一）磷酸化修饰

磷酸化是植物体内最常见的翻译后修饰类型，主要通过蛋白激酶和磷酸酶的作用，在特定丝氨酸、苏氨酸和酪氨酸的羟基上，添加或去除一个或多个磷酸基团，从而有效地改变底物蛋白质的结构和活性，参与植物温度胁迫、盐胁迫、干旱胁迫、养分胁迫和激素调控等大多数代谢和生理途径。例如，类受体激酶 CRPK1 的活性在低温胁迫下会被激活，拟南芥 crpk1 缺失突变体具有明显的抗冻表型；另外，CRPK1 能够与 14-3-3s 蛋白相互作用，并且在低温胁迫下将其磷酸化，磷酸化的 14-3-3λ 会由细胞质进入细胞核中，与 CBF 蛋白互作后将其降解，14-3-3κλ 双突变体同样具有抗冻表型（Liu et al.，2017）。以上研究结果表明，14-3-3λ 的入核过程依赖于 CRPK1 的磷酸化作用，CRPK1 和 14-3-3λ 对低温的调控依赖于 CBF 途径。除了磷酸化修饰，植物中还存在着去磷酸化修饰。Yu 等（2019）在拟南芥中发现了一类新型丝/苏氨酸蛋白磷酸酶 PP6，能够拮抗性地调控蛋白质的磷酸化修饰，从而以去磷酸化修饰的形式调节生长素的极性运输，并能抑制拟南芥的光形态建成。低温胁迫下水稻蛋白磷酸酶 2C（OsPP2C27）会直接对 OsMAPK3 和 OsbHLH002 产生去磷酸化作用，从而负向调控水稻的耐冷性（Xia et al.，2021）。

（二）泛素化修饰

泛素化也是一种比较常见的蛋白质翻译后修饰类型，是指一个或多个泛素分子，在一系列特殊酶的作用下，将细胞内的蛋白质分类，从中选出靶蛋白分子，并对其进行特异性修饰的过程。根据连接泛素的数量和方式，泛素化修饰可分为单泛素化、多泛素化和多聚泛素化 3 种类型。泛素由 76 个氨基酸组成，在真核细胞内高度保守。共价结合泛素的多聚泛素蛋白质能被 26S 蛋白酶体识别并降解，这是细胞内短寿命蛋白质和一些异常蛋白质降解的普遍途径。该降解过程需要 3 种酶的参与，包括泛素激活酶（E1）、泛素结合酶（E2）和泛素-蛋白质连接酶（E3），其中 E1 负责对蛋白质的特异性识别，E2 和 E3 介导蛋白酶体的激活。虽然泛素化所涉及的是蛋白质的降解过程，但这个过程对有机体的有序进行是必不可少的，它广泛参与植物胁迫响应、物质代谢和种子萌发等过程（于菲菲和谢旗，2017）。HOS1 是一种泛素 E3 连接酶，正常条件下位于植物的细胞质中，但低温条件下可进入细胞核泛素化降解 CBF 表达诱导剂 1（ICE1），从而影响下游 CBFs 基因的表达。研究表明，在 hos1 突变体中，CBFs 及其下游靶基因受低温诱导后会显著上调表达；而在 HOS1 过表达的转基因植株中，ICE1 的蛋白质水平大幅度降低，CBFs 的转录水平也明显减弱，表现出对低温胁迫超敏感，说明 HOS1 的泛素化修饰对植物的耐冷性具有负调控作用（Dong et al.，2006）。另外，HOS1 还可以通过控制开花时间来响应低温环境，而间歇性冷处理会触发 HOS1 对 CO 的降解，表明 HOS1-CO 模块有助于在短期温度波动下微调光周期开花（Jung et al.，2012）。

（三）SUMO 化修饰

小泛素相关修饰物（SUMO）分子是一种近年发现的泛素样分子，也参与蛋白质的翻译后修饰过程，但不介导靶蛋白的蛋白酶体降解，而是可逆性修饰靶蛋白，参与靶蛋白的定位及功能调节过程。SUMO 分子约长 100 个氨基酸，在序列上与泛素有 12%～16%的相似性，两者折叠后可以形成极其相似的空间结构。与泛素化修饰相同，SUMO 化修饰也是一种 ATP 依赖的级联酶促反应，在特定的 E1、E2 和 E3 的共同作用下，成熟的 SUMO 分子以异肽键的形式共价结合到靶蛋白的赖氨酸上。SUMO 化修饰往往通过竞争结合泛素化修饰位点增加蛋白质的稳定性，同时影响蛋白质的活性、结构、定位，以及蛋白质间的相互作用等，具有丰富的生物学功能。拟南芥的 SUMO 基因家族共包含 9 个成员，分别编码 SUMO1～SUMO8，以及一个假基因 SUMO9。目前对 SUMO1 和 SUMO2 的功能研究较多，研究表明二者共同参与着多种非生物胁迫诱导的 SUMO 化修饰过程，包括冷、热、过氧化氢、乙醇及刀豆氨酸处理等（Kurepa et al.，2003）。SIZ1 即为植物体内典型的 SUMO 化 E3 连接酶，低温胁迫下能够通过 SUMO 化修饰 ICE1 的第 393 位赖氨酸来抑制其被泛素化，增加 ICE1 的稳定性，从而使下游的 CBF/DREB1 基因（尤其是 CBF3 和 DREB1A）上调表达，增强植株的冷胁迫应答，而 siz1 突变体则对冷、冻胁迫十分敏感（Miura et al.，2007）。

第四节　花生耐冷的信号转导机制

花生遭遇低温胁迫后会做出多种抗性生理反应以适应低温环境，包括气孔关闭、渗透调节物质积累、抗氧化能力提高、产生抗逆蛋白等。事实上，植物从感受低温刺激到做出应答会涉及一系列复杂的信息传递过程。"低温刺激-耐冷反应"偶联的实质就是信号转导，即低温胁迫下原初信号（低温刺激）首先被细胞膜感知，产生胞间信使；胞间信使通过特定的信号转导途径向下游传递，并与转录因子结合，诱导相关基因表达，从而调控细胞发生一系列生理生化变化，实现细胞中生理生化和功能的最优化组合，以适应低温环境（图 5-28）。

一、低温信号的感知

从理论上讲，低温是一种物理信号，可以被细胞内的大多数部位（如质膜和细胞核）快速感知（Zhu，2016）。但迄今为止，花生如何感知温度信号仍然是一个需要解决的关键问题。有研究表明，环境温度的变化会引起细胞膜流动性的改变及细胞骨架的重排，导致胞外大量 Ca^{2+} 内流，使胞质内 Ca^{2+} 浓度瞬间升高，从

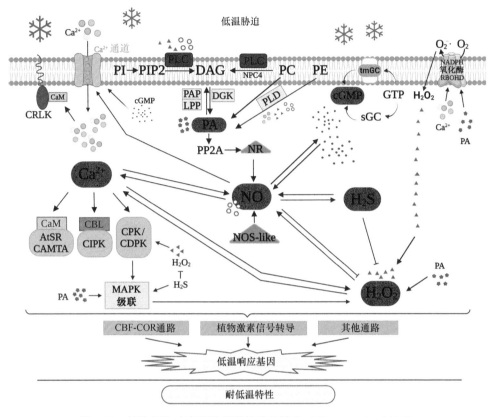

图 5-28　植物细胞响应低温刺激的信号转导（Zheng et al.，2021）

而触发低温信号转导，产生低温耐受性（Ding and Yang，2022）。低温对细胞膜的直接影响主要是改变膜脂成分及其脂肪酸组成，脂肪酸组分的变化与膜的流动性和稳定性密切相关，低温胁迫下细胞可以通过增加不饱和脂肪酸的含量和比例来提高抗寒性。拟南芥油酸脱氢酶缺陷突变体 *fad2* 相对野生型植株（14℃）在较高温度（18℃）下表现出细胞膜固化，而亚油酸脱氢酶 *FAD3* 过表达的转基因株系在 12℃才出现细胞膜固化，说明植物细胞可以通过细胞膜固化感知低温胁迫（Vaultier et al.，2006）。因此，细胞膜的流动性与细胞骨架的构象变化被认为是植物感受低温信号的主要模型，位于膜上的 Ca^{2+} 通道、组氨酸激酶、类受体激酶、磷脂酶和光受体等则为潜在的低温信号感受器。

（一）Ca^{2+} 通道

Ca^{2+} 是植物细胞的第二信使，低温胁迫会诱导其在细胞质内的浓度显著增加，这是由于去极化 Ca^{2+} 通道在低温条件下可以被启动打开，使胞外 Ca^{2+} 短暂地流入细胞质，引起胞内 Ca^{2+} 浓度上升，从而产生低温特异性"Ca^{2+} 信号"。因此，细胞

膜上的 Ca^{2+} 通道被认为是植物感受低温的最初靶标。另外，Ca^{2+} 运输相关环核苷酸门控离子通道（CNGC）也在植物感受温度，以及植物对温度的响应中发挥重要作用（Finka et al.，2012），并且对 ABA 不敏感型突变体的研究也证实，Ca^{2+} 参与了低温胁迫下的信号转导（Kim et al.，2003），但在陆地植物中却没有发现参与哺乳动物热感应的阳离子通道瞬时受体电位（TRP）（Gees et al.，2012），故 Ca^{2+} 通道是否直接参与植物对低温信号的感知有待进一步研究。

（二）COLD1

COLD1 是一个具有 9 个跨膜结构域的 G 蛋白信号调节因子，位于细胞膜和内质网。中国科学院植物研究所种康研究组通过研究冷敏感籼稻'9311'和耐冷粳稻'Nipponbare'的遗传群体发现，COLD1 参与水稻对低温信号的感应（Ma et al.，2015）。低温胁迫下，COLD1 能够与水稻 G 蛋白 α 亚基（RGA1）互作，增强 G 蛋白的鸟苷三磷酸（GTP）酶活性，并且介导 Ca^{2+} 的细胞内流，进而激活下游冷响应基因（CORs）的表达。重要的是，COLD1 基因存在自然变异，温带粳稻来源的等位基因被导入到低温敏感的籼稻品种中，能增强植株的耐冷性（Shi and Yang，2015）。因此，COLD1 可能是一个潜在的 Ca^{2+} 渗透通道或者此类通道的直接调控因子，但单独 COLD1 介导的 Ca^{2+} 内流是否能完全激活植株的耐冷性，以及是否还有其他 Ca^{2+} 通道参与低温信号的感知仍有待深入研究。

（三）组氨酸激酶

双组分组氨酸激酶是较有可能的植物低温感受器。蛋白质组氨酸激酶（PHK）是一个含有磷酸化组氨酸保守残基的信号转导酶家族，与其下游靶蛋白一起构成了双组分信号转导系统。下游靶蛋白即反应调节因子，在接收区域有一个天冬氨酸保守基团，可以被 PHK 磷酸化。典型的 PHK 是一个跨膜受体，包含 N 端的胞外感受区和 C 端的胞内信号区域，大部分作为二聚体存在。蓝细菌中的组氨酸激酶 Hik33、Hik19 和枯草芽孢杆菌中的组氨酸激酶 DesK 可以通过调节去饱和酶基因的表达响应低温信号（Aguilar et al.，2001；Suzuki et al.，2000）。拟南芥中也存在类似的组氨酸激酶，如 AtHK1 能够感知低温、干旱和高盐等胁迫信号，并通过磷酸化级联反应将信号传递到核内（Tran et al.，2007）。

（四）类受体激酶

植物类受体蛋白激酶（RLK）是一类包含胞外结构域、单次跨膜域和胞内激酶域的蛋白质分子，因为具有跨膜结构，能通过胞外结构域与胞外信号分子（如离子、小分子或多肽等）的特异性结合来激活胞内激酶域的自磷酸化和互磷酸化活性，完成跨膜传递信号的活性，故也被认为是可能的低温感受器。研究发现，拟南芥类受体激酶 *RPK1* 的表达受低温诱导（Solanke and Sharma，2008）；低温响应蛋白激酶 CRPK1 可能通过接收 RPK1 传来的低温信号磷酸化 14-3-3 蛋白，并使其入核，进而调节下游关键转录因子 CBF 的稳定性（Guo et al.，2018；Liu et al.，2017）。

（五）磷脂酶

磷脂酶可以催化磷酸甘油酯分解，是磷脂分解代谢的主要酶系，按其作用的特异性可以分为磷脂酶 A1、磷脂酶 A2、磷脂酶 C 和磷脂酶 D 四类。研究表明，磷脂代谢的改变也涉及低温信号应答。拟南芥磷脂酶 C 和磷脂酶 D 经低温处理 15s 后就在细胞内积累，通过水解膜磷脂来增加磷脂酸的含量（Ruelland et al.，2002）。磷脂酸被推测是基于膜的次级信号分子，因此膜磷脂的变化被认为是低温信号的起始。磷脂酶 D 还具有将微管蛋白锚定在质膜的作用，故磷脂酶 D 的活化可能会引起细胞骨架的构象改变，导致肌动蛋白纤维重排，进而活化拉伸诱导 Ca^{2+} 通道打开（Dhonukshe et al.，2003）。

（六）光受体

光合机构的氧化还原状态也可以作为低温的感受器，通过感知光能吸收和利用的不平衡调节冷驯化过程。光敏色素 B（PHYB）作为光受体，近期被证实具有温度计时器的功能，耦合了对光与温度的信号感知（Jiang et al.，2017；Jung et al.，2016；Legris et al.，2016）。但是，光受体是否为低温受体还有待深入研究。

二、低温信号的传递

低温信号被细胞膜上的低温感受器感知后，会通过 Ca^{2+}、ROS、ABA 等第二信使继续向下游传递，将外界信号转换为胞内信号。

（一）Ca^{2+} 信号

在植物响应低温胁迫的早期，Ca^{2+} 是低温信号转导和低温应答过程的第二信使。正常条件下，细胞壁、内质网和液泡中的 Ca^{2+} 浓度要比细胞质中高出两个数量级以上，这些细胞器被称为细胞的"钙库"。而低温胁迫下，细胞质中的 Ca^{2+} 浓度会迅速升高。研究人员利用转基因技术将钙敏感荧光素蛋白分别转入对低温不敏感的拟南芥和对低温敏感的烟草中，发现转基因植株在低温下的荧光较强；相反地，用 Ca^{2+} 螯合剂或 Ca^{2+} 通道阻断剂阻止 Ca^{2+} 内流，会降低烟草和拟南芥的耐冷性，并且低温诱导的 Ca^{2+} 流入和低温诱导的转录本之间存在正相关关系，说明 Ca^{2+} 可以作为第二信使传递低温信号，进而调节下游冷响应基因的表达。

低温胁迫下，Ca^{2+} 一般通过调节 Ca^{2+} 信号受体及其他蛋白质的磷酸化反应传递低温信号，将外界初级信号转换为胞内信号。Ca^{2+} 信号受体主要包括钙调蛋白（CaM）、类钙调蛋白（CML）、钙依赖蛋白激酶（CDPK）和类钙调磷酸酶 B 亚基蛋白（CBL）等。这些蛋白质富含 EF 手形结构域，可以通过与 Ca^{2+} 结合使蛋白质构象发生改变，从而激活蛋白质活性；或者与其他蛋白质相互作用，对效应蛋白质发挥激酶或磷酸酶的功能。

1. CaM

CaM 又称钙调素，通常与 Ca^{2+} 一起构成 Ca^{2+}-CaM 信号通路，参与一系列信号转导过程，如蛋白磷酸化和去磷酸化、基因转录、离子运输和活性氧代谢等。作为 Ca^{2+} 的受体蛋白，每个 CaM 分子都含有 4 个 Ca^{2+} 结合位点，其活性的发挥依赖于 Ca^{2+}。在没有 Ca^{2+} 存在时，CaM 呈现出无活性的闭合状态；当有 Ca^{2+} 存在时，Ca^{2+} 可以与 Ca^{2+} 结合位点相结合而呈现出有活性的开放状态，同时其表达量随着 Ca^{2+} 含量的增高而增加，从而激活下游多种酶的活性，参与多种信号转导过程。另外，CaM 还可以结合并磷酸化钙调蛋白结合转录激活因子（CAMTA）。在这类蛋白质中，CAMTA3 和 CAMTA5 对温度的快速下降有响应，并诱导下游基因 *DREB1* 的表达，但对温度的逐渐降低没有响应（Kidokoro et al.，2017）。

2. CDPK

CDPK 是一类具有典型 Ser/Thr 保守序列的蛋白激酶，其调控区内含有能与 Ca^{2+} 结合的 EF 手形结构。与 CaM 相类似，CDPK 只有结合 Ca^{2+} 后才能表现出活性，进而通过磷酸化作用将信号传递至下游。研究表明，CDPK 可以通过丝裂原活化的蛋白质激酶（MAPK）级联反应传递低温信号（Ding et al.，2019）。该反应主要涉及 MAP3K、MAP2K 和 MAPK 等 3 种蛋白激酶，其中 MAP3K 可以在保守的 Ser/Thr 残基处磷酸化 MAP2K，活化的 MAP2K 则进一步磷酸化 MAPK，MAPK 再激活下游的效应蛋白质，引发低温响应。低温胁迫下，拟南芥或水稻中的 CRLK1 和 CRLK2 能启动 MKK4/5-MPK3/6 级联，拮抗 MEKK1-MKK2-MPK4 通路，使 ICE1 磷酸化，从而影响下游冷响应基因的表达，改变植物低温耐受性（Li et al.，2017；Zhang et al.，2017）。目前，CDPK 对耐冷性的正向调控作用已经在多种作物中被发现。例如，利用 CDPK 和 CaM 的拮抗剂 W7 处理紫花苜蓿悬浮细胞会抑制组织培养细胞的冷驯化能力（Monroy et al.，1993）；过表达 *OsCDPK7* 和 *OsCDPK13* 基因能增强水稻的抗寒能力（Wan et al.，2007）。

3. CBL

CBL 作为 Ca^{2+} 信号的传感器，主要通过与蛋白激酶 CIPK 相互作用，将冷应激引起的 Ca^{2+} 瞬态传递到磷酸化事件中。在拟南芥中，*CBL1* 和 *CIPK7* 的转录表达分别在 4℃低温处理 3h 和 12h 达到高峰期；当 Ca^{2+} 存在时，CBL1 和 CIPK7 存在互作；*cbl1* 突变体对低温更为敏感，表明 CBL1 和 CIPK7 在植物低温响应中起着重要作用（Huang et al., 2011; Luan, 2009）。另外，AtCIPK3 可以调节 *RD29A*、*KIN1* 和 *KIN2* 等基因的表达，在低温信号传递中发挥重要作用，并且可能位于调节 *COR* 基因表达的转录因子上游、Ca^{2+} 信号的下游（Kim et al., 2003）。在水稻中，*OsCIPK1*、*OsCIPK3* 和 *OsCIPK9* 受低温诱导表达，其中 *OsCIPK3* 被证实正调控水稻耐冷性（Xiang et al., 2007），但 *OsCIPKs* 的下游调控途径有待深入研究。

4. 蛋白磷酸酶

蛋白磷酸酶可使蛋白质去磷酸化，与蛋白激酶形成磷酸化和去磷酸化的分子开关，行使信号传递功能。蛋白磷酸酶 2A（PP2A）和蛋白磷酸酶 2B（PP2B）是紫花苜蓿的 Ca^{2+} 感受器，低温能引起 PP2A 迅速降低。这种抑制由低温引起的胞质 Ca^{2+} 流入所介导，可促进 Ca^{2+} 感受器引发一系列磷酸化反应，进而调节下游冷响应基因的表达。胞质 PP2A 可以使 MAPK、CDPK 和受体蛋白激酶（RPK）失活，推测磷酸酶可间接使蛋白激酶失活，或者直接调控转录因子。而外源冈田酸（PP2A 的抑制剂）可使紫花苜蓿 *CAS15* 基因在常温下的转录水平增加，说明当细胞感知到低温信号时会首先使胞质内 Ca^{2+} 浓度增加，抑制 PP2A 的活性，并激活一系列磷酸化反应，促进 CDPK 和低温调节基因的表达。

（二）脱落酸

除了 Ca^{2+}，脱落酸（ABA）和 ROS 也参与了低温信号转导过程，二者主要通过诱导调节 Ca^{2+} 信号实现对低温信号的传递。早在 20 世纪 60 年代，就有研究者发现 ABA 在木本植物适应低温胁迫中发挥重要作用，外源施加 ABA 可以提高木本植物的抗冻能力。同时，外源 ABA 处理也可以增强水稻、玉米和辣椒等低温敏感型作物的抗寒能力。拟南芥 ABA 合成缺陷突变体 *los5* 和 *aba3* 中受低温诱导的 *COR* 基因普遍下调表达，植株表现出冷敏感表型（Xiong et al., 2001）。另外，ABA 还能促进磷脂酰肌醇信号通路中 1,4,5-三磷酸肌醇（IP3）的积累，进而与 Ca^{2+} 共同参与低温信号转导（Finkelstein, 2013）。

（三）活性氧

低温胁迫会引起活性氧（ROS）的积累，进而激活细胞的 ROS 清除系统和一系列保护机制。拟南芥组成型积累 ROS 突变体 *fro1* 中，*COR* 基因表达受到抑制，植株对低温胁迫表现敏感，但目前关于植物是如何感知低温胁迫造成的氧化压力还有待深入研究，推测 ROS 传递了低温信号。H_2O_2 是植物细胞代谢过程中产生的重要 ROS 分子之一，一直以来被认为对细胞具有毒害作用。然而越来越多的研究表明，H₂O₂ 是植物细胞抵抗胁迫反应过程中的重要信号分子，尤其在植物受到低温胁迫时所具有的信号调控功能越来越受到关注。H_2O_2 是植物激素信号级联途径中的一个因子，低温胁迫会诱导其含量上升，打破其与体内其他信号的平衡，从而引起机体的一系列防御反应。H_2O_2 在亚细胞中产生后会迅速转移到其他位置，除了诱导 Ca^{2+} 信号，还可以通过活化氧化还原反应下游蛋白质直接参与低温信号传递，如与蛋白激酶（MAPK 级联）、蛋白磷酸酶、转录因子等的反应，这些反应最终都表现为影响基因表达的变化。

三、低温信号转导途径

低温信号在细胞内经过一系列转导过程后，会通过激活转录因子调节下游 *COR* 基因的表达，从而启动植物的抗寒反应。目前 C 端重复结合因子（CBF）信号途径的调控机制是被研究得最清楚的植物低温应答途径。根据是否依赖于 CBF 因子，植物的低温应答途径分为依赖 CBF 的信号转导途径和不依赖 CBF 的信号转导途径。

（一）CBF 简述

CBF 是植物体内低温诱导产生的重要转录因子之一，属于 DNA 结合蛋白 AP2/ERF 家族。*CBFs* 的启动子中都含有核心序列 CANNTG，读码框中无内含子，编码蛋白质中均含有 DNA 结合结构域 AP2。拟南芥中共存在 3 个 *CBFs* 基因，即 *CBF1/DREB1B*、*CBF2/DREB1C* 和 *CBF3/DREB1A*，串联排列在第四条染色体上，具有高度相似的氨基酸序列，并且三者之间存在一定的功能冗余（Park et al.，2015）。在低温胁迫下，*CBFs* 基因的表达量会迅速增加，过量表达 *CBFs* 基因能显著增强植物的抗寒能力，但 *CBF2* 对 *CBF1* 和 *CBF3* 的表达起负调控作用（Novillo et al.，2004）。近年来，得益于 CRISPR/Cas9 技术的迅速发展，中国农业大学杨淑华团队和中国科学院朱健康团队均获得了 *cbfs* 三突变体，并发现其在冷驯化后表现出极显著的寒敏感表型，在冷驯化前表现出微弱的冻敏感表型（Jia et al.，2016；Zhao et al.，2016），进一步证实了 CBF 在植物响应低温过程中发挥着至关重要的作用。

（二）依赖 CBF 的信号转导途径

CBFs 主要通过调控冷响应基因的表达来参与植物对低温的耐受能力，其上下游比较常见的组成模块为 *ICE1-CBF/DREB1s-CORs*。ICE1 是位于 *CBFs* 上游最关键的调控因子，编码一个 MYC 类型的碱性螺旋-环-螺旋（bHLH）转录因子，能够与 *CBFs* 启动子的识别位点结合，并作为主效开关控制 CBF 信号转导途径各基

因的表达水平。ICE1 蛋白定位于细胞核，在植物的所有组织中组成型表达，低温胁迫下需要经过翻译后修饰（磷酸化或去磷酸化作用）才能诱导 *CBF3* 的表达，说明低温胁迫诱导的转录对 ICE1 激活下游基因尤为重要（Chinnusamy et al.，2003）。低温胁迫下，*ice1* 突变体会丧失对 *CBF3* 的诱导，植株呈现冷敏感表型，同时失去冷驯化能力；*ICE1* 持续表达可以提高 *CBF2*、*CBF3* 和 *COR* 的表达水平，增强植株的抗寒性；并且，水稻、玉米及番茄中的 ICE1 均可正调控植物对低温的响应，说明 ICE1 在低温信号途径中的功能非常保守（Lu et al.，2017）。此外，*CBFs* 的表达还受上游其他转录因子的调控。例如，钙调蛋白结合转录激活因子 CAMTA3 可以与 *CBF2* 启动子区域的 CM2 顺式作用元件结合，正调控 *CBF2* 的表达；MYB 转录因子家族成员 MYB15 可以与 *CBFs* 启动子的 MYB 识别位点结合，抑制 *CBFs* 的表达，并且此过程受 MPK6 的磷酸化调控；乙烯信号途径中的重要转录因子 EIN3 可以分别结合到 *CBFs* 的启动子区和细胞分裂素信号组分 ARRs 的启动子区，共同参与低温响应过程（Shi et al.，2015）。

CBFs 受上游转录因子诱导表达后，会进一步激活下游冷响应基因（*CORs*），从而启动植物的耐冷反应。CBF 主要通过与 *CORs* 基因启动子区域的 CRT/DRE 顺式作用元件（保守基序 CCGAC）结合来诱导其表达。大多数 *CORs* 基因所编码的蛋白质具有极强的亲水性和热稳定性，能抵抗低温胁迫下细胞脱水造成的膜损伤。因此，*CORs* 基因的协同表达能明显提高植物的抗寒性，在低温胁迫应答中发挥重要作用。研究表明，*CBFs-CORs* 的表达受转录后修饰的调节。例如，C 端结构域磷酸酯样蛋白（CPL1）参与 CBF 的 mRNA 剪切；信号转导与转录激活因子 STA1 和 *CBFs* 基因表达调控因子 RCF1 参与冷调节（COR）基因的 mRNA 剪切；核孔蛋白 NUP60 影响 CBF 的 mRNA 核外输出，进而影响植物对低温的耐受性（Guan et al., 2013）。此外，CBF 对 *CORs* 表达的调控还受到翻译后修饰和各类表观遗传机制的调节。CBF 信号转导通路中的 MYB15、ICE1、CBF，以及与其存在信号交叉的气孔调控因子 OST1 等都会受到各种翻译后修饰，包括泛素化、SUMO 化、磷酸化和豆蔻酰化等，使蛋白质的稳定性、活性或定位情况发生改变，从而调节 *CORs* 的表达，影响植物的抗寒能力（Wang et al.，2019a）。

除了 *CORs* 基因，CBF 在低温胁迫下还能诱导部分生物合成酶相关基因的表达。例如，在拟南芥中过量表达 *AtCBF3*，其脯氨酸生物合成关键酶基因 *P5CS* 的表达量也随之增加。低温胁迫下，CBF 调控的基因涉及磷酸肌醇代谢和转录、渗透调节物质生物合成、活性氧清除系统、膜转运、激素代谢和信号转导等多个途径，这些途径在植物低温应答过程中均普遍发生变化（Lee et al.，2005）。

（三）不依赖 CBF 的信号转导途径

CBF-COR 途径代表了植物低温信号转导通路的关键组分，受到不同水平的正

向或负向调控。然而，植物中仅有 10%～25%的 *CORs* 受 CBF 调控，许多与 CBF
无关的转录因子或信号通路也参与了对 *CORs* 的表达调控（Park et al.，2015）。例
如，研究人员通过对低温胁迫下 *CBFs* 过表达植株和 *cbf1cbf2cbf3* 突变体的转录组
分析，从拟南芥中鉴定出了约 4000 个参与低温响应的 *CORs* 基因，但其中仅有数
百个受 CBF 的调控（Zhao et al.，2016）。目前，已经发现的可调节 *CORs* 基因表
达并与 CBF 无关的转录因子主要包括热激转录因子 HSFC1、锌指蛋白 ZAT10/12、
低温诱导锌指蛋白 CZF1、锌指转录因子 ZF、ABI3/VP1 转录因子 RAV1 和下胚轴
伸长转录因子 HY5 等（Ding et al.，2019）。其中，转录因子 HSFC1 在低温胁迫
下由水杨酸受体 NPR1 激活，然后通过不依赖 CBF 的信号转导途径调控 *CORs* 基
因的表达和植物对低温的耐受性；油菜素内酯（又称芸苔素内酯）调控因子 BZR1
除了通过 CBF 信号通路，还通过其他途径调节 *CORs* 基因的表达；T 细胞因子 TCF1
主要通过木质素合成途径 BCB-PAL1/PAL2 调控植物的抗寒性；功能缺失的 HOS9
和 HOS10 转录因子不会影响 *CBFs* 的表达，但在抑制 *CORs* 基因的表达方面发挥
综合作用；拟南芥 *GI* 基因编码一个参与开花调控的核内蛋白质，其表达受低温诱
导，*atgi-3* 突变体的耐寒能力明显下降，但 *CBFs* 基因的表达却不受影响。因此，
在调控植物低温耐受性上，不依赖 CBF 的其他信号转导通路也发挥着重要作用，
其具体调控机制有待进一步研究。

主要参考文献

陈庆山. 2003. 植物基因分离方法. 中国生物工程杂志, 23(8): 43-46.

陈欣瑜, 向梅梅, 董章勇. 2019. 花生黑腐病菌致病效应因子 *g10687* 基因敲除载体的构建. 西安:
　　中国菌物学会 2019 年学术年会.

方亦圆, 严维, 吴建新, 等. 2021. 花生 MYB 转录因子的鉴定与生物信息学分析. 生物信息学,
　　19(2): 115-127.

李春娟, 闫彩霞, 王娟, 等. 2020. 基于 iTRAQ 技术的黄曲霉胁迫花生蛋白质组分析. 花生学报,
　　49(1): 25-30, 18.

刘静, 李亚超, 周梦岩, 等. 2021. 植物蛋白质翻译后修饰组学研究进展. 生物技术通报, 37(1):
　　67-76.

田晨菲, 李建华, 王勇. 2020. 植物合成生物学调控元件的研究进展. 植物生理学报, 56(11):
　　2261-2274.

王秀贞, 唐月异, 吴琪, 等. 2013. 花生种子芽期耐低温相关基因克隆. 核农学报, 27(2):
　　152-157.

王勇, 姚勤, 陈克平. 2010. 动物 bHLH 转录因子家族成员及其功能. 遗传, 32(4): 307-330.

肖玉洁, 李泽明, 易鹏飞, 等. 2018. 转录因子参与植物低温胁迫响应调控机理的研究进展. 生
　　物技术通报, 34(12): 1-9.

于菲菲, 谢旗. 2017. 泛素化修饰调控脱落酸介导的信号途径. 遗传, 39(8): 692-706.

张高华, 于树涛, 王鹤, 等. 2019. 高油酸花生发芽期低温胁迫转录组及差异表达基因分析. 遗

传, 41(11): 1050-1059, 1073.

张国林, 石新国, 蔡宁波, 等. 2010. 花生果种皮特异表达基因 *AhPSG13* 的克隆和表达研究. 中国油料作物学报, 32(1): 35-40.

张鹤. 2020. 花生苗期耐冷评价体系构建及其生理与分子机制. 沈阳: 沈阳农业大学博士学位论文.

张鹤, 蒋春姬, 殷冬梅, 等. 2021. 花生耐冷综合评价体系构建及耐冷种质筛选. 作物学报, 47(9): 1753-1767.

张鹤, 史晓龙, 任婧瑶, 等. 2020. 花生幼苗响应低温胁迫的转录组分析. 沈阳农业大学学报, 51(1): 96-104.

张梅, 刘炜, 毕玉平, 等. 2009. 花生中 DREB 类转录因子 *PNDREB1* 的克隆及鉴定. 作物学报, 35(11): 1973-1980.

赵传志, 李爱芹, 王兴军, 等. 2009. 花生脂质转运蛋白家族基因的克隆与表达分析. 花生学报, 38(4): 15-20.

周想春, 邢永忠. 2016. 基因组编辑技术在植物基因功能鉴定及作物育种中的应用. 遗传, 38(3): 227-242.

朱莉, 常汝镇, 邱丽娟. 2003. 基因表达系列分析技术在植物基因表达分析中的应用. 中国农业科学, 36(11): 1233-1240.

Aguilar P S, Hernandez-Arriaga A M, Cybulski L E, et al. 2001. Molecular basis of thermosensing: a two-component signal transduction thermometer in Bacillus subtilis. EMBO J., 20(7): 1681-1691.

Ambardar S, Gupta R, Trakroo D, et al. 2016. High throughput sequencing: an overview of sequencing chemistry. Indian J. Microbiol., 56(4): 394-404.

Ambrosone A, Costa A, Leone A, et al. 2012. Beyond transcription: RNA-binding proteins as emerging regulators of plant response to environmental constraints. Plant Sci., 182(1): 12-18.

Ameur A, Kloosterman W P, Hestand M S. 2019. Single-molecule sequencing: towards clinical applications. Trends Biotechnol., 37(1): 72-85.

Bader G D, Heilbut A, Andrews B, et al. 2003. Functional genomics and proteomics: charting a multidimensional map of the yeast cell. Trends Cell Biol., 13(7): 344-356.

Bailey P C, Martin C, Toledo-Ortiz G, et al. 2003. Update on the basic helix-loop-helix transcription factor gene family in *Arabidopsis thaliana*. Plant Cell, 15(11): 2497-2502.

Bautz E K, Reilly E. 1966. Gene-specific messenger RNA: isolation by the deletion method. Science, 151(3708): 328-330.

Bertioli D J, Cannon S B, Froenicke L, et al. 2016. The genome sequences of *Arachis duranensis* and *Arachis ipaensis*, the diploid ancestors of cultivated peanut. Nat. Genet., 48(4): 438-446.

Bertioli D J, Jenkins J, Clevenger J, et al. 2019. The genome sequence of segmental allotetraploid peanut *Arachis hypogaea*. Nat. Genet., 51(5): 877-884.

Bi Y P, Liu W, Xia H, et al. 2010. EST sequencing and gene expression profiling of cultivated peanut (*Arachis hypogaea* L.). Genome, 53(10): 832-839.

Calixto C P G, Guo W, James A B, et al. 2018. Rapid and dynamic alternative splicing impacts the *Arabidopsis* cold response transcriptome. Plant Cell, 30(7): 1424-1444.

Capovilla G, Pajoro A, Immink R G, et al. 2015. Role of alternative pre-mRNA splicing in temperature signaling. Curr. Opin. Plant Biol., 27: 97-103.

Chen H, Liu N, Xu R, et al. 2021. Quantitative proteomics analysis reveals the response mechanism of peanut (*Arachis hypogaea* L.) to imbibitional chilling stress. Plant Biol. (Stuttg), 23(3):

517-527.

Chen X, Li H, Pandey M K, et al. 2016. Draft genome of the peanut A-genome progenitor (*Arachis duranensis*) provides insights into geocarpy, oil biosynthesis, and allergens. Proc. Natl. Acad. Sci. U. S. A., 113(24): 6785-6790.

Chen X, Lu Q, Liu H, et al. 2019. Sequencing of cultivated peanut, *Arachis hypogaea*, yields insights into genome evolution and oil improvement. Mol. Plant, 12(7): 920-934.

Chinnusamy V, Ohta M, Kanrar S, et al. 2003. ICE1: a regulator of cold-induced transcriptome and freezing tolerance in *Arabidopsis*. Genes Dev., 17(8): 1043-1054.

Costa V, Angelini C, De Feis I, et al. 2010. Uncovering the complexity of transcriptomes with RNA-Seq. J. Biomed. Biotechnol., 2010: 853916.

Cui M, Haider M S, Chai P, et al. 2021. Genome-wide identification and expression analysis of AP2/ERF transcription factor related to drought stress in cultivated peanut (*Arachis hypogaea* L.). Front. Genet., 12: 750761.

Dhonukshe P, Laxalt A M, Goedhart J, et al. 2003. Phospholipase D activation correlates with microtubule reorganization in living plant cells. Plant Cell, 15(11): 2666-7269.

Diatchenko L, Lau Y F, Campbell A P, et al. 1996. Suppression subtractive hybridization: a method for generating differentially regulated or tissue-specific cDNA probes and libraries. Proc. Natl. Acad. Sci. U. S. A., 93(12): 6025-6030.

Ding Y, Shi Y, Yang S. 2019. Advances and challenges in uncovering cold tolerance regulatory mechanisms in plants. New Phytol., 222(4): 1690-1704.

Ding Y, Shi Y, Yang S. 2020. Molecular regulation of plant responses to environmental temperatures. Mol. Plant, 13: 544-564.

Ding Y, Yang S. 2022. Surviving and thriving: How plants perceive and respond to temperature stress. Dev. Cell, 57(8): 947-958.

Dong C, Agarwal M, Zhang Y, et al. 2006. The negative regulator of plant cold responses, HOS1, is a RING E3 ligase that mediates the ubiquitination and degradation of ICE1. Proc. Natl. Acad. Sci. U. S. A., 103(21): 8281-8286.

Dreos R, Ambrosini G, Groux R, et al. 2017. The eukaryotic promoter database in its 30th year: focus on non-vertebrate organisms. Nucleic Acids Res., 45(D1): D51-D55.

Finka A, Cuendet A F, Maathuis F J, et al. 2012. Plasma membrane cyclic nucleotide gated calcium channels control land plant thermal sensing and acquired thermotolerance. Plant Cell, 24(8): 3333-3348.

Finkelstein R. 2013. Abscisic acid synthesis and response. Arabidopsis Book, 11: e0166.

Florea L, Song L, Salzberg S L. 2013. Thousands of exon skipping events differentiate among splicing patterns in sixteen human tissues. F1000Res., 2: 188.

Gao C, Sun J, Wang C, et al. 2017a. Genome-wide analysis of basic/helix-loop-helix gene family in peanut and assessment of its roles in pod development. PLoS One, 12(7): e0181843.

Gao J, Wallis J G, Jewell J B, et al. 2017b. Trimethylguanosine synthase1(TGS1) is essential for chilling tolerance. Plant Physiol., 174(3): 1713-1727.

Gees M, Owsianik G, Nilius B, et al. 2012. TRP channels. Compr. Physiol., 2(1): 563-608.

Goh H H, Ng C L, Loke K K. 2018. Functional genomics. Adv. Exp. Med. Biol., 1102: 11-30.

Gong Z, Dong C, Lee H, et al. 2005. A DEAD box RNA helicase is essential for mRNA export and important for development and stress responses in *Arabidopsis*. Plant Cell, 17(1): 256-267.

Goodwin S, McPherson J D, McCombie W R. 2016. Coming of age: ten years of next-generation sequencing technologies. Nat. Rev. Genet., 17(6): 333-351.

Guan Q, Wu J, Zhang Y, et al. 2013. A DEAD box RNA helicase is critical for pre-mRNA splicing, cold-responsive gene regulation, and cold tolerance in *Arabidopsis*. Plant Cell, 25(1): 342-356.

Guo X, Liu D, Chong K. 2018. Cold signaling in plants: insights into mechanisms and regulation. J. Integr. Plant Biol., 60(9): 745-756.

Higo K, Ugawa Y, Iwamoto M, et al. 1998. PLACE: a database of plant cis-acting regulatory DNA elements. Nucleic Acids Res., 26(1): 358-359.

Huang C, Ding S, Zhang H, et al. 2011. CIPK7 is involved in cold response by interacting with CBL1 in *Arabidopsis thaliana*. Plant Sci., 181(1): 57-64.

Hubank M, Schatz D G. 1994. Identifying differences in mRNA expression by representational difference analysis of cDNA. Nucleic Acids Res., 22(25): 5640-5648.

Jia Y, Ding Y, Shi Y, et al. 2016. The *cbfs* triple mutants reveal the essential functions of *CBFs* in cold acclimation and allow the definition of CBF regulons in *Arabidopsis*. New Phytol., 212(2): 345-353.

Jiang B, Shi Y, Zhang X, et al. 2017. PIF3 is a negative regulator of the CBF pathway and freezing tolerance in *Arabidopsis*. Proc. Natl. Acad. Sci. U. S. A., 114(32): E6695-E6702.

Jiang C, Zhang H, Ren J, et al. 2020. Comparative transcriptome-based mining and expression profiling of transcription factors related to cold tolerance in peanut. Int. J. Mol. Sci., 21(6): 1921.

Jung J H, Domijan M, Klose C, et al. 2016. Phytochromes function as thermosensors in *Arabidopsis*. Science, 354(6314): 886-889.

Jung J H, Seo P J, Park C M. 2012. The E3 ubiquitin ligase HOS1 regulates *Arabidopsis* flowering by mediating CONSTANS degradation under cold stress. J. Biol. Chem., 287(52): 43277-43287.

Jung S, Tate P L, Horn R, et al. 2003. The phylogenetic relationship of possible progenitors of the cultivated peanut. J. Hered., 94(4): 334-340.

Kang D, LaFrance R, Su Z, et al. 1998. Reciprocal subtraction differential RNA display: an efficient and rapid procedure for isolating differentially expressed gene sequences. Proc. Natl. Acad. Sci. U. S. A., 95(23): 13788-13793.

Kang S H, Lee J Y, Lee T H, et al. 2018. De novo transcriptome assembly of the Chinese pearl barley, adlay, by full-length isoform and short-read RNA sequencing. PLoS One, 13(12): e0208344.

Katam R, Sakata K, Suravajhala P, et al. 2016. Comparative leaf proteomics of drought-tolerant and -susceptible peanut in response to water stress. J. Proteomics, 143: 209-226.

Kidokoro S, Shinozaki K, Yamaguchi-Shinozaki K. 2022. Transcriptional regulatory network of plant cold-stress responses. Trends Plant Sci., 27(9): 922-935.

Kidokoro S, Yoneda K, Takasaki H, et al. 2017. Different cold-signaling pathways function in the responses to rapid and gradual decreases in temperature. Plant Cell, 29(4): 760-774.

Kim J S, Jung H J, Lee H J, et al. 2008. Glycine-rich RNA-binding protein 7 affects abiotic stress responses by regulating stomata opening and closing in *Arabidopsis thaliana*. Plant J., 55(3): 455-466.

Kim K N, Cheong Y H, Grant J J, et al. 2003. CIPK3, a calcium sensor-associated protein kinase that regulates abscisic acid and cold signal transduction in *Arabidopsis*. Plant Cell, 15(2): 411-423.

Kottapalli K R, Rakwal R, Shibato J, et al. 2009. Physiology and proteomics of the water-deficit stress response in three contrasting peanut genotypes. Plant Cell Environ., 32(4): 380-407.

Kovalchuk N, Jia W, Eini O, et al. 2013. Optimization of *TaDREB3* gene expression in transgenic barley using cold-inducible promoters. Plant Biotechnol. J., 11(6): 659-670.

Kurepa J, Walker J M, Smalle J, et al. 2003. The small ubiquitin-like modifier (SUMO) protein modification system in *Arabidopsis*. Accumulation of SUMO1 and -2 conjugates is increased by stress. J. Biol. Chem., 278(9): 6862-6872.

Kwon Y J, Park M J, Kim S G, et al. 2014. Alternative splicing and nonsense-mediated decay of circadian clock genes under environmental stress conditions in *Arabidopsis*. BMC Plant Biol., 14: 136.

Lamar E E, Palmer E. 1984. Y-encoded, species-specific DNA in mice: evidence that the Y chromosome exists in two polymorphic forms in inbred strains. Cell, 37(1): 171-177.

Lee B H, Henderson D A, Zhu J K. 2005. The *Arabidopsis* cold-responsive transcriptome and its regulation by ICE1. Plant Cell, 17(11): 3155-3175.

Lee B H, Kapoor A, Zhu J, et al. 2006. STABILIZED1, a stress-upregulated nuclear protein, is required for pre-mRNA splicing, mRNA turnover, and stress tolerance in *Arabidopsis*. Plant Cell, 18(7): 1736-1749.

Legris M, Klose C, Burgie E S, et al. 2016. Phytochrome B integrates light and temperature signals in *Arabidopsis*. Science, 354(6314): 897-900.

Lescot M, Déhais P, Thijs G, et al. 2002. PlantCARE, a database of plant *cis*-acting regulatory elements and a portal to tools for in silico analysis of promoter sequences. Nucleic Acids Res., 30(1): 325-327.

Li F, Han Y, Feng Y, et al. 2013. Expression of wheat expansin driven by the RD29 promoter in tobacco confers water-stress tolerance without impacting growth and development. J. Biotechnol., 163(3): 281-291.

Li H, Ding Y, Shi Y, et al. 2017. MPK3- and MPK6-mediated ICE1 phosphorylation negatively regulates ICE1 stability and freezing tolerance in *Arabidopsis*. Dev. Cell, 43(5): 630-642.

Li M, Li A, Xia H, et al. 2009. Cloning and sequence analysis of putative type II fatty acid synthase genes from *Arachis hypogaea* L.. J. Biosci., 34(2): 227-238.

Li M, Wang X, Su L, et al. 2010b. Characterization of five putative acyl carrier protein (ACP) isoforms from developing seeds of *Arachis hypogaea* L.. Plant Mol. Biol. Rep., 28(3): 365-372.

Li M, Xia H, Zhao C, et al. 2010a. Isolation and characterization of putative acetyl-CoA carboxylases in *Arachis hypogaea* L.. Plant Mol. Biol. Rep., 28(1): 58-68.

Li P, Peng Z, Xu P, et al. 2021. Genome-wide identification of NAC transcription factors and their functional prediction of abiotic stress response in peanut. Front. Genet., 12: 630292.

Li X, Duan X, Jiang H, et al. 2006. Genome-wide analysis of basic/helix-loop-helix transcription factor family in rice and *Arabidopsis*. Plant Physiol., 141(4): 1167-1184.

Liang P, Pardee A B. 1992. Differential display of eukaryotic messenger RNA by means of the polymerase chain reaction. Science, 257(5072): 967-971.

Lisitsyn N, Lisitsyn N, Wigler M. 1993. Cloning the differences between two complex genomes. Science, 259(5097): 946-951.

Liu H H, Wang Y G, Wang S P, et al. 2015. Cloning and characterization of peanut allene oxide cyclase gene involved in salt-stressed responses. Genet. Mol. Res., 14(1): 2331-2340.

Liu L, Li Y, Li S, et al. 2012. Comparison of next-generation sequencing systems. J. Biomed. Biotechnol., 2012: 251364.

Liu Z, Jia Y, Ding Y, et al. 2017. Plasma membrane CRPK1-mediated phosphorylation of 14-3-3 proteins induces their nuclear import to fine-tune CBF signaling during cold response. Mol. Cell, 66(1): 117-128.

Lu Q, Li H, Hong Y, et al. 2018. Genome sequencing and analysis of the peanut B-genome progenitor (*Arachis ipaensis*). Front. Plant Sci., 9: 604.

Lu X, Yang L, Yu M, et al. 2017. A novel *Zea mays* ssp. *mexicana* L. MYC-type ICE-like transcription factor gene *ZmmICE1*, enhances freezing tolerance in transgenic *Arabidopsis thaliana*. Plant Physiol. Biochem., 113: 78-88.

Luan S. 2009. The CBL-CIPK network in plant calcium signaling. Trends Plant Sci., 14(1): 37-42.

Luo M, Liang X Q, Dang P, et al. 2005. Microarray-based screening of differentially expressed genes in peanut in response to *Aspergillus parasiticus* infection and drought stress. Plant Sci., 169(4): 695-703.

Lv Z, Zhou D, Shi X, et al. 2022. Comparative multi-omics analysis reveals lignin accumulation affects peanut pod size. Int. J. Mol. Sci., 23(21): 13533.

Ma Y, Dai X, Xu Y, et al. 2015. COLD1 confers chilling tolerance in rice. Cell, 160(6): 1209-1921.

Marton I, Zuker A, Shklarman E, et al. 2010. Nontransgenic genome modification in plant cells. Plant Physiol., 154(3): 1079-1087.

Matys V, Kel-Margoulis O V, Fricke E, et al. 2006. TRANSFAC and its module TRANSCompel: transcriptional gene regulation in eukaryotes. Nucleic Acids Res., 34(Database issue): D108-D 110.

Mishra S, Shukla A, Upadhyay S, et al. 2014. Identification, occurrence, and validation of DRE and ABRE *cis*-regulatory motifs in the promoter regions of genes of *Arabidopsis thaliana*. J. Integr. Plant Biol., 56(4): 388-399.

Miura K, Jin J B, Lee J, et al. 2007. SIZ1-mediated sumoylation of ICE1 controls CBF3/DREB1A expression and freezing tolerance in *Arabidopsis*. Plant Cell, 19(4): 1403-1414.

Monroy A F, Castonguay Y, Laberge S, et al. 1993. A new cold-induced alfalfa gene is associated with enhanced hardening at subzero temperature. Plant Physiol., 102(3): 873-879.

Morey C, Mookherjee S, Rajasekaran G, et al. 2011. DNA free energy-based promoter prediction and comparative analysis of *Arabidopsis* and rice genomes. Plant Physiol., 156(3): 1300-1315.

Moritz R L, Ji H, Schütz F, et al. 2004. A proteome strategy for fractionating proteins and peptides using continuous free-flow electrophoresis coupled off-line to reversed-phase high-performance liquid chromatography. Anal. Chem., 76(16): 4811-4824.

Novillo F, Alonso J M, Ecker J R, et al. 2004. CBF2/DREB1C is a negative regulator of *CBF1/DREB1B* and *CBF3/DREB1A* expression and plays a central role in stress tolerance in *Arabidopsis*. Proc. Natl. Acad. Sci. U. S. A., 101(11): 3985-3990.

Ooka H, Satoh K, Doi K, et al. 2003. Comprehensive analysis of NAC family genes in *Oryza sativa* and *Arabidopsis thaliana*. DNA Res., 10(6): 239-247.

O'Rourke J A, Yang S S, Miller S S, et al. 2013. An RNA-Seq transcriptome analysis of orthophosphate-deficient white lupin reveals novel insights into phosphorus acclimation in plants. Plant Physiol., 161(2): 705-724.

Park S, Lee C M, Doherty C J, et al. 2015. Regulation of the *Arabidopsis* CBF regulon by a complex low-temperature regulatory network. Plant J., 82(2): 193-207.

Payton P, Kottapalli K R, Rowland D, et al. 2009. Gene expression profiling in peanut using high density oligonucleotide microarrays. BMC Genomics, 10: 265.

Paz-Ares J, Ghosal D, Wienand U, et al. 1987. The regulatory c1 locus of *Zea mays* encodes a protein with homology to myb proto-oncogene products and with structural similarities to transcriptional activators. EMBO J., 6(12): 3553-3558.

Poulsen L D, Vinther J. 2018. RNA-Seq for bacterial gene expression. Curr. Protoc. Nucleic Acid Chem., 73(1): e55.

Pradhan S K, Pandit E, Nayak D K, et al. 2019. Genes, pathways and transcription factors involved in seedling stage chilling stress tolerance in indica rice through RNA-Seq analysis. BMC Plant Biol., 19(1): 352.

Qiu W, Wang N, Dai J, et al. 2019. *AhFRDL1*-mediated citrate secretion contributes to adaptation to iron deficiency and aluminum stress in peanuts. J. Exp. Bot., 70(10): 2873-2886.

Ren J, Guo P, Zhang H, et al. 2022. Comparative physiological and coexpression network analyses reveal the potential drought tolerance mechanism of peanut. BMC Plant Biol., 22(1): 460.

Ruelland E, Cantrel C, Gawer M, et al. 2002. Activation of phospholipases C and D is an early response to a cold exposure in *Arabidopsis* suspension cells. Plant Physiol., 130(2): 999-1007.

Santos A P, Serra T, Figueiredo D D, et al. 2011. Transcription regulation of abiotic stress responses in rice: a combined action of transcription factors and epigenetic mechanisms. OMICS., 15(12): 839-857.

Shahmuradov I A, Gammerman A J, Hancock J M, et al. 2003. PlantProm: a database of plant promoter sequences. Nucleic Acids Res., 31(1): 114-117.

Shahmuradov I A, Solovyev V V. 2015. Nsite, NsiteH and NsiteM computer tools for studying transcription regulatory elements. Bioinformatics, 31(21): 3544-3545.

Shahmuradov I A, Umarov R K, Solovyev V V. 2017. TSSPlant: a new tool for prediction of plant Pol Ⅱ promoters. Nucleic Acids Res., 45(8): e65.

Shan Q, Wang Y, Li J, et al. 2013. Targeted genome modification of crop plants using a CRISPR-Cas system. Nat. Biotechnol., 31(8): 686-688.

Shi Y, Ding Y, Yang S. 2015. Cold signal transduction and its interplay with phytohormones during cold acclimation. Plant Cell Physiol., 56(1): 7-15.

Shi Y, Yang S. 2015. COLD1: a cold sensor in rice. Sci. China Life Sci., 58(4): 409-410.

Shu H, Luo Z, Peng Z, et al. 2020. The application of CRISPR/Cas9 in hairy roots to explore the functions of *AhNFR1* and *AhNFR5* genes during peanut nodulation. BMC Plant Biol., 20(1): 417.

Solanke A U, Sharma A K. 2008. Signal transduction during cold stress in plants. Physiol. Mol. Biol. Plants, 14(1-2): 69-79.

Song Y, Zhang X, Li M, et al. 2021. The direct targets of CBFs: in cold stress response and beyond. J. Integr. Plant Biol., 63(11): 1874-1887.

Sunkar R, Chinnusamy V, Zhu J, et al. 2007. Small RNAs as big players in plant abiotic stress responses and nutrient deprivation. Trends Plant Sci., 12(7): 301-309.

Sunkara S, Bhatnagar-Mathur P, Sharma K K. 2014. Isolation and functional characterization of a novel seed-specific promoter region from peanut. Appl. Biochem. Biotechnol., 172(1): 325-339.

Suzuki I, Los D A, Murata N. 2000. Perception and transduction of low-temperature signals to induce desaturation of fatty acids. Biochem. Soc. Trans., 28(6): 628-630.

Syed N H, Kalyna M, Marquez Y, et al. 2012. Alternative splicing in plants-coming of age. Trends Plant Sci., 17(10): 616-623.

Tang Y, Huang J, Ji H, et al. 2022. Identification of *AhFatB* genes through genome-wide analysis and knockout of *AhFatB* reduces the content of saturated fatty acids in peanut (*Arichis hypogaea* L.). Plant Sci., 319: 111247.

Townsend J A, Wright D A, Winfrey R J, et al. 2009. High-frequency modification of plant genes using engineered zinc-finger nucleases. Nature, 459(7245): 442-445.

Tran L S, Urao T, Qin F, et al. 2007. Functional analysis of AHK1/ATHK1 and cytokinin receptor histidine kinases in response to abscisic acid, drought, and salt stress in *Arabidopsis*. Proc. Natl. Acad. Sci. U. S. A., 104(51): 20623-20628.

Van Dijk E L, Jaszczyszyn Y, Naquin D, et al. 2018. The third revolution in sequencing technology. Trends Genet., 34(9): 666-681.

Vaultier M N, Cantrel C, Vergnolle C, et al. 2006. Desaturase mutants reveal that membrane rigidification acts as a cold perception mechanism upstream of the diacylglycerol kinase pathway in *Arabidopsis* cells. FEBS Lett., 580(17): 4218-4223.

Velculescu V E, Zhang L, Zhou W, et al. 1997. Characterization of the yeast transcriptome. Cell,

88(2): 243-251.

Wan B, Lin Y, Mou T. 2007. Expression of rice Ca²⁺-dependent protein kinases (*CDPKs*) genes under different environmental stresses. FEBS Lett., 581(6): 1179-1189.

Wang F, Zhang L, Chen X, et al. 2019a. *SlHY5* integrates temperature, light, and hormone signaling to balance plant growth and cold tolerance. Plant Physiol., 179(2): 749-760.

Wang K, Ding Y, Cai C, et al. 2019b. The role of C2H2 zinc finger proteins in plant responses to abiotic stresses. Physiol. Plant, 165(4): 690-700.

Wang K, Wang D, Zheng X, et al. 2019c. Multi-strategic RNA-seq analysis reveals a high-resolution transcriptional landscape in cotton. Nat. Commun., 10(1): 4714.

Wang Q, Qi W, Wang Y, et al. 2011. Isolation and identification of an AP2/ERF factor that binds an allelic *cis*-element of rice gene *LRK6*. Genet. Res. (Camb), 93(5): 319-332.

Wang X, Liu Y, Han Z, et al. 2021a. Integrated transcriptomics and metabolomics analysis reveal key metabolism pathways contributing to cold tolerance in peanut. Front. Plant Sci., 12: 752474.

Wang X, Niu Y, Zheng Y. 2021b. Multiple functions of MYB transcription factors in abiotic stress responses. Int. J. Mol. Sci., 22(11): 6125.

Warde-Farley D, Donaldson S L, Comes O, et al. 2010. The GeneMANIA prediction server: biological network integration for gene prioritization and predicting gene function. Nucleic Acids Res., 38(Web Server issue): W214-220.

Wilkins M R, Sanchez J C, Gooley A A, et al. 1996. Progress with proteome projects: why all proteins expressed by a genome should be identified and how to do it. Biotechnol. Genet. Eng. Rev., 13: 19-50.

Wu S J, Ding L, Zhu J K. 1996. SOS1, a genetic locus essential for salt tolerance and potassium acquisition. Plant Cell, 8(4): 617-627.

Xia C, Gong Y, Chong K, et al. 2021. Phosphatase *OsPP2C27* directly dephosphorylates *OsMAPK3* and *OsbHLH002* to negatively regulate cold tolerance in rice. Plant Cell Environ., 44(2): 491-505.

Xiang Y, Huang Y, Xiong L. 2007. Characterization of stress-responsive *CIPK* genes in rice for stress tolerance improvement. Plant Physiol., 144(3): 1416-1428.

Xiao T, Zhou W. 2020. The third generation sequencing: the advanced approach to genetic diseases. Transl. Pediatr., 9(2): 163-173.

Xiong L, Ishitani M, Lee H, et al. 2001. The *Arabidopsis LOS5/ABA3* locus encodes a molybdenum cofactor sulfurase and modulates cold stress- and osmotic stress-responsive gene expression. Plant Cell, 13(9): 2063-2083.

Yan L, Jin H, Raza A, et al. 2022. WRKY genes provide novel insights into their role against *Ralstonia solanacearum* infection in cultivated peanut (*Arachis hypogaea* L.). Front. Plant Sci., 13: 986673.

Yin D, Ji C, Song Q, et al. 2019. Comparison of *Arachis monticola* with diploid and cultivated tetraploid genomes reveals asymmetric subgenome evolution and improvement of peanut. Adv. Sci. (Weinh), 7(4): 1901672.

Yu H, Kong X, Huang H, et al. 2020. *STCH4/REIL2* confers cold stress tolerance in *Arabidopsis* by promoting rRNA processing and CBF protein translation. Cell Rep., 30(1): 229-242.

Yu X, Dong J, Deng Z, et al. 2019. *Arabidopsis* PP6 phosphatases dephosphorylate PIF proteins to repress photomorphogenesis. Proc. Natl. Acad. Sci. U. S. A., 116(40): 20218-20225.

Zhang G, Sun M, Wang J, et al. 2019. PacBio full-length cDNA sequencing integrated with RNA-seq reads drastically improves the discovery of splicing transcripts in rice. Plant J., 97(2): 296-305.

Zhang H, Jiang C, Lei J, et al. 2022a. Comparative physiological and transcriptomic analyses reveal key regulatory networks and potential hub genes controlling peanut chilling tolerance. Genomics, 114(2): 110285.

Zhang H, Jiang C, Ren J, et al. 2020. An advanced lipid metabolism system revealed by transcriptomic and lipidomic analyses plays a central role in peanut cold tolerance. Front. Plant Sci., 11: 1110.

Zhang H, Yu Y, Wang S, et al. Genome-wide characterization of phospholipase D family genes in allotetraploid peanut and its diploid progenitors revealed their crucial roles in growth and abiotic stress responses. Front. Plant Sci., 2023, 14: 1102200.

Zhang X, Ren C, Xue Y, et al. 2022b. Small RNA and degradome deep sequencing reveals the roles of microRNAs in peanut (*Arachis hypogaea* L.) cold response. Front. Plant Sci., 13: 920195.

Zhang Z, Li J, Li F, et al. 2017. *OsMAPK3* phosphorylates *OsbHLH002/OsICE1* and inhibits its ubiquitination to activate *OsTPP1* and enhances rice chilling tolerance. Dev. Cell, 43(6): 731-743.

Zhao C, Zhang Z, Xie S, et al. 2016. Mutational evidence for the critical role of CBF transcription factors in cold acclimation in *Arabidopsis*. Plant Physiol., 171(4): 2744-2759.

Zheng S, Su M, Wang L, et al. 2021. Small signaling molecules in plant response to cold stress. J. Plant Physiol., 266: 153534.

Zhu F Y, Chen M X, Ye N H, et al. 2017. Proteogenomic analysis reveals alternative splicing and translation as part of the abscisic acid response in *Arabidopsis* seedlings. Plant J., 91(3): 518-533.

Zhu J K. 2016. Abiotic stress signaling and responses in plants. Cell, 167(2): 313-324.

Zhuang W, Chen H, Yang M, et al. 2019. The genome of cultivated peanut provides insight into legume karyotypes, polyploid evolution and crop domestication. Nat. Genet., 51(5): 865-876.

第六章　花生冷害诊断及减产的农业技术分析

第一节　花生冷害的诊断

冷害是适温以下、0℃以上的低温对作物造成的危害，一般在发生初期很难从植株外部形态观察到明显的症状，不易被发现，到生育后期才会表现出明显的生育期延迟、产量降低。若在明显症状出现以后再采取相应的防御措施，则为时已晚。因此，在低温过程中对冷害的发生情况进行提前诊断，并及时采取正确有效的防御措施，对于减轻冷害减产程度、实现作物高产稳产十分必要。

一、冷害诊断的意义

冷害诊断就是通过科学的方法，正确地判断出作物冷害的发生时期、危害程度，以及对作物生长发育产生的影响。其主要依据是作物遭受低温冷害之后，植株的生长发育进程必然发生一系列变化，涉及形态、生态、生理、生化及基因调控等诸多生物学过程。这些变化有的是骤然急剧的，有的是缓慢细微的。通过研究这些变化与作物生长发育的相关性，人们能及时了解冷害的发生情况，诊断出作物遭受冷害的时期和危害程度，从而为有针对性地采取必要的防御措施提供依据。

二、冷害诊断的方法

长期以来，国内外研究学者在冷害的诊断技术上做了较多的研究工作。目前，在花生中应用比较广泛的冷害诊断方法主要包括温度指标法和积温法。

（一）温度指标法

温度是对作物生长发育影响最大的环境因子之一。植株体内的任何生物学过程都需要在一定的温度条件下进行，并且只有当热量积累到一定数量后才能完成其生长发育、获得产量，过高或过低的温度都会限制作物的生长发育进程，从而造成减产，甚至绝产。因此，在实际生产中，往往通过分析作物的三基点温度、生长界限温度、有效积温和全生育期等指标，来预测某一地区某个时期的温度是否会对该作物的生长发育造成危害。何维勋和曹永华（1990）利用此方法将玉米生育过程对温度的响应分为 4 级：①在快速发育温度范围内，发育速率对温度的反应不是十分敏感，温度降到高效点下限值时，相对发育速率仍达到 0.93；②在适宜温度范围内，发育速率对温度变化的敏感性逐渐增强，相对发育速率为 0.79～0.93，此时比较容易获得高产；③在亚适宜温度范围内，随着温度的降低发育速率迅速减小，温度降到最敏感点（20.7℃）时，发育速率较最高速率减小 20%，但只要昼夜温差大、水热同季，仍然可以实现玉米高产稳产；④在轻度冷害温度范围及其以下温度，玉米将延迟生育，随着温度的降低，冷害逐渐加重。

花生属于喜温作物，整个生育期对温度的要求较高。通常萌发期的最适温度为 28～30℃，最低温度为 12～15℃，若此时遭遇 12℃以下的低温，种子活力会受到影响，发芽势、发芽率和发芽指数等随低温强度的增加以及低温时间的延长显著降低，甚至出现种子腐烂、活力丧失等现象，导致冷害发生；苗期的最适温度为 28～30℃，最低温度为 14～16℃，若该时期遭遇 14℃以下的低温，幼苗生长缓慢，植株矮小，叶片易出现脱水、萎蔫、褪色，甚至枯死等症状；开花下针期的最适温度为 23～28℃，最低温度为 19℃，若此时遭遇 16℃以下的低温，花器官的形成、授粉、受精过程均会受到阻碍，造成有壳无仁的现象；饱果成熟期的最适温度为 25～33℃，最低温度为 18℃，若此阶段遭遇 20℃以下的低温，则会出现茎枝枯衰、叶片脱落等早衰现象，导致光合产物向荚果转移的功能期缩短，使荚果充实度和百果重显著下降；收获期的最适温度为 23～27℃，最低温度为 12℃，若此时遭遇 4℃以下的低温，一方面会出现果柄霉烂、荚果脱落、籽仁酸败等现象，另一方面会导致花生种子发芽率大幅度降低或丧失，造成留种困难。但是，不同花生品种对温度的反应存在差异，同一品种不同生育时期对低温的抵抗能力也不尽相同。因此，上述指标只能反映一般情况，对于更精准的研究来说还需进一步具体化。

（二）积温法

作物的生长发育是一个有规律的各个阶段连锁的过程，即只有完成上一发育阶段才能顺序进入下一发育阶段。在水分条件得到充分满足的情况下，温度是影响作物生长发育最主要的环境因子。在一定温度范围内，作物的生长发育速度与温度成正比，即随着温度升高，生长发育速度加快，生育期缩短。因此，生育期内任何一个阶段出现低温都会使生育期推迟，或因热量满足不了作物生长发育需要而导致霜前不能正常成熟，从而造成冷害减产。作物整个生育期的热量状况可以用积温表示，并以此衡量某种作物或某个作物品种对热量条件的满足程度。

积温法简便易行，目前已经被广泛应用于各种作物的冷害诊断，其理论依据为：同一感温性品种，在正常栽培条件下，从播种到成熟所需要的积温是比较稳定的；在不同地区、不同年份、不同季节栽培，即使播种至成熟所经历的天数可能差异较大，但去掉下限温度和上限温度之后，有效积温相差较小。在一年一熟制地区，若要利用积温法诊断某一品种的生育期是否延迟，首先要统计该地区历年 4～9 月的平均温度和积温，以确定该品种安全成熟期的临界温度和日期；若要诊断营养生长期是否受冷害，先要计算出各生育期标准天数内的实际有效积温，然后再比较实际有效积温与理论有效积温的大小，如果实际有效积温小于理论有效积温，说明这一生育时期已经遭受冷害，生育期已经延迟。由于农业生产环境复杂，积温的稳定性还会受到病虫草害等其他因素的影响，因此在实际应用中应全面考虑。

第二节　花生冷害减产的农业技术分析

在农业生产中，人们对引起花生低温冷害的原因一直以来都有不同的看法，目前较为一致的观点是，低温冷害的发生是气象要素和农业条件综合作用的结果。其中，较低的环境温度和大范围的气候异常是引起花生减产的最直接原因，同时不正确的引种、改制和农业技术措施会加重花生的减产程度。

一、天气条件与冷害

我国不同地区低温冷害的发生与冬夏季风的强弱、位置和进退时间密切相关，尤其是冷空气入侵早、后退晚的寒潮天气。其中，春、秋季节低温引起的冷害主要发生在长江流域以南的地区；夏季低温引起的冷害主要出现在东北地区。研究表明，东北地区夏季低温年的主要天气气候特征为：一是极地冷气团强大，在 100hPa 高空天气图中，极涡明显倾向于东半球太平洋一侧，中心位于白令海峡附近，且活动极盛，东北位于鄂霍次克海较强的长波槽后部，南亚副热带高压异常偏弱，这种形势十分有利于低层冷空气向南侵袭，而对暖空气北上不利，易造成东北低温天气；二是夏季的副热带高压减弱，并且位置偏东、偏南，从而造成东北地区低温，同时处于西太平洋地区副热带高压长周期振荡的极弱时期，东北地区容易发生严重低温冷害；三是 500hPa 高度距平图中，从新地岛到乌拉尔山和阿拉斯加州附近是广阔的正距平区，而我国处在中心位于东北的负距平区，因此常出现低温天气（王春乙等，2007）。另外，我国在冷涡天气发生较频繁的年份，也易发生东北低压。

二、气候异常与冷害

低温冷害具有空间尺度大的特征，南北可跨越 40 个纬度，东西可跨越 40 个经度。其中东亚地区和半球范围的大气环流变化是造成大范围气候异常的主要原因，受厄尔尼诺现象、太阳活动强度、大气含尘量和天体引力因子等因素影响。

（一）厄尔尼诺-南方涛动

厄尔尼诺-南方涛动（ENSO）是赤道太平洋地区大范围海气相互作用后失去平衡而产生的一种气候现象，主要通过影响全球的大气环流引起大范围的气候异常，导致农业气象灾害（郑冬晓和杨晓光，2014）。Shi 等（2018）通过研究不同年份赤道东太平洋海温和我国各地区气温的变化特征发现，ENSO 现象可对我国大部分地区的温度造成影响，且具有明显的地域性和季节性，与我国北方地区低温冷害事件的发生频率和发生强度密切相关。在厄尔尼诺事件发生当年，我国北方大部分地区初霜冻偏早的可能性较大，东北地区东南部及新疆中南部等地初霜冻偏晚；在拉尼娜事件发生当年，我国北方大部分地区初霜冻偏晚的可能性较大，东北地区中部、内蒙古中西部、华北东部、新疆西部和西北东部的局部地区初霜冻偏早（杨明珠等，2013）。另外，厄尔尼诺事件还与东北地区夏季低温存在较强的对应关系。在图们江下游，厄尔尼诺事件会增加延迟型冷害发生的概率，使当年和次年的延迟型冷害发生概率分别为 60% 和 40%，拉尼娜事件使次年发生延迟型冷害的发生概率为 58%（汪宏宇等，2005）；黑龙江于 1937~2005 年共发生 24 次厄尔尼诺事件，22 次低温冷害事件，其中厄尔尼诺事件发生当年及前后年发生低温冷害 18 次，说明厄尔尼诺事件发生前后是低温冷害的多发期（金爱芬，2007）。也有研究表明，厄尔尼诺事件所导致的东北地区低温异常最显著的并不是在夏季，而是在当年的秋季至次年的春季（Wu et al.，2010）。

（二）太阳黑子

地球上的一切自然现象都直接或间接地受到太阳光和热的支配，太阳活动的变化直接影响着全球的大气环流特性，从而引起气候变化。太阳黑子是存在于太阳光球表面的一些较暗的物质，其数量的多少是太阳活动强弱的基本标志。国内外相关研究表明，太阳黑子的周期长度和数量与全球冷暖变化极具相关性，一般太阳黑子周期长度越长，太阳活动越弱，全球气温呈降低趋势（肖子牛，2021；Tartakovsky，2017）。在川滇地区，中、重度低温冷冻灾害主要出现在太阳黑子活动的极值年份及其前后 1 年，对农牧业生产产生极大影响（杜华明，2015）；在东北地区，太阳黑子活动谷年的夏季气温会偏低 0.8℃以上，其中黑龙江北部、吉林偏东部和辽宁西北部偏低最为明显（赵连伟等，2013）。长白山地区作为我国东部高海拔地区的代表，异常偏冷年出现的极端低温日数占全年的 98%。张伶俐等（2019）通过分析 1958~2017 年长白山地区的气象观测资料和大气环流特征量数据发现，近 60 年长白山地区共有 13 年冬季气温异常偏低，其间太阳黑子大部分处于峰谷值。

（三）大气含尘量

大气含尘量是指大气中所含有的各种固态和液态悬浮微粒数量的总和，其组成成分的变化会影响到达地面的太阳总辐射，从而影响地表温度（Sun et al.，2020）。火山活动是导致大气含尘量及其组成成分发生改变的主要原因，有研究表明，火山喷发能将大量硫化物随尘埃微粒一起抛入大气层，并在到达平流层后与水结合形成硫酸盐气溶胶。该气溶胶可在平流层内滞留 1～2 年，并在全球范围内扩散，通过有效阻挡部分太阳辐射使全球地表温度降低（Legrande and Anchukaitis，2015）。1600 年秘鲁 Huaynaputina 火山喷发是历史时期全球最大规模的火山喷发之一。据文献记载，Huaynaputina 喷发后的 1～2 年，到达地面的太阳辐射被削弱，全球气候明显变冷。1601 年夏季，安徽、浙江和上海等长江下游地区异常寒冷，甚至部分地区在 6 月出现降雪天气，而 7 月和 8 月又异常炎热；1601 年夏季和秋季，河北、山西、陕西和甘肃等黄河中下游地区出现了大范围霜灾，其中以河北和山西最为严重，河北怀安还出现了夏季降雪；1602 年和 1603 年上半年，长江、黄河中下游部分地区还出现盛夏季节"大寒五日，人着絮衣"和"大寒飞雪，人复衣棉"这样的异常低温现象，给农业生产造成了严重危害（孙炜毅等，2024）。

（四）天体引力因子

地球是一个极其复杂的生态系统，在其漫长的变化中气候条件也不断随之变化，包括太阳辐射变化、火山爆发等。地球上的天气变化是由太阳系中所有星体（包括月亮）的运行轨道综合影响而形成，地球温度的变化主要由地球在太阳系和银河系中的轨道位置所处的能级决定。不同级别的天体在不同的体系里都有其各自的周期表现：地球自转表现为白天黑夜；对于地球围绕太阳这个级别系统而言，地球表现为春夏秋冬的周期性发生；对于太阳围绕银河系这个级别的周期系统而言，地球表现为冰期和间冰期；而极端天气是由对地球作用的天体引力大小和方向突然改变或者变化幅度太大引起的。

三、农业技术与冷害

低温冷害造成的花生减产除了取决于当地不利的气象条件，很大程度上还受品种特性和栽培条件的影响。品种耐冷性弱，晚熟品种比例多，引种地纬度、海拔较高，复种指数偏大，播种期过晚，施肥不合理，以及农田基本建设不完备等均会造成或加剧冷害的发生。

（一）品种耐冷性弱

在长期生产实践中人们发现，在冷害发生年份，同是一个地区，低温引起减产的程度也有所不同，甚至相邻地块儿也存在明显差异，说明低温条件下作物的减产程度受自身耐冷性的影响较大。从根本上来说，作物的耐冷性强弱主要取决于其自身的遗传特性，即作物对低温的敏感程度由其基因组决定，这就导致同一作物不同品种之间的耐冷性存在一定差异。张鹤（2020）通过测定低温条件下 68 份花生种质的发芽率发现，随着环境温度的降低，各花生品种的相对发芽率均呈明显的降低趋势，但品种之间存在显著差异。经 4℃处理 7d 后，68 份花生种质的平均发芽率仅为 31.00%，变异系数达 77.10%，其中大部分花生种质的相对发芽率在 40% 左右，但四粒红、Y-7 黑花生和彩花 7 号的相对发芽率能高达 90% 以上，而白沙 1016、铁花 3 号、冀油 9606 和阜花 18 号等 13 份花生种质几乎不萌发（图 6-1）。另外，高油酸花生品种与普通花生品种相比对低温的适应能力较弱。在正常栽培条件下，高油酸花生品种播种时地表 5cm 的日平均温度至少应稳定在 18～19℃及以上，通常较普通花生品种（小花生 12℃，大花生 15℃）高 3～5℃。

（二）品种熟期晚

在花生生产上，低温冷害的频繁发生与长期引种晚熟品种也有较大关系。例如，20 世纪 50 年代，我国东北地区的花生种植面积仅有 18 万 hm^2，主要推广伏茎大粒、立茎大粒、四粒红等地方农家品种，生育期为 100～110d；20 世纪 60 至 70 年代，花生育种家们开始开展杂交育种和系统育种工作，先后选育出阜花 1 号、阜花 2 号、阜花 4 号、阜花 5 号和锦交 4 号等品种，同时从山东和广东引入了伏花生、狮头企、白沙 1016 等品种，生育期为 120～130d；20 世纪 80 至 90 年代，东北地区花生种植面积大幅度增加，达 28 万 hm^2，占同期全国花生总面积的 8.03%，主要推广新育成的阜花 7 号、锦花 3 号、锦花 5 号、连花 3 号、连花 4 号，以及引进的徐州 68-4、海花 1 号、花育 16 号等品种，生育期大多为 125～135d，其中海花 1 号的生育期甚至长达 145d，主栽品种的生育期越来越长。因此，当 1969 年、1972 年和 1976 年冷害发生时，东北地区花生产量大幅度下降，尤其以 1976 年最为严重，全年≥10℃的活动积温较正常年份偏少 200～300℃，谷物和豆类等作物共减产 47.5 亿 kg；辽宁花生减产了 20% 左右，并且品种越晚熟减产幅度越大。

（三）播种期过晚

花生具有耐旱、耐瘠薄的特性，因此我国大多数花生都种植在地力条件较差

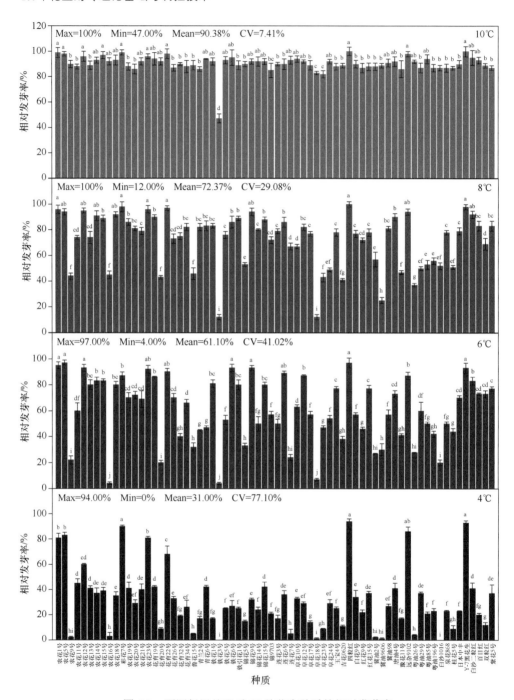

图 6-1　不同低温处理后 68 份花生种质的相对发芽率

Max 表示最大值；Min 表示最小值；Mean 表示平均值；CV 表示变异系数；图中不同字母代表同一处理下不同种
质间在 5%水平上差异显著

的丘陵旱薄地块，导致花生生长季内常遭遇周期性和季节性干旱，对花生生产造成严重影响。例如，在我国北方地区，十年九春旱，几乎每年都会因为春季干旱而不能正常播种，或者因为播后干旱而迟迟不出苗，有时即使出苗也会先后不齐，形成三类苗，造成一定的产量损失。同时，花生播种过晚或因毁种使出苗后延，导致生育期延迟，也会造成冷害发生年份花生的减产程度加重。一方面，生育期延迟会有遭遇早霜的风险，当花生未完全成熟或收获后未能及时晒干（含水量≥15%），且气温降到 0℃以下时，极易发生冻害，使花生荚果不饱满甚至腐烂，籽粒变软，色泽变暗，食味发生严重劣变，同时伴有酸败气味，含油量下降，酸价上升，品质严重恶化，而且种子活力和发芽率急剧下降，甚至完全失去生活力；另一方面，晚播除了易导致出苗时间不一致、出苗不整齐，还会因环境温度过高而缩短营养生长期，形成弱苗，造成植株的耐低温能力下降。辽宁阜新地区的分期播种试验表明，随着花生播种期的延迟，其生育进程加快，播种至出苗、播种至开花、播种至成熟所经历的天数减少，营养生长时间减少，生殖生长加速，生育期明显缩短（表 6-1）。晚播还会导致花生的植株形态发生明显变化，主茎高、侧枝长和总分枝数等指标分别较正常播期减少 1.7%～24.1%、2.9%～22.3%和 5.4%～33.8%，植株长势明显减弱。

表 6-1　不同播种期对花生生长发育进程的影响（高华援和于海秋，2022）

播种日期 （月/日）	始苗日期 （月/日）	播种至出苗 天数/d	开花日期 （月/日）	播种至开花 天数/d	成熟日期 （月/日）	播种至成熟 天数/d
5/15	6/02	18	7/01	47	9/15	123
5/26	6/09	14	7/08	43	9/20	117
5/30	6/13	14	7/11	42	9/23	116
6/05	6/16	11	7/14	39	9/26	113
6/10	6/20	10	7/16	36	9/28	110
6/15	6/24	9	7/18	33	10/01	108
6/20	6/29	9	7/20	30	10/02	104

（四）施肥不合理

土壤肥力不足或施肥不均是限制作物产量提高的重要因素，同时也会对植株的抗逆性造成影响。土壤有机质是衡量土壤综合肥力的重要指标，其含量的高低与土壤肥力水平紧密相关。近 30 年来，我国耕地土壤有机质整体水平较低，并且呈逐年下降趋势。据监测，1988～1997 年，全国耕地土壤有机质平均含量为25.7g/kg，而 2009～2018 年降至 24.3g/kg，降幅高达 5.4%。这是因粮豆作物从土壤中吸收的氮、磷、钾养分与施用化肥、农肥归还土壤的养分极为不平衡所致，归还率大概只有 85%。近几年，在大力推广测土配方施肥、有机肥替代化肥、秸秆还田等一系列绿色发展技术措施的背景下，我国耕地质量有所提升，但土壤有机质含量仍然较低，尤其南方耕地红壤酸化、东北黑土地退化和西北土壤盐渍化等现象十分严重。一方面，土壤肥力不足会直接造成花生营养不良，使植株生长受到抑制，甚至延迟生育期，从而加大冷害减产的风险。另一方面，为了追求高产，农民过量施用化肥，尤其重施氮肥、轻施微量元素肥，导致营养元素配合比例失调，使花生贪青晚熟，这也是造成低温年减产的一个重要因素。

（五）农田基本建设不完备

农田基本建设不完备会直接影响作物的高产稳产。北方旱田生产基本是雨养农业，雨水少易干旱，雨水多易洪涝。在灌水、排水设施不完备的地区，即使正常年份也不易获得高产稳产，如遇低温冷害年便会严重减产。为突破耕地资源、水资源及气候资源等约束瓶颈，确保国家粮食安全，我国相继出台了一系列"农田整治"政策，经历了土地开发整理、小型农田水利设施建设、强化耕地质量建设、中低产田改造以及高标准农田建设等不同阶段，使保障灌溉排涝和抵御气候风险的农田水利设施不断得到完善，稳产增效成果显著。2021 年，国务院批准实施《全国高标准农田建设规划（2021—2030 年）》，将全国 31 个省份（不含港澳台）划分为 7 个高标准农田建设区域，即东北区、黄淮海区、长江中下游区、东南区、西南区、西北区和青藏区。2022 年底，全国已累计建成高标准农田 10 亿亩[①]，2023～2030 年仍需年均新增建设 2500 万亩、改造提升 3500 万亩高标准农田。

主要参考文献

陈正, 刘瀛弢, 贺德俊, 等. 2023. 中国高标准农田建设现状与发展趋势. 农业工程学报, 39(18): 234-241.

杜华明. 2015. 川滇地区气象灾害时空变化规律及灾害风险评价. 西安: 陕西师范大学博士学位论文.

高华援, 于海秋. 2022. 东北花生栽培理论与技术. 北京: 中国农业科学技术出版社.

何维勋, 曹永华. 1990. 玉米展开叶增加速率与温度和叶龄的关系. 中国农业气象, 11(8): 30-33, 41.

金爱芬. 2007. 图们江下游延迟型冷害与厄尔尼诺(拉尼娜)事件. 延边大学农学学报, 29(1): 14-18.

孙炜毅, 陈德亮, 阎国年, 等. 2024. 过去 2000 年重大火山喷发对全球和中国气候的影响. 中国科学: 地球科学, 54(1): 64-82.

汪宏宇, 龚强, 孙凤华, 等. 2005. 东北和华北东部气温异常特征及其成因的初步分析. 高原气

---

① 1 亩≈666.7m²

象, 24(6): 1024-1033.

王春乙, 娄秀荣, 王建林. 2007. 中国农业气象灾害对作物产量的影响. 自然灾害学报, 16(5): 37-43.

肖子牛. 2021. 太阳活动对地球气候的影响. 自然杂志, 43(6): 408-419.

杨明珠, 陈丽娟, 宋文玲. 2013. 黑潮区海温对中国北方初霜冻日期的影响研究. 气象, 39(9): 1125-1132.

张鹤. 2020. 花生苗期耐冷评价体系构建及其生理与分子机制. 沈阳: 沈阳农业大学博士学位论文.

张伶俐, 成坤, 张丽, 等. 2019. 长白山冬季异常偏冷年气候特征分析. 气象灾害防御, 26(3): 1-5.

赵连伟, 李辑, 房一禾, 等. 2013. 影响东北夏季低温的主要因子及其相互关系. 中国农学通报, 29(29): 201-207.

郑冬晓, 杨晓光. 2014. ENSO 对全球及中国农业气象灾害和粮食产量影响研究进展. 气象与环境科学, 37(4): 90-101.

Legrande A N, Anchukaitis K J. 2015. Volcanic eruptions and climate. PAGES Magazine, 23(2): 46-47.

Shi J, Cui L, Wen K, et al. 2018. Trends in the consecutive days of temperature and precipitation extremes in China during 1961-2015. Environ Res., 161: 381-391.

Sun H, Liu X, Wang A. 2020. Seasonal and interannual variations of atmospheric dust aerosols in mid and low latitudes of Asia – a comparative study. Atmos. Res., 244: 105036.

Tartakovsky V A. 2017. The effect of solar activity on the temperature in the ground layer. Atmos. Ocean. Opt., 30(3): 269-276.

Wu R, Song Y, Shi L, et al. 2010. Changes in the relationship between Northeast China summer temperature and ENSO. J. Geophys. Res-Atmos., 115: D21107.

第七章　花生耐冷性鉴定及综合评价体系

花生的耐冷性是指花生对 0℃以上低温所具有的适应性和抵抗性，即花生在遭遇 0℃以上低温侵袭时，能够维持生命活动正常进行且保证伤害最轻、产量下降最小的能力。一般来说，植物的耐冷性是植物本身经过长期系统发育、冷驯化或抗性锻炼后逐渐形成的自我防御机制，不同物种或同一物种不同品种之间的耐冷性存在较大差异，因此，科学、客观、高效、全面地开展花生耐冷性鉴定评价，对揭示花生适应冷胁迫的生理与分子机制、建立花生高产稳产绿色优质高效的抗逆减灾栽培技术体系、培育多抗广适的花生品种均具有重要意义。

第一节　花生耐冷性鉴定方法

花生的耐冷性鉴定实际上是基于冷胁迫下花生的形态或生理反应，对不同花生品种（品系）进行筛选、评价和归类，以确定各品种（品系）冷适应能力的过程。花生耐冷性的准确鉴定既要有合适的鉴定方法，也要有建立在合适方法基础上的数量化指标。近年来，国内外学者根据不同区域花生冷害的发生特征，对花生的耐冷性提出了多种鉴定方法，并从形态发育、生理生化和分子生物学等方面对鉴定指标进行了系统研究，在耐冷性鉴定指标及其研究分析方法上逐步形成了一套比较完善的综合技术体系。

在花生耐冷育种中，简单、准确、可靠的鉴定方法是筛选耐冷种质资源、选配耐冷亲本组合，以及在分离后代中选择耐冷基因型的前提。目前，关于花生耐冷性鉴定方法的研究已取得较大进展，其中应用最为广泛的为田间自然鉴定法和室内模拟鉴定法。

一、田间自然鉴定法

花生种子或植株在田间遭受阶段性低温后，不仅存活率会降低，其外部形态、生长发育进程及产量和品质也均会受到影响。因此，生产上可以将需要被鉴定的花生品种（品系）直接种植于田间，充分利用自然条件下的低温环境对各品种（品系）的耐冷性强弱进行评价，即花生耐冷性的田间自然鉴定法。该方法是最客观、最贴近实际生产的鉴定方法，能在完全自然的条件下准确地表现出花生生产中的耐冷性状，并且操作简单，无需特殊设备，又有产量结果，十分适合进行大规模、大群体的耐冷性评价。但田间自然鉴定法也存在一定的缺点和局限性。例如，田间环境条件难以控制，其他生物或非生物胁迫亦可能对鉴定结果造成影响；鉴定过程易受季节、年份和地点等因素的制约，使得年际间重复性较差，通常需要进行多年多点的重复性试验。此外，该方法工作量大，鉴定周期也较长，有时会影响育种速度。

田间自然鉴定的程序和方法没有统一的标准，一般根据当地的环境条件和气候特点制定。目前生产上普遍采用的有分期播种法、地理播种法、垂直带栽培法和冷水灌溉法等。

（一）分期播种法

分期播种法是根据当地温度的变化规律进行提前播种、适期播种或延迟播种，各播期的间隔时间一般视具体情况而定，可以为5d、7d、10d、15d和20d等，若鉴定需要甚至可以在整个生育期内进行分期播种。其中，提前播种的目的是利用早春的低温条件，根据种子的萌发能力、出苗速度和幼苗生长情况，对不同花生品种（品系）的耐冷性进行鉴定。延迟播种则是通过推迟生育期，使花生的饱果成熟期处于自然低温条件下，根据不同花生品种（品系）的籽粒成熟速度、荚果饱满程度及产量和品质表现鉴定其耐冷性。分期播种法只需通过调整播期就能使鉴定材料的各生育期处于自然低温条件下，从而完成耐冷品种（品系）和原始育种材料的筛选，不仅方法简单易操作，而且不需要特殊设备，是目前农业研究中应用最广泛的鉴定方法。但该方法受自然条件影响较大，在应用时必须严格根据当地的气候特点进行，否则很难达到预期效果。

我国北方高纬度地区和南方山区气候冷凉，热量资源不足，尤其适合利用分期播种法鉴定花生的耐冷性。例如，我国东北地区属于大陆性季风气候，全年温度呈单峰式变化，即气温从春季开始回暖并逐渐升高，一般于7月达到最高值，随后逐渐下降至花生生育温度下限，9月早霜便来临，因此农业生产上常通过人为提前或延后播期使花生的生育前期或生育后期处于自然低温条件下，从而实现不同花生品种（品系）耐冷性的田间鉴定。在辽宁、吉林和黑龙江3省，花生的适宜播期和收获期一般为5月中下旬和9月中下旬，而在进行耐冷性鉴定时，播期最早可以提前至4月上旬，收获期最晚可以延后至10月中旬。张鹤等（2021）通过连续4年（2018～2021年）调查沈阳地区花生生长季的土壤温度发现，沈阳春季土壤温度以低温为主，且阶段性变化较为明显，持续时间较长。其中，4月10日至25日的日平均地温基本维持在15℃以下，日最低温度仅为4～10℃，大部分花生种子不能正常萌发；而4月25日之后的日平均地温均在15℃以上，日最低温度为12℃左右，基本达到大部分花生种子萌发时要求的最低温度；但是在5月下旬（花生出苗结束），可能由于持续降雨，也会出现几次骤然降温，5月22

日至 28 日的日最低温度仅为 6~8℃，虽然低温时间持续较短，但低温加上高湿的土壤环境对于花生幼苗来说可能是致命的。因此，在东北地区花生生产上采用分期播种法（如分别在 4 月 10 日、4 月 20 日、4 月 30 日和 5 月 10 播种）对花生萌发期和幼苗期的耐冷性进行综合鉴定十分可行。

（二）地理播种法

我国幅员辽阔，地形复杂，地区之间经度、纬度、海拔和海陆分布等自然地理因素差异较大，因此造成我国从南到北、从东到西、从低海拔到高海拔的气候资源差异悬殊、气候类型丰富多样。地理播种法就是利用不同纬度的温度差异，在不同地区将相同花生品种（品系）同时播种，通过分析不同温度条件对花生生长发育的影响鉴定各花生品种（品系）的耐冷性。一般而言，若不考虑地形、地势和海陆等因素，地球表面的太阳辐射随纬度的升高而减弱，故低纬度地区气温较高，高纬度地区气温较低。在亚洲地区，纬度每升高 1°，年平均气温约降低 0.7℃。因此，在利用地理播种法鉴定花生耐冷性时，纬度间隔的选择需按照鉴定材料的温度要求，可以间隔 1 个纬度或几个纬度。同时，各地区试验点的土质、肥力要极具代表性，各供试花生品种的种子应由同一单位提供，试验方案、调查项目和调查标准要严格统一，尽量避免人为误差。

地理播种法不仅能利用不同纬度之间温度的差异鉴定花生的耐冷性，还能利用不同纬度之间光照时间的差异明确各花生品种（品系）对光照的反应，因此在进行田间耐冷性鉴定时，花生各生育时期所表现出来的生长发育差异，往往是光温因素综合作用的结果，尤其是对光照比较敏感的花生品种。为了尽量排除光照因素对花生耐冷性鉴定结果产生的影响，近几年的研究常把分期播种和地理播种结合在一起，称为异地分期播种或地理分期播种。该方法操作简单，有利于加强不同纬度地理区域的协作，加快研究进程，并且鉴定结果较分期播种法或地理播种法更可靠、更具有说服力，因此更适合在作物耐冷性的田间鉴定中广泛应用。王传堂等（2021）利用此方法分别在吉林白城、吉林四平、辽宁阜新、山东潍坊和山西汾阳等地对 20 个花生品种（品系）进行了春季早播试验，根据田间最低出苗率鉴定出 3 个高耐、4 个中耐、9 个低耐和 4 个不耐低温的花生品种（品系），鉴定结果与室内低温浸种发芽试验一致，说明地理播种法可以作为花生耐冷性鉴定的有效手段。

（三）垂直带栽培法

在相同纬度条件下，不同海拔地区的气候资源差异主要是温度条件的变化。据观测，在标准大气压下，气温一般随海拔的升高而降低，海拔每升降 100m，气温约相差 0.65℃。垂直带栽培法就是利用不同海拔的温度差异，在不同生育阶段将需要鉴定的花生品种（品系）转移至海拔不同的地区进行低温处理，然后再运回原地，通过对比分析不同温度条件下各花生品种（品系）的生理生态反应和产量构成差异来鉴定其耐冷性，并确定花生在不同生育阶段所适宜的温度指标和冷害指标。

不同海拔对花生生长发育所造成的影响主要是由温度差异造成的，因此利用垂直带栽培法鉴定花生的耐冷性可以不考虑光照因素的影响，分析过程相对简单，而且较人工气候装置节省能源和资金，特别适合贵州和云南等地理环境复杂的山区。但需要注意的是，在山区设置试验点时海拔最好不要超过 1000m，超过此高度会显著增强降水、日照和云雾等气象因子的变化，从而影响鉴定结果的准确性。胡廷会等（2015）在贵州铜仁的 3 个海拔（470m、650m 和 800m）分别设置试验点，探究了不同海拔对花生生长发育和产量形成的影响，发现随海拔的增加，花生的生育期相应延长，主茎高、侧枝长、有效分枝数、产量及产量构成因素均显著降低，说明不同海拔引起的温度差异会对花生生产产生一定影响，垂直带栽培法可以用于花生耐冷性鉴定。

（四）冷水灌溉法

冷水灌溉法是国内外最早用于鉴定作物耐冷性的方法，主要通过控制灌溉水的温度和灌溉量来影响地温，进而对鉴定材料各生育时期的耐冷性进行评价。刘盈茹等（2015）通过用不同温度（4℃、8℃、12℃、16℃、20℃）的地下水对结荚期花生植株进行灌溉，系统研究了冷水灌溉对花生植株生长的影响，发现冷水灌溉可显著降低花生株高，减少主侧茎茎节数、总分枝数和有效分枝数，延长新生叶片出叶时间，降低新生叶片数量，且水温越低对植株生长的影响越明显。史普想等（2016）认为冷水灌溉影响花生生长发育和导致减产的原因主要是花生根际土壤的温度、酶活性和养分含量发生了显著下降，不同温度灌溉水造成的地温差异会随时间的延长而逐渐减小，一般在 72h 后趋于一致。此外，灌水量的多少也会对土壤温度产生一定影响，灌水量的不断增加会导致地表 5~10cm 地温随之下降，使花生生长发育迟缓，同时对单株结果数和单株产量影响显著。

田间冷水灌溉法操作简单，容易掌握，适用于大批量鉴定材料的筛选，也是国内外通用的方法之一。但此方法在应用时要注意种子质量、植株长势和肥水管理的一致性，以及灌水期间温度的调节，尽量减少人为误差。若条件允许可与人工控温设备结合使用，以保证鉴定结果的准确性。

二、室内模拟鉴定法

室内模拟鉴定法是研究人员将需要鉴定的花生品种（品系）直接种植至或在

某一生育时期转移至可控制温度及其他环境条件的智能培养箱、人工气候室、冰箱或冷室内，通过观察分析低温胁迫或恢复条件下各品种（品系）的生长表型、产量构成或生理变化来鉴定花生耐冷性的一种方法。与田间自然鉴定法相比，该方法可以不受季节及其他环境因子的限制，低温时间、胁迫强度和培养条件可以任意调节且易于控制，鉴定周期可以为某一生长发育阶段或整个生育期，鉴定结果重复性好、准确性高，因此一直被广泛应用于花生各生育时期的耐冷性鉴定中。近几年，沈阳农业大学花生研究所于人工气候室内对 68 个花生品种（品系）萌发期、幼苗期和开花期的耐冷性进行了鉴定；白冬梅等（2018）利用人工气候箱模拟大田气象条件，对 72 个山西地方花生品种（品系）的芽期耐冷性进行了鉴定；唐月异（2011）利用智能培养箱对 55 个花生品种（品系）进行了 2℃浸种处理；封海胜（1991）将 380 份花生种质分别置于 2℃和 6℃冷藏室，对其吸胀期的耐低温特性进行了鉴定。以上研究均取得良好效果。

室内模拟鉴定法大部分程序依赖于人工操作，且易于控制，可以尽量模拟田间的自然低温环境，同时克服田间自然鉴定法的多数缺点，但并不能做到与自然条件完全一致，鉴定结果也可能与田间自然鉴定结果存在一定的差异。因此，为了保证室内鉴定出的耐冷品种（品系）可以应用于田间生产，一般需要进一步结合田间自然鉴定试验，使两种评价体系相互补充。

第二节　花生耐冷性鉴定指标

在花生耐冷性研究中，低温胁迫所导致的植株生长迟缓、叶片失绿卷曲、器官组织受损、细胞代谢异常和育性、产量下降等，都需要通过一系列的鉴定指标来体现，而不同花生品种（品系）耐冷性的准确评价更需要基于一定的鉴定标准。一般来说，生长发育和产量指标是鉴定花生耐冷性最可靠的指标，但为了加速耐冷性鉴定和耐冷育种进程，简单、快速、准确的形态和生理指标也极具参考价值。

一、形态指标

当花生遭遇低温胁迫时，体内细胞会在结构、生理、生化及分子生物学水平上做出一系列响应，并最终导致外在形态发生改变。根系发达程度、茎秆粗壮程度、叶片表型和解剖结构等形态学指标，均能直观体现出各花生品种（品系）对低温胁迫的适应能力，因此可以作为花生耐冷性的直接鉴定指标。

（一）根系发达程度

花生的根系形态是指同一根系上主根、侧根和次生细根在生长介质中的分布与空间造型，其发达程度不仅直接决定着植株对水分和养分的吸收、转运与利用能力，还影响地上部的生长和形态建成，对花生的生物量积累至关重要。研究发现，根长、根粗、根体积、根表面积、根密度、根尖数、根冠比、木质部导管宽度和根内维管束数目等能反映根系发达程度的形态指标，均与花生的耐冷性密切相关。例如，播种前以 0.05mg/L 芸苔素内酯或 2000mg/L 磷酸二氢钾浸泡花生种子对增加幼苗根长、根体积和根尖数的效果均极为显著，可通过促进根系生长来提高花生的耐冷能力（周国驰等，2018）。因此，低温胁迫下对根系发达程度相关指标进行鉴定，可以对花生的耐冷性做出正确评价。

（二）茎秆粗壮程度

花生虽然于地下结果，但其生长状况还是主要体现在地上部分。茎秆是根和叶之间起输导和支持作用的营养器官，能在一定程度上反映出花生植株个体的生长发育状况，其粗壮程度常作为制定栽培措施的主要依据之一。在花生生产中，不同类型花生品种（品系）的主茎高、侧枝长、有效分枝数和茎秆粗壮程度差异很大，一般茎秆粗壮、强度大、机械组织发达的花生品种（品系）抗倒伏和抗逆能力较强，有利于实现丰产稳产。此外，茎秆粗壮的花生品种（品系）输导组织发达，导管直径较大，水分传输能力也较强，因此在低温胁迫下能尽量避免由生理失水导致的茎秆弯折。

（三）叶片表型和解剖结构

叶片是植物进化过程中对环境变化最敏感且可塑性较强的器官，低温胁迫会导致花生叶片的表型发生明显变化，同时花生植株也能通过改变叶片的大小、厚度及细胞结构等适应低温环境，因此叶片的形态和解剖结构特征一直被作为鉴定花生耐冷性的关键指标。叶肉细胞中水分的储存和调控是花生响应低温胁迫的有效途径。低温胁迫下，强耐冷型花生品种的叶肉细胞储水量会显著增加，使叶片、叶脉、上下表皮、海绵组织和栅栏组织明显增厚，细胞体积及紧密度随之增大，气孔密度逐渐减小。叶肉细胞储水量增加所导致的叶片形态变化有利于防止细胞过度失水，从而维持渗透压平衡，降低冷害对叶肉细胞的伤害。若花生植株遭遇长时间或高强度的低温，叶片则会发生不同程度的脱水，表现出萎蔫、黄化、褪色、边缘卷曲甚至枯死等症状。张鹤等（2021）根据低温胁迫下花生叶片的表型变化，将花生苗期的耐冷性分成了 9 个等级（表 7-1），并利用此方法对 30 个花生品种（品系）的耐冷性进行了鉴定，最终筛选出耐冷品种彩花 7 号、农花 5 号、农花 1 号和花育 22 号，以及冷敏感品种冀油 9606 和阜花 18 号。

表 7-1　花生苗期耐冷性分级标准（张鹤等，2021）

耐冷等级	耐冷表现	耐冷性标记
9	叶片青绿或接近青绿，无萎蔫	极强
7	叶片绿色，少部分出现萎蔫	强
5	叶片黄化，大部分出现萎蔫	中
3	50%叶片褪色、干枯、边缘卷曲，部分植株死亡	弱
1	大部分或者全部植株死亡	极弱

（四）荚果表观形态

在一些高纬度花生产区，成熟期若收获不及时或初霜提前到来，也容易发生低温冷害，导致种子活力降低，果壳果柄韧性下降，出现落果甚至霉变等现象，对花生的产量、品质及经济效益造成极大威胁。因此，在实际生产中常以果柄韧性、落果率和烂果率对花生成熟期的耐冷性进行快速鉴定。

二、生长发育指标

低温冷害是限制花生生长发育最关键的环境因子之一，在各生育阶段均可发生。例如，花生萌发期遭遇 12℃以下的低温，发芽率降低，种子腐烂甚至死亡；幼苗期遭遇 16℃以下的低温，植株生长缓慢甚至停止生长，干物质积累速率明显下降；开花期遭遇 22℃以下的低温，花器官生长发育受阻，花粉活力和柱头活性下降，胚珠不能受精或受精不完全，结实率显著降低等（Zhang et al.，2019）。花生各生育时期所涉及的生长发育相关指标能最直接地反映出低温胁迫下不同品种（品系）之间的生长状况差异，因此一直被作为花生耐冷性鉴定中最有效、可靠的评价指标。

（一）萌发期指标

对花生萌发期耐冷性进行鉴定时，适用于不同鉴定方法的评价指标有所不同。室内模拟鉴定法一般采用发芽率、发芽时间、发芽指数和活力指数等与种子活力相关的指标，而田间自然鉴定法则采用出苗温度、出苗率和出苗时间等指标。

1. 室内种子萌发指标

利用室内模拟鉴定法对花生种子吸胀、萌动或发芽期进行低温处理后，依据种子萌发相关指标能简单、快速、高效地鉴定出不同花生品种（品系）的耐冷性，这些指标主要包括露白率、发芽势、发芽率、芽长/种长、发芽指数和活力指数等。

从第一粒种子露白开始，逐日测定种子的露白数、发芽数和芽长，由此计算种子萌发相关指标：

露白率=（露白种子数/供试种子总数）×100%

发芽势=（4d 内发芽种子数/供试种子总数）×100%

发芽率=（7d 内发芽种子数/供试种子总数）×100%

芽长/种长=（发芽种子平均芽长/发芽种子平均种长）×100%

发芽指数=$\Sigma Gt/Dt$

活力指数= S×发芽指数

其中，胚根突破种皮伸出约 0.5mm 时视为露白，胚根伸长达种子长度一半时即为发芽。式中，Gt 为第 Dt 天对应的发芽数（从第 1 粒种子发芽开始，至连续 3d 没有其他种子发芽为止），S 为发芽结束后随机 10 粒种子胚根的平均长度（mm）。

2. 田间种子出苗指标

采用提早分期播种、地理播种或垂直带栽培等田间自然鉴定法对花生萌发期的耐冷性进行评价时，通常以能反映田间出苗情况的指标作为鉴定标准，主要包括始苗积温、终苗积温、出苗天数、出苗率和出苗能力等。自第一期播种之日起至最后一期全部品种（品系）连续 3d 不再出苗为止，每日定点记录地表 5cm 土层温度，并于始苗后每日调查各品种（品系）出苗数，由此计算种子出苗相关指标：

出苗率=出苗种子数/供试种子总数×100%

出苗能力（EA）=（出苗率×100）/从播种到第 i 天出苗的天数

（二）苗期指标

花生营养生长阶段的耐冷性鉴定通常以苗期为主，可通过分期播种、垂直带栽培或室内模拟低温等方式开展。在鉴定指标的选择上，除了可以直接观察植株的表型变化，还可以采用存活率、生长速率和干物质积累速率等与植株生长发育相关的指标。

1. 存活率指标

作物在生长发育期间若遭遇长时间或高强度的低温胁迫，可能会发生不可恢复性损伤甚至死亡。比如苜蓿、油菜和小麦等作物在越冬过程中极易遭遇连续极端低温天气而不能安全越冬，因此常以安全越冬率作为评价其耐冷性强弱的依据。而对于花生、玉米和大豆等不需要越冬的作物，则以植株存活率作为耐冷性鉴定的指标。此外，半致死温度和半致死时间也能反映出植株在低温胁迫下的存活能力，即植株经低温处理后 50%的植株达到永久萎蔫或死亡时所需要的温度和时间。

2. 生长状况指标

低温胁迫下与花生生长状况相关的指标如植株生长速率、主茎高、侧枝长、分枝数、叶片数、叶面积、根长和干物质积累速率等均能反映出植株的受伤害程度，因此可以作为鉴定花生苗期耐冷性的评价标准。张鹤等（2021）以株高、叶面积、地上部鲜重、地下部鲜重、地上部干重、地下部干重和耐冷等级作为鉴定指标，对 30 个花生品种（品系）的耐冷性进行了评价，发现叶面积、地上部鲜重和耐冷等级与花生耐冷性的关系最为密切，可以作为快速鉴定花生苗期耐冷性的指标。

（三）开花期指标

花生开花期耐冷性的鉴定通常以开花时间、开花数量、开花规律、花器官生长状况、花粉活力和柱头活性等指标作为评价标准。一般来说，冷敏感花生品种（品系）于开花期遭遇低温胁迫后开花速度明显减慢，开花数量减少，开花时间分散，开花周期延长，花器官生长受到抑制，花柱变短，花粉活力和柱头活性均下降。而耐冷品种（品系）则不受影响或所受影响较小，基本不会发生受精障碍。

（四）饱果成熟期指标

除了果柄韧性、落果率和烂果率等表观形态指标，研究人员还可以通过测定荚果发育、种子活力和籽仁品质相关指标对花生成熟期的耐冷性进行鉴定。其中荚果发育相关指标主要包括荚果大小、荚果饱满程度和籽仁大小；种子活力指标主要包括发芽势、发芽率、发芽指数和活力指数；籽仁品质指标主要包括脂肪含量、蛋白质含量、蔗糖含量、油酸含量、亚油酸含量和油亚比等。

三、生理生化指标

低温冷害不仅会对花生造成明显的外部损伤，还会引发一系列生理生化和代谢产物的变化，使生物膜系统、保护酶系统、渗透调节系统和光合系统等均受到不利影响。一般来说，不同作物或作物品种之间在耐冷性方面所表现出来的差异都有其相应的生理生化基础。近年来，国内外诸多学者针对花生耐冷性鉴定的生理生化指标开展了大量研究，一致认为膜透性、渗透调节物质含量、活性氧积累量、抗氧化酶活性、光合特性、叶绿素荧光参数及内源激素水平等相关指标均可作为花生耐冷性鉴定的评价标准（吕登宇等，2022；Patel et al.，2022；张鹤等，2021；陈小姝等，2020；Zhang et al.，2019；Bagnall et al.，1988）。

（一）膜透性指标

生物膜是保护细胞免受外界环境伤害的第一道屏障。Lyons（1973）认为，植物遭遇低温胁迫时，膜相会发生改变，使膜的流动性降低，质膜透性增大，细胞内的电解质大量外渗，从而引发"生理干旱"。但对于耐冷性较强的花生品种（品系）来说，低温胁迫对生物膜的损伤程度较低，并且可以逆转，易于恢复；反之，耐冷性弱的花生品种（品系）受害严重，基本不能恢复正常。因此，对膜透性相关指标进行测定可直接反映低温胁迫下花生植株的受损程度，从而准确鉴定出各品种（品系）之间的耐冷性差异。

1. 电解质渗透率

低温胁迫下细胞的质膜透性一般用电解质渗透率表示，膜透性越大，外渗的电解质越多，电解质渗透率则越大。胞内电解质外渗还会导致胞外溶液的电导率发生变化，在电解质种类相同的情况下，胞外溶液的电导率与外渗的电解质浓度呈正相关，因此细胞的电解质渗透率可以通过电导法测定。电导法操作简单且比较准确，是目前植物耐冷性鉴定中最常采用的生理方法之一。张鹤（2020）利用电导法对低温胁迫下不同花生品种（品系）的电解质渗透率进行了测定，发现低温胁迫会导致花生叶片的电解质渗透率明显增大，且变化幅度随低温胁迫时间的延长持续增加，但耐冷品种（品系）较冷敏感品种（品系）的上升趋势更平缓，说明花生的耐冷性与电解质渗透率呈显著负相关。此外，还有研究将植株生理水平上的半致死温度（LT_{50}）作为耐冷性鉴定指标，即电解质渗透率达 50%时对应的温度，是植株的致死临界值，通常由电解质渗透率拟合逻辑斯谛（Logistic）方程计算获得，LT_{50} 的值越高，质膜透性越大，植株耐冷性则越弱。

电解质渗透率虽然能最直接地反映低温胁迫下质膜透性的变化程度，也一直被广泛应用于植物的耐冷性鉴定中，但该指标的测定结果易受环境温度、浸泡时间和空气中 CO_2 溶解等因素影响，导致实际测定值不准确，且重复性较差。据测定，溶液温度每增加 1℃，电导率约增加 2%。因此，在电解质渗透率测定过程中除了要特别注意试验材料的代表性，操作环境和浸泡时间的一致性，以及器皿和用具的清洁性，还应对测定结果进行温度校正，换算成某标准温度（如 25℃）下的电导率值，并采用相对值计算。

$$R=R_c/R_b\times100\%$$
$$I=(R_c-R_0)/(R_b-R_0)\times100\%$$
$$X_{25}=R_t[1+0.02(t-25)]$$

式中，R 表示相对电解质渗透率，R_c 表示室温浸泡后的电导率值，R_b 表示煮沸后的电导率值，R_0 表示蒸馏水的电导率值，I 表示伤害率，X_{25} 表示温度校正为 25℃ 时的电导率值，R_t 表示在温度 t 时的电导率值，t 表示实际测定时的溶液温度。

2. K⁺外渗量

低温胁迫下细胞质膜透性增大会导致细胞内的可溶性糖和多种离子大量外渗，其中外渗液电解质中的离子成分主要为 K⁺，约占外渗离子总量的 20%，而 Na⁺、Ca^{2+} 和 Mg^{2+} 的含量很少。郭素枝等（2006）研究表明，K⁺外渗量与电导率的相关系数为 0.91～0.98（$P<0.01$），田间耐冷指标与 K⁺外渗量的相关系数为 0.72（$P<0.01$），因此 K⁺外渗量可以作为作物耐冷性鉴定的评价指标。根据低温条件下 K⁺外渗量与常温对照条件下 K⁺外渗量的比值大小，植株的耐冷性通常可分为五个等级，即第一等级的比值小于 5，第二等级的比值为 6～10，第三等级的比值为 11～17，第四等级的比值为 18～25，第五等级的比值大于 25。K⁺外渗量比值越大，表示越不抗冷。

3. 脂肪酸不饱和度

正常条件下，细胞膜结构的稳定性是一个动态平衡体系，与构成磷脂双分子层的脂肪酸成分及其不饱和度水平密切相关。张鹤（2020）在花生耐冷性研究中发现，当植株细胞遭遇低温胁迫并达到相变温度时，细胞膜脂的脂肪酸链会由无序排列变为有序排列，导致质膜由流动性的液晶相转变为硬化的凝胶相，使膜透性增大，细胞液外渗，最终造成细胞死亡，说明膜脂脂肪酸各组分的含量和比例是决定细胞质膜相变程度的关键性因素。通常认为细胞质膜相变温度的降低是由不饱和脂肪酸含量增加导致的，不饱和程度越高，质膜的流动性越大，稳定性越好，植物的耐冷性就越强。此外，低温胁迫下花生植株还可以通过改变不饱和脂肪酸与饱和脂肪酸的比值（脂肪酸不饱和指数）适应低温环境，即脂肪酸不饱和指数越高，花生植株对低温环境的适应能力越强。因此，膜脂脂肪酸的不饱和度可以作为鉴定花生耐冷性的指标。

（二）渗透调节指标

低温胁迫下细胞质膜透性增大导致的胞内电解质外渗会使细胞的离子平衡失调，引发渗透胁迫。但耐冷性较强的花生品种（品系）可以通过自身的渗透调节能力适应低温环境，即基于一系列的代谢活动增加细胞内的溶质浓度，降低渗透势，维持渗透压，保护膜组分。对花生、玉米、油菜、小麦、苜蓿等多种作物的研究均表明，低温胁迫下耐冷品种较冷敏感品种的渗透调节能力更强，且这种能力是可遗传的，因此可以将渗透调节能力作为鉴定作物耐冷性的评价标准（张鹤和于海秋，2018）。作物渗透调节能力的强弱一般通过细胞内渗透调节物质的含量或浓度来反映，低温胁迫下参与作物渗透调节过程的物质基本上可以分为两大类：一类是从外界环境进入细胞内的无机离子，如 K^+、Cl^- 和无机盐等；另一类是细胞自身合成的有机溶质，主要包括游离氨基酸、可溶性蛋白、糖醇类化合物和生物碱等。

1. 脯氨酸积累能力

脯氨酸是植物细胞内水溶性最大的亲水氨基酸，具有较强的水合趋势或水合能力，低温胁迫下可与细胞内的蛋白质结合，增强蛋白质的可溶性，减少可溶性蛋白的沉淀，不仅能够保护植株体内各种酶类的结构和功能，还能调节和维持细胞内外的渗透压平衡，从而降低低温环境对细胞的伤害。张鹤（2020）通过测定低温胁迫下耐冷性不同花生品种（品系）的脯氨酸含量发现，与冷敏感品种相比，耐冷品种可积累更多的脯氨酸，尤其随低温胁迫时间的延长，耐冷品种的脯氨酸含量始终呈平稳上升趋势，而冷敏感品种则显著下降。常博文等（2019）在花生萌发期的耐冷性研究中也得出了相同的结论，低温胁迫下花生种子发芽率与相对膜透性呈显著负相关，与脯氨酸含量呈显著正相关，且外源赤霉素可以通过促进内源脯氨酸的积累来提高花生种子在低温环境中的萌发能力。因此，低温胁迫下脯氨酸在各组织器官的积累能力可以作为花生耐冷性鉴定的指标。

2. 可溶性蛋白浓度

植物细胞内可溶性蛋白的浓度与植物的耐冷性密切相关，目前大量研究普遍认为可溶性蛋白含量的增加在一定程度上可以促进植物对低温环境的适应。一方面，可溶性蛋白自身具有较强的亲水胶体性，可以增加细胞对水分的束缚，提高细胞的持水能力。另一方面，可溶性蛋白可以作为能量物质和信息传递物质在抵御低温逆境中发挥作用。张鹤（2020）对不同花生品种（品系）苗期的耐冷性进行了研究，结果发现在低温处理当天各品种（品系）的可溶性蛋白含量与常温对照相比均明显增加，但随着低温胁迫时间的延长，冷敏感品种的可溶性蛋白含量大幅度降低，而耐冷品种仍持续增加，说明此时冷敏感品种对低温的耐受能力明显减弱，这与花生幼苗的形态学表现相一致。因此，低温胁迫下花生体内可溶性蛋白的含量变化能有效反映出各品种（品系）之间的耐冷性差异。

3. 可溶性糖含量

碳水化合物代谢较其他光合作用组分具有更高的瞬时低温敏感性。在温度下降过程中，植物细胞内的一些大分子物质会逐渐趋向水解，使葡萄糖、果糖、麦芽糖、蔗糖和半乳糖等可溶性糖的含量迅速增加。张鹤（2020）研究表明，花生的耐冷性与其体内的可溶性糖含量存在正相关关系，低温胁迫下可溶性糖含量的增加不仅能提高细胞液浓度，调节细胞渗透势，起到防止细胞脱水和抑制蛋白质凝固的作用，还能为核酸、蛋白质等其他耐低温物质的合成提供原料和能量。

（三）活性氧及膜脂过氧化指标

活性氧（ROS）是伴随生物有氧代谢过程产生的一类化学分子，包括氧离子、过氧化物和含氧自由基等。正常条件下，植物体内的 ROS 水平很低，主要作为信号分子调控植物的生长发育、新陈代谢和细胞程序性死亡等过程。当植物遭遇低温胁迫时，其体内 ROS 的产生速度和积累量会迅速增加，对核酸、蛋白质和脂质等生物大分子造成氧化伤害，使膜系统的完整性和稳定性被破坏，严重时甚至导致细胞代谢功能紊乱或丧失。因此，植物耐冷性研究常将细胞内的 ROS 水平或某些生物大分子的过氧化程度作为鉴定低温胁迫损伤的直接依据。

1. 活性氧含量

植物在低温胁迫下的受氧化损伤程度一般通过细胞内的 ROS 积累量来反映。其中，羟自由基（$\cdot OH$）、超氧阴离子（$O_2^-\cdot$）和过氧化氢（H_2O_2）的产生速率或积累量是目前最常用的评价指标，普遍被认为与植物的受氧化损伤程度呈正相关，与植物的耐冷性呈负相关，并且在花生、水稻、拟南芥、大豆和油菜等作物中均已被证实。张鹤（2020）通过对低温胁迫下耐冷性不同花生品种（品系）的 ROS 含量进行测定，发现低温胁迫可导致花生幼苗叶片中的 ROS 含量显著增加，尤其在低温胁迫初期 ROS 积累速度最快，但变化幅度在各品种（品系）之间差异显著，耐冷品种较冷敏感品种 ROS 含量更稳定，增加幅度较小。

2. 丙二醛含量

膜脂过氧化作用导致膜上的蛋白质和酶分子等发生降解，也是低温胁迫造成膜系统损伤的重要原因。丙二醛（MDA）是膜脂过氧化的最终产物，其含量一般随膜脂过氧化作用的增强及膜系统受损程度的增大而增加，因此常被作为评估冷害发生程度的重要指标。张鹤（2020）通过比较低温胁迫下耐冷性不同花生品种（品系）MDA 含量的变化规律，发现低温胁迫会导致花生植株各组织部位的 MDA 含量明显增加，且增加幅度随低温胁迫时间的延长及低温强度的增加而增大，但耐冷品种较冷敏感品种的受影响程度小，尤其在低温胁迫初期几乎不发生变化，说明花生耐冷性与 MDA 含量呈显著负相关。

（四）活性氧清除指标

为了抵御低温环境对细胞造成的过氧化损伤，植物在长期进化过程中形成了能有效抑制 ROS 产生或及时清除 ROS 的酶促和非酶促抗氧化系统。其中，保护酶系统主要包括超氧化物歧化酶（SOD）、过氧化氢酶（CAT）和过氧化物酶（POD）等，这些酶之间相互配合、衔接，能够自动清除体内不断产生的 ROS，使 ROS 的产生和清除处于动态平衡；非酶抗氧化剂则主要包括抗坏血酸（AsA）和谷胱甘肽（GSH），非酶抗氧化剂一方面可以直接与 ROS 发生反应并将其还原，另一方面又可以作为酶的底物作用于 ROS 的清除反应。

1. 超氧化物歧化酶活性

SOD 是酶促反应系统的第一道防线，也是迄今为止人类发现的自然界中唯一以 $O_2^-·$ 为底物的酶，能将 $O_2^-·$ 催化清除并产生 O_2 和 H_2O_2。Zhang 等（2022）的研究表明，低温胁迫会诱导花生叶片的 SOD 活性显著增加，以抵御 ROS 对细胞的伤害。随着低温胁迫时间的延长，冷敏感品种的 SOD 活性逐渐下降，而耐冷品种的 SOD 活性仍持续上升，并最终保持在较高水平，说明耐冷品种与冷敏感品种相比具有较强的 SOD 合成调节系统，从而使耐冷品种的 SOD 活性受低温胁迫影响程度小于冷敏感品种。因此，SOD 活性可以作为花生耐冷性鉴定的指标，即 SOD 活性越高，花生的耐冷性越强。

2. 过氧化氢酶活性

CAT 是氧化还原酶类的一种，也是植物细胞中唯一在反应时不需要还原能的 ROS 清除酶，能将光合作用或乙醛酸循环中脂肪降解产生的 H_2O_2 分解为 H_2O 和 O_2。Zhang 等（2022）的研究表明，低温胁迫下耐冷性不同的花生品种（品系）之间 CAT 活性的变化趋势差异较大，耐冷品种的 CAT 活性在 6℃ 处理的 0~48h 内显著增高，48h 后逐渐下降，且下降幅度较小；冷敏感品种的 CAT 活性在整个处理期间变化不显著，总体上呈下降趋势，且始终低于耐冷品种。这说明低温胁迫下花生叶片的 CAT 活性与品种的耐冷性呈正相关，可以作为花生耐冷性鉴定的指标。

3. 过氧化物酶活性

POD 是以 H_2O_2 为电子受体催化底物氧化的酶，不仅可以清除 ROS，在植物生长、发育、木质化、木栓化，以及细胞壁蛋白交联等过程中也起重要作用。植物细胞内的 POD 主要包括抗坏血酸过氧化物酶（APX）和谷胱甘肽过氧化物酶（GSH-Px）两类，其中 APX 通常依赖于 AsA-GSH 再生系统，通过催化 AsA 与 H_2O_2 反应来清除 H_2O_2 的毒性；GSH-Px 则主要通过谷胱甘肽过氧化物酶循环体系，直接利用 GSH 将 H_2O_2 还原为 H_2O。Zhang 等（2022）研究表明，低温胁迫下耐冷花生品种的 POD 和 APX 活性会维持在较高水平，尤其是 APX 活性，较常温对照增加了 6.67 倍，而冷敏感花生品种的 POD 和 APX 活性仅在低温胁迫当天有所升高，随后逐渐下降，说明 POD 和 APX 的活性能有效反映出各花生品种（品系）间的耐冷性差异，适合作为花生耐冷性鉴定的指标。

（五）光合作用指标

作物的光合作用受温度影响较大，低温环境几乎影响光合作用的所有过程，包括改变类囊体膜的生物学特性、降低气孔导度、破坏碳还原循环反应、限制光合电子传递、减少光合产物形成等。从生理学的角度来看，作物干重的 90% 来自于光合作用，因此低温胁迫下能维持较强光合作用的作物和品种一般具有耐冷高产特性。在作物生产上，光合作用的强弱主要通过光合气体交换参数、叶绿素荧光参数和光合色素含量等指标反映。

1. 光合气体交换参数

植物光合气体交换参数主要包括净光合速率（Pn）、气孔导度（Gs）、胞间 CO_2 浓度（Ci）和蒸腾速率（Tr）4 项指标，其中 Pn 是植物光合作用强弱的直接体现，也是光合系统正常工作与否的判断依据。Gs 代表气孔的张开程度，植物叶片与外界环境之间的气体和水分交换均通过气孔进行，因此 Gs 的大小是影响植物光合作用、呼吸作用和蒸腾作用的主要因素。Ci 表示细胞间的 CO_2 浓度，气孔大量关闭后，植物进行光合作用所需要的 CO_2 则主要从细胞间获取。研究表明，低温胁迫下植物的 Pn、Gs、Ci 和 Tr 等气体交换参数均会发生改变，进而影响光合作用。张鹤（2020）对低温胁迫下耐冷性不同花生品种（品系）的各光合气体交换参数进行了测定，发现低温胁迫下各花生品种（品系）的 Pn、Gs、Ci 和 Tr 均呈不同程度的下降趋势，尤其以 Pn、Gs 和 Tr 的下降幅度较大，且各品种（品系）之间差异显著，耐冷品种较冷敏感品种受影响程度更小。以上结果说明，低温胁迫可导致花生叶片的气孔开度减小，使正常气体交换受到影响，CO_2 供应受阻，从而造成光合作用减弱，即气孔限制因素是低温胁迫下花生幼苗 Pn 下降的主要原因，同时 Pn 和 Gs 与花生的耐冷性呈显著正相关。

2. 叶绿素荧光参数

叶绿素荧光参数是反映植物叶片对光能的吸收强度、电子传递能力和光能利用效率的指标，主要包括叶片暗适应后的初始荧光（F0）、最大荧光（Fm）、可变荧光（Fv）、PSⅡ最大光化学效率（Fv/Fm）、实际光化学效率（ΦPSⅡ）、光化学猝灭（qP）系数、非光化学猝灭（NPQ）系数和电子传递效率（ETR）等。研究表明，低温胁迫会导致植物叶片的光系统Ⅱ（PSⅡ）受损，影响光能的吸收、转换与电子传递等多个过程，并引发光抑制和光氧化损伤，从而造成植株的光合能力减弱。张鹤（2020）对低温胁迫下耐冷性不同花生品种（品系）的叶绿素荧光参数进行了测定，发现随低温持续时间的延长各品种（品系）的 Fv/Fm、ΦPSⅡ、qP 和 ETR 普遍呈下降趋势，而 NPQ 均显著上升，并且此现象在冷敏感品种中表现得尤其明显，说明长时间低温胁迫会导致花生叶片的热耗散自我保护机能逐渐减弱，造成光合系统受损，光能利用率明显下降，但耐冷品种与冷敏感品种相比受影响程度较小，在低温胁迫下仍可保证光合作用的正常进行。虽然低温胁迫会导致大部分叶绿素荧光参数发生改变，但并不是所有叶绿素荧光参数都可作为鉴定花生耐冷性的指标。Zhang 等（2022）研究认为，低温胁迫下 Fv/Fm、ΦPSⅡ 和 qP 与 Pn 呈极显著正相关，与 $O_2^-·$ 和 H_2O_2 的含量呈极显著负相关，故可以作为花生耐冷性鉴定的指标；而 NPQ 与植株的耐冷表型、ROS 积累量及抗氧化酶活性之间未表现出明显相关性，与光合气体交换参数之间的相关性也未达到显著水平，因此能否作为花生耐冷性鉴定的指标还有待进一步验证。

3. 光合色素含量

高等植物体内的光合色素主要有叶绿素 a、叶绿素 b 和类胡萝卜素，其含量通常被用作衡量叶绿体发育和光合能力的指标，可有效反映植物的生理状态。低温胁迫会直接破坏光合系统中的光合色素，使光吸收能力明显减弱，最终导致光合能力显著下降。张鹤（2020）对低温胁迫下耐冷性不同花生品种（品系）的光合色素含量进行了测定，发现低温胁迫会导致花生叶片中总叶绿素、叶绿素 a 和叶绿素 b 的含量显著降低，且冷敏感品种的下降幅度显著高于耐冷品种，说明低温胁迫下耐冷品种的叶绿素较冷敏感品种稳定，这与低温胁迫下花生叶片的褪绿表型相一致。此外，低温胁迫下各花生品种（品系）叶绿素 a/b 的值也呈显著下降趋势，说明低温胁迫下花生叶片中的叶绿素 a 不及叶绿素 b 稳定，更易被分解破坏，因此叶绿素 a 的含量变化更能评价花生耐冷性的强弱。

四、产量相关指标

作物对非生物逆境的适应性和忍耐能力最终要体现在产量上，各花生品种（品系）在低温条件下的产量表现是鉴定其耐冷性最可靠的指标。在花生生产上，单位面积株数、单株荚果数、单株饱果数、单株荚果重、百果重和百仁重是决定花生产量的关键因素。花生生育期内任何生育阶段的温度降低都会引起积温下降，而积温通常与花生的产量构成因素呈显著正相关，因此萌发期、苗期、开花期和成熟期的低温胁迫均会对花生产量造成影响。其中，萌发期低温主要通过减少单位面积株数（出苗率）影响产量；苗期低温主要通过降低单株饱果数和单株果重影响产量；开花期主要通过减少单株荚果数、单株饱果数、单株荚果重和百仁重影响产量；成熟期低温则主要通过降低单株饱果数、单株荚果重和百仁重影响产量。

五、综合指标

作物的耐冷性是一个复杂的数量性状，受诸多因素控制。不同作物、同一作物不同品种或同一品种不同生育时期对低温的反应均不相同，其适应低温环境的内在机制也不尽相同，因此经低温处理后会在形态结构、生长发育和生理生化等方面表现出显著差异。迄今为止，鉴定花生耐冷性所采用的方法多为阶段性低温处理，关于花生全生育期耐冷性鉴定的研究尚未见报道，花生全生育期耐冷性鉴定不仅需要将形态结构、生长发育、生理生化和产量等指标相结合，还需要对各生育时期的耐冷性进行综合评价，从而提高花生耐冷性鉴定的可靠性和科学性，即在进行花生耐冷性鉴定时不能仅选择单项指标（因素），应该采用综合指标法。

第三节 花生耐冷性鉴定的综合评价方法

低温胁迫对花生的伤害涉及形态结构、生长发育、生理生化和产量品质等多个方面，并且花生对低温环境的适应性是一个由多因素相互作用构成的综合性状，不仅受品种本身遗传特性的控制，还受外界环境条件的制约，因此单一采用某一个指标对花生的耐冷性进行评价极具片面性，应通过多个指标综合鉴定。花生耐冷性的综合鉴定不仅需要合适的研究方法和高效的评价指标，更需要在数据分析过程中采用科学的统计方法，从而实现耐冷花生材料的快速、准确鉴定。目前，国内外研究学者多采用多元数据统计方法研究作物的耐冷性，即选择多个耐冷相关指标，利用数学的方法进行统计分析和综合评价，主要包括隶属函数法、聚类分析法、主成分分析法、灰色关联度分析法、多重表型分析法、多元回归分析法和正态分布法等。

一、隶属函数法

隶属函数法是利用模糊数学中的隶属函数，对试验过程中的参数及指标进行定量转换，将其映射到单位实数区间[0, 1]，获得对应的隶属函数值，并通过各指标隶属函数值的进一步计算，实现对某一特征性状的综合评价。该方法既能避免单一指标的片面性和不稳定性，又能考虑到指标间的相互关系，反映出各指标对鉴定性状的重要程度，从而使鉴定结果更具科学性、合理性和准确性，与实际情况更相符，因此常在植物的抗逆性鉴定中广泛应用。目前，基于隶属函数法鉴定花生耐冷性的方式主要有以下三种。

第一种方式是利用权重隶属函数值鉴定花生的耐冷性，即对各指标的隶属函数值进行标准化加权计算，权重隶属函数值越大，耐冷性越强。张鹤（2020）利用该方法对 68 个东北地区主栽花生品种（品系）的萌发期耐冷性进行了鉴定，具体分析步骤为：首先，测定低温胁迫和正常温度下各花生品种（品系）的种子活力指标（发芽势、发芽率、发芽指数和活力指数等），并计算各指标的耐冷系数（式7-1），以消除不同品种（品系）基础性状间的差异；然后，基于耐冷系数计算各指标的隶属函数值，对各指标做出单项评估，与花生耐冷性呈正相关的指标利用式（7-2）计算，与花生耐冷性呈负相关的指标利用式（7-3）计算，所有隶属函数值均在[0, 1]区间；最后，根据式（7-4）确定各指标的权重系数，并计算权重隶属函数值，其结果越接近 0 表示品种（品系）的冷敏感度越大，越接近 1 表示品种（品系）的耐冷性越强。

$$CC = \frac{处理测定值}{对照测定值} \times 100\% \tag{7-1}$$

$$\mu(CC_i) = \frac{CC_i - \min(CC)}{\max(CC) - \min(CC)} \ (i = 1, 2, \cdots, n) \tag{7-2}$$

$$\mu(CC_i) = 1 - \frac{CC_i - \min(CC)}{\max(CC) - \min(CC)} \ (i = 1, 2, \cdots, n) \tag{7-3}$$

$$W_i = \frac{P_i}{\sum_{i=1}^{n} P_i} \ (i = 1, 2, \cdots, n) \tag{7-4}$$

$$D = \sum_{i=0}^{n} \left[\mu(CC_i \cdot W_i) \right] (i = 1, 2, \cdots, n) \tag{7-5}$$

式中，CC 代表指标的耐冷系数，$\mu(CC_i)$ 代表第 i 个指标的隶属函数值，CC_i 代表第 i 个指标的耐冷系数，$\max(CC)$ 和 $\min(CC)$ 分别代表该指标的最大值和最小值，W_i 代表各指标的权重系数，P_i 代表第 i 个综合指标贡献率（各指标的特征值即贡献率），D 代表权重隶属函数值，又称耐冷性综合评价值。

　　第二种方式是根据平均隶属函数值鉴定花生的耐冷性，即将各指标的隶属函数值累加后计算平均数，平均数越大，耐冷性越强。该方法分析过程简单，鉴定结果可靠，是目前花生抗逆性评价中最常用的方法。沈阳农业大学花生研究所在开展花生耐旱性研究时，曾用此方法对辽宁地区大面积栽培的 23 个花生品种（品系）的苗期耐旱性进行了综合评价，最终鉴定出平均隶属函数值分别为 0.884 和 0.833 的强耐旱品种农花 5 号和花育 22 号，平均隶属函数值分别为 0.288 和 0.304 的干旱敏感品种农花 16 号和阜花 18 号（任婧瑶等，2019）。

　　第三种方式是通过结合其他数学方法鉴定花生耐冷性，即先利用隶属函数法处理原始数据，然后采用主成分分析、聚类分析和多重表型分析等其他数学方法对花生的耐冷性进行综合评价。例如，张鹤（2020）通过对不同温度处理下 68

个花生品种（品系）种子活力相关指标的隶属函数值进行正态分布分析，发现 6℃ 处理 7d 适合作为花生萌发期耐冷性鉴定的低温胁迫条件；通过对低温胁迫下 30 个花生品种（品系）幼苗形态相关指标的隶属函数值进行相关性分析，发现叶面积、地上部鲜重和耐冷等级与花生的耐冷性最相关，适合作为花生苗期耐冷性快速鉴定的指标。

二、聚类分析法

聚类分析是一种"物以类聚"的数理统计方法，即根据研究对象（样品或指标）的特征，将本身没有类别的数据划分至不同的类或者簇的过程，所以同一类别中的研究对象有很大的相似性，而不同类别中的研究对象有很大的差异性。从统计学的观点来看，聚类分析是通过数学建模简化数据的一种方法，主要包括系统聚类法、动态聚类法、模糊聚类法、重叠聚类法和有序样品聚类结果法等。目前基于 K-均值和 K-中心点等算法的聚类分析工具已被加入到 SPSS、SAS 和 Excel 等多种统计分析软件包中，为进行遗传距离测定、杂种优势预测、种质资源鉴定等农业科学研究提供了便利。

聚类分析是一种探索性的分析方法，在分析过程中不必提前给出分类标准，可以直接将样本数据自动分类，但若分析时所采用的分类方法不同，得出的结论也大不相同，因此不同研究者对同一组数据进行聚类分析所得到的分类结果未必一致。目前在植物抗逆性研究中应用最广泛的聚类分析方法为系统聚类法，即在样品距离的基础上定义类与类的距离，首先将 n 个样品自成一类，然后每次将具有最小距离的两个类合并成一类，并重新计算新类与其他类之间的距离，再按最小距离继续归类，直至所有样品都归为一类为止，此归类过程和分类结果通常用聚类谱系图表示。在利用系统聚类法对样品进行聚类时，样品与样品、类与类之间数据分类尺度的计算是最关键的环节，主要包括相关系数、相似系数、欧氏距离和斜交空间距离 4 种算法，其中相关系数和欧氏距离在实际研究中最为常用。

聚类分析法能比较客观地反映出研究对象个体间的差异和联系，并将相似个体归为一类，是基于多变量（指标）系统研究个体间特征性状分类的理想统计方法，目前已在花生耐冷性研究中被广泛应用。张鹤（2020）采用欧氏距离和加权配对算术平均法对 68 个花生品种（品系）萌发期耐冷性的综合隶属函数值进行了系统聚类分析，最终将各品种（品系）的耐冷性划分为耐冷、中度耐冷、中度敏感和冷敏感 4 个等级。利用聚类分析法鉴定花生耐冷性能将全面反映耐冷信息的关键指标统筹起来，从而避免运用单一指标进行分类、分级时产生的偏差。但为了从大量响应低温的表型数据中提取更多有效的信息，增强鉴定结果的准确性，聚类分析法通常与隶属函数法或主成分分析法等其他方法结合使用。

三、主成分分析法

主成分分析也称主分量分析，是一种通过正交变换将一组可能存在相关性的多个变量转换为一组线性不相关的少数变量的统计学方法，转换后的这组变量即为主成分。主成分分析的中心思想就是降维和简化数据结构，根据指标间的相关性将原有的多个指标简化为少数几个有代表性的综合指标，要求这几个指标既能反映原有指标的大部分信息（85%以上），又能彼此之间保持独立，即在保证数据信息丢失最少的情况下对各指标进行最佳综合简化。该方法在引入多方面变量的同时，能避免无关变量的干扰和相关变量的信息重叠，使变量之间复杂的关系简单化，主成分的划分还可以反映出变量对目标性状的重要程度，使分析结果更加科学、客观，故此方法尤其适用于多变量的复杂分析，目前已在植物耐冷性的综合鉴定中广泛应用。

为了明确花生植株形态变化与苗期耐冷性的相关性及各形态指标间的内在联系，张鹤（2020）对低温胁迫下 30 个花生品种（品系）的株高、叶面积、植株鲜重、植株干重和耐冷等级等 7 个形态指标进行了主成分分析，最终提取出 3 个主成分，累计贡献率达 94.95%。此外，研究还根据每个主成分中的主要贡献指标和各品种（品系）对应的主成分综合得分，对 30 个花生品种（品系）的耐冷性进行了排序，具体分析步骤为：首先，对各指标的原始数据进行标准化处理［式（7-6）］，并根据标准化变量计算协方差矩阵；然后，根据式（7-9）计算协方差矩阵的特征值、单位特征向量和方差贡献率，确定主成分；最后，根据各主成分的贡献率建立花生耐冷性综合评价数学模型，计算各花生品种（品系）的综合耐冷值。

$$x'_{ij} = \frac{x_{ij} - \bar{x}_i}{S_i}(i = 1, 2, \cdots, n; j = 1, 2, \cdots, n) \tag{7-6}$$

$$|S_i - \lambda_i I| = 0(i = 1, 2, \cdots, n) \tag{7-7}$$

$$\alpha_i = (\alpha_{1i}, \alpha_{2i}, \cdots, \alpha_{ij})'(i = 1, 2, \cdots, n; j = 1, 2, \cdots, n) \tag{7-8}$$

$$W_i = \frac{\lambda_i}{\sum_{i=1}^{n} \lambda_i}(i = 1, 2, \cdots, n) \tag{7-9}$$

$$Q = \frac{F_1 \times W_1 + F_2 \times W_2 + \cdots + F_i \times W_i}{W_1 + W_2 + \cdots + W_i}(i = 1, 2, \cdots, n) \tag{7-10}$$

式中，x'_{ij} 代表原始数据的标准化变量，x_{ij} 代表样本 j 指标 i 的测定值，$\bar{x}_i$ 代表指标 i 的平均值，S_i 代表指标 i 的协方差，λ_i 代表协方差矩阵的特征值，I 代表单位矩阵，α_i 代表 λ_i 对应的单位特征向量，W_i 代表指标 i 的方差贡献率，Q 代表各样本的综合得分，F_i 代表主成分特征值对应的特征向量的和。

四、灰色关联度分析法

灰色关联度分析是一种基于灰色系统理论的多因素统计学分析方法，即以"部分信息已知，部分信息未知"的"小样本""贫信息"不确定性系统为研究对象，通过判断参考数据列和若干比较数据列的关联程度，对系统发展变化态势进行定量描述和比较。在系统发展过程中，若两个因素的变化趋势具有一致性，即同步变化程度较高，二者关联程度也较高；反之，二者关联程度则较低。因此，灰色关联度分析就是将因素之间发展趋势的相似或相异程度（亦称"灰色关联度"）作为衡量因素间关联程度的一种方法，最早由中国控制论专家邓聚龙教授于 1982 年提出，目前已在农作物的种质资源及特征性状评价中得到广泛应用。

在对农作物不同品种、不同栽培方式或不同环境条件下的产量进行优劣评价时，若只针对试验结果采取单一的稳定性分析、方差分析和新复极差测验，却忽略株高、茎粗、光合作用、干物质积累速率、结实率和百粒重等与品种和产量密切相关的指标，则会在很大程度上影响品种和产量的综合评价结果。而灰色关联度分析是对品种的多个性状进行多维度的综合评价，能够克服仅用单一指标评价品种优劣所造成的弊端，使评价结果更加可靠、客观，且具有样本数量少、分析方法简便和鉴定结果准确等优点。

利用灰色关联度分析法鉴定花生耐冷性就是根据各指标的关联度大小对高效的相关鉴定指标进行筛选，并利用这些指标对各品种的耐冷性进行综合评价，具体分析方法如下。首先，将参试品种整体看作一个灰色系统，将单个品种看作一个因素，将各性状的最优值设为参考数列，将品种的各项指标设为比较数列；然后，按照指标属性对测定数据进行无量纲化处理，正向指标按照式（7-11）计算，中性指标按照式（7-12）计算，负向指标则转为正向指标后计算，使每个测定值都在[0, 1]区间；随后，计算无量纲化后各比较数列与参考数列的差数绝对值［式（7-13）］、关联系数［式（7-14）］、关联度［式（7-15）］和权重［式（7-16）］；最后根据式（7-17）计算灰色评判值，对各品种进行综合评价。

$$X_{ij}(k) = X'_{ij}(k) / X_0(k) \,(i = 1, 2, \cdots, n; j = 1, 2, \cdots, n) \tag{7-11}$$

$$X_{ij}(k) = X_0(k) / \left[X_0(k) + \left| X_0(k) - X'_{ij}(k) \right| \right] (i = 1, 2, \cdots, n; j = 1, 2, \cdots, n) \tag{7-12}$$

$$\Delta_i(k) = \left| X_0(k) - X_{ij}(k) \right| (i = 1, 2, \cdots, n; j = 1, 2, \cdots, n) \tag{7-13}$$

$$\varepsilon_i(k) = \frac{\min\Delta_i(k) + \rho\max\Delta_i(k)}{\Delta_i(k) + \rho\max\Delta_i(k)}(i = 1, 2, \cdots, n) \tag{7-14}$$

$$\gamma_i = \frac{1}{n}\sum_{k=1}^{n}\varepsilon_i(k)(i = 1, 2, \cdots, n) \tag{7-15}$$

$$W_i = \gamma_i(k) / \sum_{k=1}^{n}\gamma_i(k)(i = 1, 2, \cdots, n) \tag{7-16}$$

$$G_i = \sum_{k=1}^{n}(\varepsilon_i \times W_i)(i = 1, 2, \cdots, n) \tag{7-17}$$

式中，X_0 代表参考数列，X'_{ij} 代表比较数列，X_{ij} 代表测定数据的无量纲化值，Δ_i 代表参考数列与比较数列差数的绝对值，$\min\Delta_i$ 和 $\max\Delta_i$ 分别代表各指标与参考数列的最小差值和最大差值，ρ 代表分辨系数（通常为 0.5），ε_i 代表各指标与参考数列的关联系数，γ_i 代表各指标与参考数列的关联度，W_i 代表各指标的权重，G_i 代表各品种的灰色评判值。

五、多重表型分析法

目前，隶属函数、聚类分析和主成分分析等多元统计分析方法已在花生的耐冷性鉴定中广泛应用，其中隶属函数法可以根据综合隶属函数值对各品种（品系）的耐冷性进行排序，聚类分析法可以将耐冷性较接近的品种（品系）聚为一类，而主成分分析法可以筛选出对花生耐冷性贡献较大的指标，从而实现花生耐冷性的高效、快速鉴定。以上几种分析方法均能有效评价花生耐冷性，但本课题组在研究中发现，不同分析方法对同一生育时期、同一生长条件下相同品种（品系）的鉴定结果存在差异，同时相同花生品种（品系）在不同生育时期或不同生长条件下的耐冷性也有所不同，因此花生耐冷性的准确鉴定需要综合多项指标、多次试验，以及多种分析方法。

多重表型分析是一种近几年广泛应用于作物抗逆性鉴定中的新方法，即基于多种数据分析方法对不同生长环境或不同生育时期的多个表型数据进行多重比较，并根据分析结果的一致性对作物的抗逆性做出综合评价（张笑笑，2019）。该方法不仅可以将不同分析方法的鉴定结果进行综合比较，避免单一方法的片面性，还可以将不同生育时期或不同生长条件的鉴定结果相关联，相较于只针对某一生育时期或单一生长条件的评价结果更加系统、全面、准确。张鹤（2020）采用多重表型分析方法对 30 个花生品种（品系）的田间耐冷性鉴定结果和室内萌发期耐冷性鉴定结果进行了比较，发现仅有 4 个品种的鉴定结果差异较大，大部分品种

（品系）在两种生长条件下的耐冷性都比较一致，说明这种基于多重表型分析的花生耐冷性鉴定方法是可行的，具体分析方法如下。

（1）将隶属函数、主成分分析和灰色关联度等分析方法的结果标准化，使其取值均映射至[0, 1]区间：

$$S = \left(S_i - S_{i\min} \right) / \left(S_{i\max} - S_{i\min} \right)$$

（2）计算各分析方法标准化结果的差异值：

$$S_\Delta = \left| S_{is} - S_{ip} \right|$$

式中，S_i 代表某品种（品系）的综合隶属函数值、主成分综合得分或灰色评判值，$S_{i\max}$、$S_{i\min}$ 分别代表各方法分析结果的最大和最小值，S_{is} 代表一种方法分析结果的标准值，S_{ip} 代表另一种方法分析结果的标准值，S_Δ 代表两种方法分析结果的差异值。采取差异值 0.5 作为评判不同方法、不同生长条件或不同生育时期分析结果的差异标准。

第四节　花生耐冷性综合评价体系的建立

低温冷害是限制我国东北乃至全国花生生产的主要环境因子之一。在农业生产上，耐冷品种的选育是解决低温冷害问题最直接有效的手段，而耐冷性综合评价体系的建立是准确鉴定耐冷种质的前提。一套科学规范的耐冷性综合评价体系不仅要有适当的评价方法、精准的评价指标和合理的分级标准，还要考虑鉴定条件与实际生产的一致性，包括冷害经常发生的生育时期、环境条件、作用强度和持续时间等。为了加速花生耐冷育种进程，实现花生耐冷性遗传改良，近年来沈阳农业大学花生研究所围绕花生耐冷性综合鉴定开展了大量研究，在利用生理生化和分子生物学技术深入探究花生耐冷机制的基础上，根据指标选择的实用性、简便性和高效性原则，采用多种分析方法在不同生长条件和不同生育时期对大批量花生种质的耐冷性进行了系统鉴定，并建立了花生耐冷性综合评价体系，为耐冷花生种质的鉴定、评价和利用提供了理论依据和技术支撑（张鹤，2020）。

一、花生萌发期耐冷性鉴定

（一）鉴定方法

按照国家标准 GB/T 3543.4—1995《农作物种子检验规程：发芽试验》要求，利用 SHP-150 型生化培养箱进行花生种子发芽试验（纸床发芽法）。挑选大小一致、饱满、有活力的花生种子，用 1%次氯酸钠溶液消毒 10min，室温浸泡 12h 后，置于铺有双层湿润滤纸的培养皿中，先在 4℃、6℃、8℃和 10℃下黑暗培养 7d，然后转入 28℃下恢复培养 7d。对照处理（CK）种子浸泡 12h 后直接放于 28℃下黑暗培养。其间定量补充蒸馏水，保证种子湿润。每个处理设置 3 次重复，每个重复 30 粒种子。

（二）测定指标与标准

以露白（胚根伸出 0.5mm）为标准，从第 1 粒种子萌发开始，逐日测定种子的发芽数，计算种子活力指标：

发芽势=（萌发第 4d 种子发芽数/供试种子总数）×100%

发芽率=（萌发第 7d 种子发芽数/供试种子总数）×100%

发芽指数（GI）= $\Sigma Gt/Dt$，Gt 为第 Dt 天对应的发芽数（从第一粒种子萌发开始，至连续 3d 没有其他种子继续萌发为止）。

活力指数（VI）= S×发芽指数，S 为萌发结束后 10 粒种子胚根的平均长度（mm）。

（三）花生萌发期耐冷性评价温度的确定

张鹤（2020）对 4℃、6℃、8℃和 10℃处理下 68 个花生品种（品系）的种子活力相关指标进行了差异显著性检验和隶属函数分析，发现 4～10℃低温胁迫可导致花生种子的发芽能力不同程度地下降，且品种之间差异显著，但不同低温处理下各品种（品系）的耐冷性排序并不完全一致，即不同品种（品系）适应低温胁迫的温度范围存在差异。同时，在过高或过低的处理温度下，除了少数几个极端材料，大部分品种（品系）对低温的表现几乎无明显差异，很难对每个品种（品系）的耐冷性进行明确分级，因此合适的温度条件是有效鉴定花生耐冷性的前提。

为了确定适合作为花生萌发期耐冷性鉴定的温度条件，张鹤（2021）利用 SPSS 19.0 软件对不同温度处理下 68 个花生品种（品系）的综合隶属函数值开展了进一步分析，发现 10℃、8℃和 4℃低温处理下各品种（品系）的正态分布检验峰度均大于 0，呈尖顶峰；而 6℃低温处理的峰度最接近 0，呈平顶峰。同时，8℃和 4℃低温处理的正态分布检验偏度均大于 0，呈正向偏离；10℃低温处理的偏度为 −2.59，呈较大程度的负向偏离；而 6℃低温处理下的偏度仅为 −0.10，最符合正态分布（图 7-1A）。QQ-Plot 分析结果也表明，6℃低温处理下各品种（品系）的隶属函数值与趋势线的拟合程度最高，R^2 最接近于 1，符合标准正态分布（图 7-1B）。因此，6℃处理 7d 可以作为花生萌发期耐冷性鉴定的低温胁迫条件。

（四）花生萌发期耐冷性的聚类分析

张鹤（2020）以 6℃处理 7d 作为花生萌发期耐冷性鉴定的温度条件，对 68 个花生品种（品系）的综合隶属函数值进行了聚类分析，最终在 λ=12.5 处将其耐冷性分为 4 类：第 I 类包括农花 5 号、四粒红、Y-7 黑花生、彩花 7 号和花育 22 号

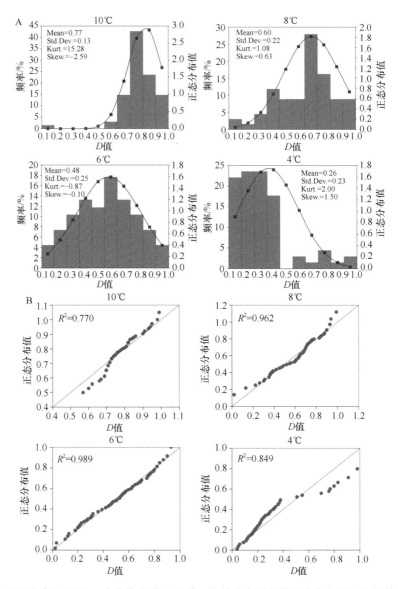

图 7-1　不同温度处理下 68 个花生品种（品系）的综合隶属函数正态分布图（张鹤等，2021）

A. 频率直方图；B. QQ-Plot 图

图中 D 值代表综合隶属函数值，Mean 代表平均值，Std. Dev.代表标准差，Kurt.代表峰度，Skew.代表偏度

等 18 个花生品种，为耐冷型材料；第 II 类包括铁花 1 号、阜花 12 号、农花 11 号、农花 19 号和唐油 4 号等 18 个花生品种，为中度耐冷型材料；第 III 类包括阜花 24 号、粤油 29 号、锦 9703、冀油 98 号和连花 3 号等 20 个花生品种，为中度敏感型材料；第 IV 类包括农花 16 号、阜花 18 号、铁花 3 号、农花 9 号和花育 20 号等 12 个花生品种，为敏感型材料，其中第 II 类和第 III 类统称为中间型材料（图 7-2）。

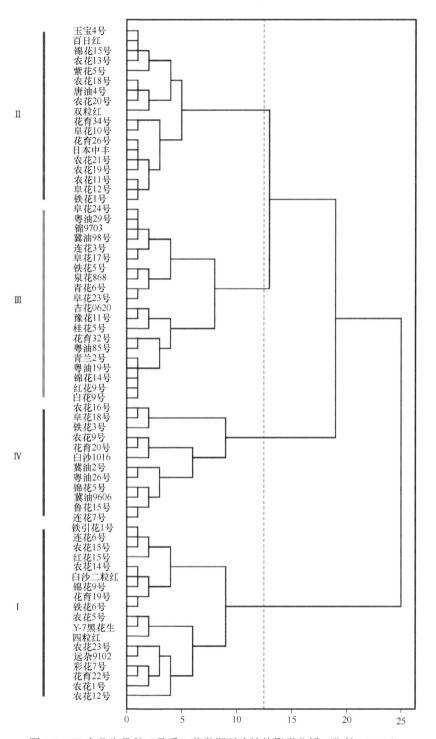

图 7-2　68 个花生品种（品系）萌发期耐冷性的聚类分析（张鹤，2020）

二、花生苗期耐冷性鉴定

(一) 鉴定方法

挑选大小一致、饱满、有活力的花生种子，用 1%次氯酸钠溶液消毒 10min，室温浸泡 12h 后，采用纸床发芽法于 28℃黑暗培养 24h。选择发芽整齐的种子播种至装有高温灭菌湿沙的花盆中，每盆播种 5 粒，每个品种 10 盆，置于人工气候室内培养，其间每天定量补充 1/2 霍格兰氏（Hoagland's）营养液。人工气候室培养条件为：光周期 16h/8h（昼/夜），温度 28℃/23℃（昼/夜），光照强度 600μmol/（m²·s）。幼苗长至三叶一心期时，将盆栽分为 2 组（每组每品种 5 盆），一组继续在人工气候室内正常培养（对照），另一组置于低温气候室内处理 7d。低温气候室培养条件为：光周期 16h/8h（昼/夜），温度 6℃，光照强度 600μmol/（m²·s）。在不同月份重复 3 次试验。

(二) 测定指标与标准

1. 耐冷等级

低温胁迫 7d 后，研究人员观察花生幼苗的表型变化（包括叶片皱缩、叶片似烫伤、叶色变褐等）并根据叶片的萎蔫情况对各花生品种的耐冷等级进行评价，分 1～9 级评价。

1 级：耐冷性极弱，大部分或者全部植株死亡。
3 级：耐冷性较弱，50%叶片褪色、干枯、边缘卷曲，部分植株死亡。
5 级：耐冷性中等，叶片黄化，大部分出现萎蔫。
7 级：耐冷性较强，叶片绿色，少部分出现萎蔫。
9 级：耐冷性极强，叶片青绿或接近青绿，无萎蔫。

2. 形态指标

低温胁迫 7d 后，从每个品种选取 5 株长势一致的幼苗，小心地将幼苗连根从沙中取出，用自来水冲洗，吸干表面水分（保持根部潮湿但不附着水珠），用直尺测量株高，用叶面积仪测定叶面积，用电子天平称取地上部和地下部鲜重，随后将其分别装入牛皮纸袋中 105℃杀青 30min，然后于 70℃烘干至恒重，称重得到幼苗地上部和地下部的干重。

(三) 有效鉴定指标筛选

简单、客观、有代表性的评价指标是准确、快速鉴定花生耐冷性的必要条件。

张鹤（2020）以耐冷等级、株高、叶面积、植株鲜重和植株干重为评价指标，对30个花生品种（品系）的苗期耐冷性进行了鉴定。结果表明，苗期低温胁迫可对各花生品种（品系）的植株生长产生不同程度的抑制作用，使叶片出现脱水、萎蔫、黄化、褪色，甚至枯死等症状，但不同指标对低温的敏感性有所不同，某一单独指标并不能准确反映品种（品系）的耐冷性，即花生的耐冷性由多个指标共同决定，且指标间并非完全独立，甚至具有较强的关联性。低温胁迫下花生的株高、叶面积、地上部鲜重、地下部鲜重、地上部干重和地下部干重均与耐冷等级呈显著正相关，其中叶面积和地上部鲜重与耐冷等级之间的相关系数分别为0.96和0.90，而地下部鲜重和地下部干重与耐冷等级之间的相关系数仅为0.51和0.49，说明叶面积、地上部鲜重和耐冷等级与花生耐冷性的关系最密切，可以作为准确、快速鉴定花生苗期耐冷性的评价指标（图7-3）。

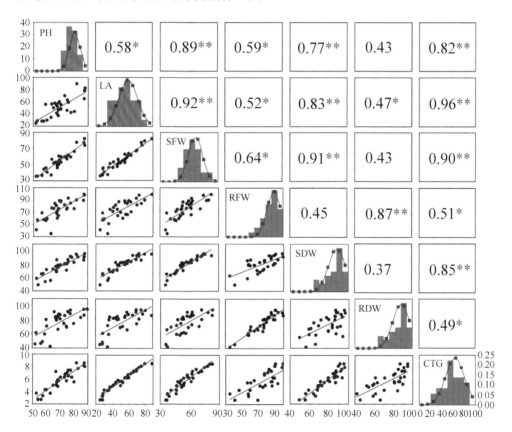

图7-3　低温胁迫下30个花生品种（品系）各形态指标的测定值分布及相关性（张鹤，2020）
PH为株高；LA为叶面积；SFW为地上部鲜重；RFW为地下部鲜重；SDW为地上部干重；RDW为地下部干重；CTG为耐冷等级；图中*和**分别表示各指标之间的相关性达到显著（$P<0.05$）和极显著（$P<0.01$）水平

为了进一步明确低温胁迫下花生植株各形态指标的内在联系，张鹤（2020）

对 30 个花生品种（品系）的 7 个形态指标进行了主成分分析，共提取出 3 个主成分，其中第一主成分主要包括株高、叶面积、地上部鲜重和耐冷等级，第二主成分主要包括地上部干重和地下部干重，第三主成分主要为地下部鲜重，说明株高、叶面积、地上部鲜重和耐冷等级可以在很大程度上反映出各品种（品系）的耐冷性差异。根据各主成分的贡献率，最终建立了花生耐冷性综合评价数学模型 $Y=0.68X_1+0.38X_2+0.40X_3-0.40X_4-0.42X_5-0.26X_6+0.30X_7$，并按照综合得分的多少对 30 个花生品种（品系）的耐冷性进行了综合排序。结果表明，阜花 18 号、四粒红、冀油 9606、铁花 3 号、农花 16 号和花育 20 号的综合得分均在 –1 以下，为冷敏感型材料；而彩花 7 号、农花 5 号、农花 1 号和花育 22 号的综合得分均在 1 以上，为耐冷型材料（图 7-4）。

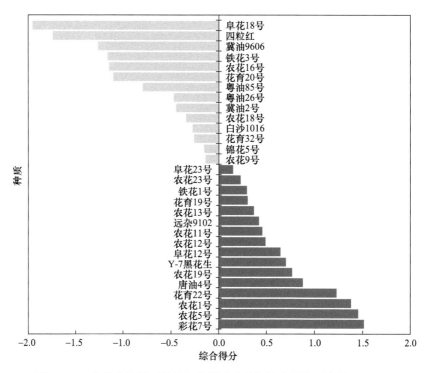

图 7-4　30 个花生品种（品系）苗期耐冷性的综合得分（张鹤，2020）

三、花生田间耐冷性鉴定

（一）鉴定方法

张鹤（2020）分别于 2018 年和 2019 年春季在沈阳农业大学北山试验田（41°82′N，123°56′E）开展了分期播种试验。试验区属于温带大陆性季风气候，积温 3300～3400℃，无霜期 155～180d，年平均气温 8.7℃，年平均降水量 714mm。
2018 年和 2019 年生长季降雨量分别为 448.4mm 和 572.3mm，生长季平均气温分别为 22.19℃和 22.20℃。供试土壤为棕壤土，含有机质 14.9g/kg、全氮 1.1g/kg、碱解氮 91.26mg/kg、速效磷 10.17mg/kg、速效钾 125.12mg/kg，pH 6.5。

辽宁春季土壤温度以低温为主，阶段性变化较为明显，且持续时间较长。4 月 10 日～4 月 25 日，平均地温基本维持在 15℃以下，日最低温度仅为 4～10℃。4 月 25 日以后，日平均温度均在 15℃以上，且每日最低温度也基本达到 12℃，可以满足大部分花生种子萌发的最低温度要求。试验共分为 3 个播期，分别于 4 月 10 日、4 月 20 日和 5 月 10 日（对照）播种。每个品种种 1 行，单粒播种，每行 30 粒，行长 3m，垄宽 0.6m，垄距 0.5m，株距 0.1m，每个处理 3 次重复，采用随机区组设计。播种前施磷酸二铵 150kg/hm²、过磷酸钙 300kg/hm² 和硫酸钾 150kg/hm² 作为基肥，其他管理措施同常规田间管理。

（二）测定指标与标准

自第一期播种之日起到最后一期全部品种连续 3d 不再出苗为止，每日定点记录地下 5cm 土层温度，出苗后每日调查并记录各品种出苗数，计算出苗率和出苗能力：

$$出苗率= 各品种出苗数/供试种子数×100\%$$
$$出苗能力（EA）=（出苗率×100）/从播种到第 i 天出苗的天数$$

收获时，3 个播期中每个品种各选取 5 株（出苗率过低、不足 5 株的取 3 株）具有代表性的植株进行考种，调查单株饱果数、百果重、百仁重和单株产量，取平均值。

（三）有效鉴定指标筛选

虽然人工气候箱可以不受季节和气候条件等因素的限制，能在一定程度上加快种质鉴定速度，但田间环境条件错综复杂，会对花生耐冷性造成影响，因此为了保证室内筛选出的耐冷种质适用于田间生产，利用田间自然条件对室内鉴定结果进行验证十分必要。张鹤（2020）以出苗率、出苗能力和产量构成因素作为评价指标，通过提前播期、分期播种的方式对 30 个花生品种（品系）的田间耐冷性进行了鉴定。从出苗情况来看，春播后的低温天气会严重影响花生种子活力，降低出苗率，延长出苗时间，且经历低温的时间越长，烂种概率越大。从产量构成因素来看，单株饱果数和单株产量受不同播期的影响较大，而大部分品种（品系）的百果重和百仁重未发生显著变化。

为了综合全面地对花生田间耐冷性做出评价，张鹤（2020）以第三播期作为对照，分别对第一播期和第二播期各花生品种（品系）的出苗率、出苗能力、单株饱果数、单株产量、百果重和百仁重等田间测定指标进行了隶属函数分析。结果表明，农花 1 号、农花 5 号、花育 22 号、唐油 4 号和铁花 1 号的综合隶属函数值（D 值）较大，均高于 0.7，在田间自然条件下的耐冷性较强；而铁花 3 号、阜花 18 号、冀油 9606、粤油 26 号、农花 9 号和农花 16 号的综合隶属函数值较小，均低于 0.4，在田间自然条件下的耐冷性较弱（图 7-5）。

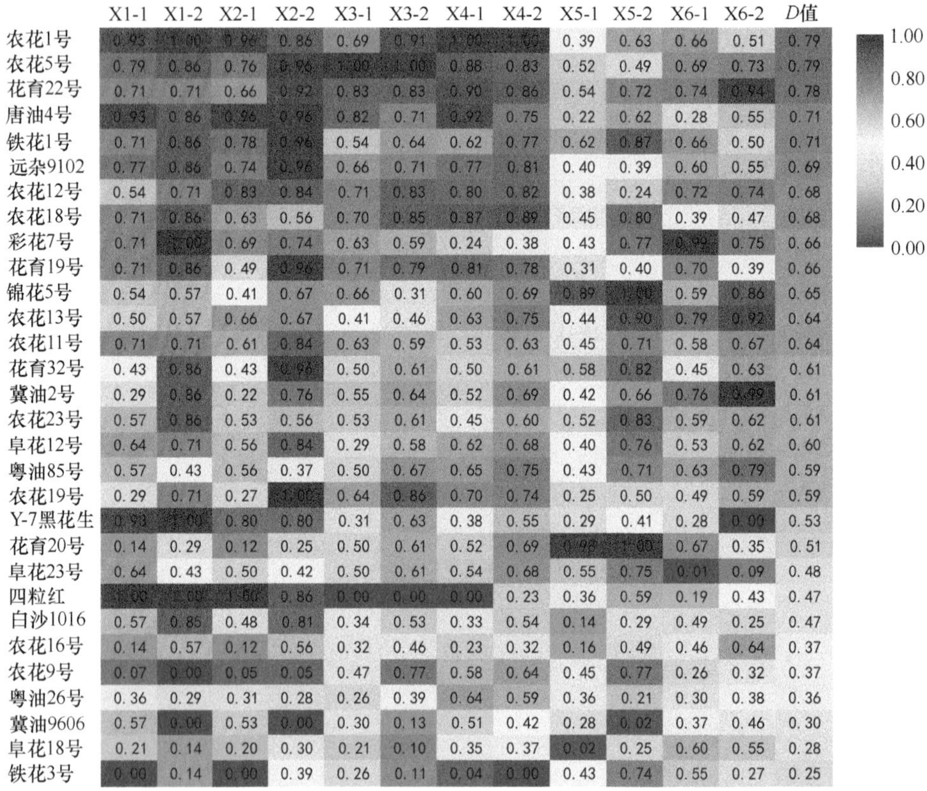

	X1-1	X1-2	X2-1	X2-2	X3-1	X3-2	X4-1	X4-2	X5-1	X5-2	X6-1	X6-2	D值
农花1号	0.93	1.00	0.96	0.86	0.69	0.91	1.00	0.60	0.39	0.63	0.66	0.51	0.79
农花5号	0.79	0.86	0.76	0.96	1.00	0.00	0.88	0.83	0.52	0.49	0.69	0.73	0.79
花育22号	0.71	0.71	0.66	0.92	0.83	0.83	0.90	0.86	0.54	0.72	0.74	0.94	0.78
唐油4号	0.93	0.86	0.96	0.96	0.82	0.71	0.92	0.75	0.22	0.62	0.28	0.52	0.71
铁花1号	0.71	0.86	0.78	0.96	0.54	0.64	0.62	0.67	0.43	0.62	0.66	0.50	0.71
远杂9102	0.77	0.71	0.87	0.96	0.71	0.67	0.77	0.81	0.40	0.39	0.60	0.55	0.69
农花12号	0.54	0.71	0.83	0.84	0.71	0.83	0.80	0.70	0.38	0.24	0.72	0.74	0.68
农花18号	0.71	0.86	0.63	0.56	0.70	0.85	0.87	0.89	0.45	0.80	0.39	0.47	0.68
彩花7号	0.71	1.00	0.69	0.74	0.63	0.59	0.24	0.38	0.43	0.77	1.00	0.75	0.66
花育19号	0.71	0.86	0.49	0.96	0.71	0.79	0.81	0.78	0.31	0.40	0.70	0.39	0.66
锦花5号	0.54	0.57	0.41	0.67	0.66	0.31	0.60	0.69	0.89	1.00	0.59	0.86	0.65
农花13号	0.50	0.57	0.66	0.67	0.41	0.46	0.53	0.75	0.44	0.90	0.71	0.92	0.64
农花11号	0.71	0.71	0.61	0.84	0.63	0.59	0.53	0.63	0.45	0.71	0.58	0.67	0.64
花育32号	0.43	0.86	0.43	0.84	0.50	0.50	0.61	0.58	0.58	0.82	0.45	0.63	0.61
冀油2号	0.29	0.71	0.55	0.60	0.55	0.64	0.61	0.55	0.42	0.66	0.76	0.99	0.61
农花23号	0.71	0.71	0.61	0.85	0.61	0.45	0.60	0.63	0.52	0.83	0.59	0.62	0.61
阜花12号	0.64	0.71	0.61	0.84	0.29	0.58	0.62	0.61	0.40	0.60	0.61	0.60	0.60
粤油85号	0.57	0.43	0.56	0.37	0.50	0.67	0.65	0.75	0.43	0.71	0.63	0.79	0.59
农花19号	0.29	0.71	0.27	1.00	0.64	0.86	0.70	0.74	0.25	0.50	0.49	0.59	0.59
Y-7黑花生	0.93	1.00	0.80	0.80	0.31	0.63	0.38	0.55	0.29	0.41	0.28	0.00	0.53
花育20号	0.14	0.29	0.12	0.25	0.50	0.61	0.52	0.69	0.99	1.00	0.67	0.35	0.51
阜花23号	0.64	0.43	0.50	0.42	0.50	0.61	0.54	0.68	0.55	0.75	0.01	0.09	0.48
四粒红	0.93	0.60	1.00	0.86	0.00	0.00	0.60	0.23	0.36	0.59	0.19	0.43	0.47
白沙1016	0.57	0.85	0.48	0.81	0.34	0.53	0.33	0.54	0.14	0.29	0.49	0.25	0.47
农花16号	0.57	0.71	0.61	0.77	0.46	0.72	0.43	0.50	0.16	0.49	0.46	0.64	0.47
农花9号	0.07	0.57	0.05	0.47	0.14	0.77	0.64	0.59	0.45	0.77	0.26	0.32	0.37
粤油26号	0.36	0.29	0.31	0.28	0.26	0.39	0.64	0.59	0.36	0.21	0.30	0.38	0.33
冀油9606	0.57	0.00	0.53	0.00	0.30	0.13	0.51	0.42	0.28	0.02	0.37	0.46	0.30
阜花18号	0.21	0.14	0.20	0.30	0.21	0.10	0.35	0.37	0.02	0.25	0.60	0.55	0.28
铁花3号	0.00	0.14	0.00	0.39	0.26	0.11	0.04	0.00	0.43	0.74	0.55	0.27	0.25

图 7-5 30 个花生品种（品系）田间耐冷指标的隶属函数分析（张鹤，2020）

X1-1 和 X1-2 分别代表第一播期和第二播期的相对出苗率；X2-1 和 X2-2 分别代表第一播期和第二播期的相对出苗能力；X3-1 和 X3-2 分别代表第一播期和第二播期的相对单株饱果数；X4-1 和 X4-2 分别代表第一播期和第二播期的相对单株产量；X5-1 和 X5-2 分别代表第一播期和第二播期的相对百果重；X6-1 和 X6-2 分别代表第一播期和第二播期的相对百仁重

为了验证室内鉴定结果是否与田间鉴定结果相一致，张鹤（2020）采用多重表型分析法对室内和田间的鉴定结果进行了比较，发现两种环境条件下大部分花生品种（品系）的耐冷性表现一致，其中农花 5 号、铁花 3 号和阜花 23 号的差异值基本为 0；但也有少数几个品种在两种环境条件下表现出相反的结果，比如四粒红和 Y-7 黑花生在室内和田间的出苗率都较高，但产量却较低，不适合田间生产（图 7-6）。因此，在花生耐冷性鉴定时结合田间自然条件并综合考虑产量因素十分必要。

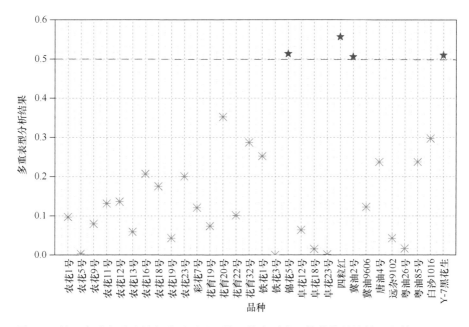

图 7-6　基于多重表型分析方法对不同环境下花生耐冷评价的差异比较（张鹤，2020）
红色五角星代表不同环境下耐冷性差异较大（多重表型分析差异值≥0.5）的品种，大星号代表不同环境下耐冷性差异较小（多重表型分析差异值＜0.5）的品种

第五节　冷害易发区花生品种的选用

一、选用耐冷、早熟、高产的花生品种

在农业生产上，不同作物品种遭受低温冷害后其减产程度有所不同，品种之间存在很大差异。因此，世界上冷害发生频繁的国家常常投入较多的人力和物力，致力于耐冷、早熟、高产品种的筛选和培育，以此作为防御冷害的重要手段。近年来，我国北方地区在花生耐低温品种的鉴定方法和鉴定指标方面取得了显著进展，并筛选出一大批适合在高纬度、高海拔地区栽培的耐冷、早熟、高产花生品种，为当地花生产业的发展提供了基础种质保障。封海胜（1991）利用种子吸胀期间耐低温鉴定方法筛选出花 37 和花 32 等耐低温品种。陈昊等（2020）通过吸胀冷害抗性评价共鉴定出耐冷型花生种质 7 份，其中普通型 1 份（豫花 1 号）、珍珠豆型 4 份（粤油 5 号、滇引 3 号、山花 8 号和珍珠红 1 号）、多粒型 1 份（三夹公）、龙生型 1 份（云南黑花生）。吕建伟等（2014）通过田间苗期鉴定筛选出台

山珍珠、鄂花 3 号、山花 9 号、开农 8598、桂花 17、海花 1 号、豫花 9 号、黔花生 1 号、豫花 10 号、濮科花 1 号、桂花 836、开农白 2 号等 12 个高耐低温花生品种，其中黔花生 1 号和豫花 9 号已在生产上大面积推广。钟鹏等（2018）通过对花生苗期多项生理指标测定，鉴定出强抗寒性花生品种四粒红和中等抗寒花生品种吉花 3 号。张鹤等（2021）基于花生耐冷综合评价体系鉴定出适合在东北地区种植的萌发期和幼苗期均耐冷的花生品种农花 5 号。陈娜等（2020）通过分批收获的方式筛选出 3 个在收获期耐低温的花生品种，包括 2 个高油酸花生品种花育 9116 和花育 910，以及 1 个普通油酸品种花育 33 号。另外，山东省花生研究所还利用不亲和野生种 *Arachis glabrata* Benth.育成了花生属区组间杂交品种花育 44 号，该品种在室内试验中表现出较强的耐低温特性（王传堂等，2013）。

二、做好品种区划

除了大力培育耐冷、早熟、高产的花生新品种，实现花生品种区域化也是避免冷害发生的关键性措施。品种布局区域化应以合理选用早熟高产品种为指导原则，从大面积、长周期均衡增产出发，按照以温度为主，兼顾水分、光照、土壤肥力、生产水平等综合生态条件，以品种熟期为中心内容，逐步实现品种的区域种植、合理搭配，从而达到抵御低温伤害，实现高产稳产的目的。在具体实施时应考虑如下要求。

第一，从实际情况出发，抓住关键因素，解决生产实际问题。在做好现有品种对外界生态条件适应性鉴定的基础上，分析当地生态环境对品种要求的满足程度，抓住影响当地品种分布的关键因素和指标，处理好温度与其他因素的关系，力求反映客观实际，解决生产问题。

第二，能经得起丰、平、歉年和平温、低温年的考验，即平温年获丰收，低温年产量基本稳定。要求一般年份在霜前 5～10d 成熟，低温年也能在霜前成熟。

第三，要适合当地的土壤水肥条件和栽培水平，考虑上、中、下等的不同水平，因地制宜地选用合适品种。

第四，要明确哪些是主推品种，哪些是搭配品种，做到主次分明。品种不能过多，每个区主推品种一般以 1～2 个为宜，搭配品种 2～3 个为宜。同时要注意早、中、晚熟品种的合理搭配，应以当地霜前能正常成熟的中熟品种为主，适当搭配早、晚熟品种。

第五，因地制宜，灵活运用。农业生产情况十分复杂，例如，山区地形多变，农田小气候差异大，土壤水分状况和肥力条件均不统一，适合品种也就不同。所以必须大、中、小范围相结合，逐级搞区划，做到切合实际，推动农业生产。

主要参考文献

白冬梅, 薛云云, 赵姣姣, 等. 2018. 山西花生地方品种芽期耐寒性鉴定及 SSR 遗传多样性. 作物学报, 44(10): 1459-1467.

常博文, 钟鹏, 刘杰, 等. 2019. 低温胁迫和赤霉素对花生种子萌发和幼苗生理响应的影响. 作物学报, 45(1): 118-130.

陈昊, 徐日荣, 陈湘瑜, 等. 2020. 花生种子萌发吸胀阶段冷害抗性的鉴定及耐冷种质的筛选. 植物遗传资源学报, 21(1): 192-200.

陈娜, 程果, 潘丽娟, 等. 2020. 东北地区收获期低温对花生品质影响及耐低温品种筛选. 植物生理学报, 56(11): 2417-2427.

陈小姝, 赵跃, 蒋春姬, 等. 2020. 花生品种幼苗耐低温鉴定的生理生化指标筛选. 中国油料作物学报, 42(4): 649-657.

封海胜. 1991. 花生种子吸胀间耐低温性鉴定. 中国油料, (1): 69-72.

郭素枝, 邓传远, 张国军, 等. 2006. 低温对单、双瓣茉莉叶片细胞膜透性的影响. 中国生态农业学报, 14(1): 42-44.

胡廷会, 吕建伟, 马天进, 等. 2015. 海拔与密度对花生生育期及产量的影响. 贵州农业科学, 43(12): 42-44.

刘盈茹, 张晓军, 王月福, 等. 2015. 低温水灌溉对花生植株生长动态的影响. 花生学报, 44(1): 1-5.

吕登宇, 郝西, 苗利娟, 等. 2022. 花生萌发期对低温胁迫的生理生化响应机制. 中国油料作物学报, 44(2): 385-391.

吕建伟, 马天进, 李正强, 等. 2014. 花生种质资源出苗期耐低温性鉴定方法及应用. 花生学报, 43(3): 13-18.

任婧瑶, 王婧, 蒋春姬, 等. 2019. 花生种质苗期耐旱性鉴定与综合评价. 沈阳农业大学学报, 50(6): 722-727.

史普想, 刘盈茹, 张晓军, 等. 2016. 低温水灌溉对花生根际土壤酶活性和养分含量的影响. 中国油料作物学报, 38(6): 811-816.

唐月异. 2011. 花生耐低温种质筛选及相关差异表达基因鉴定. 青岛: 中国海洋大学博士学位论文.

王传堂, 王秀贞, 唐月异, 等. 2013. 高产、耐低温花生新品种花育 44 号选育报告. 种子世界, (7): 57.

王传堂, 王志伟, 宋国生, 等. 2021. 品种和包衣处理对播种出苗期低温高湿条件下花生出苗的影响. 山东农业科学, 53(1): 46-51.

张鹤. 2020. 花生苗期耐冷评价体系构建及其生理与分子机制. 沈阳: 沈阳农业大学博士学位论文.

张鹤, 于海秋. 2018. 花生耐寒生理研究进展//中国作物学会油料作物专业委员会,《中国油料作物学报》编辑部. 中国作物学会油料作物专业委员会第八次会员代表大会暨学术年会综述与摘要集. 青岛: 中国作物学会油料作物专业委员会.

张鹤, 蒋春姬, 殷冬梅, 等. 2021. 花生耐冷综合评价体系构建及耐冷种质筛选. 作物学报, 47(9): 1753-1767.

张笑笑. 2019. 基于多重表型分析的高粱萌发期和苗期抗旱性比较研究. 绵阳: 西南科技大学硕士学位论文.

钟鹏, 刘杰, 王建丽, 等. 2018. 花生对低温胁迫的生理响应及抗寒性评价. 核农学报, 32(6): 1195-1202.

周国驰, 于晓东, 曹莹, 等. 2018. 几种外源物质诱导花生幼苗耐低温的效应. 沈阳农业大学学报, 49(1): 75-81.

Bagnall D J, King R W, Farquhar G D. 1988. Temperature-dependent feedback inhibition of photosynthesis in peanut. Planta, 175(3): 348-354.

Lyons J M. 1973. Chilling injury in plants. Ann. Rev. Physiol., 24(1): 445-466.

Patel J, Khandwal D, Choudhary B, et al. 2022. Differential physio-biochemical and metabolic responses of peanut (*Arachis hypogaea* L.) under multiple abiotic stress conditions. Int. J. Mol. Sci., 23(2): 660.

Zhang H, Dong J, Zhao X, et al. 2019. Research progress in membrane lipid metabolism and molecular mechanism in peanut cold tolerance. Front. Plant Sci., 10: 838.

Zhang H, Jiang C, Lei J, et al. 2022. Comparative physiological and transcriptomic analyses reveal key regulatory networks and potential hub genes controlling peanut chilling tolerance. Genomics, 114(2): 110285.

第八章 花生大田生产防冷耐冷调控技术

花生冷害固然是由低温引起的，但往往又与干旱、水涝、盐碱和营养不良等灾害结合发生，加重低温的危害程度。因此，目前花生冷害的预防与调控多以"预防为主，防控结合，精细管理，综合防控"为原则，一方面从提高花生自身素质着手，选用耐低温花生品种，做好种子播前处理，调节植株生理机能，培育壮苗，以提高花生对低温环境的适应能力；另一方面基于农田生产条件的改变，合理使用栽培技术措施，改善农田小气候，加强田间管理，以提升花生防御冷害的外部能力。只有实现二者的有机结合，充分发挥农业综合技术的功效，才能取得花生冷害防控的最佳效果。

第一节 花生播前防冷调控技术

生产中为了避免早春低温对花生种子萌发和出苗造成的影响，人们在播种前一般会对花生种子进行预处理。预处理主要包括科学晒种、剥壳选种、低温浸种、药剂拌种和种子包衣等环节，可以提高种子纯度，增强种子抗性，降低病菌危害，提高种子发芽率和田间幼苗整齐度，从而达到幼苗早、全、齐、匀、壮的要求，为高产高效、稳产优质奠定良好的基础。

一、科学晒种

晒种一方面可以降低种子含水量，减少烂种，并且通过紫外线可以消杀种子所携带的病原菌；另一方面还有利于打破休眠，增强种皮透性，提高种子在土壤中的吸水能力和呼吸强度，从而促进种子萌发，提高发芽势和发芽率。研究表明，与不晒种相比，播前带壳晒种可使种子发芽率提高10%~15%，出苗率提高15%~20%，始苗期提前1~2d，盛苗期提前5d，且苗齐苗壮，平均增产9.4%（王列等，2020）。生产上一般在播种前7~10d开始晒种，选择晴天天气，于上午10时到下午4时，带壳直接晾晒。晒种的厚度以6~8cm为宜，其间每隔2~3h翻动1次，使种子不同部位受热均匀，连续晒2~3d（陈朝庆等，1980）。在晒种的过程中需要注意两点：一是气温在30℃以上不建议晒种，二是晒种场地最好选择土质晒场，切记不要直接摊晒在水泥地或柏油路上，以免灼伤种子。

二、剥壳选种

花生种子脂肪含量较高，若收获后在高温、高湿条件下储存，则极易发生酸败变质，降低发芽率。并且，花生的后熟期较长，其间酶的活性较强，呼吸过程中释放出的大量水汽和热量，易造成种子发热霉变。因此，为了保证种子活力，我国大多花生产区在收获后通常带壳储存，春播前农户购买的花生种子也大多带壳；一般在播种前 1～2d 挑选网纹清晰、籽粒饱满、具有典型品种特性的荚果进行剥壳处理（丁彬等，2021）。花生剥壳最好即剥即播，不可过早。剥壳后的种子一是代谢加速、呼吸加快、养分消耗加剧；二是容易受潮霉变和受到机械伤害，进而降低种子发芽率；三是种子干燥后易脱皮，导致播种时破碎率增加，难以保证花生出全苗。东北地区冬季寒冷，气温较低，也可以在秋季晾晒后剥壳储存（蒋春姬等，2021）。花生种子秋季剥壳后在低温、透气、避光条件下保存，能避免春天剥壳破损率过高的问题；秋季剥壳花生种子储存温度要求在 16℃左右，用牛皮纸袋包装避光放置，第二年春季发芽率不变，发芽势提高；秋季剥壳还有利于降低花生种子含水量，尤其是下霜较早的吉林和黑龙江，10 月中旬以后花生种子的含水量在室外降低困难，秋季剥壳后可在室内继续下降。但东北地区冬天最低气温能达到–30℃以下，即使高油酸花生种子带壳保存，也会受极端低温影响引起冻伤，导致发芽率明显降低，因此高油酸花生种子秋天剥壳后适温保存尤为重要。

花生脱壳有传统的手工剥壳和机械脱壳两种方法。手工剥壳具有脱壳品质好、对籽仁无破损等优点，但在大面积种植时无法满足高效生产的要求，使得机械脱壳成为花生脱壳的必然方式。花生脱壳除了受物理机械特性、脱壳原理与方法、脱壳机工作部件参数、施加力大小和方式的影响，还受花生的生物学特性、脱壳时花生的含水量、花生品种等多种因素共同影响，其中花生含水量和荚果类型是影响机械脱壳性能的重要因素之一。丁彬等（2021）研究表明，花生荚果在低含水量时，机械脱壳率高，但籽仁破损率高、发芽率低，适当进行喷水处理有助于减少花生籽仁破损、提高种子发芽率，不同类型花生品种含水量在 12.0%～13.5% 时的籽仁破损率最低。东北花生产区在大面积机剥用种时，建议采用普通形和蜂腰形荚果形态，且以中大果珍珠豆型为佳（丁彬等，2022）。

花生剥壳后还要对种子进行精选，选择粒大饱满、无损伤、无病虫、种皮颜色鲜亮、胚根未萌动的籽粒分级作种。籽仁大而饱满的为一级种，不足一级质量 2/3 的为三级种，质量介于一级和三级之间的为二级种，一般选用一、二级籽粒作种，淘汰三级籽粒（王京等，2016）。通常情况下，一级种可较三级种增产 9.9%～29.0%，二级种较三级种增产 6.6%～11.0%（高华援和于海秋，2022）。精选后的种子质量要达到大田用种标准以上，即净度不低于 98%，纯度不低于 99%，含水量不高于 10%，发芽率不低于 95%，以保证后期苗齐、苗壮。种子的发芽率一般通过播种前的室内发芽试验确定，具体操作如下：首先选取净度不低于 98%、纯度不低于 99% 的色泽正常、饱满无损伤且大小整齐一致的 100 粒花生种子；再选一容器，将三份凉水和一份开水兑到一起，把种子投放到温水中浸泡 12～14h；然后滤去水，用温热湿毛巾（30℃之内）包起来，或放入带有湿润滤纸的培养皿中，置于 25～28℃ 的恒温环境中发芽；每 24h 用温水洗涤一次，3d 后测发芽势，5d 后测发芽率，发芽率达到 95% 以上即可作种。

三、低温浸种

花生种子长期储存容易导致其活力下降，萌发率降低，幼苗生长缓慢，从而使其在低温条件下更易发生冷害。研究表明，花生播种前对种子进行低温或浸种处理可以打破休眠，提高种子活力，促进种子萌发。郑小红和傅家瑞（1987）通过对高活力和低活力花生种子进行低温预处理试验发现，种子萌发前若在 3～5℃ 低温下预处理 5～13d，可使其发芽率、胚根—下胚轴的生长量和活力指数显著增加，尤其对低活力花生种子的效果更为明显。低温预处理还能促进种子萌发期间 DNA、RNA 及蛋白质的合成，提高 ATP 含量，从而加速萌发进程，增加幼苗生长量。封海胜（1991）通过对花生种子吸胀期间的耐低温特性进行鉴定发现，花生播前采用 25℃ 温水浸种 4～8h，对防护吸胀萌动期的低温冷害有着良好的效果，并且可以抵御长时间的低温。种子经温水预浸后，在湿润、通气的 2℃ 低温条件下处理 120h，其发芽率仍达 100%，即使在低温下处理 480h，其发芽率也高达 95%。将种子用温水预浸后，在 2℃ 冷水中处理 72h，再进行播种，其出苗率和出苗速度与对照相比并无明显差异。目前，北方花生产区经常在播种前将花生带壳温水（30℃）浸泡 30h，然后进行早播（较正常春播提早 15d），即使当时 5cm 地温不足 12℃，也能保证全苗。

四、药剂拌种及种子包衣

在播种前，使用药剂、药肥、菌肥等进行拌种或种子包衣，一方面可以有效提高花生萌发期或幼苗期的耐冷性，另一方面可以有效预防影响花生正常生长发育的病虫害，以确保苗齐、苗壮。庄伟建等（2003）研究了不同种衣剂对花生种子活力的影响，发现经种衣剂处理后花生种子的发芽率、鲜重、活力指数均显著提高，其根系生长状况也好于未包衣处理的种子，即使在低温淹水等不良环境条件下也能保持较高的活力。王传堂等（2021）在研究中发现，以 1.1% 咯菌腈、3.3% 精甲霜灵和 6.6% 嘧菌酯复配剂进行种子包衣，可极显著地提高花生在低温高湿条件下的出苗株数和出苗指数，使出苗率由未包衣的 32.02%提高到包衣后的 89.55%，出苗指数由未包衣的 1.12 提高到包衣后的 3.68，说明该类型种子包衣剂具有明显的抗低温高湿效果，可在"倒春寒"易发的东北早熟花生产区和北方大花生产区推广应用。

目前，花生生产上一般以药剂拌种为主，多采用杀虫、杀菌性悬浮种衣剂或其复配剂、混合液进行拌种处理。吴莎莎等（2015）研究了甲基硫菌灵、福美双和噁霉灵等 3 种杀菌剂对花生发芽期低温冷害的防控效果，发现低温胁迫下杀菌剂可以减少花生种子的病菌感染，清除细胞内的自由基，降低烂种率，从而使种子免受低温冷害的影响，其中以噁霉灵拌种的效果最好，可以使发芽率提高 41%～48.7%。周国驰（2018）研究表明，以 10g/L 壳聚糖（CTS）、2.1g/L 乙二胺四乙酸铁钠盐（EDTA-Fe Na）和 3.5mg/L 吲哚乙酸（IAA）复合拌种可有效预防花生春季早播引起的低温冷害，使花生出苗率高达 91.47%，与对照相比增产 26.09%。东北花生产区在播种前还经常选用 1.1%咯菌腈+3.3%精甲霜灵+6.6%嘧菌酯三元复配种衣剂拌种，每 100kg 种子用药 2kg，可以起到预防花生苗期病虫害和低温冷害的效果。对于缺素明显的地块，可以在药剂拌种时增加适量的复合微肥，如硼、铁、锌、钼、镍肥等一起拌种，在防治病虫的同时，壮苗增产效果更好。

第二节　花生耐冷播种调控技术

一、适时播种技术

我国北方地区受热量资源限制，作物生长季节较短，且春季多干旱，故经常由于低温失墒而导致花生不能及时播种，或播后不能及时出苗，进而使花生开花期和成熟期延迟，甚至有遭遇低温早霜的风险，最终造成严重减产。因此，若要获得高产稳产，就必须确定适宜的播种时间，保证既能有效避开春季低温、干旱等逆境胁迫的威胁，又能充分利用生长季的温度、水分和光照等条件，抢墒播种，以确保花生在秋霜到来之前正常成熟。

（一）影响花生播期的因素

花生播种期的确定要因地、因时、因品种制宜，根据各地的气候、土壤和地势等实际状况，以及不同品种对温度、水分等条件的要求合理安排。

1. 温度

作物对温度的要求和灾害性天气出现的时段是确定适宜播期的主要因素。花生原产于热带，属喜温作物，从种子萌发到荚果成熟都需要较高的温度。已经通过休眠期的花生种子，必须在一定的温度条件下才能发芽。因此，春花生在播种前需要考虑当时的地温条件，即耕层下 5～10cm 的最低温度。在实际生产中，通常以当地地温能满足花生发芽的最低温度要求的时间，作为最早的播种期。播种过早，地温较低，会导致花生的出苗时间延长，严重时造成冷害而影响发芽出苗，同时加大根腐病等病害侵染和蛴螬等地下害虫危害的风险；而播种过迟，气温升高，则会导致生长发育加速，使营养体生长不足，或延误最佳生长季节，有遭遇伏旱、秋雨、霜冻或病虫害的风险，也不易获得高产。

在恒温条件下，不同类型花生品种的最低发芽温度和发芽所需时间有所不同，但同一类型花生品种达到既定发芽率所需的积温较为一致（表 8-1）。普通小粒花生品种播种时要求 5cm 耕层平均地温连续 5d 内稳定在 12℃以上，普通大粒花生品种播种时要求 5cm 耕层平均地温连续 5d 内稳定在 15℃以上，高油酸花生品种播种时要求 5cm 耕层平均地温连续 5d 内稳定在 16～18℃以上，并且要保证播种后连续 5d 是晴朗天气（Upadhyaya et al.，2009）。但各类型中均有对低温表现耐受和敏感的品种，因此在播种前有必要对其耐冷性进行逐一鉴定。另外，在决定播期时，还要考虑花生生殖生长阶段的温度能否得到满足；花生开花最适宜温度为 23～28℃，最低温度为 19℃；结荚最适宜温度为 25～33℃，最低温度为 15℃（李钊，2022；Bagnall and King，1991）。

表 8-1　不同类型花生品种种子萌发与积温的关系（万书波，2003）

温度/℃	白沙 1016		徐州 68-4		蓬莱一窝猴	
	发芽时间/h	有效积温/℃	发芽时间/h	有效积温/℃	发芽时间/h	有效积温/℃
30	16	288	20	360	32	576
25	22	286	28	364	43.5	565.5
20	36	288	45	360	72	576
15	96	288	120	360	192	576

2. 土壤水分

花生是比较耐旱的作物，但整个生育期的各个阶段，都需要有适宜的水分，才能满足其生长发育的要求。花生生育期内总的需水规律为"两头少、中间多"，即幼苗期少、开花下针期和结荚期较多，饱果成熟期又少。在田间栽培条件下，花生种子发芽出苗时需要吸收足够的水分，通常以田间最大持水量的 60%～70% 为宜，人工测试土壤用手可以攥成土团状，松手放到地面土团又能自然松散。若土壤水分低于田间最大持水量的 40%，种子吸水就会不充分，不能膨胀发芽，或膨胀发芽后易落干，进而造成缺苗；若土壤水分高于田间最大持水量的 80%，则会导致土壤中氧气不足，影响种子呼吸，降低发芽出苗率，甚至造成种子变质腐烂。因此，土壤水分也是影响花生播种期的主要因素之一，尤其是北方干旱地区，为保证种子正常出苗，人们必须重视播种时的土壤墒情，适时早播。但若采取抗旱补墒措施，须间隔 1d 再播种，且雨后 1d 内不可播种。

3. 品种生育期

不同类型花生品种的生育期长短和所需积温多少，是决定该品种能否在某地区种植，及其适宜播种和收获日期的关键因素。总体上，多粒型花生品种的生育期最短，为 100～110d，生育期内所需积温为 3000℃左右；珍珠豆型花生品种次之，生育期为 110～120d，所需积温为 3100℃左右；中间型花生品种的生育期为 130～140d，所需积温为 3200℃左右；龙生型花生品种的生育期较长，在 150d 以上，所需积温为 3500℃左右；普通型花生品种的生育期最长，为 155～160d，所需积温为 3600℃左右（高华援和于海秋，2022）。在花生有效生育期内，播种适期的确定要求有二，一是要有利于一播全苗、壮苗，二是要有利于调节花生的营养生长和生殖生长的关系，打好花生丰产的基础。

（二）我国花生产区的适宜播期

我国幅员辽阔，花生种植范围广。种植区域由南向北跨越 32 个纬度，由西向东跨越 56 个经度；气温由高到低，从热带到寒温带，年日平均温度相差 10℃以上，年总积温相差 1 倍以上；地形复杂，从东南沿海到西北内陆，从黄淮海平原到黄土高原，从水田到旱坡地，均有花生种植。各产区的地理位置、气候条件、土壤性质、种植制度差异较大，其播种适期也存在较大差异（高华援和于海秋，2022）。

1. 黄河流域花生产区

黄河流域花生产区包括山东、河南、河北、北京、天津、山西南部、陕西中部，以及江苏北部和安徽北部，是全国种植面积最大、总产量最高的花生产区。该区域花生可生育期间（指≥12℃之日起，经最热月份，至≥15℃之日，下同）的积温在 3500℃以上。栽培制度过去多为一年一熟或两年三熟，近年来一年两熟发展迅速，特别是河南的大部分地区和山东的部分地区，麦田套种花生（麦套）和夏直播花生的种植面积已经达到花生总种植面积的 80%以上。但该产区春季易干旱，春播花生以 4 月中旬至 5 月上旬（谷雨至立夏）为宜，麦套和夏直播花生以 5 月中旬至 6 月中旬为宜，适合种植普通型、中间型和珍珠豆型品种。

2. 长江流域花生产区

长江流域花生产区是我国春、夏花生交作，以麦套花生为主的花生产区，包括湖北、浙江、上海、四川、湖南、江西、安徽和江苏各省大部，河南南部、福建西北部、陕西西南部，以及甘肃东南部。该区域自然资源条件好，有利于花生发育，花生可生育期间的积温为3500~5000℃。丘陵地和冲击砂土地以种植一年一熟和两年三熟的春花生为主，南部地区和肥沃土地种植的多为两年三熟和一年两熟的套种或夏直播花生，南部地区甚至有秋植花生。长江中下游的北部平原，如鄂东低平丘陵，春花生播种适期为4月下旬，麦套花生的播种适期为5月上旬。长江中游南部丘陵区及赣北、四川盆地春花生播种以3月下旬至4月上旬（春分至清明）为宜，四川麦套花生以4月上、中旬（清明至谷雨）为宜。该区域适合种植普通型、中间型和珍珠豆型花生品种。

3. 东南沿海花生产区

东南沿海花生产区是我国花生种植历史最早，可春、秋两作的花生主产区，包括广东、台湾、广西和福建大部及江西南部。该区域高温多雨，水资源极为丰富，花生可生育期间的积温由北至南为6000~9000℃。栽培制度以一年两熟、一年三熟和两年五熟春、秋花生为主，海南等地还可种植冬花生。该区域以种植珍珠豆型花生品种为宜。广西南部和广东南部春花生的播种适期为2月中、下旬，海南可提早至2月上旬；广西中北部、广东中北部及福建中南部春花生的播种适期为3月中、下旬。秋花生主要集中在广东、广西、福建、台湾等地，7月下旬至8月下旬为播种适期。

4. 云贵高原花生产区

云贵高原花生产区是位于云贵高原和横断山脉的花生产区，包括贵州全部、云南大部、湖南西部、四川西南部、西藏的察隅，以及广西桂林北乐业至全州一线。该区域多为高原山地，地势西北高、东南低，气候垂直差异较大，积温相差较多，花生可生育期间的积温为3000~8250℃。栽培制度以一年一熟为主，部分地区为两年三熟或一年两熟，元江、元谋、芒市、河口和西双版纳等地一年可种植春、秋两季花生，以珍珠豆型花生品种为宜。该产区地形复杂，花生播种适期也相差较大，滇南春花生产区的播种适期为3月下旬至4月下旬；元江流域及新平等地，以4月下旬至5月中旬为播种适期；滇中和滇西夏花生产区，以5月上、中旬为播种适期；滇西南夏花生间作区，以及金沙江流域春夏花生交作区，以5月上、中旬播种为宜；但有灌溉条件的西双版纳等热带、亚热带地区的春花生，可提早在2月中旬播种；贵州东部花生产区以4月上旬播种为宜。

5. 黄土高原花生产区

黄土高原花生产区是新中国成立以后发展起来的花生产区，以黄土高原为主体，包括北京的北部、河北北部、山西中北部、陕西北部、甘肃东南部，以及宁夏部分地区。该区域西北高、东南低，气温较低，花生可生育期间的积温为2300～3100℃，同时降雨稀少，易受干旱。栽培制度多为一年一熟，以4月下旬至5月中旬播种为宜。一般横山、志丹、黄陵以南的地区适合种植珍珠豆型花生品种，以北的地区适合种植多粒型花生品种。

6. 东北花生产区

东北花生产区为早熟花生产区，包括辽宁、吉林和黑龙江各省大部，以及河北燕山东段以北地区，主要分布在辽东、辽西丘陵，以及辽西北等地区。该区域气温偏低，南北差异较大，花生可生育期间的积温为2300～3300℃。栽培制度为一年一熟，南部适宜种植普通型、中间型和珍珠豆型花生品种，北部适宜种植多粒型花生品种。辽宁北部、吉林、黑龙江东南部春花生以5月中、下旬（立夏至小满）播种为宜，地膜覆盖栽培可较裸地栽培提早5～7d。

7. 西北花生产区

西北花生产区是我国种植面积最少的灌溉花生产区，包括新疆全部，甘肃的景泰、民勤和山丹以北地区，宁夏的中北部，以及内蒙古的西北部。该区域地处内陆，温、光条件对花生生长有利，但降雨稀少，必须有灌溉条件才能种植花生。花生可生育期内的积温在南疆、东疆南部和甘肃西北部最高，为3400～4200℃；甘肃东北部、宁夏中北部、北疆南部等地区次之，为2800～3100℃；甘肃河西走廊北部、北疆北部的部分地区最低，为2300～2650℃。栽培制度为一年一熟，甘肃和新疆在4月下旬至5月上旬播种为宜。

（三）高寒地区适时晚播技术

我国高纬度和高海拔花生产区，气候变化明显，温度和降水分布极不均衡。春季除了气温回升缓慢，降水也非常稀少，尤其东北地区，十年九春旱，几乎每年都会因为低温春旱而不能正常播种，对当地花生生产造成严重威胁。为了有效避免低温冷害事件的发生，同时保证花生高产稳产，该地区在播种方式上通常采用适时晚播技术，以确保播种时既能满足花生正常生长发育所需要的温度和水分，又不会因为生育期缩短或有效积温不足而降低花生的产量和品质，从而争取春花生产量的最大化。

本质上，播期主要通过改变温度、光照、水分等气象因子影响花生植株的发育进程，进而影响花生的产量和品质。辽西北地区的分期播种试验表明，随着播种期的延迟，花生的生育进程明显加快，播种—出苗、播种—开花、播种—成熟所需的天数均越来越少，生育期显著缩短。就播种—出苗的天数而言，晚播可较正常播种（5 月 15 日）缩短 4～9d，其中 6 月 10 日播种经 10d 出苗，6 月 15 日和 6 月 20 日播种均经 9d 出苗，表明气温升高到一定程度后，晚播对出苗时间长短的影响不大；就播种—开花的天数而言，正常播期需经历 47d，5 月 26 日播种需经历 43d，以后不同播期均顺次延后 2～3d；就播种—成熟的天数而言，正常播期下阜花 12 号的生育期为 120～130d，而晚播可导致其生育期缩短 6～19d，说明随着气温的快速升高，花生营养生长的时间减少，生殖生长加速，最终造成花生提前成熟（高华援和于海秋，2022）。

播种期还会对花生的农艺、产量和品质等性状指标造成影响。多项研究表明，最适播期后，随着播期的推迟，花生营养体生长依次减弱，产量构成因素和油酸含量均呈下降趋势（Ijaz et al.，2021；Huang et al.，2018；程增书等，2006）。阜花 12 号经晚播处理后，其主茎高、侧枝长和总分枝数分别较正常播期减少了1.7%～24.1%、2.9%～22.3% 和 5.4%～33.8%；饱果数、单株结果数、单株生产力、百果重、百仁重和出仁率明显降低，其中饱果数、单株生产力和百果重的降低幅度最大（表 8-2）。单位面积产量亦随播期延迟呈持续下降趋势；与正常播期的产量（4180kg/hm²）相比，5 月 26 日、5 月 30 日和 6 月 5 日播种分别减产了 2.4%、4.7% 和 13.2%，达到显著水平，6 月 10 日、6 月 15 日和 6 月 20 日播种分别减产了 29.2%、36.6% 和 51.5%，达到极显著水平。由此表明，辽西北地区花生最晚播期为 6 月 5 日，以后播种虽然可行，但减产明显，效益较差，故应通过水分管理保证土壤墒情，尽量做到适时播种。

表 8-2　晚播对阜花 12 号农艺性状和产量性状的影响（高华援和于海秋，2022）

播种日期 （月/日）	主茎高 /cm	侧枝长 /cm	总分枝数 /个	饱果数 /个	单株结果数 /个	单株生产力 /g	百果重 /g	百仁重 /g	出仁率 /%
5/15 （对照）	29.1	31.4	7.4	9.6	11.3	13.9	155.0	74.2	72.5
5/26	28.6	30.5	7.0	8.4	10.4	12.1	152.3	71.0	72.0
5/30	27.9	29.8	6.3	7.9	10.1	11.3	147.5	65.3	71.0
6/05	27.6	29.3	5.9	6.8	9.7	9.8	140.1	62.1	67.5
6/10	26.2	27.7	5.6	5.9	9.0	8.8	130.4	59.2	64.5
6/15	24.2	26.4	5.0	5.2	8.8	8.0	122.5	53.4	60.5
6/20	22.1	24.4	4.9	3.9	8.2	7.0	110.1	49.0	52.5

金欣欣等（2021）基于连续多年在河北中南部地区开展的花生分期播种试验，得出了与上述研究相一致的结论，即随着播种期的延迟，花生荚果产量总体上呈现出 5 月 6 日至 5 月 16 日播期＞4 月 25 日播期＞5 月 26 日至 6 月 26 日播期的变化趋势（图 8-1）。若供试品种在 5 月 6 日至 5 月 16 日完成播种，其生育期天数可基本稳定在 125d 左右，其间活动积温为 3284.3～3300.6℃，有效积温为 2034.6～2040.6℃，

花生荚果产量平均可达 5547.16kg/hm²，籽仁产量平均可达 4204.24kg/hm²，油酸亚油酸比值（O/L）为 12.90；若播期提前，如 4 月 25 日播种，荚果产量和籽仁产量就会较 5 月 6 日至 5 月 16 日播种降低 5.16%左右，但 O/L 值较高，平均可达 14.61；若播期延迟，如 5 月 26 日播种，产量指标就会较 5 月 6 日至 5 月 16 日播种降低 10%左右，仍在可接受的范围内，但 O/L 值却降低 35.56%；若播期过晚，在 5 月 26 日之后播种，各品种的农艺、产量和品质性状则大幅度降低，主茎高变矮 7.40%～22.89%、侧枝长变短 7.07%～24.89%、单株分枝数减少 3.74%～9.70%、单株结果数减少 4.59%～21.78%、百果重降低 6.59%～27.94%、百仁重降低 10.35%～32.33%、荚果减产 17.97%～45.78%、籽仁减产 21.80%～52.50%、O/L 值降低 50.57%～73.30%。综合上述研究结果，河北中南部地区春播花生的最适播期应为 5 月 6 日至 5 月 16 日，最晚不可迟于 5 月 26 日。

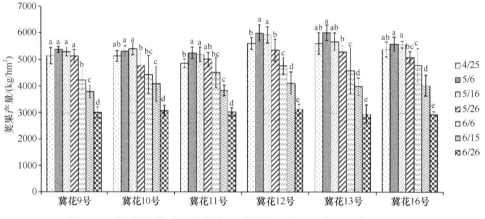

图 8-1　不同播期条件下各花生品种的荚果产量（金欣欣等，2021）

不同小写字母表示同一品种在不同播种期处理下差异显著（$P < 0.05$）

二、带壳播种技术

长期以来，我国花生生产上的播种方式多以脱壳仁播为主，如单粒精播、双粒点播、一穴多粒等。该播种方法虽然出苗速度快且整齐，但增加了脱壳制种环节，不仅过程烦琐、费工费力，而且容易造成种子表皮破损、果仁破碎或内部损伤，降低其在田间的出苗率。另外，脱壳仁播使种子与土壤直接接触，导致其极易受外界温度、湿度、氧气等环境条件的影响。我国北方花生产区在春季遭遇低温、干旱天气时，播种后常出现种子霉烂或缺苗断垄等现象，造成花生大幅度减产。针对以上问题，沈阳农业大学花生研究所开展了花生带壳播种试验研究，发现该播种方法不仅操作简单、省时省工，而且节本增效、抗逆增产效果显著，是缓解北方花生产区土壤墒情与早春低温矛盾的有效措施。

（一）花生带壳播种的耐冷增产机制

花生带壳播种又称果播，是指省去传统剥壳工序，直接使用花生荚果进行播种的方式。在播前对种子进行适当的处理后，无论整果播种还是单果播种，均能有效增强花生对低温的适应能力，同时大幅度提高花生产量，其耐冷增产机制主要体现在如下几方面。

1. 提高种子活力

花生带壳播种前，通常需要对荚果进行浸泡处理，即在播种前 2d，将饱满的花生荚果于 40℃左右的温水中浸泡 24～48h（于文东，2004）。花生荚果在浸泡过程中，由于水分进入荚果的速度较慢，且浸种时间较长，故种仁的吸水速率缓慢且均匀，这与利用聚乙二醇对花生种子进行渗透调节处理的作用相似（吕小红和傅家瑞，1990）。一方面，水分对种仁细胞膜的损伤较小，并且有利于膜系统半透性功能的快速恢复，可减少种子中内含物的渗漏量和渗漏速率，从而提高种子活力，使播种后的萌发速度、出苗整齐度和生长势均优于脱壳仁播；另一方面，荚果浸泡处理还能提高种仁细胞膜中不饱和脂肪酸的含量，同时加速 RNA 和蛋白质的合成，提高水解酶的活性，起到生理锻炼的效应，从而增强其对低温环境的适应能力。据沈阳农业大学花生研究所试验，带壳播种可显著提高青花 6 号和花育 23 号在低温胁迫下的种子活力（表 8-3）。其中，青花 6 号在 8℃和 10℃低温下分别处理 7d 后，其带壳播种的发芽率均高达 83.33%，较脱壳仁播分别提高了约 4 倍和 2 倍；发芽指数为 10.03 和 30.08，较脱壳仁播分别提高了 2.43 倍和 5.98 倍；活力指数为 21.29 和 57.36，较脱壳仁播分别提高了 3.56 倍和 6.02 倍。

表 8-3 带壳播种对低温胁迫下花生种子活力的影响（沈阳农业大学花生研究所数据，待发表）

品种	温度/℃	播种方式	发芽势/%	发芽率/%	发芽指数	活力指数
青花 6 号	8	带壳	27.08**	83.33**	10.03**	21.29**
		脱壳	8.33	16.67	2.92	4.67
	10	带壳	68.75**	83.33**	30.08**	57.36**
		脱壳	12.50	25.00	4.31	8.17
花育 23 号	8	带壳	8.33	58.33**	5.12*	9.79**
		脱壳	8.33	14.58	1.88	2.97
	10	带壳	41.67**	89.58**	14.14**	28.05**
		脱壳	14.58	29.17	4.93	8.83

注：表中*和**分别表示不同处理间的差异水平为 $P < 0.05$ 和 $P < 0.01$

2. 增强种子抗性

花生从播种至出苗，是种子最易遭受不良环境条件和病虫害侵袭的时期。而花生壳对种仁具有极强的保护作用，可使种仁不易受外界温度、湿度和氧气等环境条件的影响，避免种仁内部养分和水分的过度消耗，有利于提高种子活力，增强种子抗性。例如，东北地区采用带壳播种后，即使播后遭遇长期低温阴雨天气，花生荚果中的种仁也不易因低温缺氧而引起烂种（付晓记等，2013）；春旱频发地区采用带壳播种后，由于播前荚果浸泡使花生种仁吸收了充足的水分，因此可在一定程度上防止种子落干，有效缓解土壤墒情不足对花生发芽造成的不利影响（万书波等，1993）；采用整荚方式播种时，因种仁在荚果中不易受土壤病原菌和地下害虫的侵害，并且种仁与种肥的分隔避免了烧苗现象的发生，故可提高出苗率和出苗整齐度（付雪娇，2009）；另外，花生壳内含有丰富的单宁类物质，具有抑菌、抗氧化、抗辐射、清除自由基等多种生物活性，能在一定程度上减轻地下害虫和病原菌对籽仁的侵害（邢俊红，2015）。

3. 借墒保全苗

由于花生具有抗旱、耐瘠薄等特性，因此多被种植于干旱或半干旱的生态脆弱地带，特别是我国北方花生产区，如作为主要产区的山东，每年约70%以上的花生种植于丘陵旱地，且无灌溉条件，多靠自然降水，导致十年九春旱，给花生适时播种出苗造成较大困扰（Ramu et al.，2016）。而带壳播种可适当提前播种期，尤其带壳覆膜播种，其播种期可提前至3月下旬或4月上旬，较常规脱壳仁播提前1个月左右，此时土壤正处于冻融交替期，温度较低，蒸发量较少，再加上春季以来的有效降水，可使土壤含水量较1个月后提高10%以上，墒情较好，基本能满足花生种子萌发对水分的需求，有利于一播全苗。沈阳农业大学花生研究所采用提前播期、分期播种的方式，探究了带壳播种对东北地区花生出苗率的影响。结果发现，在4月上旬至4月下旬，带壳播种可显著提高花生的出苗率（图8-2）。4月5日播种时，青花6号和花育23号带壳播种的出苗率分别为88.33%和81.67%，较脱壳仁播分别提高了23.19%和38.98%；4月25日播种时，两个花生品种带壳播种的出苗率均达到90%以上，脱壳仁播仍不足80%；而5月15日（正常播期）播种时，两种播种方式的出苗率无显著差异，说明带壳播种对花生出苗率的提升作用主要表现在早播期，东北地区带壳播种的播期可较常规脱壳仁播提前20d。

4. 促进生长发育

由于带壳播种通常提前早播，因而可提早出苗，并促进幼苗早发快长，使花生生育进程加快。例如，在烟台带壳覆膜花生以3月下旬至4月上旬播种为宜，

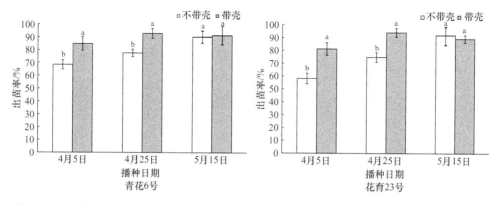

图 8-2　不同播期下带壳播种对花生出苗率的影响（沈阳农业大学花生研究所数据，待发表）

一般于 4 月中下旬即可出苗，可较覆膜脱壳仁播和裸地脱壳仁播分别提早出苗 19d 和 23d，提早开花 13d 和 18d，提早形成荚果 10d 和 17d，提早形成饱果 10d 和 19d，提早成熟 2d 和 12d（于文东，2004）。带壳播种前期气温低、光照强，但地表温度相对较高，土壤水分充足，使得根系生长较快，茎叶生长较慢，对花生蹲苗、缩短茎部节间长度效果显著；随着气温逐渐升高，茎叶生长迅速，分枝增多，干物质积累加快，花生营养生得到促进；进入中后期之后，生殖体生长得到促进，表现为开花结实早，有效花量多，结果数多，荚果发育快，籽粒营养物质转运快，双仁果率、饱果率、出仁率，以及果重增加。郭锦明等（1992）在辽宁锦州开展了连续两年的分期带壳播种试验，发现带壳播种可促进花生生长发育，使株高、单株总果数、单株生产力、单株有效开花量、总开花量、植物干物重和荚果干物重均显著增加，从而产生增产效应，其中单果播种较籽仁播种平均每亩增产 13.4%，整果播种较籽仁播种平均每亩增产 9.2%。

5. 提高光合性能

花生带壳播种有利于一播全苗，促进苗齐、苗壮，使单位面积株数较常规脱壳仁播有所增加，叶面积系数明显增大；并且，带壳播种可使植株前期营养体生长旺盛，叶面积系数增加较快，光合势显著增强，净光合速率明显提高，在一定程度上增加了花生苗期的干物质积累。另外，带壳播种可促进植株早生快发，使花生较早地进入最大叶面积系数生长期，能在更长的时间内始终维持较高的光合生产效率，从而大幅度提高光能利用率，增加光合产物的有效积累，为后期花生荚果的形成和充实打下物质基础（赵品源，2019）。

（二）花生带壳播种关键技术

经过长期生产实践和大量试验研究，目前，花生带壳播种技术在河南、山东、河北和辽宁等多个花生产区均有应用，并取得显著效果，现将其关键技术要点总结如下。

1. 整地与施肥

花生带壳播种宜选择全土层深厚，耕作层疏松，地力较肥沃，土层深 30cm 左右，生产条件较好的地块。带壳花生播期较早，为保证适期播种，尽量减少土壤水分散失，应注重冬季大犁深耕，早春顶凌耙耢，或早春化冻后耕地，随耕随耙耢。带壳播种花生前期植株生长较快，消耗土壤养分较多，故在肥料施用上应以增施基肥为主。一般施厩肥 52 500～67 500kg/hm²、氮肥 375～525kg/hm²、过磷酸钙 600～750kg/hm² 和钾肥 300～375kg/hm²，其中 60%～70% 的肥料结合耕地铺施，剩余肥料结合起垄集中包施于垄沟中间，以利于花生吸收利用。

2. 严格选种

为了充分发挥品种潜力，花生带壳播种时应选择中早熟的大果型品种。由于带壳播种不可直接脱壳鉴别种子质量，因此要严格挑选荚果。选择色泽好、前室荚果内果皮呈黑褐色、果壳网纹深浅一致、籽粒饱满的成熟荚果作种，剔除虫伤、烂芽、破碎和干秕的荚果，为一播全苗、齐苗和壮苗打好基础。

3. 种子处理

在播种前，须选择晴朗无风的天气，将花生荚果平摊晾晒 2～3d，以提高种子的渗透压，杀灭荚果表面的病原微生物。在播前 1～2d，还应做好浸种处理，即将花生荚果用 40℃ 左右的温水浸泡 25h 左右，捞出后把双仁荚果从果腰处掰开，单仁荚果在果嘴处捏开口，以利种子吸水出苗；也可以采用先掰后浸的方法，浸泡时间一般可缩短至 7～8h。此两种方法都应以种仁基本吸足水为准，并且双仁果掰果时最好前后室分开，分别播种，以利苗匀、苗壮。

为了降低人工成本，减少浸种时间，付晓记等（2017）还建立了一种花生带壳播种快速浸种技术，即负压入液整荚播种技术。首先，将选好的荚果装入网袋，置于盛有浸种液的容器中，并将荚果压至浸种液的液面以下；然后，把容器放入真空装置中，将花生壳中气体抽出，形成 0.06MPa 负压；最后，打开进气阀泄压，浸种液即快速填满花生壳内空隙。该技术可将浸种处理时间缩短至 15min，吸水率达 90% 以上，使农民采用带壳播种也可以根据农时天气随时处理随时播种。

4. 适时早播

带壳播种具有抵御低温、干旱等不良环境条件的能力，因而可适当早播，以延长生育期，实现高产、稳产。带壳播种通常可较当地常规脱壳仁播提前 20～25d，此时地表 5cm 处地温稳定在 7～10℃，即在土壤返浆时播种，充分利用前期雨水丰沛，搭好增产苗架，这对中后期开花、下针、壮果十分有利，同时可减轻夏旱对花生产量的影响。但带壳花生不可播种过早，以避免出苗过早而遭受晚霜危害，对花生幼苗生长造成影响，并且播种过早易导致花期提前与自然高温不相遇，影响前期有效花受精结实，降低产量；带壳花生亦不能播种过晚，否则会因土壤失墒严重而影响出苗，失去带壳播种的意义，起不到增产作用。

5. 足墒播种

带壳播种会导致花生出苗相对较慢，故不宜深播，最佳播种深度通常为 3～5cm，太深易烂种，太浅易落干。带壳播种虽然是一项借墒早播的增产技术，但底墒不足，也会影响出苗。因此，若播种时土壤墒情不足，要造墒播种，切不可干种等雨，更不能播后浇大水，以防止因地温降低和果壳积水而造成烂种。

6. 增加密度

带壳播种的花生植株，一般前期壮而不旺，中期稳长株健，且株型矮化紧凑，不会徒长倒伏和造成田间郁闭，因此要适当增加种植密度，提高群体产量，单位面积种植株数通常较常规脱壳仁播增加 1～1.5 倍为宜。近年来，花生荚果播种机的研制工作持续推进，其中部分机型已在吉林、辽宁以及河南等省份开展小面积示范应用。

7. 播后镇压

带壳播种覆土后需要用脚轻踩镇压，使荚果、籽仁与土壤紧密接触，有利于幼苗第一对侧枝的生长发育；否则出苗时易将果壳带出土面，把两片子叶紧紧夹住，影响幼苗与第一对侧枝的生长发育，形成弱苗与畸形苗。

8. 加强田间管理

带壳早播会导致花生各生育时期提前，为保证植株的正常生长发育，除了加强常规管理，还应抓好"三早"：①早中耕，花生生根后，呼吸作用逐渐加强，此时墒沟要进行中耕松土，以提高地温，减少杂草，促进生长；②早清棵，花生基本齐苗时应及时进行人工清棵，如有带出地面的果壳，要及时摘干净，同时注意保墒；③早培土，花生带壳播种一般要较脱壳仁播早培土 7～13d，同时需结合防治花生蛴螬进行追肥培土。

9. 及时收获

花生带壳播种一般可较常规脱壳仁播早成熟 7～10d，为了避免荚果过熟增加出芽烂果数，或因茎枝枯衰落果造成减产损失，要注意及时收获。植株呈现衰老状态时收获最适宜，即顶端生长点停止生长，上部叶片发黄，中、下部叶片由绿转黄并逐渐脱落，茎蔓变黄并出现不规则的长条黑斑，大多数荚果荚壳网纹明显，荚果内海绵层收缩并有黑褐色光泽，籽粒饱满，果皮和种皮基本呈现固有的颜色。

第三节　花生地膜覆盖提温增产技术

地膜覆盖技术是世界农业耕作史上的"白色革命"（Bilck et al.，2010；Ngouajio et al.，2007），自 1978 年从日本引进后，在我国得到迅速发展，尤其对低温、干旱地区的农作物种植作出了巨大贡献。经过多年试验研究和示范推广，花生地膜覆盖技术不断被改进和完善，逐渐形成了具有我国特色的花生地膜覆盖栽培理论和技术体系。花生地膜覆盖提温增产技术即在无霜期短、积温不足、春季气温低而干旱的早熟花生产区，通过塑料薄膜覆盖地表，实现提升地温、保水保墒，以达到提高花生出苗率、缩短花生生育期、增加花生产量等目的的农业栽培措施。据报道，花生地膜覆盖可较常规裸地栽培提早成熟 10～15d，增产 20%以上，增收 30%左右，是花生每亩单产突破千斤的关键技术，也是我国花生栽培技术的新突破（万书波和张佳蕾，2019）。

一、发展历程与应用现状

我国花生地膜覆盖栽培自 20 世纪 70 年代末开始，至今已有 45 年的历史。其间，27 个省、自治区和直辖市的科研行政单位、生产推广单位及农业院校，对花生地膜覆盖栽培的增产机制和技术适应性进行了研究。特别是进入 80 年代和 90 年代，随着市场经济的发展、种植业结构的调整和耕作制度的改革，花生地膜覆盖栽培的推广范围和应用面积逐年扩增，多种以地膜覆盖为核心的花生高产栽培模式也随之产生。

（一）发展历程

1979 年，花生地膜覆盖栽培首先在辽宁和山东种植区开展试点，试验面积仅为 0.68hm²。1980 年，试验区域扩展到北方几省，试种面积增加至 133.3hm²。"六五"（1981～1985）期间，花生地膜覆盖栽培逐渐突破地理位置上的限制，不断由北方花生产区向南方花生产区扩增，种植面积每年成倍增长。1981 年，种植范围覆盖黑龙江、辽宁、北京、河北、天津、河南、山东、江西和湖北 9 省（市），面积达 2560.7hm²，占全国农作物地膜覆盖栽培面积的 16%，仅次于蔬菜和棉花，位居第三。1985 年，推广范围扩大到 22 个省（自治区、直辖市），面积达 23.3 万 hm²，仅次于棉花，跃居第二位。进入 20 世纪 90 年代，花生地膜覆盖栽培的发展速度进一步加快，1990 年种植面积为 34.7 万 hm²，1999 年增加至 105.7 万 hm²，2002 年达到 125.7 万 hm²，占当年全国花生总种植面积的 25% 左右，在 27 个省（自治区、直辖市）推广应用。目前，我国花生年均种植面积约为 480 万 hm^2，其中至少有 70% 的区域适合地膜覆盖栽培。除了山东、河南、河北、辽宁等花生主产区，地膜覆盖栽培在中西部陕西、山西和新疆等地区的应用面积也逐年扩大，成为我国花生高产栽培一项不可缺少的技术。

（二）应用现状

现阶段，我国花生地膜覆盖栽培的应用情况可总结为面积大、范围广、突破点多和栽培模式多。在我国，不论纬度高低、地势起伏、土壤类型差异或是品种类型多样，均已成功实施了地膜覆盖栽培，并有应用成功的典型应用案例。其主要栽培模式可归纳为以下几类。

1. 春花生覆膜高产高效模式

在我国北方花生产区，由于无霜期短、春季气温回升慢，花生播期常年过晚，生育期积温不足，严重影响了花生的出苗、成苗及产量。因此，在引进花生地膜覆盖技术之初，研究人员主要进行了春播花生地膜覆盖栽培模式的研究。多年多点试验结果表明，春播花生地膜覆盖栽培模式增产效果可较裸地栽培花生提高 20%～50%。自 20 世纪 80 年代末到 90 年代初，转入高产攻关阶段，即充分发挥地膜的综合增产潜力，提高单产水平，从而实现春花生覆膜高产高效栽培。近几年，在山东、河南、河北、安徽、陕西、新疆和辽宁等北方花生产区，不仅春花生覆膜面积不断扩大，而且产量相继在较大面积上达到 9000kg/hm^2，小面积突破 11 250kg/hm^2；在湖南、江西、广东、广西和福建等南方花生产区，春花生覆膜面积也在逐渐扩大，并且产量在较大面积上突破 6000kg/hm^2，小面积突破 11 250kg/hm^2。

2. 夏直播花生覆膜高产模式

在我国黄淮海地区，小麦收获后通常裸地栽培夏直播花生，但由于热量条件具有两茬不足、一茬有余的特点，因此常因热量不足而导致荚果不能正常发育成熟。夏直播花生若选用中熟大花生，则会因生育期短、积温不足而影响其产量和品质；若选用早熟小花生，则又难以获得高产。研究表明，应用麦收后夏花生覆膜栽培模式，花生生育期内的总积温可较裸地增加 250～300℃，增加后的积温能够满足夏花生对活动积温的要求，使花生荚果充实饱满，产量提高（陶寿祥和李双铃，2003）。20 世纪 90 年代末期，山东省临沂市农业科学研究所（现为临沂市农业科学院）首次应用麦收后夏直播花生覆膜高产栽培模式，使单产达到 3712.5kg/hm^2，较裸地栽培增产 31.7%；山东省农业技术推广总站（现为山东省农业技术推广中心）在 15 个地点开展了夏花生覆膜栽培试验，平均每公顷产荚果 4134kg，较裸地栽培增产 1665kg/hm²。自此，山东夏花生覆膜栽培面积逐年增加，"八五"期间每年达到 13 000～20 000hm²，为实现小麦、夏花生双高产提供了新途径。另外，在江苏、河南、河北和安徽等省，也积极推广了该模式，并且栽培面积逐年扩大，产量可达 6000kg/hm²，较裸地栽培增产 40%以上，有效缓解了我国粮油争地的矛盾。

3. 果播覆膜增产栽培模式

在我国北方花生产区，为了借墒早播、避开春旱，达到一播保全苗的增产目的，人们常采用带壳覆膜早播栽培方式，即在早春气温未完全回升时，趁土壤墒情较好的有利时机，带壳覆膜播种，以获得全苗增产。该方式是在花生带壳播种和地膜覆盖栽培的基础上，组装试验成功的一项花生增产新技术。据山东烟台连续 6 年的小区试验，果播覆膜栽培的平均荚果产量可达 6204.5kg/hm²，较米播覆膜和米播裸地栽培分别增产 799.5kg/hm² 和 2005kg/hm²，增幅为 14.8%和 47.8%（于文东，2004）。另据 165 处大田考察，果播覆膜花生平均荚果产量为 4851kg/hm²，较米播覆膜和露地米播分别增产 595.5kg/hm² 和 1713kg/hm²，增幅达 14.1%和 54.6%（张善云等，2006）。

4. 大垄宽幅麦套覆膜栽培模式

在无霜期较短的花生产区（如山东胶东半岛等），普通麦田套作花生难以获得高产。1986 年，山东省花生研究所与文登市（今威海市文登区）农业局和招远市农技推广站（现为招远市农业技术推广中心）协作，将花生地膜覆盖栽培技术运用到了麦套花生上，创造了大垄宽幅麦套覆膜花生栽培模式，即在秋种小麦时，留出花生套种行，第二年套种覆膜花生。花生套期可提早到 4 月中、上旬，较一般麦田套种提前 40d 左右，与春播覆膜花生播期相近。在该栽培模式中，小麦多采用矮秆大穗型良种，且沟播具有边行优势，使得群体通风透光好、穗大粒重；花生则可应用仁播（或果播），在小麦拔节期趁墒早套，以保证全苗。这既提高了土地和光资源的利用率，又扩大了小麦和花生的种植面积，达到粮油双高产。应用大垄宽幅麦套覆膜栽培，花生荚果产量可达 6000～7500kg/hm²，较麦套裸地栽培花生增产 40%～60%，净增值 5000～8400 元/hm²。

5. 夏花生覆膜移栽高产模式

为了解决我国北方花生产区、黄淮海花生产区和西北内陆花生产区夏播覆膜花生光热不足的问题，山东省花生研究所首次在平度、莱西两市，将夏直播花生覆膜与育苗移栽结合起来，创建了夏花生覆膜移栽高产模式。在该模式中，花生一般于 5 月 25 日育苗，6 月 15 日覆膜移栽，10 月 15 日收获，全生育期共 135d，可采用中熟偏早大果品种，平均每公顷荚果产量达 7518kg。

二、增产效果及其机制

长期生产实践表明，地膜覆盖技术具有增温保墒，促进作物根系生长发育，增强植株生活力，提高产品质量等优点。花生覆膜栽培自 1979 年在我国试验、示范和推广以来，取得了显著的经济效益、社会效益和生态效益，现已成为我国北方花生产区提高单产、改善品质的重要途径。

（一）增产效果

20 世纪 80 年代，全国各省、自治区和直辖市的农业推广单位对花生地膜覆盖栽培的增产效果进行了调查。据辽宁省锦州市农业科学院试验，覆膜花生的增产幅度为 13.1%～69.7%；山东省农业厅（现为山东省农业农村厅）经济作物处对全省 445 处对比试验的结果进行了汇总，发现覆膜花生可较裸地花生增产 17.3%～27.6%；广西壮族自治区农业厅（现为广西壮族自治区农业农村厅）243 个点（次）的试验结果表明，覆膜花生比裸地栽培花生一般增产 25%～50%。总的来说，覆膜栽培花生的单产水平通常在 3750kg/hm² 以上，超高产田能超过 7500kg/hm²，最高可达 11 250kg/hm²，与一般裸地栽培相比均可增产（万书波，2003）。近年来，张连喜等（2023）基于吉林省及东北早熟花生产区春季干旱和低温冷害等主要非生物逆境，研究了不同厚度覆膜栽培方式对花生生长特性及产量的影响。结果表明，0.010mm 厚度地膜的土壤保墒能力较强，能使花生的地上干物质和地下干物质在结荚期达到最大；每公顷产量可达 5830kg，分别较 0.008mm 厚度地膜和不覆膜处理约提高了 9.5%和 29%；同时，百粒重、百果重和单株生产力等产量构成因素均显著高于不覆膜处理（表 8-4）。高波等（2015）针对夏直播花生由于生育期短和积温不足而导致荚果饱满度低、籽仁品质较差等突出问题，探究了地膜覆盖栽培对夏直播花生产量和品质的影响。结果发现，地膜覆盖不仅对夏直播花生的增产效果显著，使单株结果数、单果质量和荚果产量分别提高 13.32%、46.94%和 20.89%，使粗脂肪、甲硫氨酸、苯丙氨酸、棕榈酸、油酸和亚油酸含量显著增加，还能在一定程度上改善夏直播花生的籽仁品质。

表 8-4　地膜覆盖栽培对东北早熟区花生产量性状的影响（张连喜等，2023）

处理组	单株荚果数/个	百粒重/g	百果重/g	单株生产力/g	产量/（kg/hm²）
0.008mm 厚度地膜	15.60±5.86Aa	75.14±0.23Bb	130.14±2.43Bb	20.19±0.74Bb	5775±82.50Aa
0.010mm 厚度地膜	17.20±2.95Aa	76.35±0.49Aa	138.78±0.92Aa	23.45±1.14Aa	5830±530.40Aa
无地膜覆盖	14.20±2.39Aa	74.34±0.24Bc	117.92±3.64Cc	19.77±0.18Bb	4510±171.74Bb

注：同一列数据后的不同小写字母代表在 5%水平上差异显著，不同大写字母代表在 1%水平上差异显著

（二）增产机制

地膜覆盖栽培不仅成本低，而且能改善土壤的物理和化学性质，协调作物根际的水、肥、气、热等多种生态环境，同时控制病虫草害的发生，尤其可显著提高地温，使地温对气温具有明显的补偿作用，增产促熟效果显著。总的来说，地面覆盖栽培技术的增产原因主要有以下几方面。

1. 增温调温，促进花生生育进程

增加地温是地膜覆盖栽培技术增产的主导因素。塑料地膜透明度高，透光率一般可达 80% 以上。在春花生生长的低温阶段，太阳辐射的热能可通过地膜传到土壤中，由此提高地温；并且，由于地膜的不透气性，其覆盖后会抑制土壤水分蒸发，阻碍膜内外近地面气层的热量交换，这既减少了热量散失，又保蓄了辐射热能。因此，地膜覆盖栽培白天蓄热多，夜间散热少，使土温显著高于裸地栽培，从而起到明显的增温保温效应。在春花生生育中期的自然高温阶段，覆膜花生群体覆盖度较大，会遮挡太阳辐射热能直接到达地面，并且地膜的不透气性还能阻隔外部汽化热的通过，从而抑制地温的升高，起到一定的调温作用。徐军和刘中新（2020）记录了覆膜与裸地栽培条件下花生各生育时期 5~10cm 的平均地温，经比较后发现，除出苗至开花期的增温效果不明显（–0.1℃），其他各生育时期的覆膜地温可较裸地增加 0.6~7.6℃；其中，开花—下针期的增温效果最显著，达 6.1~7.6℃；其次为播种—出苗期，增温 3.2~3.3℃；全生育期平均可增温 1.5~1.6℃（表 8-5）。对于采用地膜覆盖栽培的春播花生来说，其增温效应随大

表 8-5　地膜覆盖栽培对花生各生育时期平均地温的影响（徐军和刘中新，2020）

生育时期	时间(月/日)	土层深度/cm	平均地温/℃		
			覆膜栽培	裸地栽培	差值
播种—出苗	4/15~4/25	5	21.2	17.9	3.3
	4/15~4/30	10	20.4	17.2	3.2
出苗—开花	4/25~5/19	5	24.1	24.2	–0.1
	4/30~5/26	10	23.2	23.3	–0.1
开花—下针	5/19~6/19	5	30.6	23.0	7.6
	5/26~6/26	10	29.3	23.2	6.1
下针—结荚	5/19~7/20	5	26.8	26.2	0.6
	6/26~7/26	10	25.9	25.1	0.8
结荚—成熟	7/20~8/15	5	26.7	25.7	1.0
	7/26~8/20	10	26.6	25.6	1.0
全生育期	4/15~8/15	5	26.1	24.6	1.5
	4/15~8/20	10	25.6	24.0	1.6

气温度的升高、叶面积的增大和土层深度的增加而逐渐减小。地膜覆盖提升地温的同时，还会导致生育期内的有效积温显著增加，使花生植株的营养生长更为旺盛，主茎高、侧枝长、分枝数、叶面积指数和干物质积累等农艺性状均显著增加，从而加速花生的生育进程，保证花生在生育期内稳步生长，以获得高产（刘晓光等，2021；Tao et al.，2018）。

2. 提墒保墒，调节土壤内循环

地膜所具有的不透气性以及阻隔特性，致使土壤水分与大气之间的交换通道被切断。在白天，太阳光照导致温度升高，土壤水分会汽化为水蒸气，并形成小水珠附着在膜下，不能随即蒸发至大气中；在夜间，气温下降导致水蒸气凝结成的小水珠不断增加，并且体积由小变大，逐渐从膜下滴回到垄面土壤中。如此往返蒸上滴下，既抑制了土壤水分向大气的蒸发，使大部分水分在膜下循环，又保证了水分能较长时间储存于土壤中，使膜内表层或更深层的土壤保持湿润，起到一定的保墒作用。覆膜后，膜内的温度会大幅度上升，使土壤上层与下层的温度差异加大，促进土壤深层的水分通过毛细管作用逐渐向地表移动并积聚，不断补充耕层的土壤水分，形成提水上升的提墒作用，这在干旱年份表现得尤为明显。另外，若遇汛期或秋涝，由于覆膜花生排水良好，膜下土壤的相对含水量则较低，因此覆膜花生土壤耕层的含水量通常较露地相对稳定，抗旱防涝效果显著。据王晓光等（2017）在辽宁阜新地区的试验，地膜覆盖栽培可显著提高花生田 0～10cm 和 10～20cm 土层的土壤含水量，其中以液态膜的效果最为明显，分别较裸地栽培提高了 39% 和 33%，其次为白膜和黑膜（图8-3）。

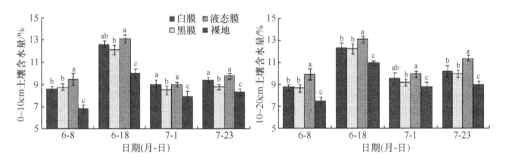

图8-3 不同材质地膜覆盖条件下花生 0～10cm 和 10～20cm 土层的土壤含水量变化
（王晓光等，2017）

3. 改善土壤理化性状，促进根系发育

地膜覆盖栽培不仅会直接影响耕作层土壤的温度和含水量，还会改变土壤的理化性质和细菌群落，从而改善土壤结构和土壤环境。研究人员在长期生产实践中发现，应用地膜覆盖栽培的花生田，无论土质为壤土还是黏土，在整个生育期都能保持疏松不板结，为花生的地上开花地下结果创造了适宜的土壤环境。其原因主要在于：第一，覆膜花生在生长发育期间，除了垄沟需要中耕除草，垄面基本处于免耕状态，在一定程度上避免了人畜田间作业时的踩踏；第二，地膜本身能够承受 9m/s 的雨水冲击，降雨时既能减缓雨水的冲击力，保护表层土壤结构，又可及时排涝不积水，防止土壤板结，减少水土流失；第三，在干旱季节，覆膜花生主要采取沟灌和节水滴灌的灌溉方式，水分只能从垄沟两侧逐渐渗透到垄内，可有效防止裸地花生大水漫灌造成的土壤板结，使花生结果层的土壤保持松暄。徐军和刘中新（2020）通过比较高温干旱期花生覆膜和裸地栽培的土壤理化性状发现，覆膜区 5～10cm 土层的土壤容重明显降低，较裸地栽培减少 0.03g/cm³，土壤孔隙度显著增加，较裸地栽培增加了 2.32%，但 0～5cm 土层的土壤容重和土壤孔隙度未发生明显变化。Zhao 等（2023）对不同类型地膜覆盖下花生田的土壤理化性质进行了测量评估，发现地膜覆盖栽培不会影响收获后花生田的土壤含水率、有机质和总磷含量，但会改变土壤 pH、温湿度和总氮含量，其中土壤 pH 较裸地栽培下降了 0.2，温度、湿度和总氮含量分别增加了 3.57%、8.19% 和 24.99%。土壤理化性状的改变，可在一定程度上改善土壤结构，优化土壤环境，从而有效促进花生根系发育、根瘤形成及果针入土结实。因此，覆膜栽培花生一般根系发育较好，有效根瘤较多，双仁果率和饱果率较高，千克果数减少。

4. 活化土壤微生物，提高养分利用率

土壤覆膜后，耕作层养分不会因为降雨或灌溉而流失，向下层土壤渗透的现象也有所减轻，在一定程度上促进了土壤养分的保蓄。同时，覆膜后的土壤湿度增加、温度升高、透气性增强，改善了膜下土壤的生态环境，有利于土壤中好气性微生物的活动和繁殖，可促进土壤中各种酶的活性，加速土壤中有机养料的分解与转化，增加土壤中速效态氮、磷、钾等养分的含量和通透性，进而提高土壤肥力。Zhao 等（2023）系统研究了覆膜花生田不同空间的土壤微生物群落变化，发现地膜覆盖栽培可显著影响花生田细菌群落尤其是根际土壤空间细菌群落的多样性和结构。其一，覆膜能够提高花生根际土壤中微生物群落的多样性和丰富度，促进有益微生物的积累，门水平上酸杆菌门的相对丰度明显增加，属水平上假黄单胞杆菌属、黄杆菌属和亚硝化球菌属显著富集；其二，覆膜后，一部分来自根际和非根际土壤的微生物群会转移到生物膜空间，其中与碳、氮和病原体相关的菌群相对活跃，如黄单胞菌科、假黄单胞杆菌属和谷氨酸杆菌属等；其三，覆膜可以促进根际土壤空间细菌群落之间的相互作用关系，使根际土壤空间的细菌网络更加复杂且稳定。覆膜花生土壤微生物数量的增加还会诱导土壤微生物量碳和

氮的积累，加强土壤脲酶、多酚氧化酶和过氧化氢酶等的活性，从而促进土壤中有机质的分解和腐殖质的形成，加快土壤养分的转化循环（Wu et al., 2023；孙涛, 2015）。

5. 抑制返盐和杂草生长

盐碱胁迫是限制农作物生长发育及产量品质的主要环境因子之一。盐碱度过高时，土壤的渗透性和通气性会大幅度降低，导致花生根系对营养物质的吸收和运输能力减弱，结瘤能力和有效结瘤数量明显下降，严重影响花生种子萌发、幼苗生长、开花下针和荚果发育等诸多生物学过程。目前，我国盐渍土面积已占全国耕地面积的 10.3%，大多分布在北方干旱半干旱地区及滨海平原地带，并且有 20% 以上的灌溉耕地也会受到盐分的负面影响（Atta et al., 2023）。基于此，国内外学者探究了不同栽培方式对盐碱地的治理作用，发现地膜覆盖农艺措施能依据盐渍土水盐运动"盐随水来，盐随水去"的特点，控制土壤水分蒸发，减轻盐分表聚，从而达到盐碱地改良的目的（宋佳珅等, 2023；Ondrasek et al., 2022）。一般来说，覆膜对盐碱土的盐分分配没有明显影响，但可改变盐分分布。试验表明，尽管覆膜后地面的温度明显上升，土壤水分的蒸发速度有所加快，但因膜下空间相对较小，空气能迅速达到过饱和，使得水汽在薄膜上凝聚并返回到土壤中，从而对土壤起到淋洗的效果，可在一定程度上防止土壤返盐，显著降低土壤 pH，有效调节土壤酸碱性（吕悦齐, 2023；张宏媛等, 2019）。

另外，地膜覆盖栽培还能有效抑制农田杂草的发生和生长，进而降低土壤养分损失，保障花生营养需求。一方面，地膜的机械阻隔和对作物生长的正向促进作用，改善了花生植株的生长状况，提高了花生对水、肥、气、热等资源的竞争力，从而在一定程度上达到防止杂草生长的目的。另一方面，地膜覆盖栽培使花生田杂草的生存环境发生了变化，导致其优势种和群落组成也随之改变，主要表现为杂草种类、密度、盖度和生物量的显著降低，尤其以密度和盖度的下降幅度最大，且黑色地膜的防控效果最好（姜成红等, 2023；孙涛, 2015）。在调查中发现，地膜覆盖田杂草主要发生在种植穴位、地膜破损裸露处等，因此在覆膜严实的情况下，花生田灭草率一般可达 65%～87%。若在播种后覆膜前喷施除草剂，则可使花生整个生育期处于免耕状态，杂草防除效果良好。

三、地膜覆盖提温增产栽培技术

花生地膜覆盖是一项精种高产高效的栽培技术，目前已在我国多个花生产区推广应用。基于多年多点的调查统计，该技术在不同花生产区的增产效果差异显著，归其原因，主要与花生地膜覆盖配套高产栽培技术的落实程度有关。因此，明确花生地膜覆盖栽培的核心技术标准，实现花生地膜覆盖规范化栽培，是保证花生高产稳产的关键。

（一）精细整地，合理施肥

春播花生经地膜覆盖后整个生育期一般不再中耕，因此对整地质量要求较高。整地时应彻底清除田间根茬、秸秆、废旧地膜及各种杂物，同时耕翻碎土，使土壤表里一致，疏松平整，土壤内不应有大土块。若底墒不足，可以提前灌水造墒，再进行整地。在无灌溉条件的地区，应提早耙地，镇压保墒，并及时起垄，覆盖地膜，以防止水分蒸发散失。在土壤肥力中等或偏低的地块，整地的同时可每亩施农家肥2500～3000kg、碳铵40kg或尿素10kg、钙镁磷肥50kg、氯化钾10～15kg，也可以施花生专用肥50kg。

（二）起垄作畦，备好薄膜

为了蓄热提高地温，地膜覆盖要求做高畦或高垄。我国华北及南方地区多采用高畦栽培，而东北地区多垄作。垄的方向以南北向最好，可以充分利用太阳光。垄上单行种植一般垄距50～65cm，垄高10～12cm；大垄双行种植一般垄距（宽行距）90～100cm，垄面宽55～60cm。地膜要选择耐老化、不裂碎、不粘卷及展铺性良好的地膜，按照强制性国家标准《聚乙烯吹塑农用地面覆盖薄膜》（GB 13735—2017），须选用厚度≥0.010mm（偏差不高于0.003mm，不低于0.002mm）的聚乙烯吹塑农用地膜，大花生幅宽850～900mm，小花生幅宽800～850mm。

（三）化学除草，严格覆膜

播种后覆膜前，每亩用90%的乙草胺50～100mL兑水50kg，均匀喷洒地面，防治杂草。地膜覆盖时应注重连续作业，即整地、施肥、作畦（垄）后要立即覆盖地膜，防止水分蒸发。盖膜要达到"平、紧、严"的标准，沙壤土更需固定压牢。步道一般不盖膜，以利于灌水、施肥和田间作业。在大面积栽培时，可进行机械化覆膜，一般简单覆膜机可一次性完成作畦、覆膜、压土固膜作业，提高工效10倍以上。

（四）保护地膜，查苗补种

播种覆膜后，要经常查田护膜，防止大风揭膜，或地膜破口漏风，确保地膜保温、保墒效果。覆膜春花生一般播后10d左右顶土出苗，此时要及时检查出苗情况，若缺苗现象比较严重，必须及时补种。补苗前需对种子进行催芽处理，待种子露白后进行播种。

（五）看苗追肥，防旱排涝

在覆膜栽培整个生长发育期间，灌水次数及灌水量较常规栽培减少，在土壤水分充足的情况下，前期应适当控水，促根下扎，防止徒长。而在中后期旺盛生长期间，需肥量大，蒸腾量大，耗水多，应适当增加灌水，并因苗制宜、分类追肥。初花期的弱苗要追施尿素，生长中后期的弱苗和脱肥花生应进行叶面喷施尿素和磷酸二氢钾、硼、铁等。浇水时忌大水漫灌，否则土壤湿度过大，通气不良，地表板结，影响根系发育；同时，高湿易使花生发生病害，大量降雨后应于 24h 内排除积水防涝。

（六）病虫草害防治

若地膜覆盖不严，压盖不紧，不能与垄面贴合，就会导致杂草丛生，在水肥条件好的地块儿尤为严重。因此，要提高覆盖地膜质量，封严压实，及时堵严破洞，使地膜与地表之间呈相对密闭状态；夏季高温高湿栽培时可选用黑色膜或绿色膜等除草专用地膜；在较大面积覆盖栽培时，可喷洒适宜的除草剂，其用药量应较常规栽培减少 1/3。地膜覆盖改变了土壤环境和近地面小气候，导致花生生育进程明显提前，病虫害发生规律发生相应变化，因此应随时调查病虫发生情况，及时采取相应防治措施，减轻和避免其危害，主要注意防治根腐病、茎腐病、蚜虫及蛴螬等花生病虫害。

（七）残膜回收利用

地膜是农田污染的主要来源之一，必须严格坚持残膜回收，集中加工利用，或者有选择性地试验示范推广可控降解地膜。花生收获前两周，人工顺垄揭膜，将薄膜带出田外。在收获花生时，应将田内残留的薄膜全部处理干净，以防止生态环境污染。以往我国使用的地膜较薄，耐老化性及强度较低，覆盖时间长，加上田间管理和收获时的人为机械损伤，地表残膜破碎凌乱，易与根茬、残叶和杂草掺混，并且地膜的封固多采用压埋法，使约 1/5 的地膜埋在 10cm 的土层内，给残膜的捡拾、收集、分选带来不便，作业效率和收净率一般较低。因此，目前生产上地膜的厚度必须严格按照强制性国家标准《聚乙烯吹塑农用地面覆盖薄膜》（GB 13735—2017）选择，同时鼓励企业开发废旧地膜再利用技术，研究开发无污染或少污染的"绿色"地膜。

第四节　花生低温冷害化学调控技术

化学调控是以应用提取的天然植物激素或者人工合成的化学物质等植物生长

调节剂为手段，通过改变植物内源激素代谢平衡来调节其生长发育，使其朝着人类所预期的方向和程度发生改变的技术。植物生长调节剂具有用量小、应用方便、成本低、见效快等特点，不但可以作为应急措施促进或抑制作物的生长发育进程，还可以作为增产促熟措施，调控营养体生长，提高作物抗逆性能。近年来，随着科学技术的进步和农业生产的需要，植物生长调节剂的开发速度和产品种类日益增加，其在农业领域的大规模应用，也为提高花生耐低温能力提供了有效途径。在本节，作者将基于所在课题组前期试验结果，并结合国内外最新研究进展，系统阐述花生耐低温化学调节剂的种类及其作用机制，以期为花生生产的防灾减灾与提质增效提供参考。

一、化学调控技术的发展历程

自 1928 年荷兰科学家弗里茨·文特（Frits Went）首次从燕麦的胚芽鞘中发现并提取出生长素（IAA）以后，植物激素迅速引起国内外植物学专家和学者的广泛关注。20 世纪 50 年代，赤霉素（GA）、脱落酸（ABA）、细胞分裂素（CTK）和乙烯等激素也陆续被发现，并被广泛应用于经济作物、园林景观和药用植物等各个领域（周欣欣等，2017）。但由于自然合成的植物激素含量极低，通过大量提取植物激素来提升作物产量成本较高。因此，化学家们在了解植物激素的天然结构后，采用化学方法合成了与天然植物激素具有类似结构和相同功效，甚至效果更佳、更优良的化学物质，即植物生长调节剂（Guzmán et al.，2021）。植物生长调节剂被植物吸收后可促进体内各类活性酶的联合作用，从而影响植物的生理生化进程（Berry and Argueso，2022；Khalid et al.，2022）。截至目前，已有近千种人工合成的植物生长调节剂得到广泛应用。但由于各国的农业特点和发展水平不同，植物生长调节剂的具体使用种类差异也巨大。例如，在欧美国家，为节省劳动力，多实行机械化操作，因此普遍使用植物矮化剂、脱叶剂和干燥剂等，美国在机械采棉前经常施用氯化钠（NaCl）和氯化镁（MgCl$_2$），以促进棉花枯死落地；在日本，农业设施化栽培应用面积大，比较注重农产品的质量，因此广泛使用可提升农作物品质的植物生长调节剂，包括用赤霉酸（GA$_3$）生产无核葡萄、打破马铃薯休眠，用马来酰肼（MH）防止烟草腋芽发生等。而在我国，由于人口众多，农业生产通常更加注重产量，因此多使用多效唑、矮壮素和烯效唑等植物生长调节剂，以培育壮苗、控制株型、提高产量（吴金山等，2016）。

我国早在 1958 年就开始使用植物生长调节剂，当时使用的种类仅有 10 余种，与我国作为一个农业大国的地位极不相符。20 世纪 70 年代以后，在多个领域相关专家的密切合作下，我国相继研制出多种植物生长调节剂，如赤霉素、乙烯利、缩节胺（助壮素）和多效唑等。赤霉素是最先被提取并应用于叶菜类上的植物激素，可加快蔬菜的生长发育，提高产量，改善品质。随后，赤霉素被逐步应用到水稻杂交制种上，在调控父母本开花期、减少包颈现象、提高制种产量等方面取得了十分显著的效果（Zhu et al.，2011）。此外，吲哚乙酸、萘乙酸和 2,4-二氯苯氧乙酸（2,4-D）等类似生长素的植物生长调节剂也被广泛使用，对农作物和果蔬生长发育过程中的生根发芽、茎叶生长、花芽分化、开花结实和疏花疏果等具有明显的促进作用（段留生和田晓莉，2005）。高浓度的 2,4-D（1000mg/L）还可以作为强效除草剂，在麦、稻、玉米、甘蔗等作物田中防除藜、苋等阔叶杂草及萌芽期禾本科杂草（Song，2014）。Chen 等（2014）在研究植物生长调节剂对纯培养大豆根瘤菌发育的调控作用时发现，外源添加 0.1%（V/V）的 GA_3 可使大豆根瘤菌在培养基中的数量显著增加、生长速率显著提高，较低或较高浓度的 GA_3 会抑制大豆根瘤菌的发育。近年来，我国在植物生长调节剂的基础理论研究、开发应用和技术体系完善等方面取得了快速突破，使其在作物的高产、优质和高效生产中发挥越来越重要的作用。2010～2020 年，中国植物生长调节剂的市场需求逐年增加，年均使用量高达 3.65×10^7kg，注册登记数量增至 908 种。

植物生长调节剂在我国花生上的研究与应用开始于 20 世纪 70 年代。起初主要是通过使用矮壮素来控制花生植株徒长，防止倒伏。近年来，随着新型植物生长调节剂的开发与利用，花生化学调控技术已经从单一控制徒长的"对症"阶段，逐渐发展到对花生生长发育的全程调控，以改善花生的整株机能，提高其生产力和质量（万书波，2003）。例如，针对花生营养体过大、地上部和地下部营养生长不协调等问题，可在苗期使用多效唑，促进根系生长；或在开花下针和结荚期叶面喷施缩节胺，提高根系活力，延缓根系衰老；或在营养生长阶段使用三碘苯甲酸、烯效唑和壮饱安等，抑制花生主茎生长，建立良好的株型和群体结构（Pilaisangsuree et al.，2020；张佳蕾等，2017；石程仁等，2015）。针对花生生产中长期存在的花多不实、果多不饱等问题，可在开花前喷施三十烷醇和矮壮素，增加花生前期有效花量，减少后期无效花量；或在开花下针期施用低浓度（10^{-7}mol/L）的 IAA 和 GA，促进花生果针伸长和入土，增加单株结果数；或在结荚期用油菜素内酯和花生素等处理花生植株，促进荚果发育，提高饱果率和出仁率（张佳蕾等，2018；Güllüoğlu，2011；Kishore et al.，2005）。针对花生籽仁营养品质低、高产与优质矛盾突出等问题，可在播种前用生根粉浸种，提高花生籽仁的脂肪含量；在盛花期喷施 40～200mg/L 多效唑，提高油酸含量，降低亚油酸含量，增加油亚比；在下针期喷施 1～5mg/L 的三十烷醇，增加籽仁的脂肪和蛋白质含量（钟瑞春等，2013）。此外，植物生长调节剂还能通过调控花生的内源激素含量和生理代谢过程，有效增强其对低温、干旱、盐碱、重金属和病虫害等逆境胁迫的耐受能力（商娜等，2023；Shreya et al.，2022）。

二、耐低温化学调节剂的种类

目前，农业生产上所应用的植物生长调节剂种类繁多，其有效成分和使用效果也不尽相同。根据对植物生长的影响，植物生长调节剂通常可分为三大类，即以IAA、GA、CTK 和油菜素内酯（BR）等为代表的植物生长促进剂，以肉桂酸、香豆素、ABA 和水杨酸等为代表的植物生长抑制剂，以及包含矮壮素、多效唑和烯效唑等在内的植物生长延缓剂（张义等，2021）。近年来，关于植物生长调节剂调控植物耐冷性的研究日益增多，能有效增强花生耐低温能力的植物生长调节剂也逐渐被发现。根据起主要作用的化学成分的性质，花生耐低温化学调节剂主要可分为植物激素、有机化合物、无机盐、信号物质和复合型调节物质等 5 类（表 8-6）。

表 8-6　花生耐低温化学调节剂的种类

类型	名称	英文/英文缩写/化学式	使用方法	最佳浓度	参考文献
植物激素	赤霉酸	GA₃	与营养液混合浇灌	300μmol/L	常博文等，2019
			播前浸种	50mg/L	宋兆锋等，2023
	2,4-表油菜素内酯	EBR	叶面喷施	0.10mg/L	石欣隆等，2023a
	芸苔素内酯	BR	播前浸种	0.05mg/L	周国驰，2018
	茉莉酸甲酯	MeJA	叶面喷施	100μmol/L	沈阳农业大学花生研究所，待发表
有机化合物	γ-氨基丁酸	GABA	播前拌种	5mmol/L	刘燕静，2023
	肌醇	Inositol	播前浸种	100～500mg/L	周国驰等，2018
	聚乙二醇	PEG	播前渗调处理	20%～25%	吕小红和傅家瑞，1990
	壳寡糖	COS	播前浸种	250mg/L	石欣隆等，2023b
	甲基硫菌灵	TPM	播前拌种	70%	吴莎莎等，2015
	福美双	TMTD	播前拌种	50%	吴莎莎等，2015
	噁霉灵	—	播前拌种	98%	吴莎莎等，2015
无机盐	二氧化硅	SiO₂	作为基肥施入	120kg/hm²	丁红等，2023
	磷酸二氢钾	KH₂PO₄	播前浸种	3000mg/L	周国驰等，2018
	乙二胺四乙酸铁钠	EDTA-Fe Na	播前浸种	300mg/L	周国驰等，2018
	过磷酸钙	Ca(H₂PO₄)₂	播前浸种	0.16～0.40mg/kg	陈小姝等，2017
信号物质	过氧化氢	H₂O₂	播前浸种	50mmol/L	余燕等，2020；郝西等，2021
	氯化钙	CaCl₂	叶面喷施	15mmol/L	刘欣悦等，2022；Song et al.，2022；Liu et al.，2013
复合型调节物质	耐寒复配剂	TNZ	播前浸种	0.1mg/L 长效油菜素内酯+1mg/L 二氢茉莉酸丙酯	董登峰等，2008
	苗苗亲	—	种子包衣	1.1%咯菌腈+3.3%精甲霜灵+6.6%嘧菌酯	王传堂等，2021

注：表中"—"表示该化学调节剂无英文、英文缩写或化学式

（一）植物激素

植物激素是调节花生生长发育和生命代谢的一类重要物质，同时也可以作为信号分子参与对低温胁迫的调控。植物激素类化学调节剂主要包括一些人工合成的具有植物激素活性的物质，如吲哚乙酸（IAA）、赤霉酸（GA$_3$）、茉莉酸甲酯（MeJA）、2,4-表油菜素内酯（EBR）和6-苄氨基嘌呤（6-BA）等。常博文等（2019）探究了外源 GA$_3$ 对低温胁迫下花生种子萌发和幼苗生长的影响，发现 300μmol/L 的 GA$_3$ 能显著促进 4℃低温处理下花生种子的发芽率，同时抑制幼苗膜透性和丙二醛的上升，提高可溶性糖、可溶性蛋白和游离脯氨酸的含量，对低温导致的种子活力降低和幼苗生长受阻具有一定的缓解作用。在花生播种前，以 50mg/L 的 GA$_3$ 浸种，还可以打破花生种子休眠，促进种子萌发和胚轴伸长，使其在低温胁迫下的露白率、发芽率、发芽指数和活力指数分别较未浸种处理提高 15%、33%、18%和38%（宋兆锋等，2023）。石欣隆等（2023a）认为，BR 作为一种生理活性极强的甾醇类植物激素，也能有效缓解低温胁迫对花生幼苗的损伤，低温胁迫前以 0.10mg/L 的 EBR 喷施花生幼苗，可使其冷害指数明显降低，主根长度、株高、地下鲜质量、地上鲜质量、植株鲜质量和植株干质量分别提高了 62.44%、52.49%、104.76%、107.09%、106.51%和 132.69%。近几年，沈阳农业大学花生研究所采用外源施用 MeJA 的方式，系统研究了 MeJA 对花生苗期耐冷性的影响及生理调控机制，结果显示，适宜浓度的 MeJA 可以有效缓解低温胁迫对花生幼苗的生长抑制作用，显著增加植株的株高、叶面积、鲜重和干重，降低叶片的相对电导率和丙二醛含量，其中以 100μmol/L MeJA 的处理效果最为显著（表 8-7，图 8-4）。

表 8-7　外源 MeJA 对低温胁迫下花生幼苗形态的影响（沈阳农业大学花生研究所数据，待发表）

MeJA 处理/（μmol/L）	株高/cm	叶面积/cm^2	地上部鲜重/g	地下部鲜重/g	地上部干重/g	地下部干重/g	耐冷等级
0	13.88±0.72c	35.48±2.73b	2.20±0.43c	2.16±0.41c	0.39±0.03c	0.17±0.05b	4.3
25	14.36±0.73bc	38.79±4.78b	2.15±0.39c	2.59±0.31abc	0.45±0.08bc	0.21±0.03ab	5.5
50	15.02±1.31bc	46.49±6.34a	2.90±0.32b	2.83±0.55ab	0.52±0.03ab	0.22±0.01ab	6.9
75	15.08±0.64bc	50.54±5.76a	2.95±0.15b	3.00±0.32ab	0.51±0.04ab	0.21±0.02ab	8.2
100	19±1.11a	49.41±5.60a	3.61±0.50a	3.12±0.38a	0.58±0.10a	0.25±0.03a	9.0
125	15.56±0.59b	48.02±5.50a	3.07±0.43ab	2.57±0.28abc	0.56±0.11ab	0.20±0.03b	7.2
150	15.5±2.06bc	48.89±4.11a	2.55±0.63bc	2.45±0.60bc	0.47±0.11abc	0.18±0.05b	6.5

注：不同小写字母代表不同处理间在 5%水平上差异显著

（二）有机化合物

有机化合物类耐低温调节剂能够直接控制细胞内渗透物质的含量，增加蛋白

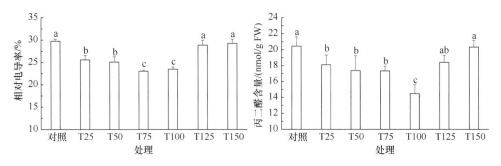

图 8-4　外源 MeJA 对低温胁迫下花生幼苗叶片相对电导率和丙二醛含量的影响
（沈阳农业大学花生研究所数据，待发表）
同一图中不同小写字母代表不同处理间在 5%水平上差异显著

质和细胞膜的结构稳定性，从而提高植物对低温胁迫的适应能力，主要包括一些糖类、脂质、酚类、生物碱、多元醇、有机酸和含氮化合物等。γ-氨基丁酸（GABA）是一种存在于植物体内的自由态四碳非蛋白质氨基酸。研究表明，在花生播种前以 5mmol/L 的 GABA 进行拌种处理，可显著提高低温胁迫下花生植株体内的半胱氨酸蛋白酶活性和可溶性蛋白含量，使各花生品种的发芽势、发芽指数、活力指数、根冠比和单株干重显著增加（刘燕静，2023）。肌醇是生物界广泛存在的一种小分子多元醇，也是高等植物中重要的抗逆调节因子。周国驰等（2018）研究发现，低温胁迫下经 100～500mg/L 肌醇浸种的花生幼苗根系健壮发达，主茎高、叶片数和叶面积也显著高于对照，但当肌醇浸种浓度达到 750mg/L 时，花生幼苗生长则受到抑制。壳寡糖（COS）是由壳聚糖降解成的带有氨基的小分子寡糖，兼具药效和肥效双重生物调节功能，可调控植物生长发育，诱导激活植物免疫系统，提高植物抗病抗逆能力。石欣隆等（2023b）通过研究不同浓度 COS 浸种后花生种子的低温发芽特性，发现以 250mg/L 的 COS 浸种可显著提高低温下花生种子的发芽能力，发芽率和相对发芽率均增加了 44.45%，发芽指数和种子活力指数分别增加了 5.59 和 24.83。近年来，针对花生生产上低温易引起种子细菌、真菌感染，导致烂种缺苗的问题，有研究采用杀菌剂拌种的方法，通过减少病菌感染，使种子免受低温冷害的影响，从而提高种子发芽率。例如，吴莎莎等（2015）选用甲基硫菌灵、福美双和噁霉灵 3 种杀菌剂对花生种子进行拌种，发现杀菌剂拌种处理能显著提高花生种子在低温胁迫下的发芽率，其中以噁霉灵拌种效果最好，使发芽率提高了 41%～48.7%。

（三）无机盐

无机盐作为植物生长所必需的营养元素，对促进植物生理代谢、调节体内水分平衡和维持细胞结构稳定具有重要作用，同时还可以与其他生长调节因子

（如激素、信号分子等）相互作用，共同调控植物的生长发育和抗逆能力。硅（Si）是地壳中仅次于氧的第二大化学元素，一直被认为是植物的有益元素。研究表明，低温胁迫下适量施用硅肥（120kg/hm^2 SiO$_2$）能够提高花生叶片的超氧化物歧化酶活性，降低丙二醛含量，增加叶绿素含量，显著促进花生幼苗生长（丁红等，2023）。铁（Fe）是细胞色素的组成成分，参与植物的光合作用，同时也是合成过氧化氢酶和过氧化物酶的重要物质。周国驰等（2018）研究发现，低温胁迫前以 300mg/L 乙二胺四乙酸铁钠（EDTA-Fe Na）浸种，可显著提高花生幼苗的主茎高、叶片数和叶面积，增加根长、根体积与根尖数；该物质通过维持根系发育、塑造根系构型、促进生物量积累，来增强花生幼苗对低温胁迫的适应能力。钾素和磷素是植物生长发育的基本元素，低温胁迫下可促进叶绿素、可溶性糖和游离脯氨酸等物质的积累，以保证植株体内各种生理活动的正常进行。在花生播种前，以 3000mg/L 磷酸二氢钾浸种或增施磷肥均能有效提高花生萌发期和幼苗期的耐低温能力，但不同基因型花生种子对磷肥的需求量不同，如耐寒型种质以施用 0.24mg/L 过磷酸钙的效果最显著，中间型种质以 0.16mg/L 效果最显著，而敏感型种质则以 0.40mg/L 效果最显著（陈小姝等，2017）。

（四）信号物质

植物从感知低温到做出相应的生理生化反应，是一个复杂的信号转导过程，涉及众多信号分子、转录因子、蛋白激酶和磷酸酶的参与。因此，外源施用一些对低温信号起转导作用的化学物质，可以有效增强植物对低温环境的适应能力。钙离子（Ca^{2+}）是低温信号转导和低温应答过程中的第二信使，作为 Ca^{2+} 感受器的钙调蛋白可以通过胞质 Ca^{2+} 的增加来传递初级信号，改变蛋白质的磷酸化状态，从而引起适当的生理生化变化。虽然土壤中已经含有大量钙素，但是在低温逆境下作物的根系活力和叶片蒸腾速率会骤降，造成严重的吸钙障碍，因此叶部抗寒增钙技术成为缓解作物低温冷害的一项主要措施，现已在水稻、玉米、番茄、黄瓜、烟草等作物上被广泛应用（Malko et al.，2023；Zhang et al.，2014）。Liu 等（2013）研究发现，低温胁迫下 15mmol/L 氯化钙（CaCl$_2$）喷施处理可显著增加花生幼苗的株高、叶面积和叶绿素含量；氯化钙通过有效激发花生生长发育和光化学活性，维持叶片中非结构型碳水化合物有效外运，降低非结构型碳水化合物和活性氧过度积累，全面缓解低温对花生产生的光抑制。过氧化氢（H$_2$O$_2$）也是植物体内重要的生理活性物质，在植物响应低温胁迫中通常具有双重作用，即过量积累时易产生毒害作用，而低浓度时可作为信号分子诱发防御反应。例如，Zhang 等（2022）研究发现，低温诱导 H$_2$O$_2$ 过量积累而引发的氧化损伤是抑制花生种子萌发和幼苗生长的主要原因。但 1% 的 H$_2$O$_2$

浸种预处理却能使低温胁迫下花生种子的 H_2O_2 含量和膜脂过氧化程度显著降低，同时提高鸟氨酸转移酶和 Δ^1-吡咯啉-5-羧酸合成酶等脯氨酸合成酶的活性，抑制脯氨酸降解限速酶脯氨酸脱氢酶的活性，说明 H_2O_2 浸种预处理可通过调控脯氨酸代谢途径，促进低温条件下花生种子脯氨酸的积累，缓解氧化损伤，从而增强花生种子的低温萌发能力（余燕等，2020）。

（五）复合型调节物质

以上各类化学调节剂均可在一定程度上改善花生的耐冷性。值得注意的是，在某些特定生长环境下，单一的化学调节剂无法达到期望效果。因此，生产上通常将 2 种或 2 种以上的调节剂合理复配，综合利用不同种类调节剂的优点，以达到更好的耐低温效果。例如，董登峰等（2008）研究发现，使用 0.1mg/L 长效油菜素内酯（TS303）或 1mg/L 二氢茉莉酸丙酯（PDJ）浸种可以增强花生的耐低温能力，二者及其复配剂（TNZ）都能延缓低温伤害引起的抗氧化酶活性下降，并通过增加可溶性糖和游离脯氨酸的含量提高相对含水量，其中 TS303 对超氧化物歧化酶和过氧化氢酶活性降低的延缓效果较好，而 PDJ 对增加可溶性糖和游离脯氨酸含量的效果较好，但由于 TS303 和 PDJ 的作用机制不同，二者混合使用表现出加成或协同效应。王传堂等（2021）使用 1.1%咯菌腈、3.3%精甲霜灵和 6.6%嘧菌酯的复配产品"苗苗亲"进行种子包衣，发现该种衣剂能促进花生出苗，使相对出苗率和出苗指数较未包衣处理分别提高 57.53%和 2.56，具有明显的抗低温高湿效果，适合在"倒春寒"易发的东北早熟花生产区和北方大花生产区推广应用。

三、化学调控技术的耐冷机制

基于花生低温冷害的发生机制，化学调控技术对花生耐冷性的作用机制可概括为：通过合理使用耐低温化学调节剂，影响花生体内内源激素的合成、运输、代谢，以及信号转导等过程，从促进渗透调节物质合成、提高抗氧化酶活性、改善光合性能、诱导耐冷基因表达等方面，有效缓解低温冷害对花生种子萌发、幼苗生长、开花下针和荚果发育等过程的抑制作用。

（一）激素调节

内源激素作为花生响应外界环境变化、抵御逆境胁迫，以及调节生长发育的重要信号分子，其原有的动态平衡在低温胁迫下会被打破，导致促进生长的激素减少，抑制生长的激素增加，从而改变特定的代谢途径，抑制花生生长发育。耐低温化学调节剂可以使低温逆境下花生体内多种激素的含量发生变化，以调节激素间的动态平衡，促进彼此的协同或拮抗作用，从而提高花生对低温环境的适应能力（Kucera et al.，2005）。GA 和 ABA 是调控花生种子萌发的重要内源激素，其含量的动态变化在维持种子休眠或启动种子萌发中发挥关键作用。低温胁迫下，花生种子中的 ABA 含量会迅速增加，促进储藏蛋白质的积累和胚的发育，诱导花生种子进入休眠状态（王艺喆和苏良辰，2023）。经 COS 或 H_2O_2 浸泡的花生种子，其低温发芽过程中的 GA 含量会显著增加，ABA 含量显著降低，说明 COS 和 H_2O_2 能通过调节种子中 GA 和 ABA 的含量，增强 GA 对 ABA 的拮抗作用，从而激活种子中多种水解酶的活性，促进种子萌发，提高花生种子的耐低温能力（石欣隆等，2023b；郝西等，2021）。沈阳农业大学花生研究所在解析 MeJA 调控花生苗期耐冷性的生理机制时发现，外源喷施 100μmol/L 的 MeJA 可使花生幼苗体内 JA 生物合成途径关键酶的活性显著增强，内源 JA 含量明显增加。6℃低温处理 24h 后，脂氧合酶（LOX）、丙二烯氧化物合成酶（AOS）、丙二烯氧化物环化酶（AOC）和 12-氧-植物二烯酸还原酶（OPR）的活性分别较对照（喷施等量蒸馏水）提高了 24.39%、40.73%、34.50% 和 47.08%，JA 含量增加 7.04%，说明外源 MeJA 能通过促进内源 JA 合成，提高花生幼苗的耐低温能力（图 8-5，图 8-6）。

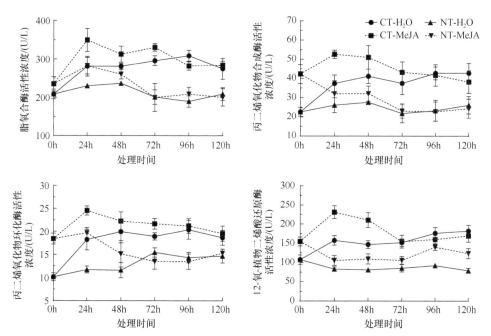

图 8-5　外源 MeJA 对低温胁迫下花生幼苗 JA 生物合成途径关键酶活性的影响

（沈阳农业大学花生研究所数据，待发表）

图中 CT 表示低温处理，NT 表示常温对照，下同

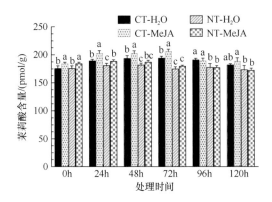

图 8-6　外源 MeJA 对低温胁迫下花生幼苗内源 JA 含量的影响

（沈阳农业大学花生研究所数据，待发表）

（二）合成渗透调节物质

低温胁迫下，活性氧自由基的大量积累会引发膜脂过氧化作用，使膜内脂双分子层的不饱和脂肪酸链降解，导致细胞膜的完整性被破坏，胞内电解质大量外渗，严重时甚至造成细胞死亡（Zhang et al.，2019）。虽然耐冷型花生品种在低温胁迫下能通过合成可溶性糖、可溶性蛋白和游离脯氨酸等渗透调节物质来提高细胞液的浓度，进而降低渗透势，但随着低温程度的加强或时间的延长，其渗透调节物质的合成能力会逐渐减弱（张鹤，2020）。而耐低温化学调节剂可有效缓解低温逆境对花生植株渗透调节物质积累的抑制，促进渗透调节物质的快速合成，从而维持细胞结构的稳定性，提高植株的耐低温能力（余燕等，2020）。现阶段，参与诱导合成渗透调节物质的耐低温化学调节剂种类较多，包括 EBR、GA、GABA、MeJA 和磷钾肥等。沈阳农业大学花生研究所以 100μmol/L 的 MeJA 喷施花生幼苗，经 6℃低温处理发现，外源 MeJA 可诱导花生幼苗叶片中 Δ^1-吡咯啉-5-羧酸合成酶（P5CS）、海藻糖-6-磷酸合成酶（TPS）和甜菜碱醛脱氢酶（BADH）的活性显著增强，24h 后分别较未喷施 MeJA 的植株提高了 52.36%、51.72% 和 51.60%；脯氨酸脱氢酶（PDH）的活性显著下降，较未喷施 MeJA 的植株降低了 50.44%；同时游离脯氨酸、海藻糖和甜菜碱的含量明显增多，48h 后分别较未喷施 MeJA 的植株增加了 23.17%、26.08% 和 6.30%；但对可溶性糖含量的影响并不显著（图 8-7，图 8-8）。说明外源 MeJA 能通过促进游离脯氨酸、海藻糖和甜菜碱等渗透调节物质的合成，维持细胞渗透压平衡，提高花生幼苗的耐冷性。

（三）提高抗氧化能力

低温逆境会诱导花生植株体内产生大量的活性氧（ROS），包括与氧代谢有

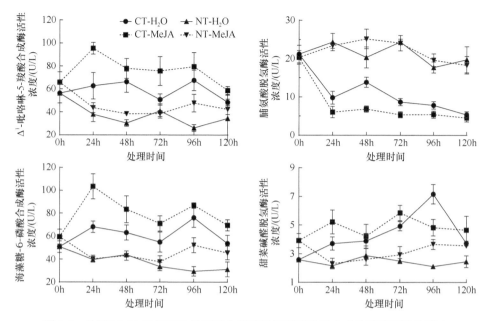

图 8-7　外源 MeJA 对低温胁迫下花生幼苗渗透调节物质合成关键酶活性的影响

（沈阳农业大学花生研究所数据，待发表）

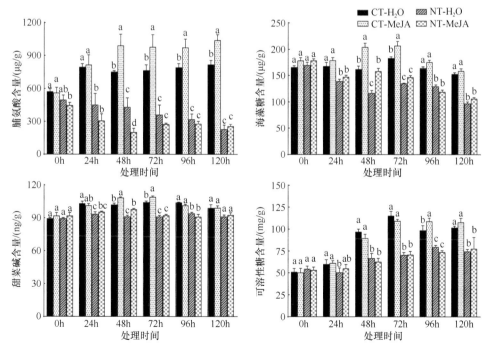

图 8-8　外源 MeJA 对低温胁迫下花生幼苗渗透调节物质含量的影响

（沈阳农业大学花生研究所数据，待发表）

关的含氧自由基和易形成自由基的过氧化物，如过氧化氢（H_2O_2）、超氧阴离子（$O_2^{-\cdot}$）、羟自由基（$\cdot OH$）和单线态氧（$^1O_2$）等。细胞内过量积累的 ROS 会导致膜脂发生过氧化反应，产生大量的丙二醛，引起蛋白质和核酸等生命大分子的交联聚合，使细胞膜的结构和功能发生改变，最终造成细胞死亡（Zhang et al., 2019）。花生植株能抵御由低温胁迫引发的过氧化损伤，主要取决于其体内的抗氧化防御体系，即超氧化物歧化酶（SOD）、过氧化物酶（POD）、过氧化氢酶（CAT）和抗坏血酸过氧化物酶（APX）等抗氧化酶的活性越高，抗坏血酸（AsA）、谷胱甘肽（GSH）、甘露醇和类黄酮等抗氧化物质的含量越多，花生植株对 ROS 的清除能力就越强，从而维持细胞内 ROS 的动态平衡，减缓低温伤害（Zhang et al., 2022）。耐低温化学调节剂也能通过提高抗氧化酶活性，增加抗氧化物质含量，降低细胞内活性氧自由基的含量和产生速率，来减轻低温胁迫下膜脂的过氧化程度，维持细胞膜结构的完整性，从而增强花生植株的耐低温能力（Hu et al., 2017）。例如，沈阳农业大学花生研究所发现，花生幼苗经 100μmol/L 的 MeJA 喷施处理后，其在低温胁迫下的抗氧化酶活性显著增强，SOD、POD、CAT 和 APX 的活性分别较未喷施处理提高了 4.62%、16.45%、10.68% 和 30.21%（图 8-9）；抗氧化物质的含量有所增加，低温处理 48h 后 AsA 和 GSH 分别较未喷施处理增加了 28.87% 和 20.96%（图 8-10）。

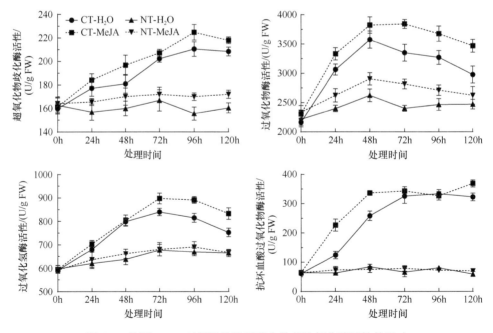

图 8-9　外源 MeJA 对低温胁迫下花生幼苗抗氧化酶活性的影响
（沈阳农业大学花生研究所数据，待发表）

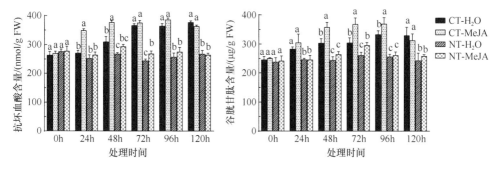

图 8-10　外源 MeJA 对低温胁迫下花生幼苗抗氧化物质含量的影响

（沈阳农业大学花生研究所数据，待发表）

（四）改善光合性能

光合作用为花生的产量和品质形成提供了丰富的物质基础，是花生生育期内最重要的生命活动之一，但同时也是对低温逆境最敏感的生理生化过程。低温胁迫几乎能影响花生光合作用的所有主要环节，如叶绿体结构、气孔导度、叶绿素的合成与分解、类囊体膜上的光合电子传递，以及碳同化等。低温胁迫对花生光合作用的抑制不仅体现在破坏叶绿体结构、降低叶绿素含量、关闭气孔、影响光合酶活性等方面，同时还会通过影响正常的生理代谢间接抑制花生的光合特性，对花生的生长发育造成不可逆损伤（Zhang et al.，2022）。外源施用 KH_2PO_4、SiO_2、$CaCl_2$ 和褪黑素等化学调节剂能有效改善花生植株的光合性能，从而缓解低温胁迫对其造成的光抑制。Wu 等（2020）研究发现，低温胁迫前以 15mmol/L 的 $CaCl_2$ 喷施花生幼苗，可明显促进花生植株对 P、Mg、Fe、Mn 等元素的吸收，提高细胞内 K^+ 的含量，以增强气孔运动；显著增加花生叶片的厚度，提高栅栏组织与海绵组织的比例，加大气孔开度，以增加暴露在叶绿体内 CO_2 的溶解面积；同时，有效解除由光反应中光合磷酸化反馈抑制和碳反应中光合末端产物反馈抑制引起的光合障碍，并协同环式电子传递和非光化学猝灭等光保护机制维持 PS II 和 PS I 的光合活性。据沈阳农业大学花生研究所试验，外源 MeJA 也能通过促进光合色素合成、保护叶绿体结构稳定、维持光合系统活性等提高花生幼苗在低温胁迫下的光合能力。如图 8-11 和图 8-12 所示，花生幼苗经 100μmol/L 的 MeJA 喷施处理后，其在低温胁迫下的净光合速率（Pn）、蒸腾速率（Tr）和气孔导度（Gs）均明显增加，48h 后分别较未喷施处理的植株提高了 26.51%、153% 和 269%；PS II 最大光化学效率（Fv/Fm）和非光化学猝灭（NPQ）明显上升，48h 后分别较未喷施处理提高了 17.9% 和 464%。

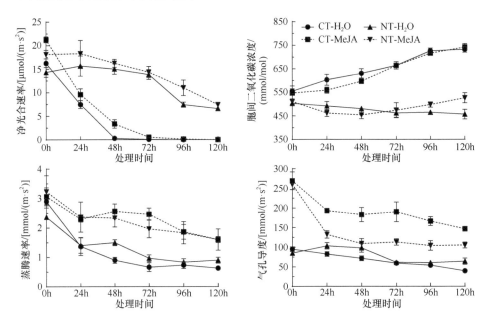

图 8-11　外源 MeJA 对低温胁迫下花生幼苗光合特性的影响
（沈阳农业大学花生研究所数据，待发表）

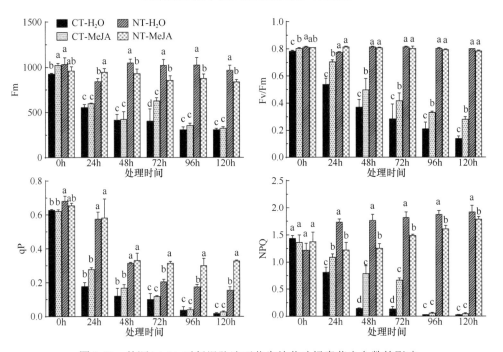

图 8-12　外源 MeJA 对低温胁迫下花生幼苗叶绿素荧光参数的影响
（沈阳农业大学花生研究所数据，待发表）

Fm 为最大荧光产量

（五）诱导耐冷基因表达

目前，在农业生产中广泛应用的耐低温化学调节剂，大部分是作物在非生物胁迫下的天然积累产物。因此，外源施用适宜浓度的此类物质，可以诱导作物自身启动与相关蛋白质所关联基因的表达，从而参与调控作物的耐冷性。王艺喆和苏良辰（2023）通过测定花生种子在低温萌发过程中内源激素合成相关基因的表达变化，发现低温胁迫下花生种子中萌发促进类植物激素合成基因 $AhYUC1$（生长素合成相关基因）、$AhGA20OX1$（赤霉素合成相关基因）和 $AhIPT5$（细胞分裂素合成相关基因）的表达虽然较对照组有所上调，但萌发抑制类植物激素合成基因 $AhACS1$（乙烯合成相关基因）和 $AhNCED1$（脱落酸合成相关基因）的表达量增加幅度更大，说明低温逆境下花生种子主要通过增加脱落酸和乙烯的含量，促进脱落酸对赤霉素的拮抗作用来抑制种子萌发。经赤霉素溶液（50mg/L）浸泡处理后的花生种子，其在低温胁迫下的露白率和萌发速度明显提高。研究人员通过转录组测序发现，外源赤霉素可诱导花生种子中植物激素信号转导、氨基酸的生物合成、植物-病原菌互作、碳代谢，以及淀粉和蔗糖代谢等生物学途径的关键基因差异表达，且上调基因显著多于下调基因。其中，赤霉素和脱落酸合成代谢及信号转导途径最为显著富集，如编码脱落酸代谢途径关键酶的基因（$AhCYP707A2$）持续上调表达，编码脱落酸合成受体蛋白的基因（$AhPYLs/AhPYRs$）持续下调表达，编码赤霉素生物合成关键酶的基因（$AhGA20ox$ 和 $AhGA3ox$）普遍上调表达（宋兆锋等，2023）。说明外源赤霉素能通过诱导相关内源激素合成、代谢或信号转导途径关键基因的表达，调控花生的耐低温能力。

主要参考文献

常博文, 钟鹏, 刘杰, 等. 2019. 低温胁迫和赤霉素对花生种子萌发和幼苗生理响应的影响. 作物学报, 45(1): 118-130.

陈朝庆, 李安妮, 郭杏莲, 等. 1980. 花生种子的收获期与晒种技术. 中国油料, (4): 46-51.

陈小姝, 杨富军, 刘海龙, 等. 2017. 施磷水平对不同基因型花生种子发芽期耐寒能力的影响. 花生学报, 46(1): 26-32.

程增书, 徐桂真, 王延兵, 等. 2006. 播期和密度对花生产量和品质的影响. 中国农学通报, 22(7): 190-193.

丁彬, 谢吉先, 冯梦诗, 等. 2021. 种用花生荚果含水量对机械剥壳效率及效果的影响. 花生学报, 50(3): 47-54.

丁彬, 谢吉先, 冯梦诗, 等. 2022. 不同花生荚果类型对机械剥壳效果的影响. 江苏农业科学, 50(5): 180-184.

丁红, 陈小姝, 徐扬, 等. 2023. 硅肥施用对低温胁迫下花生幼苗生长及生理特性的影响. 花生学报, 52(4): 32-39, 46.

董登峰, 李杨瑞, 江立庚, 等. 2008. 长效油菜素内酯 TS303 和二氢茉莉酸丙酯增强花生抗寒能力. 广西植物, 28(5): 675-680.

段留生, 田晓莉. 2005. 作物化学调控技术与原理. 北京: 中国农业大学出版社.

封海胜. 1991. 花生种子吸胀间耐低温性鉴定. 中国油料, (1): 67-70.

付晓记, 闵华, 何家林, 等. 2017. 花生负压入液整荚播种技术研究. 中国油料作物学报, 39(1): 65-68.

付晓记, 闵华, 唐爱清, 等. 2013. 低温对花生萌芽的影响及其调控技术研究现状. 河南农业科学, 42(1): 1-4.

付雪娇. 2009. 北方花生带壳覆膜早播技术. 杂粮作物, 29(1): 38-39.

高波, 孙奇泽, 刘辰, 等. 2015. 栽培方式对夏直播花生产量和品质的影响. 花生学报, 44(2): 7-11.

高华援, 于海秋. 2022. 东北花生栽培理论与技术. 北京: 中国农业科学技术出版社.

郭锦明, 李凤霞, 齐佰娟. 1992. 花生果播增产效应分析. 中国油料, (4): 52-55.

郝西, 崔亚男, 张俊, 等. 2021. 过氧化氢浸种对花生种子发芽及生理代谢的影响. 作物学报, 47(9): 1834-1840.

姜成红, 周元委, 李双华, 等. 2023. 低水平施肥条件下地膜覆盖对油菜田杂草防效及产量的影响. 湖北农业科学, 62(8): 75-80.

蒋春姬, 于海秋, 王晓光, 等. 2021. 辽宁省花生剥壳时间对种子发芽出苗及产量的影响. 东北农业科学, 46(5): 7-11, 50.

金欣欣, 宋亚辉, 王瑾, 等. 2021. 播期对花生农艺性状、产量和品质的影响. 中国油料作物学报, 43(5): 898-905.

李钊. 2022. 开花期低温对花生开花及结实特性的影响. 沈阳: 沈阳农业大学硕士学位论文.

刘晓光, 范燕, 赵雪飞, 等. 2021. 不同覆膜处理对唐山地区花生生理性状和产量的影响. 花生学报, 50(3): 80-84.

刘欣悦, 刘轶飞, 易伯涛, 等. 2022. 外源钙缓解花生低温光合障碍的调控机制. 植物营养与肥料学报, 28(2): 291-301.

刘燕静. 2023. 干旱与低温胁迫下花生种子萌发特性鉴定及 γ-氨基丁酸调控. 泰安: 山东农业大学硕士学位论文.

吕小红, 傅家瑞. 1990. 聚乙二醇渗调处理提高花生种子活力和抗寒性. 中山大学学报(自然科学版), 29(1): 63-70.

吕悦齐. 2023. 有机物料和地膜覆盖协同改良盐渍化土壤效果研究. 长春: 吉林农业大学硕士学位论文.

商娜, 李秋芝, 李海涛, 等. 2023. 花生调控技术应用研究. 中国农学通报, 39(24): 38-42.

石程仁, 罗盛, 沈浦, 等. 2015. 花生栽培化学定向调控研究进展. 花生学报, 44(3): 61-64.

石欣隆, 薛娴, 杨月琴, 等. 2023a. 2, 4-表油菜素内酯对低温胁迫下花生幼苗生长及生理特性的影响. 中国油料作物学报, 45(2): 341-348.

石欣隆, 杨月琴, 韩锁义, 等. 2023b. 壳寡糖浸种对低温下花生种子萌发及生理代谢的影响. 中国油料作物学报, 45(1): 164-174.

宋佳珅, 张宏媛, 常芳弟, 等. 2023. 亚表层培肥结合地膜覆盖对河套灌区盐碱土壤有机碳和无机碳的影响. 中国生态农业学报, 31(3): 385-395.

宋兆锋, 陈小姝, 李美君, 等. 2023. 低温胁迫下赤霉素对花生萌发特性的影响及转录组分析.

花生学报, 52(3): 8-19.

孙涛. 2015. 有色和生物降解地膜覆盖对花生产量形成与土壤微环境的影响. 泰安: 山东农业大学硕士学位论文.

陶寿祥, 李双铃. 2003. 我国花生地膜覆盖栽培的现状及发展. 花生学报, 32(S1): 80-85.

万书波. 2003. 中国花生栽培学. 上海: 上海科学技术出版社.

万书波, 张佳蕾. 2019. 中国花生产业降本增效新途径探讨. 中国油料作物学报, 41(5): 657-662.

万书波, 王才斌, 张吉民. 1993. 花生高产优质栽培新技术. 天津: 天津教育出版社.

王传堂, 王志伟, 宋国生, 等. 2021. 品种和包衣处理对播种出苗期低温高湿条件下花生出苗的影响. 山东农业科学, 53(1): 46-51.

王京, 高连兴, 刘志侠, 等. 2016. 典型品种花生种子尺寸及均齐性研究. 华中农业大学学报, 35(5): 131-136.

王列, 周勇, 吴桂萍. 2020. 吉林地区高油酸花生裸地种植技术要点. 特种经济动植物, 23(10): 55, 60.

王晓光, 孔雪梅, 蒋春姬, 等. 2017. 不同材质地膜覆盖对花生产量品质的影响及防风蚀效果研究. 干旱地区农业研究, 35(2): 57-61.

王艺喆, 苏良辰. 2023. 花生种子在低温胁迫下的萌发抑制生理研究. 种子, 42(2): 28-33.

吴金山, 马晶, 王亚沉, 等. 2016. 作物化学调控研究进展. 中国热带农业, (4): 77-80.

吴莎莎, 穆青, 李雨晴, 等. 2015. 杀菌剂对花生发芽期低温冷害的防控效果. 作物研究, 29(4): 378-381.

邢俊红. 2015. 花生壳多酚的提取工艺及活性研究. 大连: 大连工业大学硕士学位论文.

徐军, 刘中新. 2020. 地膜花生的气象效应和经济效益. 湖北农业科学, 59(S1): 155-157, 160.

于文东. 2004. 花生果播覆膜栽培技术增产机理初探. 作物杂志, (6): 20-21.

余燕, 张雅婷, 赵雪, 等. 2020. H_2O_2 浸种对低温胁迫下花生种子萌发的调控作用. 中国油料作物学报, 42(5): 860-868.

张鹤. 2020. 花生苗期耐冷评价体系构建及其生理与分子机制. 沈阳: 沈阳农业大学博士学位论文.

张宏媛, 卢闯, 逄焕成, 等. 2019. 亚表层培肥结合覆膜提高干旱区盐碱地土壤肥力及优势菌群丰度的机理. 植物营养与肥料学报, 25(9): 1461-1472.

张佳蕾, 郭峰, 李新国, 等. 2017. 提早化控对高产花生节间分布和产量构成的影响. 花生学报, 46(4): 63-67.

张佳蕾, 郭峰, 李新国, 等. 2018. 不同时期喷施多效唑对花生生理特性、产量和品质的影响. 应用生态学报, 29(3): 874-882.

张连喜, 张志民, 黄威, 等. 2023. 覆膜栽培对土壤含水量及花生生长特性和产量的影响. 特种经济动植物, 26(7): 46-50.

张善云, 王洪章, 牟兴华. 2006. 花生果播覆膜借墒早播高产栽培技术. 北京农业, (5): 40.

张义, 刘云利, 刘子森, 等. 2021. 植物生长调节剂的研究及应用进展. 水生生物学报, 45(3): 700-708.

赵品源. 2019. 带壳播种对花生产量、农艺性状的影响. 郑州: 河南农业大学硕士学位论文.

郑小红, 傅家瑞. 1987. 低温预处理提高花生种子活力的生理生化研究: 对促进胚轴中核酸、蛋白质合成以及 ATP 形成的影响. 中山大学学报(自然科学版), (1): 21-29.

钟瑞春, 陈元, 唐秀梅, 等. 2013. 3 种植物生长调节剂对花生的光合生理及产量品质的影响. 中国农学通报, 29(15): 112-116.

周国驰. 2018. 花生抗寒种衣剂配方优化及对产量、品质的影响. 沈阳: 沈阳农业大学硕士学位论文.

周国驰, 于晓东, 曹莹, 等. 2018. 几种外源物质诱导花生幼苗耐低温的效应. 沈阳农业大学学报, 49(1): 75-81.

周欣欣, 张宏军, 白孟卿, 等. 2017. 植物生长调节剂产业发展现状及前景. 农药科学与管理, 38(11): 14-19.

庄伟建, 官德义, 蔡来龙, 等. 2003. 促进花生种子在低温胁迫下发芽的种衣剂的筛选研究. 花生学报, 32(S1): 346-351.

Atta K, Mondal S, Gorai S, et al. 2023. Impacts of salinity stress on crop plants: improving salt tolerance through genetic and molecular dissection. Front. Plant Sci., 14: 1241736.

Bagnall D J, King R W. 1991. Response of peanut (*Arachis hypogaea*) to temperature, photoperiod and irradiance 1. Effect on flowering. Field Crop Res., 26(3-4): 263-277.

Berry H M, Argueso C T. 2022. More than growth: phytohormone-regulated transcription factors controlling plant immunity, plant development and plant architecture. Curr. Opin. Plant Biol., 70: 102309.

Bilck A P, Grossmann M V E, Yamashita F. 2010. Biodegradable mulch films for strawberry production. Polym Test., 29(4): 471-476.

Chen W, Zheng D, Feng N, et al. 2014. Effect of plant growth regulator GA_3 and PIX on cell growth and structure of *Rhizobium fredii* and *Bradyrhizobium japonicum*. J. Pure Appl. Microbiol., 8(6): 4393-4406.

Güllüoğlu L. 2011. Effects of growth regulator applications on pod yield and some agronomic characters of peanut in Mediterranean region. Turk. J. Field Crops., 16(2): 210-214.

Guzmán Y, Pugliese B, González C V, et al. 2021. Spray with plant growth regulators at full bloom may improve quality for storage of 'Superior Seedless' table grapes by modifying the vascular system of the bunch. Postharvest Biol. Technol., 176: 111522.

Hu Y, Jiang Y, Han X, et al. 2017. Jasmonate regulates leaf senescence and tolerance to cold stress: crosstalk with other phytohormones. J. Exp. Bot., 68(6): 1361-1369.

Huang C, Liu Q, Li H, et al. 2018. Optimised sowing date enhances crop resilience towards size-asymmetric competition and reduces the yield difference between intercropped and sole maize. Field Crop Res., 217: 125-133

Ijaz M, Nawaz A, Ul-Allah S, et al. 2021. Optimizing sowing date for peanut genotypes in arid and semi-arid subtropical regions. PLoS One, 16(6): e0252393

Khalid M, Rehman H M, Ahmed N, et al. 2022. Using exogenous melatonin, glutathione, proline, and glycine betaine treatments to combat abiotic stresses in crops. Int. J. Mol. Sci., 23(21): 12913.

Kishore G K, Pande S, Podile A R. 2005. Phylloplane bacteria increase seedling emergence, growth and yield of field-grown groundnut (*Arachis hypogaea* L.). Lett Appl Microbiol., 40(4): 260-268.

Kucera B, Cohn M A, Leubner-Metzger G. 2005. Plant hormone interactions during seed dormancy release and germination. Seed Sci Res., 15(4): 281-307.

Liu Y, Han X, Zhan X, et al. 2013. Regulation of calcium on peanut photosynthesis under low night temperature stress. J. Integr. Agric., 12(12): 2172-2178.

Malko M M, Peng X, Gao X, et al. 2023. Effect of exogenous calcium on tolerance of winter wheat to cold stress during stem elongation stage. Plants (Basel), 12(21): 3784.

Ngouajio M, Wang G, Goldy R. 2007. Withholding of drip irrigation between transplanting and flowering increases the yield of field-grown tomato under plastic mulch. Agric Water Manage., 87(3): 285-291.

Ondrasek G, Rathod S, Manohara K K, et al. 2022. Salt stress in plants and mitigation approaches. Plants (Basel), 11(6): 717.

Pilaisangsuree V, Anuwan P, Supdensong K, et al. 2020. Enhancement of adaptive response in peanut hairy root by exogenous signalling molecules under cadmium stress. J. Plant Physiol., 254: 153278.

Ramu V S, Swetha T N, Sheela S H, et al. 2016. Simultaneous expression of regulatory genes associated with specific drought-adaptive traits improves drought adaptation in peanut. Plant Biotechnol J., 14(3): 1008-1020.

Shreya S, Supriya L, Padmaja G. 2022. Melatonin induces drought tolerance by modulating lipoxygenase expression, redox homeostasis and photosynthetic efficiency in *Arachis hypogaea* L.. Front. Plant Sci., 13: 1069143.

Song Q, Zhang S, Bai C, et al. 2022. Exogenous Ca^{2+} priming can improve peanut photosynthetic carbon fixation and pod yield under early sowing scenarios in the field. Front. Plant Sci., 13: 1004721.

Song Y. 2014. Insight into the mode of action of 2,4-dichlorophenoxyacetic acid (2,4-D) as an herbicide. J Integr Plant Biol., 56(2): 106-113.

Tao S, Geng L, Ning T Y, et al. 2018. Suitability of mulching with biodegradable film to moderate soil temperature and moisture and to increase photosynthesis and yield in peanut. Agric. Water Manage., 208: 214-223.

Upadhyaya H D, Reddy L J, Dwivedi S L, et al. 2009. Phenotypic diversity in cold-tolerant peanut (*Arachis hypogaea* L.) germplasm. Euphytica, 165(2): 279-291.

Wu D, Liu Y, Pang J, et al. 2020. Exogenous calcium alleviates nocturnal chilling-induced feedback inhibition of photosynthesis by improving sink demand in peanut (*Arachis hypogaea*). Front. Plant Sci., 11: 607029.

Wu Z, Zheng Y, Sui X, et al. 2023. Comparative analysis of the effects of conventional and biodegradable plastic mulching films on soil-peanut ecology and soil pollution. Chemosphere, 334: 139044.

Zhang G, Liu Y, Ni Y, et al. 2014. Exogenous calcium alleviates low night temperature stress on the photosynthetic apparatus of tomato leaves. PLoS One, 9(5): e97322.

Zhang H, Dong J, Zhao X, et al. 2019. Research progress in membrane lipid metabolism and molecular mechanism in peanut cold tolerance. Front. Plant Sci., 10: 838.

Zhang H, Jiang C, Lei J, et al. 2022. Comparative physiological and transcriptomic analyses reveal key regulatory networks and potential hub genes controlling peanut chilling tolerance. Genomics, 114(2): 110285.

Zhao Z, Wu H, Jin T, et al. 2023. Biodegradable mulch films significantly affected rhizosphere microbial communities and increased peanut yield. Sci. Total Environ., 871: 162034.

Zhu G, Ye N, Yang J, et al. 2011. Regulation of expression of starch synthesis genes by ethylene and ABA in relation to the development of rice inferior and superior spikelets. J. Exp. Bot., 62(11): 3907-3916.